新版

天车工培训教程

高　敏　主编
高　敏　曹晟熙　林子辰
马　刚　路兴龙　编著
曹俊南　主审

机械工业出版社

为适应技工学校教学和在职天车工培训的要求，根据原机械工业部颁布的《工人技术等级标准》、《工人中级操作技能训练大纲》及国家标准《起重机司机安全技术考核标准》等要求，编写了《新版天车工培训教程》。

《新版天车工培训教程》分为培训教程及考核鉴定试题库两大部分。教程主要内容包括：天车概述；天车主要零部件的安全技术；天车的安全防护装置；天车安全操作规程和维护保养；通用桥式起重机的操作；冶金起重机的操作；天车的电气设备及安全技术；天车的电气线路及原理；天车的常见故障及排除方法；天车工的技术等级要求及实际操作技能考核题例共10章，同时给出了试题库的答案。书末附录了起重吊运指挥信号。本书更为简明、实用，便于工人自学、自测。考核鉴定试题库和考核鉴定模拟试卷可作为学员培训、自测使用，也可供等级考评及职业技能鉴定部门在命题时参考。

本书可作为技工学校、中高职学校天车工课程的教学用书，也可作为工矿企业、社会培训班初、中级天车工的培训教材，还可供有关专业技术人员参考使用。

图书在版编目（CIP）数据

新版天车工培训教程/高敏主编．—北京：机械工业出版社，2011.2（2020.8重印）
ISBN 978-7-111-33119-3

Ⅰ.①新…　Ⅱ.①高…　Ⅲ.①桥式起重机-技术培训-教材　Ⅳ.①TH215

中国版本图书馆CIP数据核字（2011）第009116号

机械工业出版社（北京市百万庄大街22号　邮政编码100037）
策划编辑：何月秋　责任编辑：何月秋
版式设计：霍永明　责任校对：刘秀丽
封面设计：马精明　责任印制：常天培
北京京丰印刷厂印刷
2020年8月第1版·第9次印刷
140mm×203mm·13.875印张·381千字
23 501—25 400册
标准书号：ISBN 978-7-111-33119-3
定价：39.00元

电话服务
客服电话：010-88361066
010-88379833
010-68326294

网络服务
机　工　官　网：www.cmpbook.com
机　工　官　博：weibo.com/cmp1952
金　　书　　网：www.golden-book.com
机工教育服务网：www.cmpedu.com

新版前言

天车是工业生产中一种不可缺少的起重机械，对天车工进行技术培训，提高天车工的技术水平，对保证安全生产、提高生产效率、维护设备完好等都具有十分重要的意义。

为适应技工学校教学和在职天车工培训的要求，根据原机械工业部颁布的《工人技术等级标准》、《工人中级操作技能训练大纲》及国家标准《起重机司机安全技术考核标准》（GB6720）等要求，1992 年编写出版了《天车工培训教程》第 1 版，第 1 版印刷 4 次，发行了近 10000 册。2004 年根据培训和考工需要对第 1 版进行了修订和完善，第 2 版出版 7 年多来，先后印刷 12 次，发行了 50000 册。现在，根据技工学校教学和天车工培训的需要以及第 2 版使用者提供的建议，我们推出了《新版天车工培训教程》。

新版的补充完善内容主要包括以下几个方面：

1. 加强了天车组成部分的相关内容。

2. 增加了天车主要结构部分及电气设备的安全技术内容。

3. 根据最新国家标准对旧标准的有关内容进行了修改。

4. 根据教学、自测、技术等级考核的需要，对每章的复习思考题以及考核鉴定试题库、考核鉴定模拟试卷等做了补充、修改和完善。

5. 随着炼钢、轧钢工艺的变化，删去了加料起重机的有关部分。

《新版天车工培训教程》分为培训教程及考核鉴定试题库两大部分。教程主要内容包括：天车概述；天车主要零部件的安全技术；天车的安全防护装置；天车安全操作规程和维护保养；通用桥式起重机的操作；冶金起重机的操作；天车的电气设备及安全技术；天车的电气线路及原理；天车的常见故障及排除方法；

天车工的技术等级要求及实际操作技能考核题例共10章，同时给出了考核鉴定试题库的答案。书末附录给出了起重吊运指挥信号。

本书更为简明、实用，便于工人自学、自测。考核鉴定试题库和考核鉴定模拟试卷可作为学员培训、自测使用，也可供等级考评及职业技能鉴定部门在命题时参考。

本书可作为技工学校、中高职学校天车工课程的教学用书，也可作为工矿企业、社会培训班初、中级天车工的培训教材，还可供有关专业技术人员参考使用。

由于编者水平有限，缺点和错误在所难免，敬请读者提出宝贵意见与建议。

编　者

目　录

第一章 天 车 概 述

第一节 天车的种类及型号

在工业生产中广泛使用各种起重机械，对物料作起重、运输、装卸和安装等作业，以减轻工人的体力劳动，提高劳动生产率。

起重机械的种类很多，其中桥架型起重机是使用最广泛的一种起重机械。桥架型起重机是横架在车间、仓库及露天料场固定跨间上方，并可沿轨道移动，取物装置悬挂在可沿桥架运行的起重小车上，使取物装置上的重物实现垂直升降和水平移动，以及完成某些特殊工艺操作的起重机，习惯上叫做“天车”或“行车”。它具有构造简单、操作方便、易于维修、起重量大和不占地面作业面积等特点，是各类企业不可缺少的起重设备。

一、天车的种类

桥架型起重机分为桥式起重机和门式起重机两大类。桥式起重机一般又可分为通用桥式起重机和冶金桥式起重机两类。通用桥式起重机主要用于一般车间的物件装卸、吊运；冶金桥式起重机主要用于冶金生产中某些特殊的工艺操作；而门式起重机主要用于露天堆场等处的装卸运输工作。各类天车又由于取物装置、专用功能和构造特点等的不同分成各种形式。

1. 通用桥式起重机的分类

通用桥式起重机一般是电动双梁起重机，按照取物装置和构造可分为：

（1）吊钩桥式起重机　吊钩桥式起重机是以吊钩作为取物装置的桥式起重机，它是由起重小车、桥架运行机构、桥架金属结构和电气控制设备等几部分组成，如图 1-1 所示。天车工一般在司机室（电气控制设备包括在内）内操纵。

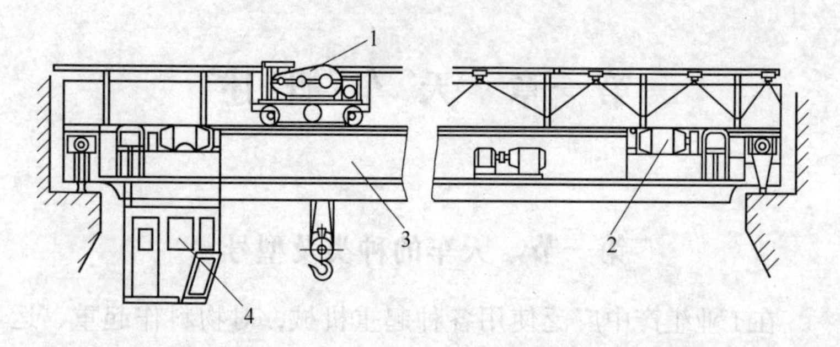

图 1-1 吊钩桥式起重机

1—起重小车 2—桥架运行机构 3—桥架金属结构 4—电气控制设备

吊钩桥式起重机是通用桥式起重机的最基本类型。

（2）抓斗桥式起重机 它是一种专用桥式起重机，是以抓斗作为取物装置的桥式起重机，用于抓取碎散物料。其他部分与吊钩式桥式起重机完全相同，如图 1-2 所示。

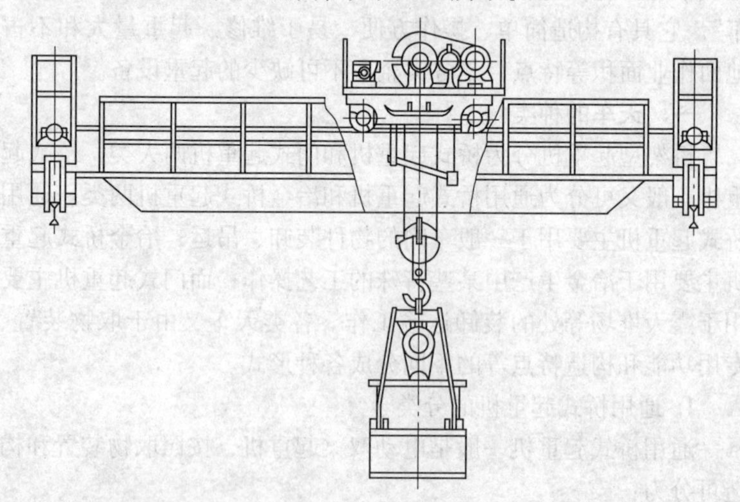

图 1-2 抓斗桥式起重机

（3）电磁桥式起重机 电磁桥式起重机是用电磁盘（又称起重电磁铁）作为取物装置的桥式起重机，用于吊运有导磁性的金属材料，如型钢、钢板和废钢铁等。这种桥式起重机如图1-3 所示。

电磁盘使用的是直流电，它由单独的一套电气设备控制。

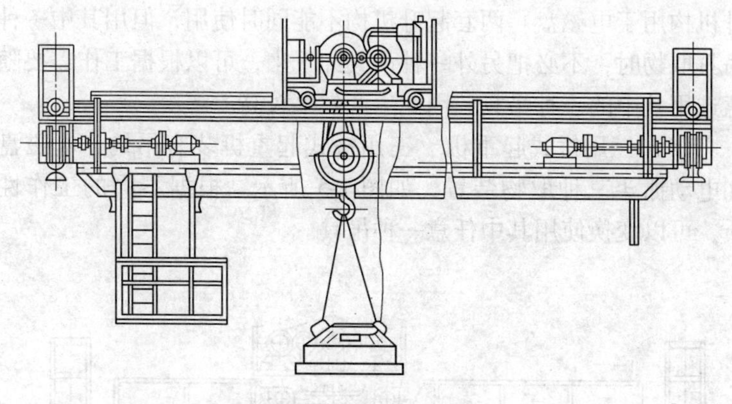

图 1-3　电磁桥式起重机

（4）两用桥式起重机　两用桥式起重机是装有两种取物装置的桥式起重机，分为吊钩抓斗和电磁抓斗两种类型，如图 1-4 所示。

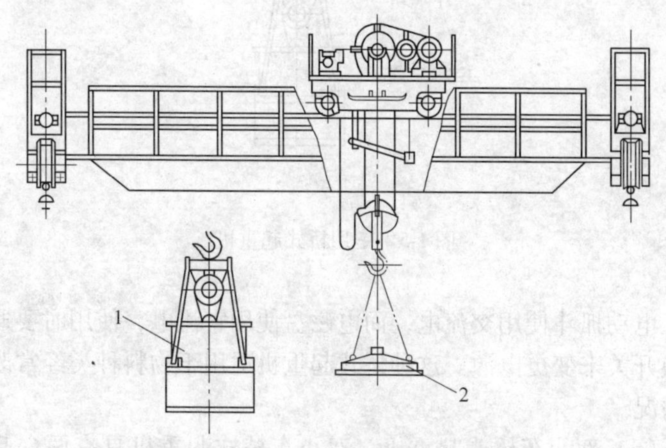

图 1-4　两用桥式起重机

1—抓斗　2—电磁盘

两种取物装置均在一台小车上，同时装有两套各自独立的起升机构。第一种类型中的一套起升机构用于吊钩，另一套起升机构用于抓斗；第二种类型中的一套起升机构用于抓斗，另一套起升机构用于电磁盘。两套起升机构不能同时使用，但用其中一种吊具取物时，不必把另外一种吊具卸下来，可以根据工作需要随意选用其中的一种吊具，因此生产效率较高。

（5）三用桥式起重机　三用桥式起重机装有吊钩、电磁盘和电动抓斗三种取物装置，如图 1-5 所示。根据不同的工作性质，可以变换使用其中任意一种吊具。

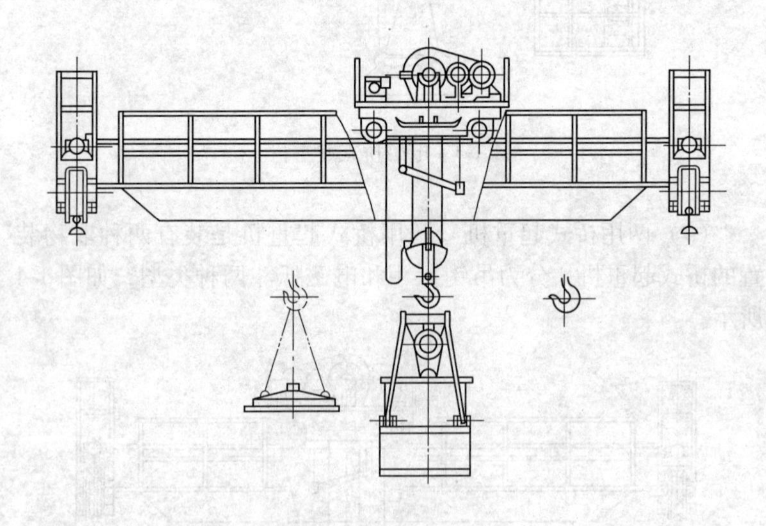

图 1-5　三用桥式起重机

电动抓斗使用交流电，而电磁盘使用直流电，使用时要通过转换开关来变更电源。这种桥式起重机适用于物料种类经常改变的情况。

（6）双小车桥式起重机　双小车桥式起重机具有两台起重小车，如图 1-6 所示。

两台小车的起重量相同，可以单独作业，也可以联合作业。在某些（如 2×50t、2×75t）双小车桥式起重机的两个小车上，装有可变速的起升机构，轻载时可以高速运行，重载时可以低速运行；在吊运较重物件时，两台小车可并车吊运。这种起重机的有效工作范围广，适用于吊运横放在跨度方向上的长形工件。

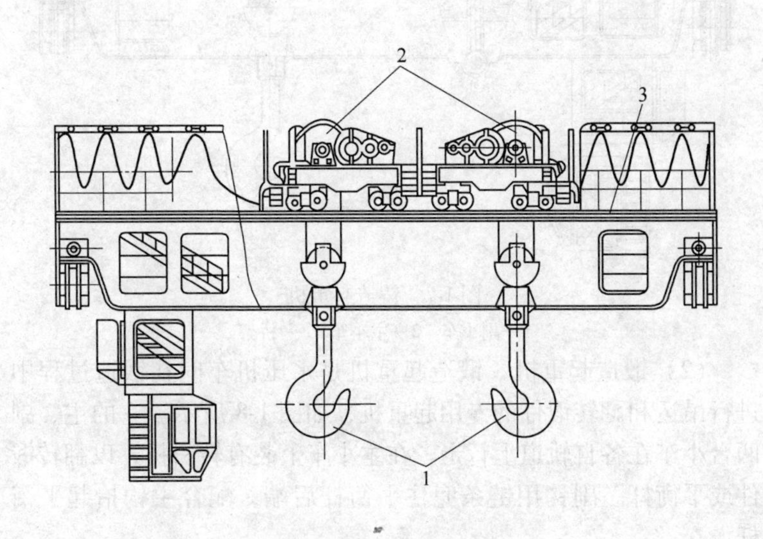

图 1-6　双小车桥式起重机
1—吊钩　2—小车　3—桥架

2. 冶金桥式起重机的分类

冶金桥式起重机通常有主、副两台小车，每台小车都在各自的轨道上行走，按照其用途的不同，常用的冶金桥式起重机有以下几种：

（1）铸造起重机　铸造起重机是冶炼车间运送钢液和浇注钢锭用的起重机，如图 1-7 所示。主小车的起升机构用于吊运盛钢桶，副小车的起升机构用于翻倾盛钢桶和做一些辅助性工作。主小车在两根主梁的轨道上运行，副小车在两根副梁的轨道上运行，其轨道低于主小车轨道。主、副小车可以同时使用。有的副小车是双钩，但副小车的主、副钩是不能同时使用的。

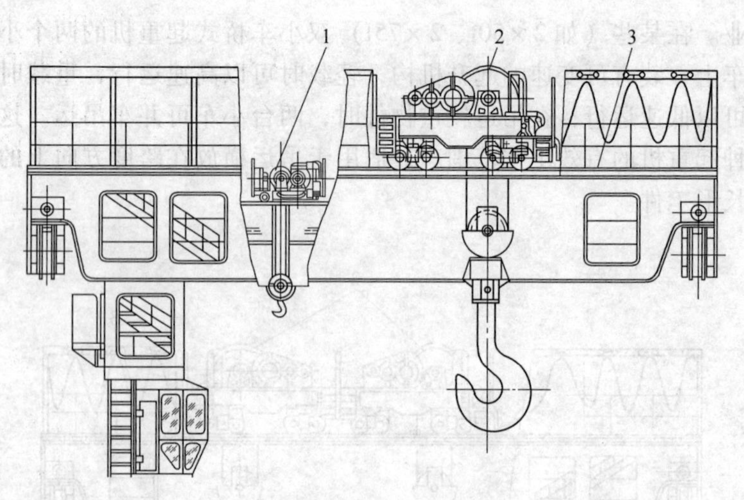

图 1-7　铸造起重机

1—副小车　2—主小车　3—桥架

（2）锻造起重机　锻造起重机是水压机车间在锻造过程中进行吊运和翻转锻件的专用起重机，如图 1-8 所示。它的主、副两台小车在各自轨道上行走。在主小车上装有转料机，以翻转锻件或平衡杆。副钩用链条兜住平衡杆后端，配合主钩抬起平衡杆。

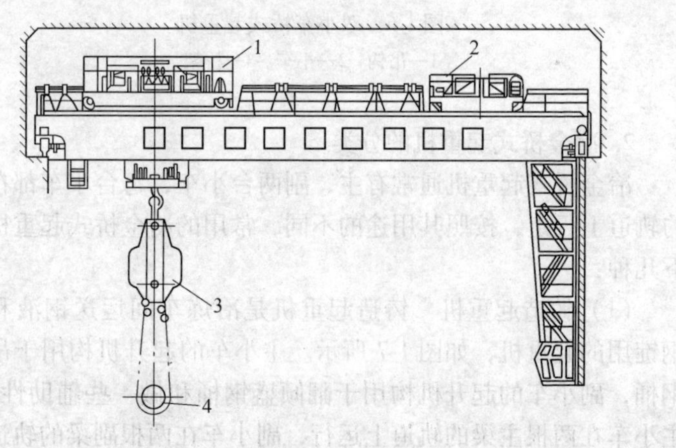

图 1-8　锻造起重机

1—主小车　2—副小车　3—转料机　4—平衡杆

（3）淬火起重机　淬火起重机是大型机械零件热处理中淬火及调质工作的专用起重机，它与普通起重机大体相似，但需符合淬火和调质的工艺要求。淬火起重机与普通起重机的不同之处主要是小车的起升机构。淬火起重机小车的起升机构较为复杂，根据淬火及调质工艺，要求小车能快速下降，下降速度在 45 ~ 80m/min 之间。

（4）夹钳起重机　夹钳起重机是以夹钳作为取物装置，用于轧钢车间把钢锭装入灼热炉或从炉中取出，以及用于炼钢车间将钢锭从钢锭模中脱出。

此外，冶金起重机还有料耙起重机、揭盖起重机、料箱起重机等。

3. 门式起重机

门式起重机是带腿的桥式起重机，它与桥式起重机的最大区别是依靠支腿在地面轨道上运行。门式起重机主要用于露天场所进行各种物料的吊运。按门架形式的不同，门式起重机可分为全门式起重机、双悬臂门式起重机和单悬臂门式起重机，如图 1-9 所示。

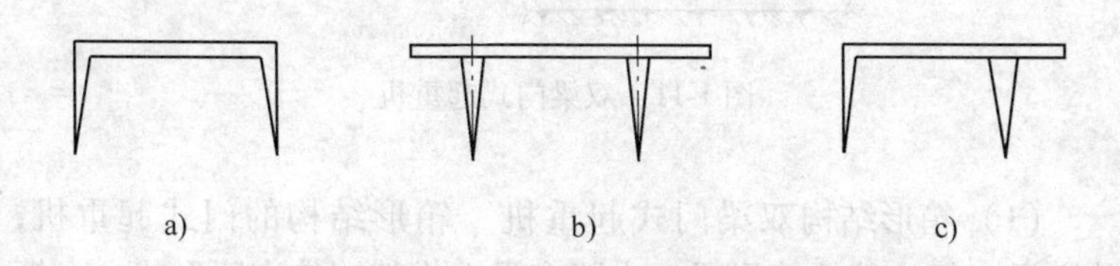

图 1-9　门式起重机的门架

a）全门　b）双悬臂　c）单悬臂

按主梁形式的不同，门式起重机可分为单梁门式起重机和双梁门式起重机，如图 1-10 和图 1-11 所示。

双梁门式起重机较之单梁门式起重机，具有承载能力强、跨度大、整体稳定性好、整体刚度大的优点，但整体自重较大，成本高。

按结构形式，门式起重机又可分为：

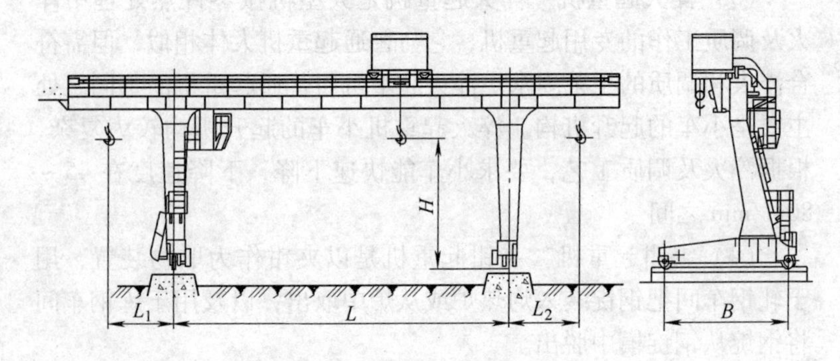

图 1-10　单梁门式起重机

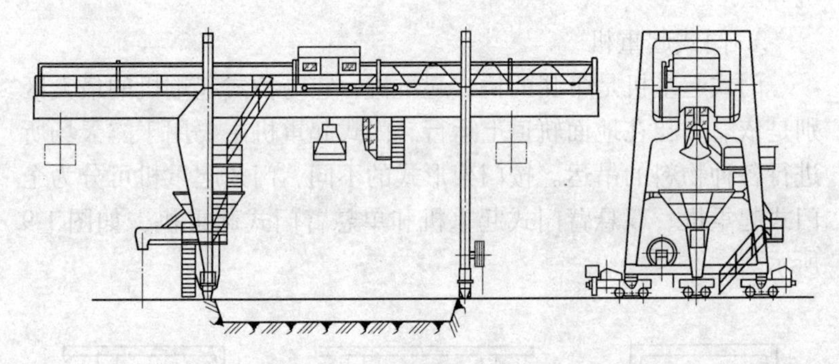

图 1-11　双梁门式起重机

（1）箱形结构双梁门式起重机　箱形结构的门式起重机，其主梁一般为偏轨箱形梁，支腿多设上拱架，使支腿形成一个框架，便于吊运的物料通过，如图 1-12 所示。

（2）桁架结构双梁门式起重机　桁架结构的双梁门式起重机，其主梁和支腿为桁架结构，如图 1-13 所示。

（3）装卸桥　装卸桥是双梁门式起重机的特例，如图 1-14 所示。其特点是跨度大（一般大于等于 40m），外伸臂长（一般大于等于 16m），小车运行速度快（一般可达 200m/min），所以生产效率高，主要用于定点装卸物料，多用于露天煤场和矿石场。

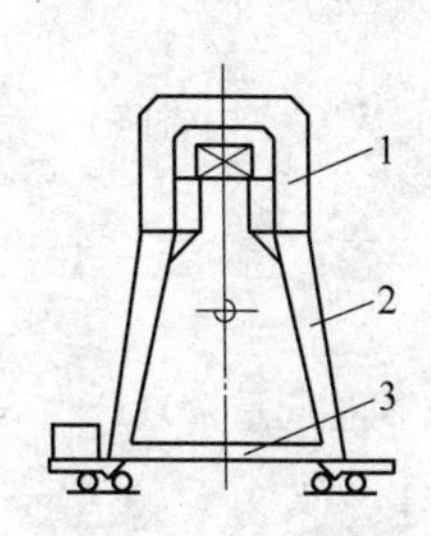

图 1-12　箱形结构双梁门式起重机的支腿

1—上拱架　2—支腿　3—下横梁

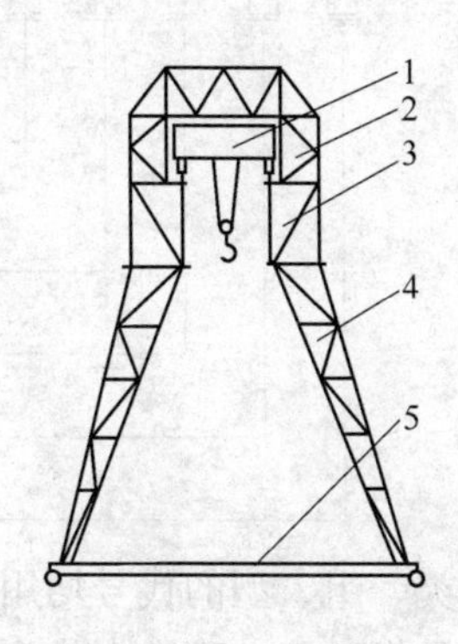

图 1-13　桁架结构双梁门式起重机的支腿

1—小车　2—马鞍　3—主梁　4—支腿　5—下端梁

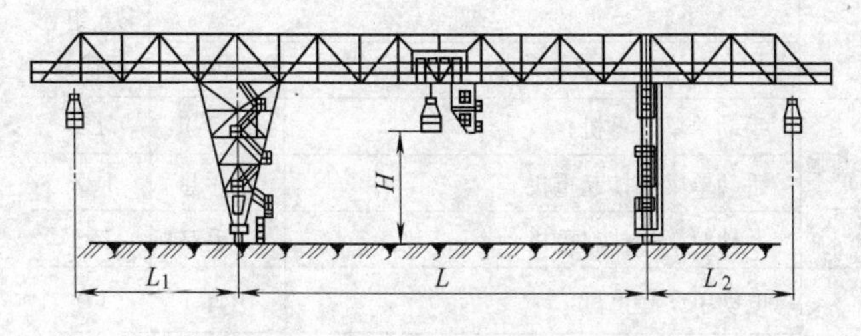

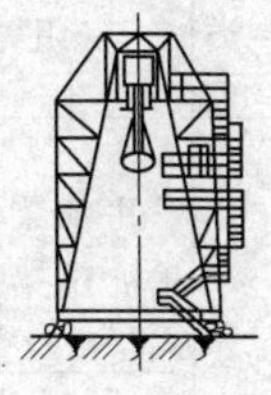

图 1-14　装卸桥

按照吊具及用途的不同，像桥式起重机一样，门式起重机也可分为：吊钩门式起重机、抓斗门式起重机、电磁门式起重机、两用门式起重机、三用门式起重机及双小车门式起重机等。

二、天车的型号

天车的型号是表示起重机的名称、结构形式及主参数的代号。

天车的型号一般由起重机的类、组、型的代号与主参数代号两部分组成。桥架型起重机型号的表示方法如下：

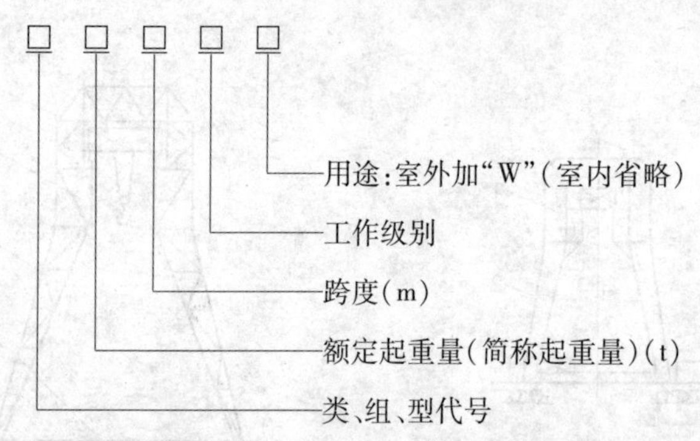

类、组、型的代号均用大写印刷体汉语拼音字母表示。该字母应是类、组、型中有代表性的汉语拼音字头，如该字母与其他代号的字母有重复时，也可采用其他字母。

主参数代号用阿拉伯数字表示。

桥架型起重机的代号见表1-1。

表1-1　桥架型起重机的代号

类	组	型		类、组、型代号
		名　称	代号	
桥式起重机	手动梁式起重机L(梁)	手动单梁起重机	S(手)	LS
		手动单梁悬挂起重机	SX(手悬)	LSX
		手动双梁悬挂起重机	SS(手双)	LSS
	电动梁式起重机L(梁)	电动单梁起重机	D(单)	LD
		电动单梁悬挂起重机	X(悬)	LX
		抓斗电动单梁起重机	Z(抓)	LZ
		吊钩抓斗电动单梁起重机	L	LL
		防爆电动单梁起重机	B(爆)	LB
		防爆电动单梁悬挂起重机	XB(爆)	LXB
		防腐电动梁式起重机	F(腐)	LF
		电磁电动梁式起重机	C(磁)	LC
		冶金梁式起重机	Y(冶)	LY
		电动葫芦双梁起重机	H(葫)	LH

（续）

类	组	型		类、组、型代号
		名　称	代号	
桥式起重机	电动桥式起重机 Q(桥)	吊钩桥式起重机	D(吊)	QD
		超卷扬桥式起重机	J(卷)	QJ
		挂梁桥式起重机	G(挂)	QG
		电磁挂梁桥式起重机	L	QL
		双小车桥式起重机	E	QE
		抓斗桥式起重机	Z(抓)	QZ
		电磁桥式起重机	C(磁)	QC
		电磁吊钩桥式起重机	A	QA
		抓斗吊钩桥式起重机	N	QN
		抓斗电磁桥式起重机	P	QP
		三用桥式起重机	S(三)	QS
		防爆桥式起重机	B(爆)	QB
		绝缘桥式起重机	Y(缘)	QY
		慢速桥式起重机	M(慢)	QM
		带悬臂旋转小车桥式起重机	X(旋)	QX
冶金起重机 Y(冶)	炼钢用起重机	料箱起重机	X(箱)	YX
		加料起重机	L(料)	YL
		有轨地上加料起重机	G(轨)	YG
		铸造起重机	Z(铸)	YZ
		脱锭起重机	T(脱)	YT
	轧钢用起重机	揭盖起重机	J(揭)	YJ
		夹钳起重机	Q(钳)	YQ
		刚性料耙起重机	P(耙)	YP
		挠性料耙起重机	N(挠)	YN
		板坯夹钳起重机	B(板)	YB
		旋转电磁起重机	C(磁)	YC
	热加工用起重机	锻造起重机	D(锻)	YD
		淬火起重机	H(火)	YH

（续）

类	组	型		类、组、型代号
		名 称	代号	
门式起重机M（门）	双梁门式起重机	吊钩门式起重机	G(钩)	MG
		抓斗门式起重机	Z(抓)	MZ
		电磁门式起重机	C(磁)	MC
		抓斗吊钩门式起重机	N	MN
		抓斗电磁门式起重机	P	MP
		三用门式起重机	S(三)	MS
		双小车吊钩门式起重机	E	ME
	单梁门式起重机D(单)	吊钩门式起重机	G(钩)	MDG
		抓斗门式起重机	Z(抓)	MDZ
		电磁门式起重机	C(磁)	MDC
		抓斗吊钩门式起重机	N	MDN
		抓斗电磁门式起重机	P	MDP
		三用门式起重机	S(三)	MDS
		双小车吊钩门式起重机	E	MDE
		装卸桥	Q(桥)	MQ

标记示例如下：

1）起重机 QD20/5—19.5A5：表示起升机构具有主、副钩的起重量 20/5t，跨度 19.5m，工作级别 A5，室内用吊钩桥式起重机。

2）起重机 QZ10—22.5A6W：表示起重量 10t，跨度 22.5m，工作级别 A6，室外用抓斗桥式起重机。

3）起重机 QE50/10 + 50/10—28.5A5：表示起重量 50/10t +50/10t，跨度 28.5m，工作级别 A5，室内用双小车吊钩桥式起重机。

4）起重机 MDZ5—18A6：表示起重量 5t，跨度 18m，工作级别 A6 的单梁抓斗门式起重机。

5）起重机 MS5—26A5：表示起重量 5t，跨度 26m，工作级别 A5 的双梁三用门式起重机。

第二节　天车的主要技术参数

天车的技术参数是天车工作性能的指标。天车的主要技术参数包括：起重量、跨度、起升高度、各机构的工作速度以及工作级别等。为了保证天车的合理使用、安全运行和防止事故的发生，天车工必须了解天车的技术参数。

一、起重量

起重量是指被起升重物的质量，用 G 表示。

（1）额定起重量　起重机所允许吊起的最大重物或物料的质量称为额定起重量，用 G_n 表示，单位为吨（t）。额定起重量不包括吊钩、吊环之类吊具的质量，但包括抓斗、电磁盘、料罐、盛钢桶之类可分吊具的质量。

（2）总起重量　起重机能吊起的重物或物料，连同可分吊具和长期固定在起重机上的吊具或附具（包括吊钩、滑轮组、起重钢丝绳、……）的质量总和，总起重量用 G_t 表示。

起重机的主参数额定起重量（代号 G_n）和工作级别的划分见表 1-2。

表 1-2　起重机额定起重量和工作级别的划分

取物装置		额定起重量系列/t	工作级别
吊钩	单小车	3.2，4，5，6.3，8，10，12.5，16，20，25，32，40，50，63，80，100，125，160，200，250	A1 ~ A6
	双小车	2.5+2.5，3.2+3.2，3+3，4+4，5+5，6.3+6.3，8+8，10+10，12.5+12.5，16+16，20+20，25+25，32+32，40+40，50+50，63+63，80+80，100+100，125+125	A4 ~ A6
抓斗		3.2，4，5，6.3，8，10，12.5，16，20，25，32，40，50	A5 ~ A7
电磁吸盘		5，6.3，8，10，12.5，16，20，25，32，40，50	

天车工了解额定起重量的概念之后，要避免因超载起吊而引起的事故。

二、跨度

天车的大车运行轨道中心线之间的距离称为天车的跨度，用 L 表示，单位为 m。天车的跨度 L 依厂房的跨度 L_1 而定。

桥式起重机跨度的标准值见表 1-3，门式起重机跨度的标准值见表 1-4。

表 1-3　桥式起重机跨度系列

额定起重量 G_n/t		建筑物跨度定位轴线 L_1/m								
		12	15	18	21	24	27	30	33	36
		跨度 L								
≤50	无通道	10.5	13.5	16.5	19.5	22.5	25.5	28.5	31.5	—
	有通道	10	13	16	19	22	25	28	31	—
63～125		—	—	16	19	22	25	28	31	34
160～250		—	—	15.5	18.5	21.5	24.5	27.5	30.5	33.5

表 1-4　门式起重机跨度系列

门式起重机跨度	18	22	26	30	35	50
装卸桥跨度	40	50	60	70	80	—

三、起升高度

起升高度是天车取物装置上下移动极限位置之间的距离，用 H 表示，单位为 m。下极限位置通常以工作场地的地面为准；上极限位置，使用吊钩时以钩口中心为准，使用抓斗时以抓斗最低点为准。起重机的起升高度见表 1-5。

表 1-5　起重机的起升高度　　　　（单位：m）

额定起重量 G_n/t	吊钩				抓斗		电磁
	一般起升高度		加大起升高度		一般起升高度	加大起升高度	一般起升高度
	主钩	副钩	主钩	副钩			
≤50	12～16	14～18	24	26	18～26	30	16
63～125	20	22	30	32	—	—	—
160～250	22	24	30	32	—	—	—

四、工作速度

工作速度是指起重机各机构（起升、运行等）的运行速度，用 v 表示，单位为 m/min。天车的工作速度根据工作要求而定：一般用途的天车采用中等的工作速度，这样可以使驱动电动机功率不致过大；安装工作有时就要求很低的工作速度；吊运轻件，要求提高生产效率，可取较高的工作速度；吊运重件，要求工作平稳，作业效率不是主要矛盾，可取较低的工作速度。吊钩起重机的工作速度见表 1-6。

表 1-6　吊钩起重机的工作速度（单位：m/min）

额定起重量 G_n/t	类别	工作级别	主钩起升速度	副钩起升速度	小车运行速度	起重机运行速度
≤50	高速	M6	6.3～16	10～20	40～63	80～125
	中速	M4～M5	5～12.5	8～16	32～50	63～100
	低速	M1～M3	1.6～5	6.3～12.5	10～25	20～50
63～125	高速	M6	5～10	8～16	32～40	63～100
	中速	M4～M5	2.5～5	6.3～12.5	25～32	50～80
	低速	M1～M3	1～2	5～10	10～20	20～40
160	高速	M6	3.2～4	6.3～8	32～40	50～80
160～250	中速	M4～M5	1.6～2.5	5～8	20～25	40～63
	低速	M1～M3	0.63～1	4～6.3	10～16	20～32

注：在同一范围内的各种速度，具体值的大小应与起重量成反比，与工作级别成正比，地面操纵的运行速度按低速级。

抓斗及电磁起重机的速度见表 1-7。

表 1-7　抓斗及电磁起重机的速度

（单位：m/min）

抓斗起升速度	电磁吸盘起升速度	小车运行速度	起重运行速度
25～50	16～32	40～50	80～125

五、工作级别

天车的工作级别是表示天车受载情况和忙闲程度的综合性参数。

天车的工作级别是根据天车的使用等级和天车的载荷状态来定的。

(1) 天车的利用等级　天车的使用等级表示天车的忙闲程度，它分成10个级别，见表1-8。

表1-8　天车的使用等级

使用等级	忙闲程度
U0 U1 U2 U3	不经常使用
U4	经常清闲地使用
U5	经常中等地使用
U6	不经常繁忙地使用
U7 U8 U9	繁忙地使用

(2) 天车的载荷状态　天车载荷状态是表明天车受载的轻重程度。天车的载荷状态分为4级，见表1-9。

表1-9　天车的载荷状态

载荷状态	受载情况
$Q_{1轻}$	很少起升额定载荷，一般起升轻微载荷
$Q_{2中}$	有时起升额定载荷，一般起升中等载荷
$Q_{3重}$	经常起升额定载荷，一般起升较重载荷
$Q_{4特重}$	频繁地起升额定载荷

(3) 天车的工作级别　根据表1-8和表1-9分别确定的天车使用等级和载荷状态，可把天车的工作级别划分为A1～A8八个级别，见表1-10。

表1-10　天车的工作级别

使用等级 载荷状态	U0	U1	U2	U3	U4	U5	U6	U7	U8	U9
$Q_{1轻}$	—	—	A1	A2	A3	A4	A5	A6	A7	A8
$Q_{2中}$	—	A1	A2	A3	A4	A5	A6	A7	A8	—
$Q_{3重}$	A1	A2	A3	A4	A5	A6	A7	A8	—	—
$Q_{4特重}$	A2	A3	A4	A5	A6	A7	A8	—	—	—

各种天车的工作级别举例见表1-11。

表1-11　各种天车的工作级别举例

天车形式	天车的用途	工作级别
吊钩式	水电站安装及检修	A1 ~ A3
	一般车间及仓库	A3 ~ A5
	繁重车间及仓库	A6 ~ A7
抓斗式	间断装卸	A6 ~ A7
	连续装卸	A8
电磁式	连续使用	A7 ~ A8
冶金专用	吊料箱	A7 ~ A8
	装料	A8
	铸造	A6 ~ A8
	锻造	A7 ~ A8
	淬火	A8
	夹钳、脱锭	A8
	揭盖	A7 ~ A8
	料耙式	A8
门式	一般用途吊钩式	A5 ~ A6
	装卸抓斗式	A7 ~ A8
装卸桥	料场装卸用抓斗式	A7 ~ A8

天车的工作级别与天车的安全使用有着密切的关系。起重量、跨度、起升高度相同的天车，如果工作级别不同，在设计制造时所采用的安全系数也不同。工作级别小的天车，用的安全系数小；工作级别大的天车，采用的安全系数大，因此它们的零部件型号、尺寸、规格各不相同。如果把小工作级别的天车用于大工作级别情况，天车就会出故障，影响安全生产。所以在安全检查时，要注意天车的工作级别必须与工作状况相符合。

天车工在了解天车工作级别之后，可根据所操作天车的工作级别正确使用天车，避免超出其工作级别而造成天车损坏的事故。

起重机机构工作级别分为八级，用M1 ~ M8表示。

第三节　天车的桥架结构

天车的结构主要由大车、小车和电气部分等组成。大车包括桥架、大车运行机构等；小车包括小车架、起升机构、小车运行机构等；电气部分由电气设备和电气线路组成。大车运行机构安置在桥架走台上，起升机构和小车运行机构安置在小车架上。

一、天车的桥架结构

天车的桥架是一种移动的金属结构，它由主梁和端梁组成，它承受载重小车的重量，并通过车轮支承在轨道上，因而是天车的主要承载结构。

按照主梁的数目，桥架分为单梁和双梁。电动双梁桥式起重机的桥架主要由两根主梁和两根端梁组成。主梁和端梁刚性连接，端梁的两端装有车轮，作为支承和移动桥架用。主梁上有供起重小车运行用的轨道。

桥架的结构形式主要取决于主梁的结构形式。桥架主梁的结构形式繁多，主要有四桁架式和箱形梁式两种，以及由这两种基本形式发展起来的空腹桁架式。箱形梁结构桥架是天车桥架的基本形式，它具有制造工艺简单、通用性强、易于安装和检修方便等优点。在 5 ~ 80t 的中、小起重量系列天车中，主要采用这种结构形式，但它的自重较大。

箱形主梁的构造如图 1-15 所示。每根主梁是由上、下翼缘（又称盖板），两块腹板和大、小肋板等组成的。小车轨道放置

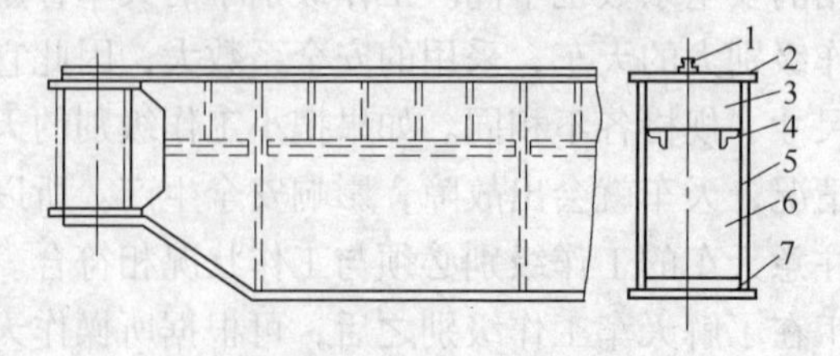

图 1-15　箱形主梁构造图

1—小车轨道　2—上翼缘板（上盖板）　3—小肋板

4—角钢　5—腹板　6—大肋板　7—下翼缘板（下盖板）

在上翼缘板的上面。

四桁架式结构桥架如图 1-16 所示。它自重轻、刚性大，适用于小起重量、大跨度的天车，但制造工艺复杂，不便于成批生产。

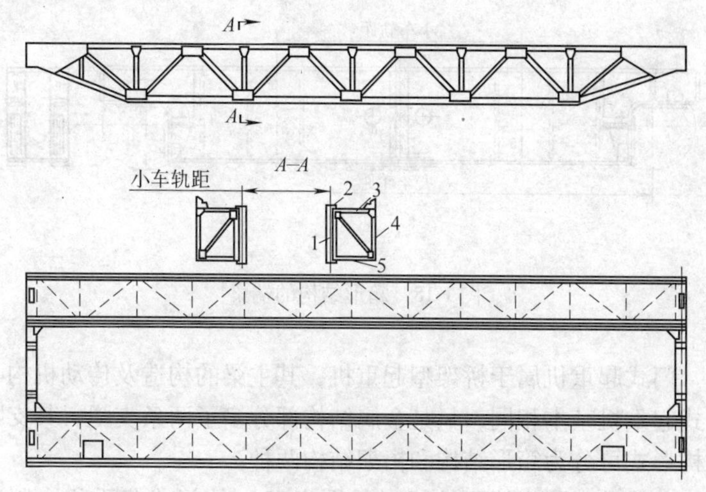

图 1-16　四桁架式桥架图

1—主桁架　2—钢轨　3—上水平桁架　4—辅助桁架　5—下水平桁架

空腹桁架式结构主要由工字形主梁、空腹辅助桁架和上、下水平桁架组成，如图 1-17 所示。它具有自重轻、整体刚度大，以及制造、装配、检修方便等优点。100 ~ 250t 通用桥式起重机和冶金起重机多采用这种结构形式。

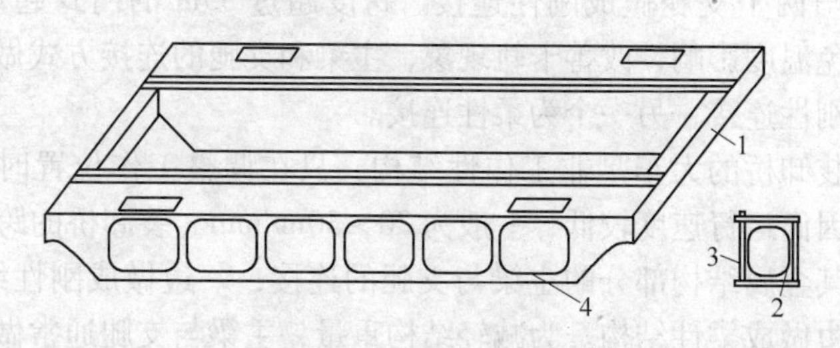

图 1-17　空腹桁架式桥架

1—端梁　2—横向框架　3—主梁　4—空腹辅助桁架

端梁是桥架的重要组成部分，其结构可分为箱形结构和桁架结构两种，箱形结构的端梁外形图如图 1-18 所示。端梁与主梁刚性焊接，构成一个完整的桥架。

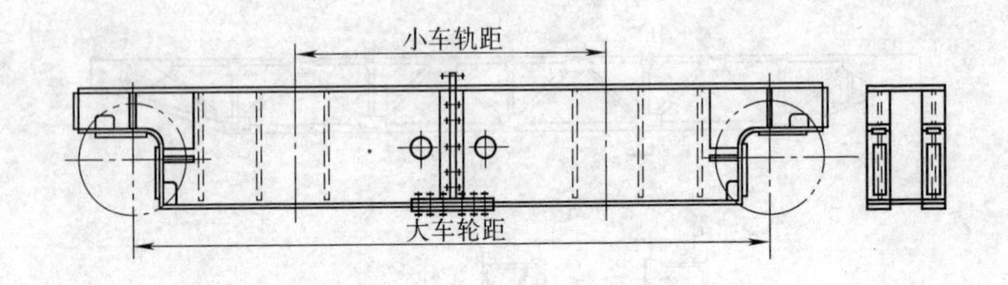

图 1-18　箱形结构的端梁

门式起重机属于桥架型起重机，其主梁的构造及传动机构与桥式起重机基本相同，只是金属结构部分多了两条支腿，其支腿结构形式可分为箱形结构和桁架结构两种。

主梁及支腿为箱形结构（见图 1-12）的门式起重机，制造工艺简单，运输和安装方便、可靠，整体刚性好，但自重较大。

主梁及支腿为桁架结构（见图 1-13）的门式起重机，具有结构自重轻、造价低的特点。但是，它的制造工艺性差，运输不方便，安装困难，整体刚度不好。多用于跨度较大的情况及装卸桥。

起重量在 50t 以下、跨度在 35m 以下的普通门式起重机，其主梁与两个支腿做成刚性连接。跨度超过 35m 的门式起重机，为避免温度影响，改善卡轨现象，主梁和支腿的连接方式做成一个为刚性连接，另一个为柔性连接。

装卸桥的大车是非工作性结构，只在调整工作位置时才开动，因而运行速度较低，一般为 20～30m/min。装卸桥的跨度较大，其金属结构部分的主梁与支腿的连接，一边做成刚性结构，另一边做成柔性结构。为减轻结构重量，主梁与支腿通常做成桁架结构。

二、起重机金属结构的安全技术

起重机金属结构应当具有满足安全使用的强度、刚度和稳定性要求。

起重机主梁、端梁及小车架等主要受力结构件发生明显腐蚀（腐蚀量达原厚度的10%），承载能力不能达到额定承载能力时，应当进行维修使其达到使用要求，或者进行改造，降低额定起重量，否则应当予以报废。

起重机主梁、端梁及小车架等主要受力结构件产生裂纹时，应当停止使用，只有对阻止裂纹继续扩展的措施进行安全评估确认可以使用后，方可继续使用，否则应当报废。

起重机主梁、端梁及小车架等主要受力结构件因产生塑性变形而不能正常、安全使用时，如果不能修复，应当予以报废。

当小车处于跨中，在额定载荷下，主梁跨中的挠度值在水平线下，达到跨度的1/700时，如不能修复，应当予以报废。

第四节　天车的运行机构

天车的运行机构分为大车运行机构和小车运行机构两部分。

一、大车运行机构

大车运行机构由电动机、减速器、传动轴、联轴器、制动器、角型轴承箱和车轮等零部件组成，其车轮通过角型轴承箱固定在桥架的端梁上，其主要作用是驱动大车的车轮沿轨道运行。

大车运行机构分为集中驱动（见图1-19）和分别驱动（见图1-20）两种形式。集中驱动就是由一台电动机通过传动轴驱动两边的主动轮；分别驱动就是由两台电动机分别驱动两边的主动轮。集中驱动只用在小吨位或旧式天车上，分别驱动用在大吨位或新式天车上。

集中驱动的运行机构，大多数采用低速轴集中驱动，如图1-19a所示，在跨度中央有电动机与减速器，减速器输出轴分两侧经低速传动轴带动车轮。图1-19b为中速轴集中驱动，转矩较小、直径较细、减小了传动机件的重量，但需采用三个减速器。图1-19c为高速轴集中驱动，对传动轴的加工精度要求高、振动大，用得不多。

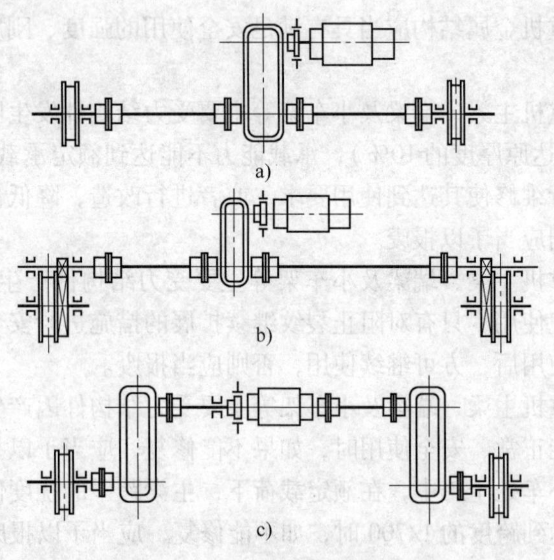

图 1-19　大车集中驱动布置图

a）低速轴集中驱动　b）中速轴集中驱动　c）高速轴集中驱动

分别驱动省去了中间传动轴，减轻了大车运行机构的重量，不因主梁的变形而影响运行机构的传动性能，便于维护检修。大车分别驱动布置图如图 1-20 所示。

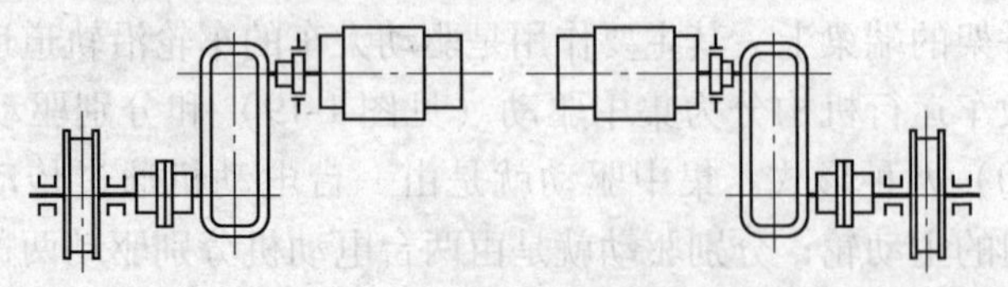

图 1-20　大车分别驱动布置图

由于桥架受载将产生变形，传动轴的支承采用自位轴承，各轴端之间的连接采用挠性联轴器，一般用半齿轮联轴器。分别驱动的运行机构也安排一段传动轴，两端用两个半齿轮联轴器连接，或用两个万向联轴器连接。

大起重量桥式起重机和冶金起重机的大车运行机构通常采用两个或四个电动机。各自通过一套传动机构分别驱动。图 1-21 和图 1-22 所示为大起重量天车的传动形式。

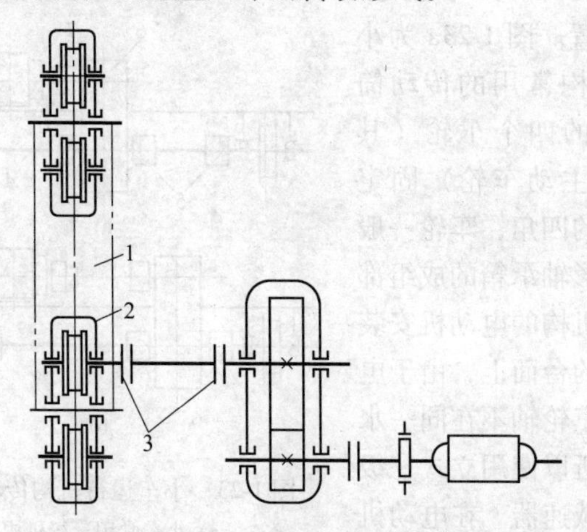

图 1-21　采用联轴器联接的运行机构简图

1—桥架平衡梁　2—车轮平衡梁　3—联轴器

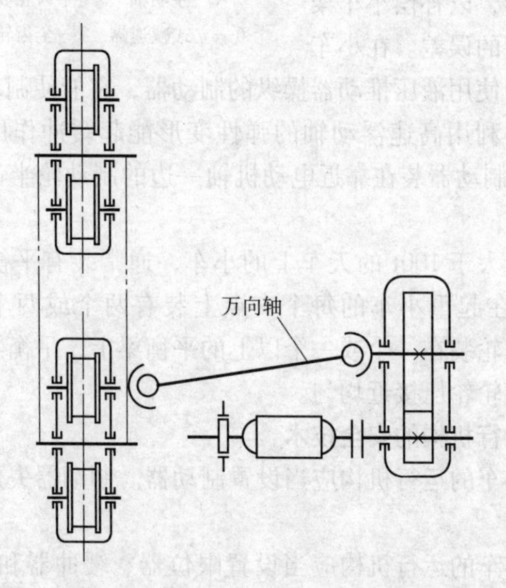

图 1-22　采用万向轴联接的运行机构简图

二、小车运行机构

起升机构是安装在小车上的，而吊运重物的横向运动是由小车的运行机构来实现的。小车运行机构包括驱动、传动、支承和制动等装置。图 1-23a 为小车运行机构常用的传动简图，小车的四个车轮（其中半数是主动车轮）固定在小车架的四角，车轮一般是带有角形轴承箱的成组部件。运行机构的电动机安装在小车架的台面上，由于电动机轴和车轮轴不在同一水平面内，所以使用立式三级圆柱齿轮减速器。在电动机轴与车轮轴之间，用全齿轮联轴器或带浮动轴的半齿轮联轴器联接，以补偿小车架变形及安装的误差。在小车运行机构中使用液压推动器操纵的制动器，它能使制动平稳。考虑到制动时利用高速浮动轴的弹性变形能起缓冲作用，在图 1-23b 中，将制动器装在靠近电动机轴一边的制动轮半齿轮联轴器上。

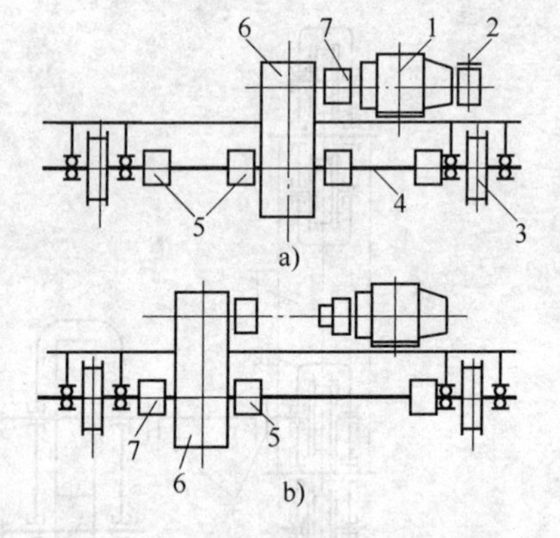

图 1-23　小车运行机构传动简图

a）小车常用运行机构

b）调整制动器位置后的小车运行机构

1—电动机　2—制动器　3—车轮

4—浮动轴　5—半齿轮联轴器

6—立式减速器　7—全齿轮联轴器

起重量大于 100t 的天车上的小车，通常装有平衡梁（即运行台车），在起重小车的每个支点上装有两个或两个以上的车轮，这些车轮装在一个或一个以上的平衡梁上，平衡梁与小车架铰接，使车轮轮压接近均匀。

三、运行机构的安全技术

大、小车的运行机构应当设置制动器。制动器失效时，不准开车运行。

大、小车的运行机构应当设置限位器、缓冲器和止挡装置，车挡损坏不准开车运行。在同轨作业的起重机，还应当设置防止撞击的限位器和缓冲器。

分别驱动的大车运行机构，两端制动器应调整一致，防止制动时发生大车扭斜。对有锥形踏面的大车主动轮，锥度的大端应安装在指向跨中方向。小车车轮为单轮缘时，轮缘应在轨道外侧。

为了确保天车运行安全，应对大、小车的运行机构制动器进行调整，以控制滑行距离：

1）大车断电制动后的滑行距离应小于或等于 $v/15$(m)，v 为大车额定运行速度（m/min)。

2）小车断电制动后的滑行距离应小于或等于 $v/20$(m)，v 为小车额定运行速度（m/min)。

3）为防止制动过快而产生的吊物大幅游摆，限制大车和小车制动后，最小滑行距离大于 $v^2/5000$（m)，v 为大、小车额定运行速度。

第五节　天车的起升机构

一、起升机构

起升机构是用来实现货物升降的，它是天车中最基本的机构。起升机构主要由驱动装置、传动装置、卷绕装置、取物装置及制动装置等组成。此外，根据需要还可装设各种辅助装置，如限位器、起重量限制器、速度限制器、称量装置等。

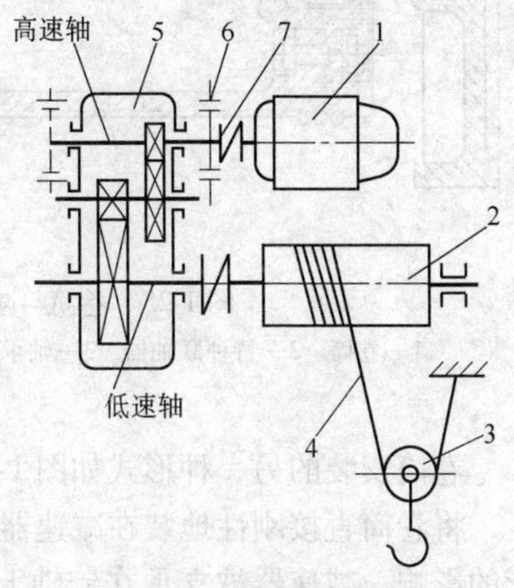

图 1-24　起升机构简图

1—电动机　2—卷筒　3—吊钩组　4—钢丝绳　5—减速器　6—制动器　7—联轴器

起升机构的构造简图如图 1-24 所示，电动机通过联轴器与减速器的高速轴相连，而减速器的低速轴带动卷筒，将钢丝绳卷上或放下，经过吊钩组，使吊钩上升或下降。

其中联轴器为齿轮联轴器，通常将齿轮联轴器制成两个半齿轮联轴器，中间用一段轴连起来，这根轴称为浮动轴或补偿轴。制动器一般为常闭式的，它装有电磁铁或电动推杆作为自动的松闸装置与电动机电气联锁。减速器一般采用封闭式的标准两级圆柱齿轮减速器。

卷筒安装在转轴上，卷筒轴一端支承在双列调心球轴承上，另一端与减速器低速轴通过特种联轴器联接，如图 1-25 所示，支承在减速器轴的内腔和轴承座中。

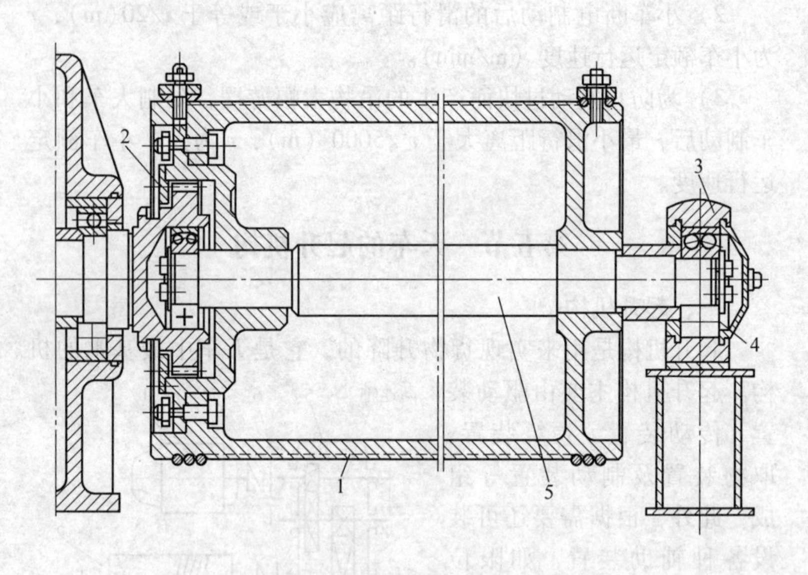

图 1-25　卷筒与减速器的联接

1—卷筒　2—特种联轴器　3—轴承座　4—调心球轴承　5—转轴

卷筒安装的另一种形式如图 1-26 所示。

将卷筒直接刚性地装在减速器轴上，为了消除小车架受载变形的影响，减速器被支承在铰轴上，卷筒的轴承采用自位轴承，允许轴向游动。这种结构简单，维修方便，具有自动调整减速器低速轴与卷筒同心的作用。

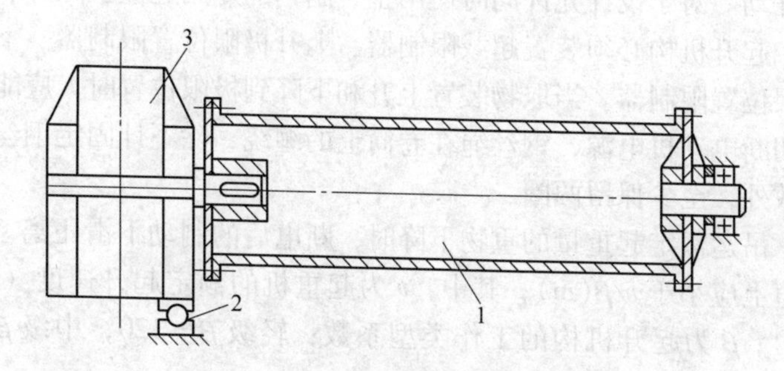

图 1-26　卷筒与减速器的刚性连接

1—卷筒　2—铰轴　3—减速器

起重量在 10t 以下的桥式起重机，采用一套起升机构，即一个吊钩；在 15t 以上的桥式起重机采用主、副两套起升机构，即两个吊钩。其中起重量较大的称为主起升机构或主钩，较小的称为副起升机构或副钩，副钩的起重量约为主钩的 1/5～1/3。副钩的起升速度较快，可以提高轻货吊运的效率。主副钩的起重量用分数表示，分子表示主钩的起重量，分母表示副钩的起重量，例如 20/5，表示主钩的起重量为 20t，副钩的起重量为 5t。主、副钩的起升机构简图如图 1-27 所示。

二、起升机构安全技术

起升机构必须装置制动器，且必须是常闭式的。

吊运炽热金属或易燃、易爆等危险品，以及发生事故后可能造成重大危险或损失的起升机构，其每一套驱动装置都应装设两套制动器。

正常使用的起重机，每班都应对制动器进行检查。

有主、副两套起升机构的起重机，主、副钩不应同

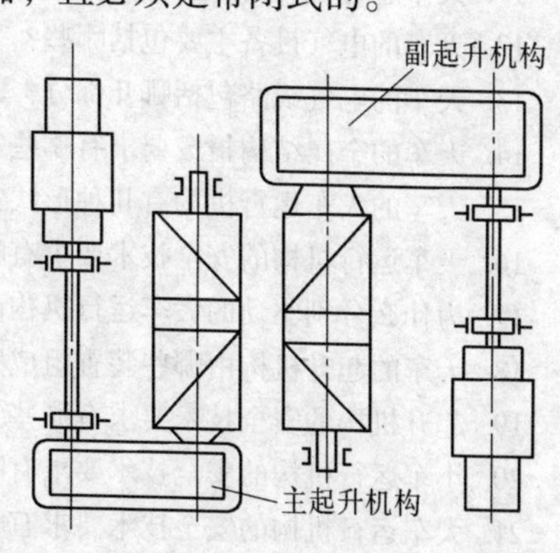

图 1-27　主、副钩的起升机构简图

时开动。对于设计允许同时使用主、副钩的专用起重机除外。

起升机构必须装置超载限制器、上升极限位置限制器、下降极限位置限制器。当取物装置上升和下降到极限位置时，应能自动切断电动机电源，钢丝绳在卷筒上的缠绕，除不计固定钢丝绳圈数外，至少保留两圈。

吊运额定起重量的重物下降时，断电后的制动下滑距离 s 在数值上应小于 v/β(m)，其中，v 为起重机的额定起升速度（m/min）；β 为起升机构的工作类型系数：轻级 $\beta=120$，中级 $\beta=100$，重级和特重级 $\beta=80$。

复习思考题

1. 天车有哪几种?
2. 桥式起重机与门式起重机的主要异同点有哪些?
3. 天车的主要技术参数有哪些?
4. 什么叫起重机的额定起重量?
5. 什么叫起重机的额定速度?
6. 什么叫起重机的工作级别?
7. 额定起重量、额定速度、工作级别等与安全有何关系?
8. 天车主要由哪几部分组成?
9. 天车的桥架由哪几部分组成? 主梁的结构形式有哪几种?
10. 天车的大车运行机构有几种形式? 它们由哪些零部件组成?
11. 天车起升机构由哪些装置组成?
12. 天车的电气设备主要包括哪些?
13. 天车的电气线路包括哪几部分?
14. 天车的金属结构报废要求有哪些?
15. 天车的大车运行机构有几种形式?
16. 天车运行机构的安全技术要求有哪些?
17. 为什么分别驱动的大车运行机构两端制动器应调整一致?
18. 天车的起升机构由哪些装置组成?
19. 起升机构的安全技术要求有哪些?
20. 小车运行机构的安全技术要求有哪些?
21. 大车运行机构的安全技术要求有哪些?

第二章 天车主要零部件的安全技术

天车的主要零部件包括：吊具、钢丝绳、滑轮、卷筒、减速器、联轴器、制动器及车轮等。了解这些零部件的构造、性能及安全技术等，有助于天车的使用与维护。

第一节 吊 钩

吊钩是天车用得最多的取物装置，是天车的重要零件之一，一旦折断将造成重大事故，所以必须经常对其进行安全检查。

1. 吊钩的类型

根据制造方法，吊钩可分为锻造吊钩和片式吊钩两种。锻造吊钩一般用20钢和20SiMn钢，经锻造、热处理之后，再进行机械加工而成。片式吊钩（又称板钩）一般是用Q235—A、Q235—C钢板或Q345钢板切割成型板片铆合而成的。片式吊钩有圆孔，用销轴与其他部件联接。片式吊钩的钩口有软钢垫块，以减轻钢丝绳的磨损。

根据形状，吊钩分为单钩和双钩两种。单钩偏心受力；双钩对称受力，钩体材料利用充分。锻造单钩用于起重量为3～75t的中、小型天车。片式单钩用于起重量为50～175t的天车；片式双钩用于起重量为100～300t的天车。

锻造吊钩和叠片式吊钩都已标准化，可根据起重量选择。这两种吊钩的外形图分别如图2-1和图2-2所示，其中锻造吊钩又分为A型和B型两种，A型为短钩，B型为长钩。

吊钩组是吊钩与动滑轮的组合体。吊钩组有长型和短型两种，如图2-3所示。长型吊钩组采用短钩，支承在吊钩横梁上，滑轮组支承在滑轮轴上，它的高度较大，使有效起升高度减小。短型吊钩组有两种：一种用长吊钩；另一种用短吊钩。长吊钩的滑轮直接装在吊钩横梁上，如图2-3b所示，高度大大减小，但只能用于双倍率滑轮组；短吊钩（见图 2-3c）只能用于小倍率滑轮组和小起重量。吊钩可绕垂直轴线与水平轴线旋转，便于系物工作。吊钩用止推轴承支承在吊钩横梁上，吊钩尾部用螺母压在止推轴承上。

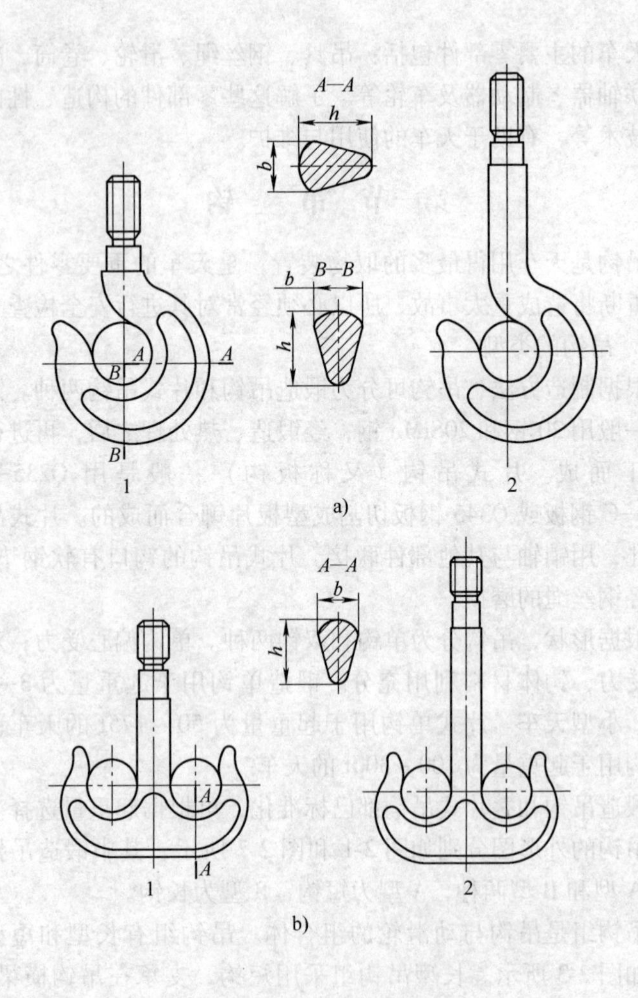

图 2-1　锻造吊钩的外形图

a）锻造单钩　b）锻造双钩

1—A 型（短钩）　2—B 型（长钩）

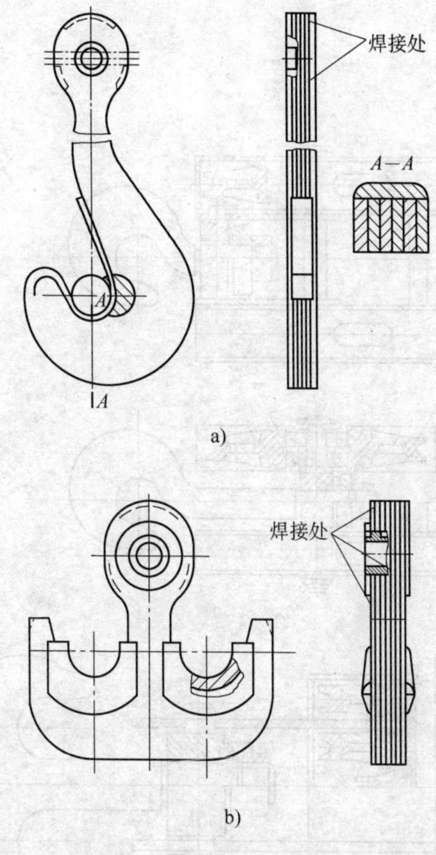

图 2-2　叠片式吊钩的外形图
a）叠片式单钩　b）叠片式双钩

2. 吊钩的安全使用

1）吊钩的安全使用起重量不得小于实际起重量。

2）吊钩在使用过程中，应经常检查吊钩的表面情况，保持光滑、无刻痕、无裂缝、转动灵活、无锈蚀。

3）挂吊索时要将吊索挂至吊钩底部，如需将吊钩直接钩挂在构件的吊环中，不能硬别，以免使钩身产生扭曲变形。

4）吊钩应当设置防止吊物脱钩的闭锁装置，严禁使用铸造吊钩。

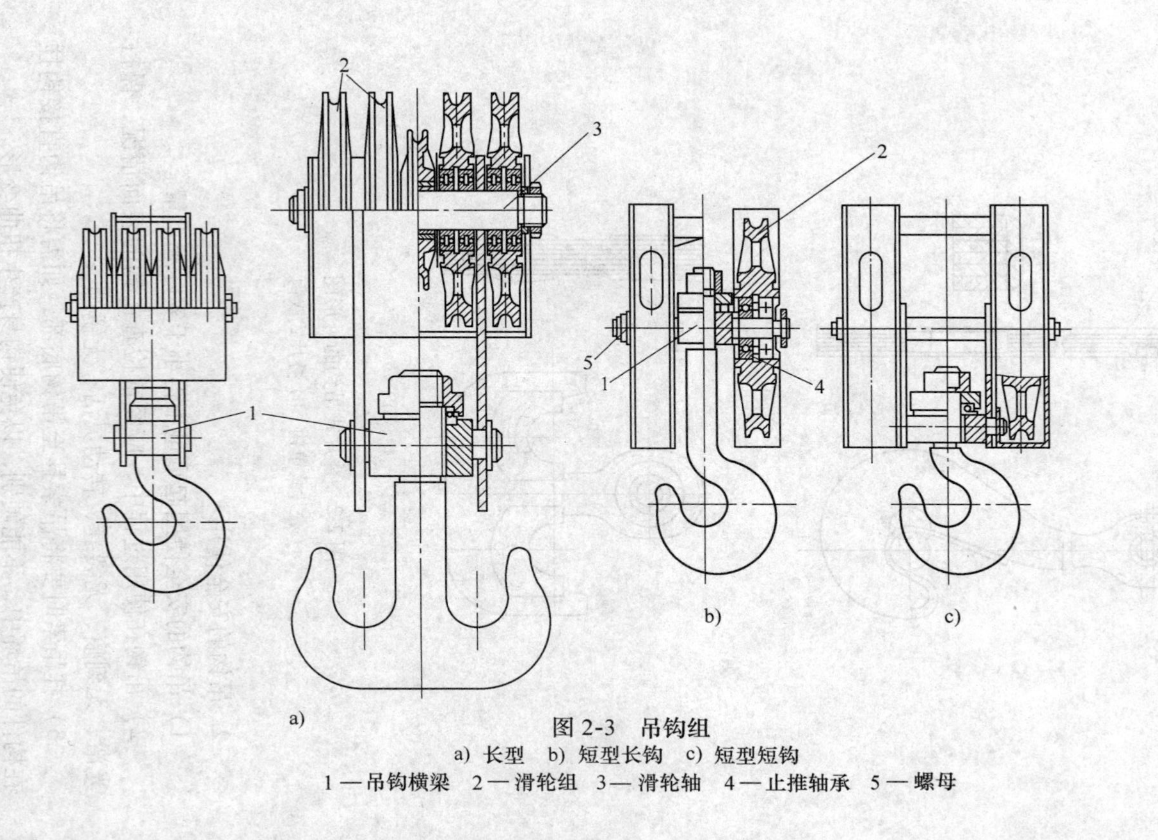

图 2-3　吊钩组

a）长型　b）短型长钩　c）短型短钩

1 — 吊钩横梁　2 — 滑轮组　3 — 滑轮轴　4 — 止推轴承　5 — 螺母

5）吊运物品对起重机吊钩部位的贴身热度不超过300℃。

3. 吊钩的安全检验与报废

吊钩是重要的承载件，要经常检查，还应由专门的安全技术检验部门进行定期检验。吊钩出现下述情况之一时应报废。

1）裂纹。

2）危险断面磨损达原尺寸的10%。

3）开口度比原尺寸增加15%。

4）扭转变形超过10°。

5）危险断面或吊钩颈部产生塑性变形。

6）板钩衬套磨损达原尺寸的50%时，应报废衬套。

7）板钩心轴磨损达原尺寸的5%时，应报废心轴。

8）板钩衬套磨损达原尺寸的50%时，应当报废衬套。

吊钩严禁超载吊运，只有在静载试车时才允许起吊1.25倍额定起重量的重量（即$1.25G_n$）。

吊钩应定期进行负荷试验。人力驱动的起升机构用吊钩，以$1.5G_n$作为检验载荷。动力驱动的起升机构用吊钩，额定起重量在25t以下的，以$2G_n$作为检验载荷；额定起重量在32～140t之间的以$(1.875 \sim 1.35)G_n$作为检验载荷；额定起重量在160t以上的，以$1.33G_n$作为检验载荷。吊钩卸去检验载荷后，在没有任何明显缺陷和变形的情况下，开口度的增加不应超过原开口度的0.25%。

吊钩组检验内容与要求见表2-1。

表2-1 吊钩组检验内容与要求

项 目	定期检验	特殊检验
吊钩回转状态	用手轻轻转动能灵活转动	—
防脱钩装置	用手检验，确认可靠	—
滑轮	转动时无异常响应，有防护置	—
螺栓、销	不应松动脱落	—
危险断面磨损	按GB/T 6067—1985《起重机械安全规程》不应超过原尺寸的10%	—
裂纹	6个月检查一次	磁粉探伤（6个月一次）
吊钩开口度	—	不能超过原尺寸的5%
螺纹	—	卸去螺母检查
轴承及轴枢	—	不得有裂纹和严重磨损

第二节 滑轮与滑轮组

一、滑轮的用途和构造

滑轮是用来改变钢丝绳方向的，有定滑轮和动滑轮两种。定滑轮只改变力的方向，动滑轮可以省力。由钢丝绳、定滑轮与动滑轮组成的滑轮组是天车起升机构的重要组成部分。用来改变钢丝绳方向的滑轮，可作为导向滑轮；用来均衡两条钢丝绳张力的滑轮，可作为均衡滑轮。

滑轮由轮毂 1、轮辐 2、加强肋 3、绳槽 5 和轮缘 4 组成，如图 2-4 所示。

滑轮的材料一般为 HT150 铸铁或 ZG230—450、ZG270—500 铸钢。大尺寸滑轮也有由钢板焊制而成的。

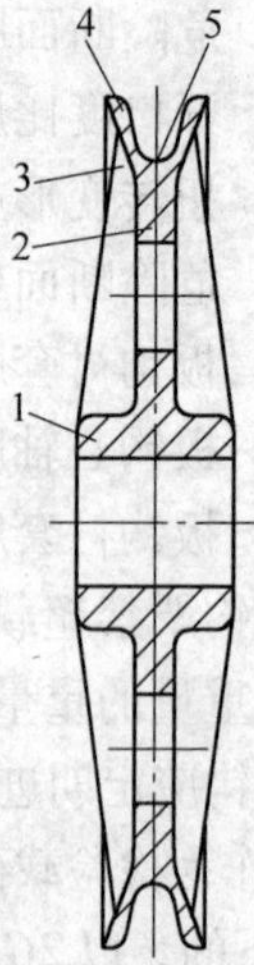

图 2-4 滑轮的构造

1—轮毂 2—轮辐 3—加强肋 4—轮缘 5—绳槽

二、滑轮组

1. 滑轮组的种类

滑轮组由一定数量的定滑轮、动滑轮和钢丝绳组成。根据滑轮组的作用分为省力滑轮组和增速滑轮组两种。

省力滑轮组如图 2-5 所示。

在省力滑轮中绕入卷筒的绳索分支为主动部分，而动滑轮为从动部分。若被提升的物件重量为 Q，而绕入卷筒的绳索分支拉力 F_T 只有 Q 的一半，通过它可以用较小的绳索拉力吊起较重的货物，起到省力作用。它是最常用的滑轮组。天车起升机构都采用省力滑轮组，通过它可以用较小的绳索拉力吊起较重的物件，但这时物件的升降速度有所降低。

增速滑轮组如图 2-6 所示。

在增速滑轮组中，用液压缸或汽缸直接驱动动滑轮，动滑轮为主动部分，移动的绳索端部为从动部分，当主动部分施力大时，从动部分得到的力小，但是主动部分只稍移动较小的距离，就可使从动部分得到较大的位移及较大的速度，起到增速作用。

增速滑轮组常用于液压和气动的起升机构。

滑轮组又有单联滑轮组和双联滑轮组两种。

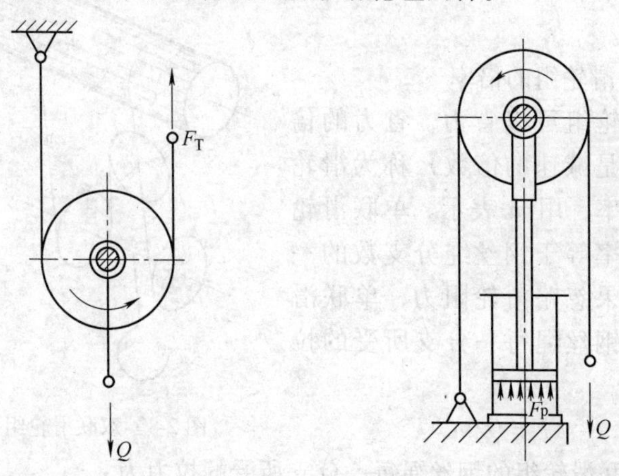

图 2-5　省力滑轮组　　　　图 2-6　增速滑轮组

单联滑轮组（见图 2-7）的特点是绕入卷筒的绳索分支数为一根。用单联滑轮组升降物品时，将发生水平移动和摇晃（见图 2-7a），使操作不便。为消除水平移动和摇晃，在绳索绕入卷筒之前，可先经过一个固定的导向滑轮（见图 2-7b）。

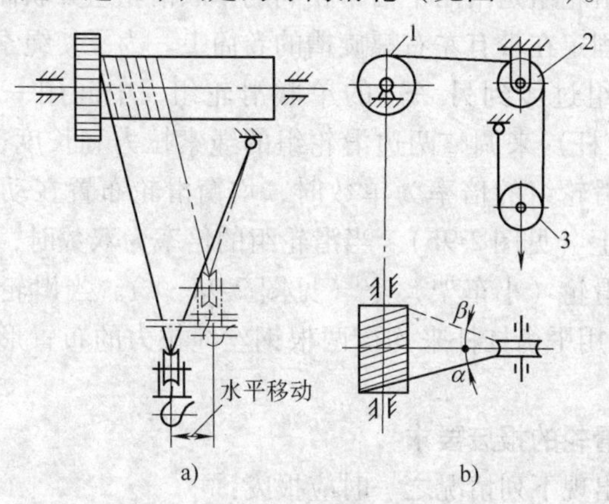

图 2-7　单联滑轮组

a）绳直接绕上卷筒　b）绳经导向滑轮后直接绕上卷筒

1—卷筒　2—导向滑轮　3—动滑轮

双联滑轮组（见图2-8）绕入卷筒的绳索分支数有两根，采用双联滑轮组升降物品时没有水平移动。

2. 滑轮组的倍率

滑轮组可以省力，省力的倍数（也是减速的倍数）称为滑轮组的倍率，用 m 表示。单联滑轮组的倍率等于钢丝绳分支数的一半。如果忽略滑轮阻力，单联滑轮组的钢丝绳每一分支所受的拉力为

$$F = Q/m$$

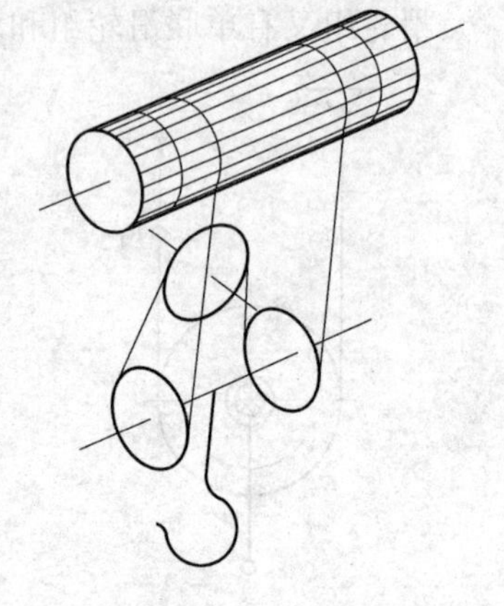

图2-8　双联滑轮组

双联滑轮组的钢丝绳每一分支所受的拉力为

$$F = Q/2m$$

式中　F——钢丝绳的实际拉力（N）；

Q——载荷（N）；

m——滑轮组的倍率。

双联滑轮组是由两个倍率相同的单联滑轮组并联而成的，绳索两端都固定在带有左右螺旋槽的卷筒上。为了使绳索由一边的单联滑轮组过渡到另一边的单联滑轮组，中间用一个均衡轮（或平衡杠杆）来调整两边滑轮组的绳索拉力和长度，如图2-9所示。当滑轮组的倍率为单数时，均衡滑轮布置在动滑轮（吊钩挂架）上（见图2-9b）。当滑轮组的倍率为双数时，均衡滑轮布置在定滑轮（小车架）上（见图2-9a、c）。当滑轮组的倍率 $m \geqslant 6$ 时，用平衡杠杆来均衡两根钢丝绳拉力的布置形式，如图2-9d所示。

三、滑轮的报废要求

滑轮出现下列情况之一时应报废：

1）裂纹。

2）轮槽壁厚磨损达原壁厚的20%。

3）轮槽不均匀磨损达3mm。

4）因磨损使轮槽底部直径减少量达到钢丝绳直径的50%。

5）其他损害钢丝绳的缺陷。

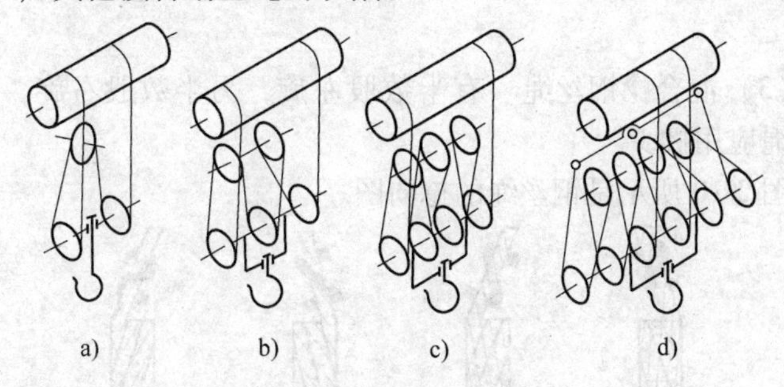

图 2-9　滑轮组的布置

a）$m=2$　b）$m=3$　c）$m=4$　d）$m=6$

第三节　钢　丝　绳

钢丝绳用于起升机构和捆扎吊运物件，故要求其有较高的强度和挠性。钢丝绳由许多很细的钢丝捻成，易于弯曲（即有挠性）。钢丝由碳的质量分数为0.5%～0.8%的优质碳素结构钢制成，其抗拉强度可达1400～2000MPa（而Q235A钢的抗拉强度为375～460MPa）。钢丝有光面和镀锌两种。镀锌钢丝多用于易腐蚀环境。

一、钢丝绳的种类

1. 根据钢丝绳的捻向分类

（1）交互捻钢丝绳　绳与股的捻向相反，这是常用的钢丝绳，由于绳与股的自行松捻趋势相反，互相抵消，没有扭转打结的趋势，使用方便。根据绳的捻向，又分别有右捻绳和左捻绳。“右捻”用“Z”表示，“左捻”用“S”表示。

起重机上多用交互捻钢丝绳。交互捻钢丝绳又分为右交互捻钢丝绳和左交互捻钢丝绳。右交互捻钢丝绳表示绳是右捻，股是左捻，用“ZS”表示（见图2-10a）；左交互捻钢丝绳表示绳是左捻，股是右捻，用“SZ”表示（见图2-10b）。

（2）同向捻钢丝绳　如图2-10c、d所示，绳与股的捻向相同，有自行松捻和扭转的趋势，容易打结。由于其挠性较好。通常用于具有刚性的导轨的牵引。近年来在制造工艺中采用预变形方法，成绳后消除了自行松散扭转的现象。这种绳又称为不松散绳。

(3) 混合捻钢丝绳　有半数股左旋，另半数股右旋。这种钢丝绳应用极少。

图 2-10 所示是钢丝绳的捻向图。

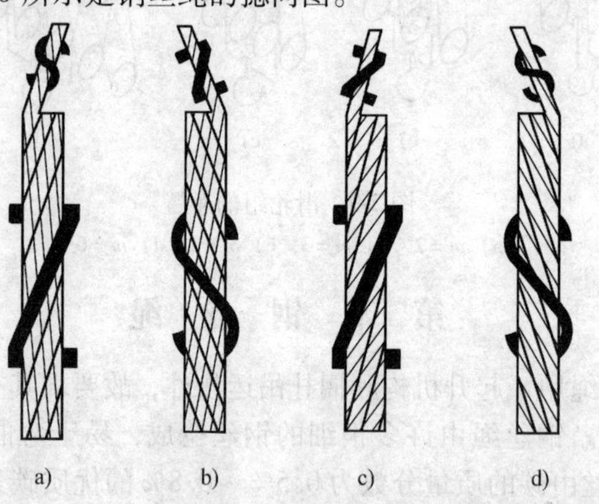

图 2-10　钢丝绳的捻向图

a) 右交互捻“ZS”　b) 左交互捻“SZ”
c) 右同向捻“ZZ”　d) 左同向捻“SS”

交互捻的标记为“交”或不记标记，同向捻的标记为“同”，混合捻的标记为“混”。

2. 根据绳股的构造分类

(1) 点接触绳　绳股中各层钢丝直径相同，股中相邻各层钢丝的捻距不等，互相交叉，在交叉点上接触，如图 2-11a 所示。因此，点接触绳易于磨损、寿命低。

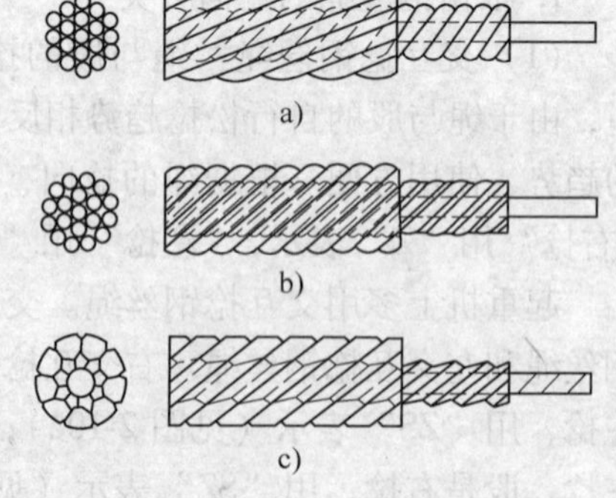

图 2-11　点、线、面接触的钢丝绳

a) 点接触绳　b) 线接触绳　c) 面接触绳

（2）线接触绳　绳股中各层钢丝的捻距相等，外层钢丝位于里层钢丝之间的沟槽里，内外层钢丝互相接触在一条螺旋线上，如图 2-11b 所示，改变了接触，增长了寿命，增加了挠性。相同直径的钢丝绳，线接触型比点接触型的金属断面面积大，因而承载能力大。

线接触钢丝绳又分为外粗式瓦林吞（W）型、粗细式西鲁（S）型和填充式（Fi）三种形式，如图 2-12 所示。

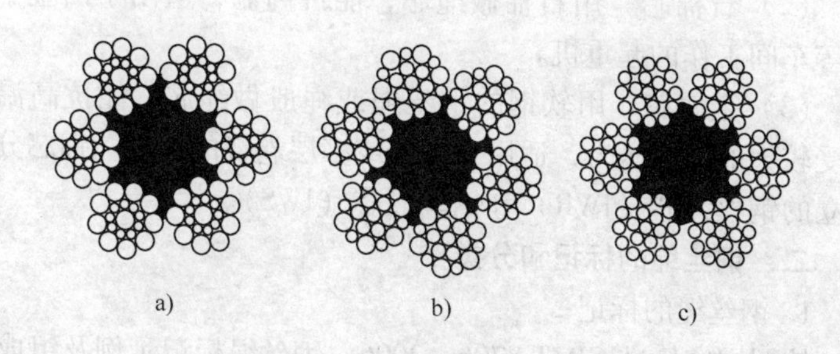

图 2-12　线接触钢丝绳的形式

a）外粗式钢丝绳　b）粗细式钢丝绳　c）填充式钢丝绳

外粗式钢丝绳绳股的构造如图 2-12a 所示。它的中心为一粗钢丝，四周有 9 根细钢丝，在 9 个沟槽里再布置 9 根粗钢丝。这种股记为股（1 +9 +9）。这种钢丝绳股的优点是外层钢丝粗，因而特别耐磨。

粗细式钢丝绳绳股的构造如图 2-12b 所示。其中间是用 7 根钢丝绕成的股，在其 6 个沟槽中布置 6 根钢丝，再在随后的 6 个沟槽里各布置一根细钢丝，这样，外层 12 根钢丝有两种不同的直径。这种股记为股（1 +6 +6/6）。这种钢丝绳的挠性好，是起重机常用的形式。

图 2-12c 所示为填充式 Fi(25)股的构造，中间是用 7 根钢丝绕成的股，外层布置 12 根直径相同的钢丝，在每组依正方形排列的 4 根钢丝所形成的孔隙中，各填充一根细钢丝。

（3）面接触绳　如图 2-11c 所示，股与股之间呈面接触，制作工艺复杂，多用于缆索起重机和空索道的支承缆索。

3. 绳芯

为了增加钢丝绳的挠性与弹性且使之更好地润滑，一般在钢丝绳的中心布置一股绳芯，或在钢丝绳的每一股中布置绳芯。绳芯的种类如下：

（1）纤维芯　用麻做绳芯，常用的钢丝绳就是麻芯钢丝绳，这种钢丝绳不适用于高温环境。纤维芯用 FC 表示，天然纤维芯用 NF 表示，合成纤维芯用 SF 表示。

（2）石棉芯　用石棉做绳芯，能抗高温，适用于冶金、铸造等车间工作的起重机。

（3）金属芯　用软钢的钢丝绳或绳股做绳芯，能抗高温和承受较大的横向压力，适用于高温或多层卷绕的地方。钢芯分为独立的钢丝绳芯（IWR）和钢丝股芯（IWS）。

二、钢丝绳的标记和分类

1. 钢丝绳的标记

按照国家标准 GB/T 8706—2006，钢丝绳标记示例及组成内容如图 2-13 所示。

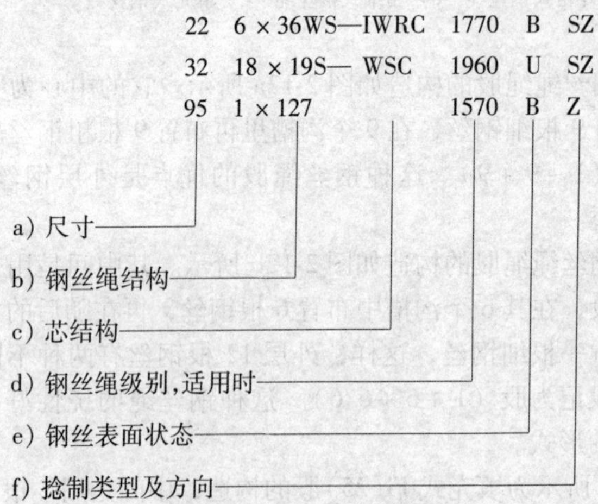

图 2-13　钢丝绳标记

钢丝绳标记代号及其意义见表 2-2。

图 2-2　钢丝绳标记代号及其意义

类型	意义	代号	类型	意义	代号
横截面形状	圆形 三角形 矩形	无代号 V R	钢丝表面状态	光面或无镀层 B 级镀锌 A 级镀锌 B 级锌合金镀层 A 级锌合金镀层	U B A B(Zn/Al) A(Zn/Al)
股结构	西鲁式 瓦林吞式 填充式 组合平行捻 点接触捻 复合西鲁式 复合瓦林吞式	S W F WS M SN WN	捻制类型	右交互捻 左交互捻 右同向捻 左同向捻	SZ ZS ZZ SS
芯结构	纤维芯 天然纤维芯 合成纤维芯 固态聚合物芯 钢芯 钢丝股芯 独立钢丝股芯	FC NFC SFC SPC WC WSC IWRC	—	—	—

2. 钢丝绳的分类

钢丝绳按其绳和股的断面、股数和股外层钢丝的数目分类，天车常用钢丝绳的分类及结构见表 2-3。

三、钢丝绳的重量和破断拉力

钢丝绳的参考重量按下式计算

$$M = KD^2$$

式中　M——钢丝绳单位长度的参考重量（kg/100m）；

D——钢丝绳的公称直径（mm）；

K——单位长度的重量系数（kg/100m · mm²）。

钢丝绳的重量系数和最小破断拉力系数见表 2-4。

表 2-3　天车常用钢丝绳的分类及结构

类别		分类原则	典型结构		直径范围
			钢丝绳	股绳	mm
圆股钢丝绳	6×19	6个圆股，每股外层丝8～12根，中心丝外捻制2～3层钢丝，钢丝等捻距	6×19S	(1+9+9)	12～36
			6×19W	(1+6+6/6)	12～40
			6×25Fi	(1+6+6F+12)	12～44
			6×26WS	(1+5+5/5+10)	20～40
			6×31WS	(1+6+6/6+12)	22～46
	6×37	6个圆股，每股外层丝14～18根，中心丝外捻制3～4层钢丝，钢丝等捻距	6×29Fi	(1+7+7F+14)	14～44
			6×36WS	(1+7+7/7+14)	18～60
			6×37S(点线接触)	(1+6+15+15)	20～60
			6×41WS	(1+8+8/8+16)	32～56
			6×49SWS	(1+8+8+8/8+16)	36～60
			6×55SWS	(1+9+9+9/9+18)	36～64
	8×19	8个圆股，每股外层丝8～12根，中心丝外捻制2～3层钢丝，钢丝等捻距	8×19S	(1+9+9)	20～44
			8×19W	(1+6+6/6)	18～48
			8×25Fi	(1+6+6F+12)	16～52
			8×26WS	(1+5+5/5+10)	24～48
			8×31WS	(1+6+6/6+12)	26～56

（续）

类别		分类原则	典型结构		直径范围
			钢丝绳	股绳	mm
圆股钢丝绳	8×37	8 个圆股，每股外层丝 14～18 根，中心丝外捻制 3～4 层钢丝，钢丝等捻距	8×36WS 8×41WS 8×49SWS 8×55SWS	（1+7+7/7+14） （1+8+8/8+16） （1+8+8+8/8+16） （1+9+9+9/9+18）	22～60 40～36 44～64 44～64
异型股钢丝绳	6V×37	6 个三角形股，每股外层丝 15～18 根，三角形股，芯外捻制 2 层钢丝	6V×37 6V×37S 6V×43	（/1×7+3/+12+15） （/1×7+3/+12+15） （/1×7+3/+15+18）	32～52 32～52 38～58
	4V×39	4 个扇形股，每股外层丝 15～18 根，纤维股芯外捻制 3 层钢丝	4V×39S 4V×48S	（FC+9+15+15） （FC+12+18+18）	16～36 20～40

表 2-4　钢丝绳的重量系数和最小破断拉力系数

组别	类别	钢丝绳重量系数 K			$\frac{K_2}{K_{1n}}$	$\frac{K_2}{K_{1p}}$	最小破断拉力系数 K'		$\frac{K_2'}{K_1'}$
		天然纤维芯钢丝绳	合成纤维芯钢丝绳	钢芯钢丝绳			纤维芯钢丝绳	钢芯钢丝绳	
		K_{1n}	K_{1p}	K_2			K_1'	K_2'	
		kg/100m · mm^2							
1	6×7	0.351	0.344	0.387	1.10	1.12	0.332	0.359	1.08
2	6×19	0.380	0.371	0.418	1.10	1.13	0.330	0.356	1.08
3	6×37								
4	8×19	0.357	0.344	0.435	1.22	1.26	0.293	0.346	1.18
5	8×37								
6	18×7	0.390		0.430	1.10	1.10	0.310	0.328	1.06
7	18×19								
8	34×7	0.390		0.430	1.10	1.10	0.308	0.318	1.03
9	35W×7	—		0.460	—	—	—	0.360	—
10	6V×7	0.412	0.404	0.437	1.06	1.08	0.375	0.398	1.06
11	6V×19	0.405	0.397	0.429	1.06	1.08	0.360	0.382	1.06
12	6V×37								
13	4V×39	0.410	0.402	—	—	—	0.360	—	—
14	6Q×19+6V×21	0.410	0.402	—	—	—	0.360	—	—

注：1. 在 2 组和 4 组钢丝绳中，当股内钢丝的数目为 19 根或 19 根以下时，重量系数应比表中所列的数小 3%。

2. 在 11 组钢丝绳中，股含纤维芯 6V×21、6V×24 结构钢丝绳的重量系数和最小破断拉力系数，应分别比表中所列的数小 8%，6V×30 结构钢丝绳的最小破断拉力系数，应比表中所列的数小 10%；在 12 组钢丝绳中，股为线接触结构 6V×37S 钢丝绳的重量系数和最小破断拉力系数则应分别比表中所列的数大 3%。

3. K_{1p} 重量系数是对聚丙烯纤维芯钢丝绳而言。

钢丝绳必须具有足够的强度，应满足下列强度条件，即

$$F_{max} \leqslant F_0 / n$$

式中 F_{max}——钢丝绳工作时所受的最大拉力（kN）；

F_0——钢丝绳的最小破断拉力（kN）；

n——安全系数。

钢丝绳的破断拉力 F_0，由下式计算

$$F_0 = K' D^2 R_0 / 1000$$

式中 D——钢丝绳公称直径（mm）；

R_0——钢丝绳公称抗拉强度（MPa）；

K'——某一指定结构钢丝绳的最小破断拉力系数。

起重机常用钢丝绳的力学性能见表2-5、表2-6、表2-7、表2-8，其为圆股、线接触型钢丝绳。大型浇铸起重机用钢丝绳为表2-5~表2-8中带钢丝绳芯（IWR）的，以及四股扇形股钢丝绳，其力学性能见表2-9。

钢丝绳的安全系数是根据起升机构的工作级别来决定的，见表2-10。

四、钢丝绳端部的固定

钢丝绳在使用中会有磨损，需要定期更换。钢丝绳端部在卷筒上的固定将在卷筒一节中介绍，钢丝绳与其他构件的固定方法有以下几种：

（1）编结法（见图2-14a） 将绳端各股散开，分别插于承载各股之间，每股穿插4~5次，然后用细钢丝扎紧。环眼中应放入绳环，以保护绳索表面。此方法牢固可靠，但需要较高的编结技术。

（2）斜楔固定法（见图2-14b） 把钢丝绳放入锥形套中，靠斜楔自动夹紧，这种方法装拆简便，但不适用于冲击载荷。

（3）灌铅法（见图2-14c） 将绳端散开，装入锥形套中，然后灌满熔铅。这种方法手续麻烦，拆换不便，仅用于大直径的钢丝绳。

（4）绳卡固定法（见图2-14d） 绳端绕过绳环后用绳卡（见图2-14e）将钢丝绳的工作支固定，当直径 $d<16$mm 时，可用3个绳卡；当 $16<d<20$mm 时用4个绳卡；当 $22<d<26$mm 时用5个绳卡；当 $d>26$mm 时用6个绳卡。此方法使用方便，应用较广。

表 2-5 力学性能一

钢丝绳公称直径		钢丝绳参考重量/(kg/100m)			钢丝绳公称抗拉强度/MPa									
					1570		1670		1770		1870		1960	
					钢丝绳最小破断拉力/kN									
D/mm	允许偏差(%)	天然纤维芯钢丝绳	合成纤维芯钢丝绳	钢芯钢丝绳	纤维芯钢丝绳	钢芯钢丝绳	纤维芯钢丝绳	钢芯钢丝绳	纤维芯钢丝绳	钢芯钢丝绳	纤维芯钢丝绳	钢芯钢丝绳	纤维芯钢丝绳	钢芯钢丝绳
12	+5 0	53.1	51.8	58.4	74.6	80.5	79.4	85.6	84.1	90.7	88.9	95.9	93.1	100
13		62.3	60.8	68.5	87.6	94.5	93.1	100	98.7	106	104	113	109	118
14		72.2	70.5	79.5	102	110	108	117	114	124	121	130	127	137
16		94.4	92.1	104	133	143	141	152	150	161	158	170	166	179
18		119	117	131	168	181	179	193	189	204	200	216	210	226
20		147	144	162	207	224	220	238	234	252	247	266	259	279
22		178	174	196	251	271	267	288	283	304	299	322	313	338
24		212	207	234	298	322	317	342	336	363	355	383	373	402
26		249	243	274	350	378	373	402	395	426	417	450	437	472
28		289	282	318	406	438	432	466	458	494	484	522	507	547
30		332	324	365	466	503	496	535	526	567	555	599	582	628
32		377	369	415	531	572	564	609	598	645	632	682	662	715
34		426	416	469	599	646	637	687	675	728	713	770	748	807
36		478	466	525	671	724	714	770	757	817	880	863	838	904
38		532	520	585	748	807	796	858	843	910	891	961	934	1010
40		590	576	649	829	894	882	951	935	1010	987	1070	1030	1120

注：钢丝绳结构为 6×19S+FC、6×19S+IWR、6×19W+FC、6×19W+IWR。

表 2-6　力学性能二

钢丝绳公称直径		钢丝绳参考重量/（kg/100m）			钢丝绳公称抗拉强度/MPa									
					1570		1670		1770		1870		1960	
					钢丝绳最小破断拉力/kN									
D/mm	允许偏差（%）	天然纤维芯钢丝绳	合成纤维芯钢丝绳	钢芯钢丝绳	纤维芯钢丝绳	钢芯钢丝绳	纤维芯钢丝绳	钢芯钢丝绳	纤维芯钢丝绳	钢芯钢丝绳	纤维芯钢丝绳	钢芯钢丝绳	纤维芯钢丝绳	钢芯钢丝绳
12	+5 0	54.7	53.4	60.2	74.6	80.5	79.4	85.6	84.1	90.7	88.9	95.9	93.1	100
13		64.2	62.7	70.6	87.6	94.5	93.1	100	98.7	106	104	113	109	118
14		74.5	72.7	81.9	102	110	108	117	114	124	121	130	127	137
16		97.3	95.0	107	133	143	141	152	150	161	158	170	166	179
18		123	120	135	168	181	179	193	189	204	200	216	210	226
20		152	148	167	207	224	220	238	234	252	247	266	259	279
22		184	180	202	251	271	267	288	283	305	299	322	313	338
24		219	214	241	298	322	317	342	336	363	355	383	373	402
26		257	251	283	350	378	373	402	395	426	417	450	437	472
28		298	291	328	406	438	432	466	458	494	484	522	507	547
30		342	334	376	466	503	496	535	526	567	555	599	582	628
32		389	380	428	531	572	564	609	598	645	632	682	662	715
34		439	429	483	599	646	637	687	675	728	713	770	748	807
36		492	481	542	671	724	714	770	757	817	800	863	838	904
38		549	536	604	748	807	796	858	843	910	891	961	934	1010
40		608	594	669	829	894	882	951	935	1010	987	1070	1030	1120
42		670	654	737	914	986	972	1050	1030	1110	1090	1170	1140	1230

（续）

钢丝绳公称直径		钢丝绳参考重量/（kg/100m）			钢丝绳公称抗拉强度/MPa									
					1570		1670		1770		1870		1960	
					钢丝绳最小破断拉力/kN									
D/mm	允许偏差（%）	天然纤维芯钢丝绳	合成纤维芯钢丝绳	钢芯钢丝绳	纤维芯钢丝绳	钢芯钢丝绳	纤维芯钢丝绳	钢芯钢丝绳	纤维芯钢丝绳	钢芯钢丝绳	纤维芯钢丝绳	钢芯钢丝绳	纤维芯钢丝绳	钢芯钢丝绳
44	+5 0	736	718	809	1000	1080	1070	1150	1130	1220	1190	1290	1250	1350
46		804	785	884	1100	1180	1170	1260	1240	1330	1310	1410	1370	1480
48		876	855	963	1190	1290	1270	1370	1350	1450	1420	1530	1490	1610
50		950	928	1040	1300	1400	1380	1490	1460	1580	1540	1660	1620	1740
52		1030	1000	1130	1400	1510	1490	1610	1580	1700	1670	1800	1750	1890
54		1110	1080	1220	1510	1630	1610	1730	1700	1840	1800	1940	1890	2030
56		1190	1160	1310	1620	1750	1730	1860	1830	1980	1940	2090	2030	2190
58		1280	1250	1410	1740	1880	1850	2000	1960	2120	2080	2240	2180	2350
60		1370	1340	1500	1870	2010	1980	2140	2100	2270	2220	2400	2330	2510
62		1460	1430	1610	1990	2150	2120	2290	2250	2420	2370	2560	2490	2680
64		1560	1520	1710	2120	2290	2260	2440	2390	2580	2530	2730	2650	2860

注：钢丝绳结构为 6×25Fi+FC、6×25Fi+IWR、6×26WS+FC、6×26WS+IWR、6×29Fi+FC、6×29Fi+IWR、6×31WS+FC、6×31WS+IWR、6×36WS+FC、6×36WS+IWR、6×37S+FC、6×37S+IWR、6×41WS+FC、6×41WS+IWR、6×49SWS+FC、6×49SWS+IWR、6×55SWS+FC、6×55SWS+IWR。

表 2-7　力学性能三

钢丝绳公称直径		钢丝绳参考重量/(kg/100m)			钢丝绳公称抗拉强度/MPa									
					1570		1670		1770		1870		1960	
					钢丝绳最小破断拉力/kN									
D/mm	允许偏差(%)	天然纤维芯钢丝绳	合成纤维芯钢丝绳	钢芯钢丝绳	纤维芯钢丝绳	钢芯钢丝绳	纤维芯钢丝绳	钢芯钢丝绳	纤维芯钢丝绳	钢芯钢丝绳	纤维芯钢丝绳	钢芯钢丝绳	纤维芯钢丝绳	钢芯钢丝绳
18		112	108	137	149	176	159	187	168	198	178	210	186	220
20		139	133	169	184	217	196	231	207	245	219	259	230	271
22		168	162	204	223	263	237	280	251	296	265	313	278	328
24		199	192	243	265	313	282	333	299	353	316	373	331	391
26		234	226	285	311	367	331	391	351	414	370	437	388	458
28		271	262	331	361	426	384	453	407	480	430	507	450	532
30		312	300	380	414	489	440	520	467	551	493	582	517	610
32	-5	355	342	432	471	556	501	592	531	627	561	663	588	694
34	0	400	386	488	532	628	566	668	600	708	633	748	664	784
36		449	432	547	596	704	634	749	672	794	710	839	744	879
38		500	482	609	664	784	707	834	749	884	791	934	829	979
40		554	534	675	736	869	783	925	830	980	877	1040	919	1090
42		611	589	744	811	958	863	1020	915	1080	967	1140	1010	1200
44		670	646	817	891	1050	947	1120	1000	1190	1060	1250	1110	1310
46		733	706	893	973	1150	1040	1220	1100	1300	1160	1370	1220	1430
48		798	769	972	1060	1250	1130	1330	1190	1410	1260	1490	1320	1560

注：钢丝绳结构为 8×19S+FC、8×19S+IWR、8×19W+FC、8×19W+IWR。

表 2-8 力学性能四

钢丝绳公称直径		钢丝绳参考重量/(kg/100m)			钢丝绳公称抗拉强度/MPa									
					1570		1670		1770		1870		1960	
					钢丝绳最小破断拉力/kN									
D/mm	允许偏差(%)	天然纤维芯钢丝绳	合成纤维芯钢丝绳	钢芯钢丝绳	纤维芯钢丝绳	钢芯钢丝绳	纤维芯钢丝绳	钢芯钢丝绳	纤维芯钢丝绳	钢芯钢丝绳	纤维芯钢丝绳	钢芯钢丝绳	纤维芯钢丝绳	钢芯钢丝绳
16	+5 0	91.4	88.1	111	118	139	125	148	133	157	140	166	147	174
18		116	111	141	149	176	159	187	168	198	178	210	186	220
20		143	138	174	184	217	196	231	207	245	219	259	230	271
22		173	166	211	223	263	237	280	251	296	265	313	278	328
24		206	198	251	265	313	282	333	299	353	316	373	331	391
26		241	233	294	311	367	331	391	351	414	370	437	388	458
28		280	270	341	361	426	384	453	407	480	430	507	450	532
30		321	310	392	414	489	440	520	467	551	493	582	517	610
32		366	352	445	471	556	501	592	531	627	561	663	588	694
34		413	398	503	532	628	566	668	600	708	633	748	664	784
36		463	446	564	596	704	634	749	672	794	710	839	744	879
38		516	497	628	664	784	707	834	749	884	791	934	829	979
40		571	550	696	736	869	783	925	830	980	877	1040	919	1090
42		630	607	767	811	958	863	1020	915	1080	967	1140	1010	1200

（续）

钢丝绳公称直径		钢丝绳参考重量/（kg/100m）			钢丝绳公称抗拉强度/MPa									
					1570		1670		1770		1870		1960	
					钢丝绳最小破断拉力/kN									
D/mm	允许偏差（%）	天然纤维芯钢丝绳	合成纤维芯钢丝绳	钢芯钢丝绳	纤维芯钢丝绳	钢芯钢丝绳	纤维芯钢丝绳	钢芯钢丝绳	纤维芯钢丝绳	钢芯钢丝绳	纤维芯钢丝绳	钢芯钢丝绳	纤维芯钢丝绳	钢芯钢丝绳
44	+5 0	691	666	842	891	1050	947	1120	1000	1190	1060	1250	1110	1310
46		755	728	920	973	1150	1040	1220	1100	1300	1160	1370	1220	1430
48		823	793	1000	1060	1250	1130	1330	1190	1410	1260	1490	1320	1560
50		892	860	1090	1150	1360	1220	1440	1300	1530	1370	1620	1440	1700
52		965	930	1180	1240	1470	1320	1560	1400	1660	1480	1750	1550	1830
54		1040	1000	1270	1340	1580	1430	1680	1510	1790	1600	1890	1670	1980
56		1120	1080	1360	1440	1700	1530	1810	1630	1920	1720	2030	1800	2130
58		1200	1160	1460	1550	1830	1650	1940	1740	2060	1840	2180	1930	2280
60		1290	1240	1570	1660	1960	1760	2080	1870	2200	1970	2330	2070	2440
62		1370	1320	1670	1770	2090	1880	2220	1990	2350	2110	2490	2210	2610
64		1460	1410	1780	1880	2230	2000	2370	2120	2510	2240	2650	2350	2780

注：钢丝绳结构为8×25Fi+FC、8×25Fi+IWR、8×26WS+FC、8×26WS+IWR、8×31WS+FC、8×31WS+IWR、8×36WS+FC、8×36WS+IWR、8×41WS+FC、8×41WS+IWR、8×49SWS+FC、8×49SWS+IWR、8×55SWS+FC、8×55SWS+IWR。

表 2-9　力学性能五

钢丝绳公称直径		钢丝绳参考重量/(kg/100m)		钢丝绳公称抗拉强度/MPa				
				1570	1670	1770	1870	1960
D/mm	允许偏差(%)	天然纤维芯钢丝绳	合成纤维芯钢丝绳	钢丝绳最小破断拉力/kN				
16	+6 0	105	103	145	154	163	172	181
18		133	130	183	195	206	218	229
20		164	161	226	240	255	269	282
22		198	195	274	291	308	326	342
24		236	232	326	346	367	388	406
26		277	272	382	406	431	455	477
28		321	315	443	471	500	528	553
30		369	362	509	541	573	606	635
32		420	412	579	616	652	689	723
34		474	465	653	695	737	778	816
36		531	521	732	779	826	872	914
38		592	580	816	868	920	972	1020
40		656	643	904	962	1020	1080	1130

注：钢丝绳结构为4V×39S+5FC、4V×48S+5FC。

表 2-10　钢丝绳的安全系数

起升机构工作级别	M1~M3	M4	M5	M6	M7	M8
安全系数	4	4.5	5	6	7	9

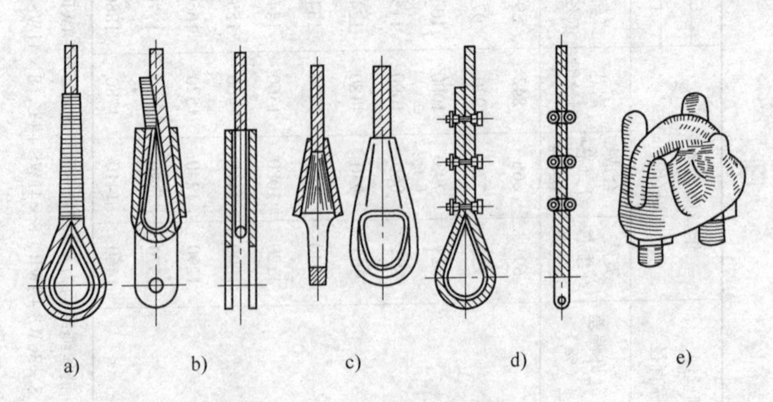

图 2-14　钢丝绳端部的固定

a）编结法　b）斜楔固定法　c）灌铅法　d）绳卡固定法　e）绳卡子

五、钢丝绳的保养与报废

为了延长钢丝绳的使用寿命，应对钢丝绳经常进行维护保养，定期润滑。

1. 钢丝绳的维护

1）钢丝绳应防止损伤、腐蚀或其他物理条件、化学条件所造成的性能降低。

2）钢丝绳开卷时，应防止打结或扭曲。

3）钢丝绳切断时，应有防止绳股散开的措施。

4）安装钢丝绳时，不应在不洁净的地方拖线，也不应绕在其他物体上，应防止划、磨、碾压和过度弯曲。

5）钢丝绳应保持良好的润滑状态。所用润滑剂应符合该绳的要求，并且不影响外观检查。润滑时应特别注意不易看到和不易接近的部位，如平衡轮处的钢丝绳。

6）领取钢丝绳时，必须检查该钢丝绳的合格证，以保证力学性能、规格符合设计要求。

7）对日常使用的钢丝绳每天都应进行检查，包括对端部的固定连接、平衡轮处的检查，并作出安全性的判断。

8）起升机构不得使用编结接长的钢丝绳，使用其他方法接长的钢丝绳时，必须保证连接强度不小于钢丝绳破断拉力的90%。

2. 钢丝绳润滑　润滑前要用煤油清洗钢丝绳，然后再涂抹润滑油或将润滑油加热到80°C以上，使油容易渗到钢丝绳的内部。钢丝绳的润滑应采用不含酸、碱的润滑油，如石墨和凡士林油的混合物。

3. 钢丝绳的报废标准

1）对于6股和8股的钢丝绳，断裂主要发生在外表。而对于多层股的钢丝绳（典型的多股结构）断丝大多发生在内部。表2-11和表2-12是各种情况进行综合考虑后的断丝控制标准，它适用于各种结构的钢丝绳。

2）如果断丝紧靠一起形成局部聚集，则钢丝绳应报废。如果这种断丝聚集在小于6d的绳长范围内，或者集中在任一支绳股里，即使断丝数比表 2-11 或表 2-12 列的数值少，钢丝绳也应予以报废。d 为绳径。

表 2-11　钢制滑轮上工作的圆股钢丝绳中断丝根数的控制标准（GB/T 5972）

外层绳股承载钢丝数① n	钢丝绳典型结构示例②（GB 8918—2006，GB/T 20118—2006）⑤	起重机用钢丝绳必须报废时与疲劳有关的可见断丝数③							
		机构工作级别							
		M1、M2、M3、M4				M5、M6、M7、M8			
		交互捻		同向捻		交互捻		同向捻	
		长度范围④				长度范围⑤			
		≤6d	≤30d	≤6d	≤30d	≤6d	≤30d	≤6d	≤30d
≤50	6×7	2	4	1	2	4	8	2	4
51≤n≤75	6×19S*	3	6	2	3	6	12	3	6
76≤n≤100		4	8	2	4	8	16	4	8
101≤n≤120	8×19S* 6×25Fi*	5	10	2	5	10	19	5	10
121≤n≤140		6	11	3	6	11	22	6	11
141≤n≤160	8×25Fi	6	13	3	6	13	26	6	13
161≤n≤180	6×36WS*	7	14	4	7	14	29	7	14
181≤n≤200		8	16	4	8	16	32	8	16
201≤n≤220	6×41WS*	9	18	4	9	18	38	9	18
221≤n≤240	6×37	10	19	5	10	19	38	10	19
241≤n≤260		10	21	5	10	21	42	10	21
261≤n≤280		11	22	6	11	22	45	11	22
281≤n≤300		12	24	6	12	24	48	12	24
300<n②		0.04n	0.08n	0.02n	0.04n	0.08n	0.16n	0.04n	0.08n

① 填充钢丝不是承载钢丝，因此检验中要予以扣除。多层绳股钢丝绳仅考虑可见的外层，带钢芯的钢丝绳，其绳芯作为内部绳股对待，不予考虑。

② 统计绳中的可见断丝数时，圆整至整数值。对外层绳股的钢丝直径大于标准直径的特定结构的钢丝绳，在表中作降低等级处理，并以＊号表示。

③ 一根断丝可能有两处可见端。

④ d 为钢丝绳公称直径。

⑤ 钢丝绳典型结构与国际标准的钢丝绳典型结构是一致的。

表 2-12　钢制滑轮上工作的抗扭钢丝绳中断丝根数的控制标准（GB/T 5972）

达到报废标准的起重机用钢丝绳与疲劳有关的可见断丝数①			
机构工作级别 M1、M2、M3、M4		机构工作级别 M5、M6、M7、M8	
长度范围②		长度范围②	
$\leqslant 6d$	$\leqslant 30d$	$\leqslant 6d$	$\leqslant 30d$
2	4	4	8

①　一根断丝可能有两处可见端。

②　d 为钢丝绳公称直径。

3）如果出现整根绳股的断裂，钢丝绳应予以报废。

4）如果钢丝绳实测直径相对公称直径减少 3%（对于抗扭钢丝绳）或减少 10%（对于其他钢丝绳），钢丝绳应予以报废。

5）当钢丝绳出现波浪形时，在钢丝绳长度不超过 $25d$ 的范围内，若 $d_1 \geqslant 4d/3$（见图 2-15），钢丝绳应予以报废。

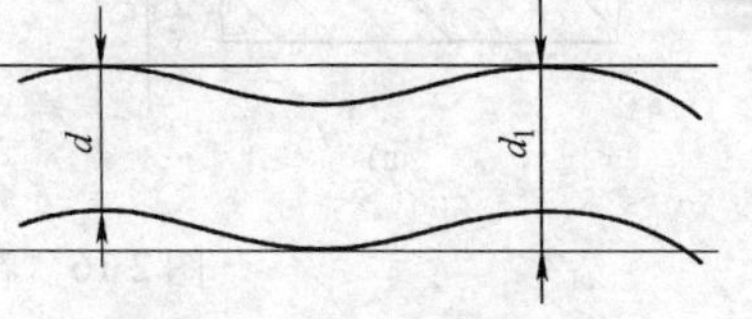

图 2-15　波浪形钢丝绳

6）钢丝绳发生笼状畸变、绳股挤出、钢丝挤出、绳径局部增大、绳径局部减少、部分被压扁、严重扭结、弯折等之一情况时，钢丝绳应予以报废。

第四节　卷　　筒

一、卷筒的构造

卷筒的作用是卷绕钢丝绳，传递动力，把旋转运动转换成直线运动。

卷筒通常为圆柱形，有单层卷绕和多层卷绕两种，天车多用单层卷绕卷筒。单层卷绕卷筒的表面通常切出螺旋槽，以增加钢丝绳与卷筒的接触面积，保证钢丝绳排列整齐，防止相邻钢丝绳互相摩擦，从而提高钢丝绳的使用寿命。绳槽分为标准型槽与深槽两种形式，如图 2-16 所示，槽的圆弧面半径为 R，槽深为 c，槽的节距为 t，其尺寸关系为

$$R \approx 0.54d$$

式中　R——槽的圆弧面半径（mm）；

d——钢丝绳直径（mm）。

标准型槽槽深为

$$c \approx (0.3 \sim 0.4)d, t = d + (2 \sim 4)$$

深槽槽深为

$$c \approx 0.6d, t = d + (6 \sim 8)$$

式中　c——槽深（mm）；

t——槽的节距（mm）；

d——钢丝绳直径（mm）。

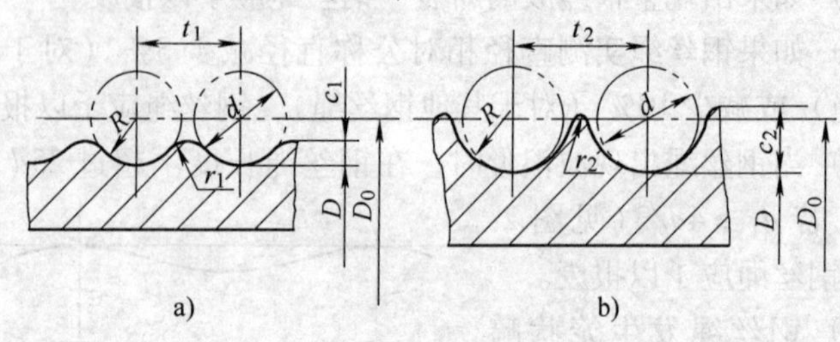

图 2-16　卷筒绳槽

a）标准型槽　b）深槽

多层卷绕卷筒用于起升高度特大或特别要求机构紧凑的情况。多层卷绕卷筒通常用不带螺旋槽的光卷筒。卷筒一般采用不低于 HT300 的灰铸铁或球墨铸铁制造，大型卷筒也可用 Q235A 钢板焊成。

卷筒部件常用的两种结构形式如图 2-17 所示，它主要由卷筒、卷筒轴、齿轮联接盘（见图 2-17a）或大齿轮（见图 2-17b）、卷筒毂、轴承座、轴承、螺栓及抗剪套等组成。这两种结构形式的特点是卷筒轴只受弯矩而不受扭矩。

二、钢丝绳在卷筒上的固定

钢丝绳在卷筒上固定的要求是安全可靠，便于装拆。常用的固定方法如图 2-18 所示，图 2-18a、b、c 为用压板和压紧螺栓固定绳端，图 2-18d 为用楔形块固定绳端，楔形块的斜度应在 1∶4

~1:5 范围内，使其满足自锁条件。

在卷筒上钢丝绳一般要留 2 ~3 圈作为安全圈，以防止钢丝绳所受拉力直接作用在压板上造成事故。

卷筒上钢丝绳绳端的固定装置，应当具有放松或者自紧性能，多层缠绕的卷筒，端部应当有凸缘，凸缘应当比最外层钢丝绳的直径高出 2 倍。

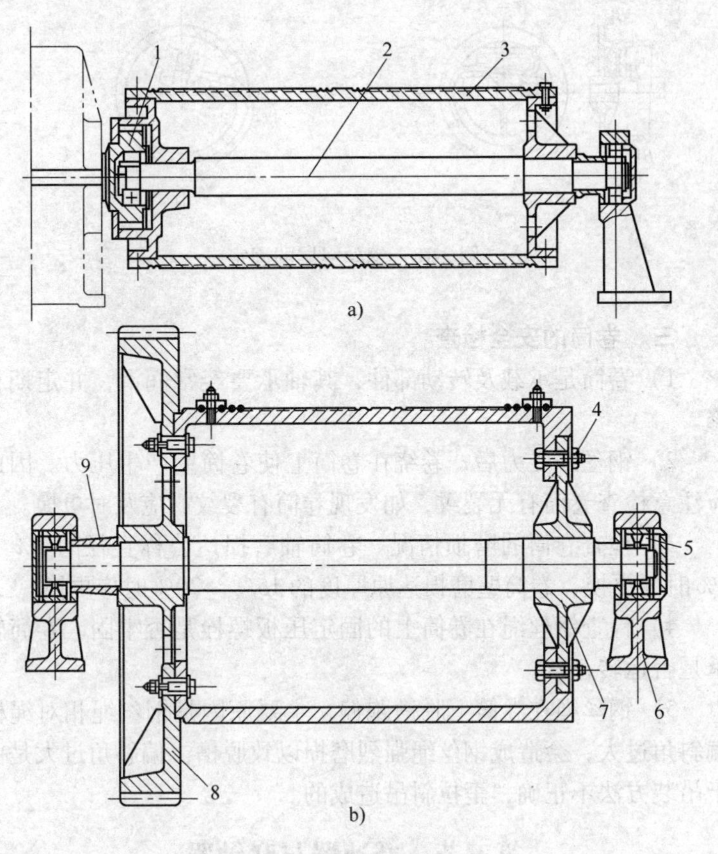

图 2-17　卷筒结构

a）带齿轮联接盘的卷筒结构　b）带开式大齿轮的卷筒结构

1—齿轮联接盘　2—卷筒轴　3—卷筒　4—螺栓　5—轴承　6—轴承座　7—卷筒毂　8—大齿轮　9—抗剪套

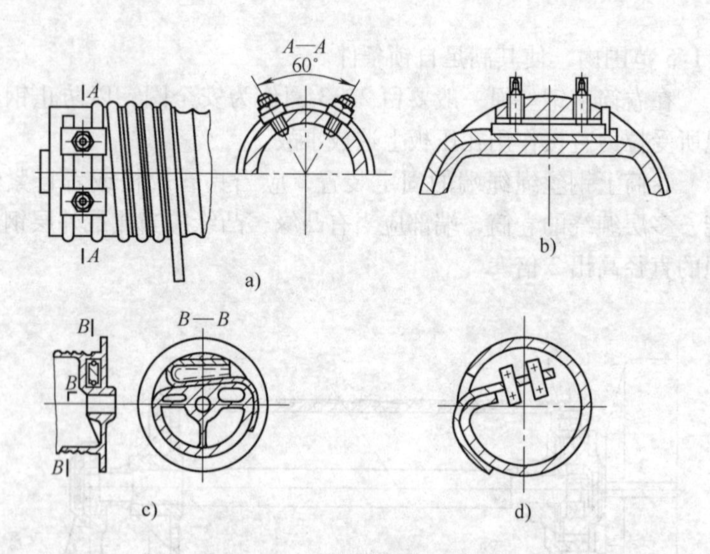

图 2-18　钢丝绳尾的固定

三、卷筒的安全检查

1）卷筒是承载及转动部件，其轴承要经常润滑，并定期检修。

2）钢丝绳受力后，卷绕在卷筒上使卷筒壁产生压力。因此应注意检查卷筒有无裂纹，如发现卷筒有裂纹，应及时更换。

3）检查卷筒的磨损情况。卷筒轴磨损达公称直径的3%～5%时要更换，卷筒壁磨损达原厚度的15%～20%时应更换。

4）检查钢丝绳在卷筒上的固定压板螺栓是否牢固，卷筒轴承是否运转正常。

5）钢丝绳在卷筒上脱槽跑偏，主要原因是钢丝绳相对绳槽偏斜角过大，会造成钢丝绳强烈磨损以致脱槽。偏斜角过大是由于吊装方法不正确，歪拉斜吊造成的。

第五节　减速器与联轴器

一、减速器型号

减速器是天车运行机构的主要部件之一，它的作用是传递转矩，减少传动机构的转速。

起重机用减速器型号用 QJ 表示，圆柱齿轮减速器是起重机用减速器系列标准的一部分，也是起重机上使用最普遍的减速器。

起重机用圆柱齿轮减速器分为三支点减速器、底座式减速器、立式减速器、套装式减速器和三合一减速器。

1. 起重机用三支点减速器

三支点减速器有三个支点，可以在一定偏转角范围内调整安装位置，可用于起重机的各机构。

（1）结构形式　减速器分为 R 型—二级、S 型—三级和 RS 型—二、三级结合型三种，如图 2-19 所示。

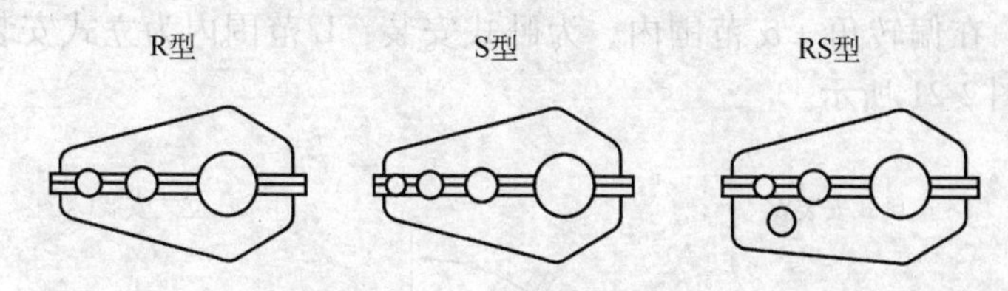

图 2-19　减速器的结构形式

减速器以输出级中心距为名义中心距，其数值应符合表 2-13 的规定。

表 2-13　减速器的名义中心距　（单位：mm）

a_1(名义中心距)	140	170	200	236	280	335	400	450	500	560	630	710	800	900	1000
a_2	100	118	140	170	200	236	280	315	355	400	450	500	560	630	710
a_3	71	85	100	118	140	170	200	224	250	280	315	355	400	450	500
二级总中心距 a_{02}	240	288	340	406	480	571	680	765	855	960	1080	1210	1360	1530	1710
三级总中心距 a_{03}	311	373	440	524	620	741	880	989	1105	1240	1395	1565	1760	1980	2210

（2）装配形式　减速器的装配形式分为九种，如图 2-20 所示。

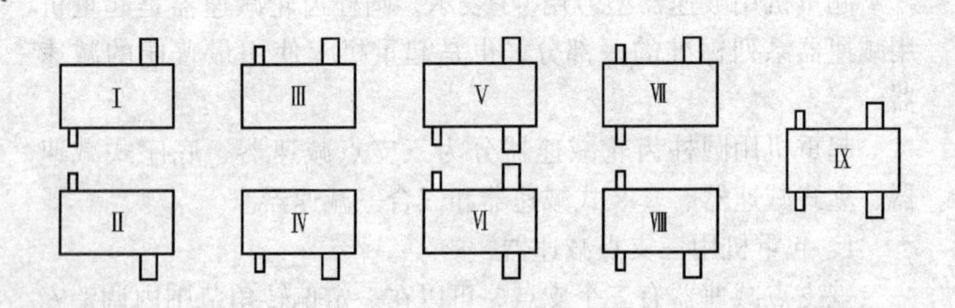

图 2-20 减速器的装配形式

(3) 安装形式 减速器的安装形式分为卧式 W 和立式 L 两种。在偏转角 ±α 范围内、为卧式安装，L 范围内为立式安装，如图 2-21 所示。

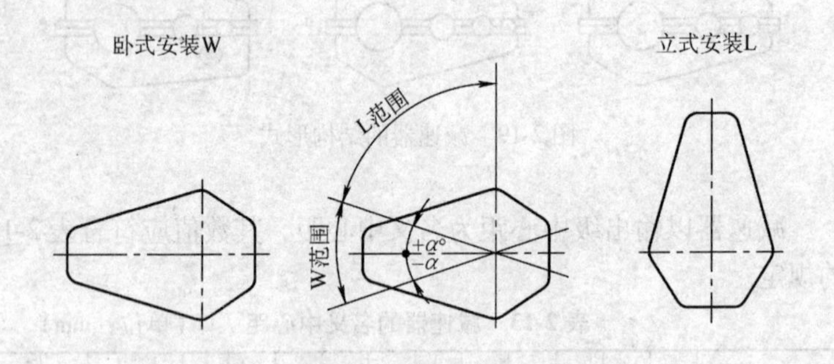

图 2-21 减速器安装形式

注：α 角的度数与传动比有关，当减速器倾斜 α 角时，应保证使中间级大齿轮沾油 1 ~ 2 个齿高深度

(4) 轴端形式 减速器高速轴端圆柱轴伸平键联接，输出轴端有三种形式：

1) P 型：圆柱形轴伸，平键、单键联接。

2) H 型：圆柱形轴伸，渐开线花键联接。

3) C 型：齿轮轴端（仅名义中心距为 236 ~ 560mm 的减速器具有这种轴端形式）。

(5) 型号表示方法

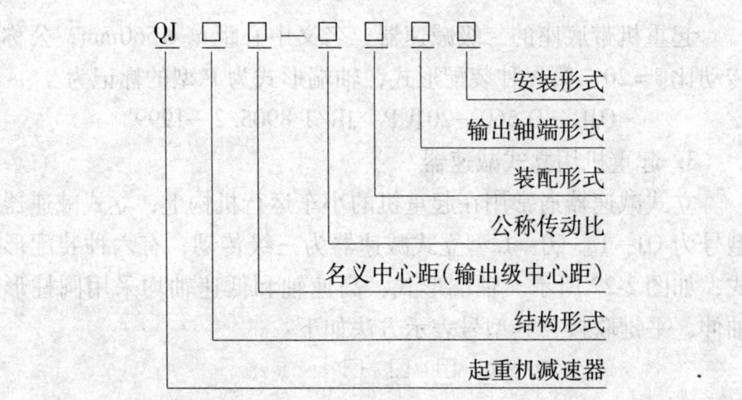

标记示例:

起重机减速器三级传动，名义中心距 a_1 =560mm，公称传动比 50，装配形式第Ⅲ种，输出轴端为齿轮轴端，卧式安装，标记为

减速器　QJ S 560—50ⅢCW　JB/T 8905.1—1999

2. 起重机用底座式减速器

底座式减速器箱体带有底座，用底座固定减速器，有二级传动的 QJR—D、三级传动的 QJS—D 和二、三级结合型的 QJRS—D 三个系列，它适用于起重机的各有关机构。

底座式减速器结构形式、装配形式及输出轴端形式同三支点减速器，其型号表示方法如下:

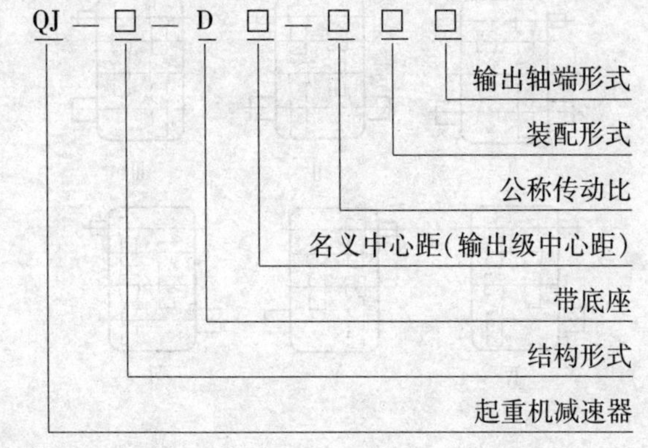

标记示例:

起重机带底座的二级减速器，名义中心距 $a_1=560\text{mm}$，公称传动比 $i=20$，第Ⅳ种装配形式，轴端形式为 P 型的标记为

QJR—D 560—20ⅣP　JB/T 8905. 2—1999

3. 起重机用立式减速器

立式减速器通常用在起重机的小车运行机构上，立式减速器型号为 QJ—L。QJ—L 型立式减速器为三级传动，有六种装配形式，如图 2-22 所示。轴端形式：高速轴和低速轴均采用圆柱形轴伸，平键联接，其型号表示方法如下：

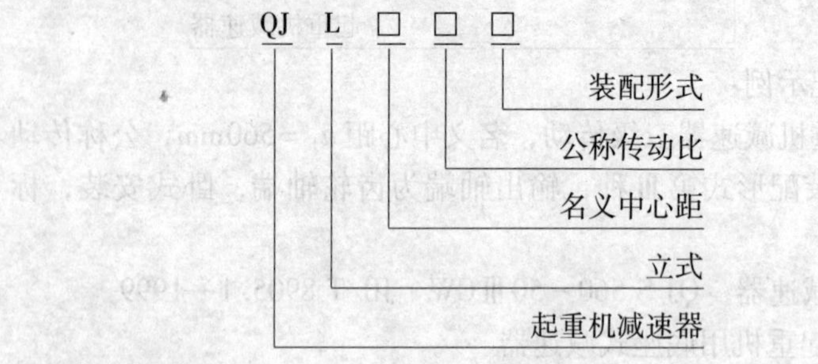

标记示例：

名义中心距 $a_1=200\text{mm}$，公称传动比 $i=40$，装配形式为第Ⅲ种的起重机立式减速器，标记为：

减速器　QJ L 200—40Ⅲ　JB/T 8905. 3—1999

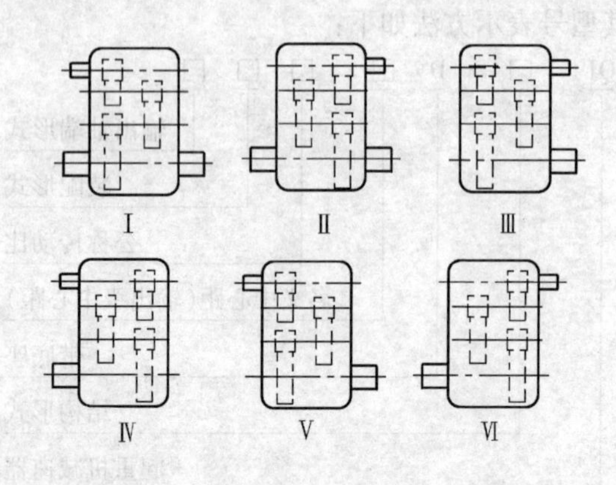

图 2-22　QJ—L 型立式减速器装配形式

4. 起重机用套装式减速器

套装式减速器主要适用于起重机的运行机构。套装式减速器型号为 QJ—T，其结构形式为三级传动的立式减速器，装配形式有四种，如图 2-23 所示。轴端形式：高速轴采用圆柱形轴伸，平键联接；低速轴采用空心式套轴，锥形轴孔，平键联接。

型号表示方法如下：

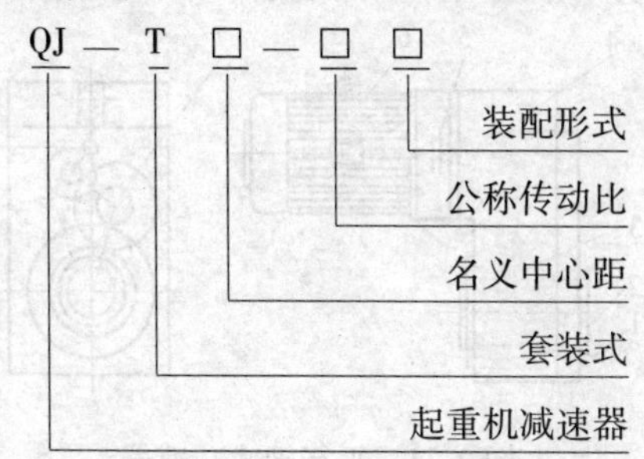

标记示例：

名义中心距 $a_1=200$mm，公称传动比 $i=40$，装配形式为第Ⅲ种的起重机套装式减速器，标记为：

减速器 QJ—T 200—40Ⅲ　JB/T 8905.4—1999

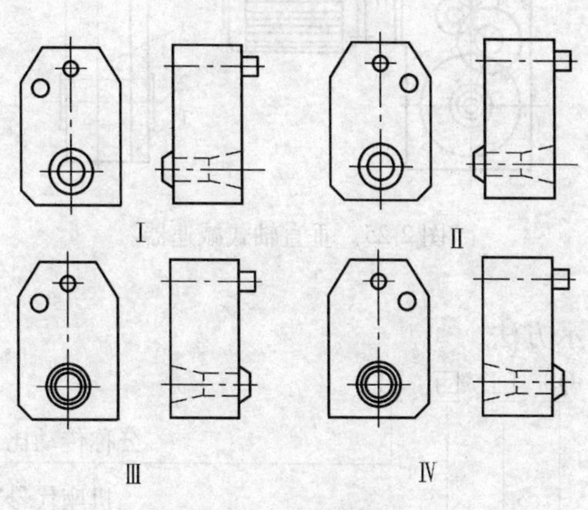

图 2-23　套装式减速器装配形式

5. 起重机用三合一减速器

起重机用三合一减速器主要用于起重量不大于 125t 的桥式、

门式起重机的运行机构，它采用渐开线圆柱齿轮、圆弧齿轮和圆锥齿轮传动，配用带制动器的绕线电动机或带制动器的笼形电动机驱动，其结构形式按电动机轴中心线与减速器输出轴中心线的相对位置可分为平行轴式和垂直轴式（QSC）两种。其结构简图分别如图 2-24 和图 2-25 所示。其中平行轴式减速器按传动级数可分为二级传动（QSE 型）和三级传动（QSS）两种减速器。

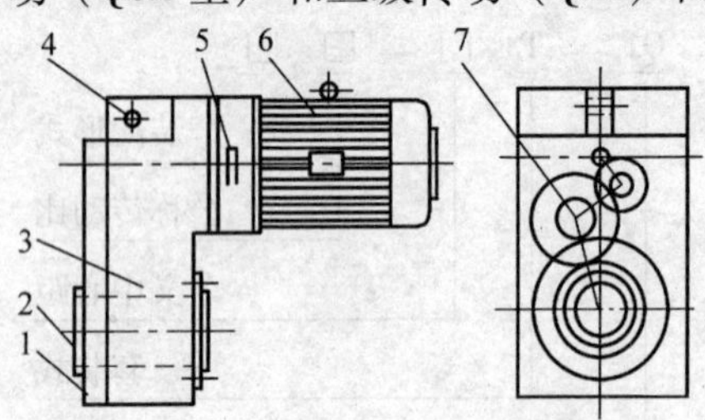

图 2-24　平行轴式减速器

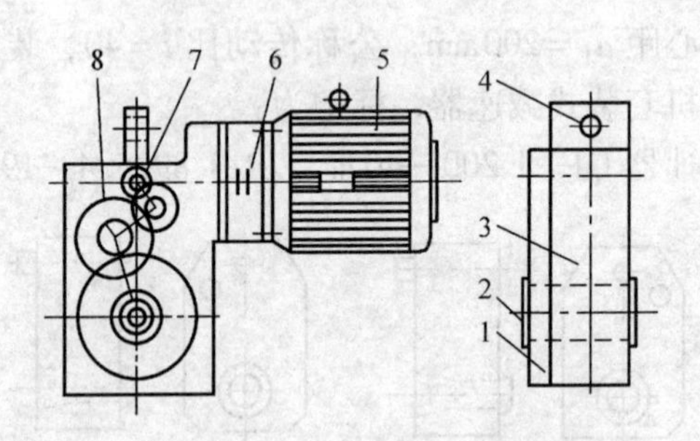

图 2-25　垂直轴式减速器

型号表示方法

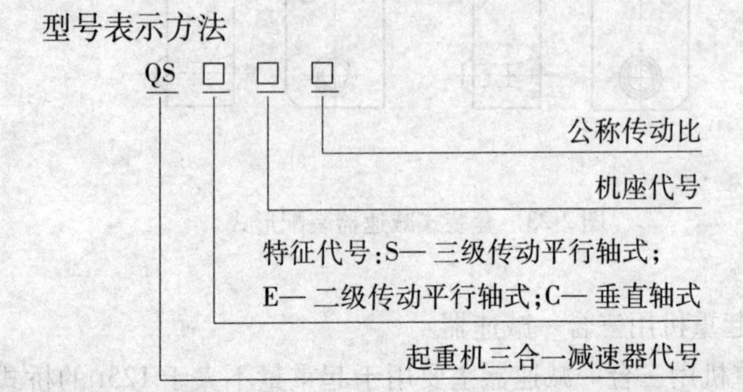

标记示例：

机座代号为10（中心距为200mm），公称传动比为25的三级传动平行轴式三合一减速器标记为：

减速器　QSS10—25　JB/T 9003—2004

二、减速器的使用和维护

1）要经常检查地脚螺栓，不得有松动。

2）新减速器每季换一次油，使用一年后每半年至一年换一次油。

3）减速器内油温不应超过65℃。

4）要经常监听齿轮的啮合声，正常时应均匀轻快，不得有噪声及撞击声。

5）传动齿轮出现下述情况之一时，应报废：

①裂纹。

②断齿。

③齿面点蚀损坏达啮合面的30%，且深度达原齿厚的10%时。

④齿厚的磨损量达到表2-14所列数值时。

表2-14　齿轮齿厚允许磨损量比较的基准

用途 \ 传动级 \ 磨损量 \ 比较的基准		齿厚磨损达原齿厚的百分比(%)	
		第一级啮合	其他级啮合
闭式	起升机构	10	20
	其他机构	15	25
开式齿轮传动		30	

⑤吊运炽热金属或易燃、易爆等危险品的起升机构，其传动齿轮的磨损限度达③、④项中数值的50%时。

三、联轴器

联轴器是轴与轴之间的联接件，在天车上用来联接电动机轴与减速器高速轴，以及减速器低速轴与工作机构等。

1. 种类

联轴器按其工作性质可分为两大类：一类是刚性联轴器，不能补偿轴向和径向位移；另一类是挠性联轴器，可以补偿轴向和径向位移。

天车上广泛采用挠性联轴器。常用的挠性联轴器有齿式联轴器、万向联轴器、弹性柱销联轴器等。

常用的齿式联轴器有三种形式：全齿轮联轴器（见图 2-26）、半齿轮联轴器（见图 2-27）和带制动轮的齿轮联轴器（见图 2-28）。

齿轮联轴器在没有径向位移时，轴心线允许不大于30′的偏角；在没有轴线歪斜时允许径向位移量根据齿轮的模数而定，见表 2-15。

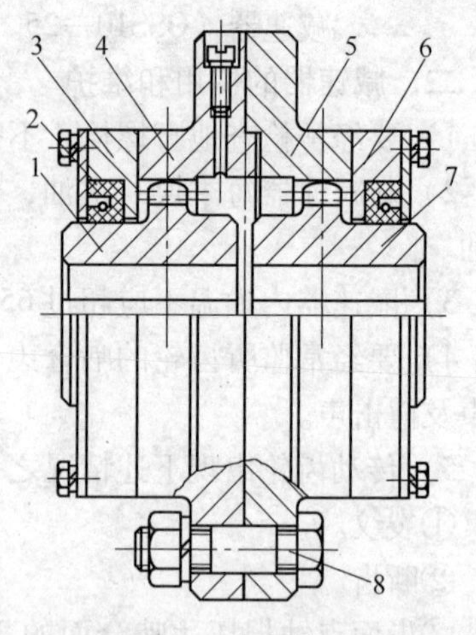

图 2-26　全齿轮联轴器

1、7—外齿套　2—橡胶密封圈　3、6—密封盖　4、5—内齿圈　8—联接螺栓

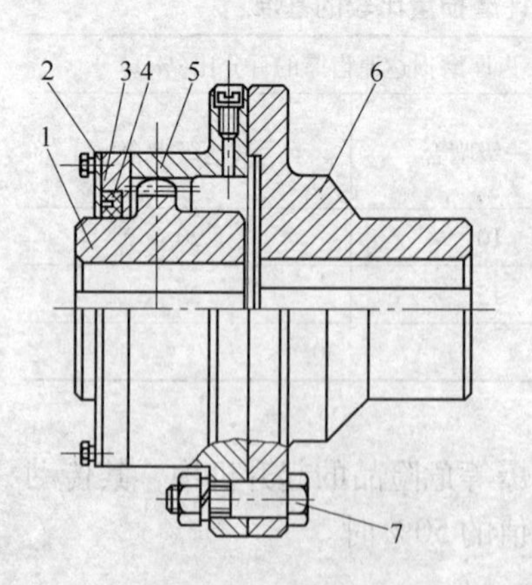

图 2-27　半齿轮联轴器

1—外齿套　2—压盖　3—密封盖　4—橡胶密封圈　5—内齿圈　6—半联轴器　7—联接螺栓

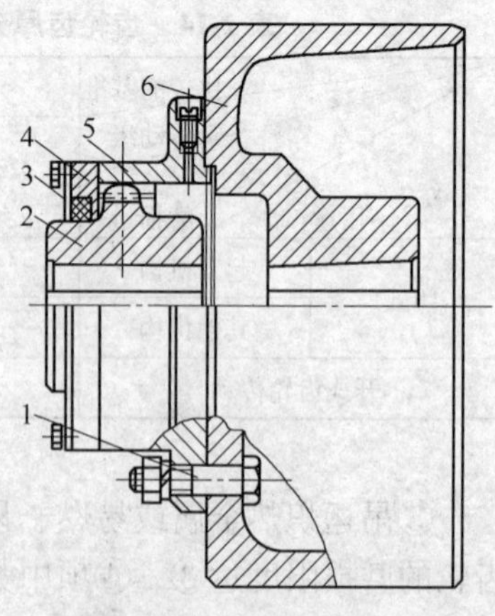

图 2-28　带制动轮联轴器

1—联接螺栓　2—外齿套　3—橡胶密封圈　4—密封盖　5—内齿圈　6—制动轮

表 2-15　齿轮联轴器允许的最大径向位移量

齿轮模数	2.5	2.5	3	3	3	4	4	4	6	6	8	8	10
齿轮齿数	30	38	40	48	56	48	56	62	46	56	48	54	48
径向位移/mm	0.4	0.65	0.8	1.0	1.25	1.35	1.6	1.8	1.9	2.1	2.4	3.0	3.2

齿轮联轴器的优点是传递转矩大，允许被联接轴之间有较大偏移量，工作可靠；缺点是制造复杂，成本较高。

弹性柱销联轴器有橡胶圈柱销联轴器和尼龙圈柱销联轴器，弹性圈柱销联轴器的结构如图 2-29 所示。

这种联轴器在没有径向位移时，允许轴心线有不大于 40′的偏角；在没有轴心线偏角的情况下，允许有不大于 0.2mm 的径向位移。弹性柱销联轴器的优点是结构简单，能缓冲减振，不用润滑，制造简单，维修容易；缺点是传递转矩小，弹性圈易磨损。

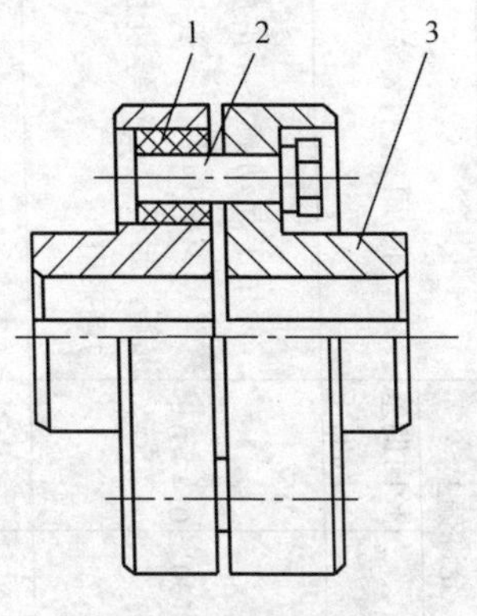

图 2-29　弹性圈柱销联轴器
1—弹性套　2—柱销
3—串联轴器

几种常用联轴器的特性见表 2-16。

2. 联轴器型号表示方法

联轴器的型号由组别代号、品种代号、结构形式代号和规格代号组成。

联轴器的组别代号、品种代号、结构形式代号，以其名称第一个字的第一个汉语拼音字母作为代号。如有重复时，则用第二个字母，或名称中第二、三个字的第一或第二个汉语拼音字母，或选其名称中具有特点字的第一、二个汉语拼音字母，以在同一组别、品种和结构形式之间不得重复为原则。

联轴器的主参数为公称转矩 T_n，单位为 N · m，其参数值应符合 GB/T 3507 的规定。

表 2-16　几种常用联轴器的特性

联轴器形式	允许转矩范围 /N·m	轴径范围 /mm	最高转速范围 /r·min	允许偏差		使用条件	优点	缺点
				轴线偏差	径向偏差 /mm			
全齿轮联轴器	710～1000000	18～560	300～3780	≤0°30′	0.4～0.5	使用于起动频繁、正反转变化多的场合。一般情况下，起升、运行等机构均可采用	外形尺寸相同时，传递转矩最大，允许两被联接轴间有较大的偏移量，对机器的安装精度要求不高；工作可靠	重量大，制造费工，成本高
半制动轮齿轮联轴器	710～1000000	18～560	300～3780	≤0°30′	0.00873A（A——两端外齿套齿中心线间距）	同全齿轮联轴器，并适用于被联接两轴距离较远的场合 外齿轮套端宜与中间轴相接，法兰端宜与工作轴或电动机轴相接	—	—
全制动轮齿轮联轴器	710～19000	按需要定	300～3780	≤0°30′	—	用于要求制动的高速轴；其他同半齿轮联轴器	—	—
万向铰轴联轴器	—	—	—	45°	—	在运行机构的低速轴上采用	允许两被联接轴线有很大交角，制造较简单，对部件的安装精度要求低，工作可靠	—

（续）

联轴器形式	允许转矩范围/N·m	轴径范围/mm	最高转速范围/r·min	允许偏差		使用条件	优点	缺点
				轴线偏差	径向偏差/mm			
弹性圈柱销联轴器	65～15380	25～180	1100～5400	≤0°40′	0.14～0.2	适用于速度高、起动频繁和变载的传动，可在温度为 -20～+50°C 下工作。适用于运行机构的高速轴	弹性好，能减振和吸收冲击；不须润滑	传递转矩小，弹性圈易磨损，使用寿命低，要求高的加工精度
全带制动轮的弹性柱销联轴器	110～7160	30～180	—	≤0°40′	0.14～0.2	用于要求制动的高速轴	—	—
全尼龙柱销联轴器	100～400000	12～400	760～7430	≤0°30′	0.1～0.25	使用于起动频繁的高、低速传动。可在 -20～+50°C 下工作，在运行机构高速轴上采用较适合	—	—

联轴器的公称转矩顺序代号或尺寸参数为联轴器的规格代号。

联轴器型号表示方法：

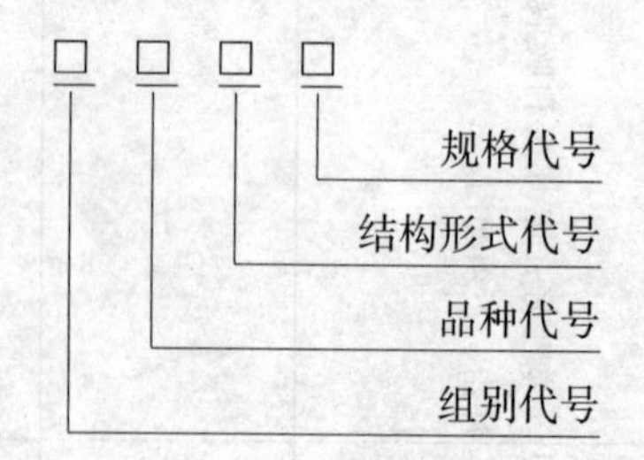

标记示例：

GB/T 10614 中公称转矩为 160N·m 的基本型芯型弹性联轴器，型号为 LN5；双法兰型芯型弹性联轴器，型号为 LNS5。

天车上常用联轴器的名称和型号按表 2-17 的规定。

表 2-17　天车上常用联轴器的名称和型号

类别	分类别	组别		品种		形式		联轴器	
		名称	代号	名称	代号	名称	代号	名称	型号
刚性联轴器	一	刚性联轴器	G	凸缘式	Y	基本型		凸缘联轴器	GY
						有对中榫	S	有对中榫凸缘联轴器	GYS
						有对中环	H	有对中环凸缘联轴器	GYH
						带防护缘	Y	带防护缘凸缘联轴器	GYY
				径向键式	J	基本型		径向键刚性联轴器	GJ
						可移式	Y	可移式径向键刚性联轴器	GJY
				平行轴式	P	滚动轴承型	G	滚动轴承型平行轴联轴器	GPG
						滑动轴承型	H	滑动轴承型平行轴联轴器	GPH
				夹壳式	K	螺栓夹紧	L	螺栓夹紧夹壳联轴器	GKL
						卡箍夹紧	K	卡箍夹紧夹壳联轴器	GKK
				套筒式	T			套筒联轴器	GT

（续）

类别	分类别	组别名称	组别代号	品种名称	品种代号	形式名称	形式代号	联轴器名称	型号
挠性联轴器	无弹性元件挠性联轴器	滑块联轴器	H	滑块式	H	基本型		滑块联轴器	HH
						金属盘式	J	金属盘滑块联轴器	HHJ
		齿式联轴器	C	直齿式	Z	基本型		直齿齿式联轴器	CZ
						接中间轴	J	接中间轴直齿齿式联轴器	CZJ
						带制动轮	Z	带制动轮直齿齿式联轴器	CZZ
				鼓形齿式	G	基本型		鼓形齿齿式联轴器	CG
						接中间轴	J	接中间轴鼓形齿齿式联轴器	CGJ
						带中间轴	H	带中间轴鼓形齿齿式联轴器	CGH
						带中间管	U	带中间管鼓形齿齿式联轴器	CGU
						带制动轮	Z	带制动轮鼓形齿齿式联轴器	CGZ
						带制动盘	P	带制动盘鼓形齿齿式联轴器	CGP
						垂直安装	C	垂直安装鼓形齿齿式联轴器	CGC
						贯通型	G	贯通型鼓形齿齿式联轴器	CGG
				双曲率鼓形齿式	S	基本型		双曲率鼓形齿齿式联轴器	CS
						带中间轴	J	带中间轴双曲率鼓形齿齿式联轴器	CSJ
		万向联轴器	W	十字轴式	S	半叉	B	半叉十字轴式万向联轴器	WSB
						整体叉头	C	整体叉头十字轴式万向联轴器	WSC
						剖分轴承座	P	剖分轴承座十字轴式万向联轴器	WSP
						整体轴承座	Z	整体轴承座十字轴式万向联轴器	WSZ
						贯通型	G	贯通型十字轴式万向联轴器	WSG
				十字销式	X	基本型		单十字销万向联轴器	WX
						双十字销	S	双十字销万向联轴器	WXS
						矫直机用	J	矫直机用万向联轴器	WXJ
				铜滑块式	H	基本型		滑块式万向联轴器	WH
						矫直机用	J	矫直机用滑块式万向联轴器	WHJ

（续）

<table>
<tr><th rowspan="2">类别</th><th rowspan="2">分类别</th><th colspan="2">组别</th><th colspan="2">品种</th><th colspan="2">形式</th><th colspan="2">联轴器</th></tr>
<tr><th>名称</th><th>代号</th><th>名称</th><th>代号</th><th>名称</th><th>代号</th><th>名称</th><th>型号</th></tr>
<tr><td rowspan="22">挠性联轴器</td><td rowspan="5">无弹性元件挠性联轴器</td><td rowspan="5">万向联轴器</td><td rowspan="5">W</td><td rowspan="2">球铰式</td><td rowspan="2">L</td><td>基本型</td><td>—</td><td>单球铰万向联轴器</td><td>WL</td></tr>
<tr><td>双球铰</td><td>S</td><td>双球铰万向联轴器</td><td>WLS</td></tr>
<tr><td rowspan="3">球笼式</td><td rowspan="3">Q</td><td>基本型</td><td>—</td><td>球笼式万向联轴器</td><td>WQ</td></tr>
<tr><td>可移动</td><td>Y</td><td>可移动球笼式万向联轴器</td><td>WQY</td></tr>
<tr><td>重载</td><td>Z</td><td>重载球笼式万向联轴器</td><td>WQZ</td></tr>
<tr><td rowspan="17">有弹性元件挠性联轴器</td><td rowspan="17">非金属弹性元件挠性联轴器</td><td rowspan="17">L</td><td rowspan="4">梅花形式</td><td rowspan="4">M</td><td>基本型</td><td>—</td><td>梅花形弹性联轴器</td><td>LM</td></tr>
<tr><td>单法兰</td><td>D</td><td>单法兰梅花形弹性联轴器</td><td>LMD</td></tr>
<tr><td>双法兰</td><td>S</td><td>双法兰梅花形弹性联轴器</td><td>LMS</td></tr>
<tr><td>带制动轮</td><td>Z</td><td>带制动轮梅花形弹性联轴器</td><td>LMZ</td></tr>
<tr><td rowspan="2">弹性套柱销式</td><td rowspan="2">T</td><td>基本型</td><td>—</td><td>弹性套柱销联轴器</td><td>LT</td></tr>
<tr><td>带制动轮</td><td>Z</td><td>带制动轮弹性套柱销联轴器</td><td>LTZ</td></tr>
<tr><td rowspan="2">弹性柱销式</td><td rowspan="2">X</td><td>基本型</td><td>—</td><td>弹性柱销联轴器</td><td>LX</td></tr>
<tr><td>带制动轮</td><td>Z</td><td>带制动轮弹性柱销联轴器</td><td>LXZ</td></tr>
<tr><td rowspan="4">径向弹性柱销式</td><td rowspan="4">J</td><td>基本型</td><td>—</td><td>径向弹性柱销联轴器</td><td>LJ</td></tr>
<tr><td>单法兰</td><td>D</td><td>单法兰径向弹性柱销联轴器</td><td>LJD</td></tr>
<tr><td>带制动轮</td><td>Z</td><td>带制动轮径向弹性柱销联轴器</td><td>LJZ</td></tr>
<tr><td>接中间轴</td><td>J</td><td>接中间轴径向弹性柱销联轴器</td><td>LJJ</td></tr>
<tr><td rowspan="3">弹性柱销齿式</td><td rowspan="3">Z</td><td>基本型</td><td>—</td><td>弹性柱销齿式联轴器</td><td>LZ</td></tr>
<tr><td>接中间轴</td><td>J</td><td>接中间轴弹性柱销齿式联轴器</td><td>LZJ</td></tr>
<tr><td>带制动轮</td><td>Z</td><td>带制动轮弹性柱销齿式联轴器</td><td>LZZ</td></tr>
<tr><td rowspan="2">芯型</td><td rowspan="2">N</td><td>基本型</td><td>—</td><td>芯型弹性联轴器</td><td>LN</td></tr>
<tr><td>双法兰</td><td>S</td><td>双法兰芯型弹性联轴器</td><td>LNS</td></tr>
</table>

3. 联轴器的安全使用

齿轮联轴器在使用中的主要问题是齿的磨损。磨损的原因有润滑不良、安装精度不高、相邻部件支座刚度不够、地脚螺栓及桥架变形等多种。

1）安装联轴器时两轴要对中，尽可能减少心线歪斜和径向位移。

2）联轴器的螺栓要拧紧，不得有松动。

3）联轴器的键应配合紧密，不得松动。

4）齿轮联轴器要定期润滑，一般2~3个月要加润滑脂一次。

5）齿轮联轴器齿宽接触长度不得小于70%，其轴向窜动不得大于5mm。

6）齿轮联轴器的齿厚磨损达到原齿厚的15%，应予以报废。

7）当齿轮联轴器出现裂纹或断裂时，应予以报废。

第六节　制　动　器

一、制动器的用途与种类

天车在工作中需要经常地起动和制动，因而广泛应用各种类型的制动器。

1. 制动器的用途

起升机构中的制动器能保证吊运的重物随时停在空中；运行机构中的制动器使其在一定时间内或一定的行程内停下来；露天工作或在斜坡上运行的天车上的制动器还有防止风力吹动或下滑的作用。

制动器是依靠摩擦而产生制动作用的，为了能用较小的制动器达到较好的制动效果，通常将制动器装在传动机构的高速轴上，即设在电动机轴或减速器的输入轴上。某些安全制动器则装在低速轴或卷筒轴上，以防传动系统断轴时物品坠落。

2. 制动器的种类

1）机械制动器按构造分主要分为块式制动器、带式制动器和盘式制动器，分别如图2-30、图2-31、图2-32所示。

块式制动器构造简单，制造、安装和调整都比较方便，被广泛用于天车。带式制动器结构紧凑，但制动带的合力使制动轮轴受到弯曲载荷，要求制动轮轴有足够的尺寸，卷筒端部上的安全制动器常用这种制动器。盘式制动器是一种新式制动器，采用不同数量的制动块，可产生不同的制动力矩，并且制动块是平面的，易于跑合。

2）根据操作情况来分，制动器又分为常闭式、常开式和综合式三种类型。

常闭式制动器在机构不工作时是闭合的，工作时松闸装置将制动器分开。天车上一般多采用常闭式制动器，特别是起升机构，必须采用常闭式制动器，以保证安全。常开式制动器经常处于松开状态，只有在需要制动时，才施以闸力进行制动。综合式制动器是常闭式与常开式的综合体，具有常闭式安全可靠和常开式操纵方便的优点。

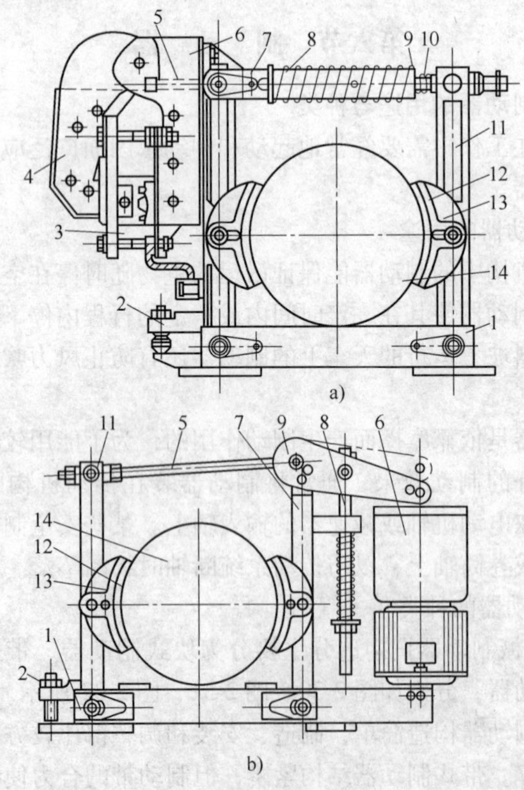

图 2-30　块式制动器

a）短行程交流电磁铁块式制动器　b）长行程电动液压推杆块式制动器

1—底座　2—调整螺钉　3—电磁铁线圈　4—电磁铁衔铁　5—推杆
6—松闸器　7、11—制动臂　8—制动弹簧　9—夹板　10—辅助弹簧
12—瓦块衬垫　13—制动瓦块　14—制动轮

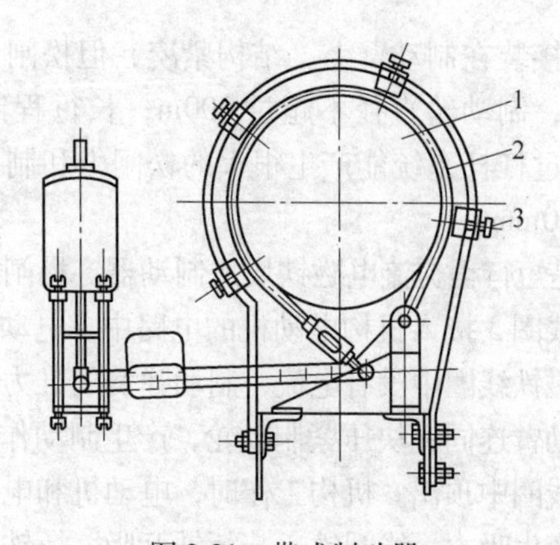

图 2-31　带式制动器

1—制动轮　2—制动带　3—限位螺钉

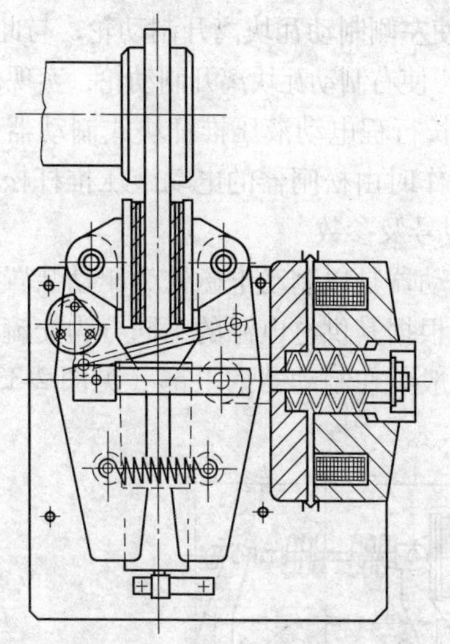

图 2-32　盘式制动器

二、电磁块式制动器

1. 块式制动器的构造和工作原理

常用的块式制动器如图 2-30 所示，主要由制动轮、制动瓦块、制动臂、制动弹簧、松闸器等组成。根据松闸行程的长短，分为短行程制动器和长行程制动器两种。短行程制动器的松闸器行程小，可直接装在制动臂上，结构紧凑，但松闸力小，产生的制动力矩也小，制动轮直径不超过300m；长行程制动器的松闸器行程长，通过杠杆系统能产生很大的松闸力和制动力矩，制动轮直径可达800mm。

图2-30a是短行程交流电磁铁块式制动器。松闸器固定在制动臂上，电磁铁线圈3接入机构电动机的电路中。电动机断电，机构不工作时，电磁铁线圈中没有电流，制动弹簧的推力通过夹板和推杆，使两个制动臂连同瓦块压紧制动轮，产生制动作用，电磁铁的衔铁被推杆从线圈中顶出。机构工作时，电动机和电磁铁线圈同时通电，电磁铁产生吸力，线圈铁心与衔铁互吸。衔铁所受吸力通过推杆进一步压缩制动弹簧。在电磁铁的自重力矩作用下，左制动臂绕下铰点转动，使左侧制动瓦块离开制动轮；与此同时，辅助弹簧将右制动臂推开，使右制动瓦块离开制动轮，实现松闸。

图2-30b是长行程电动液压推杆块式制动器，不工作时靠制动弹簧上闸，工作时由松闸器的电动液压推杆松闸。

2. 制动器型号及参数

电磁块式制动器是以制动电磁铁为驱动装置的常闭块式制动器。电磁制动器根据其供电电源的不同分为交流型和直流型。制动器的电磁铁一般装在制动器的上部（见图2-33）；也可装在中部（见图2-34）。

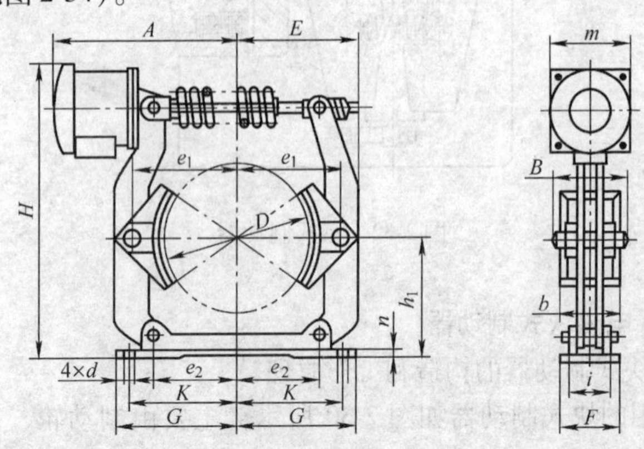

图2-33　电磁铁装在制动器的上部

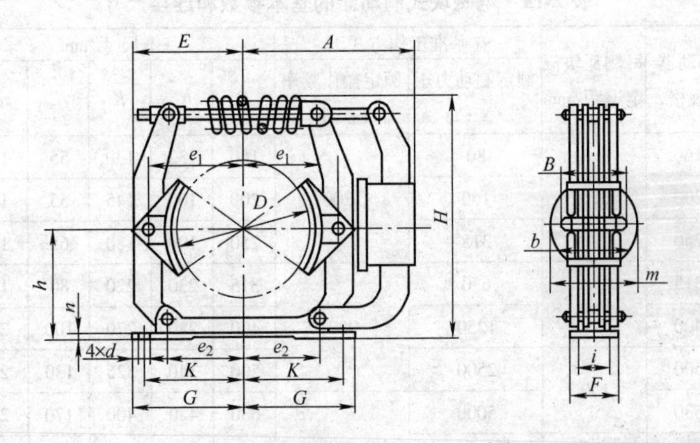

图 2-34　电磁铁装在制动器的中部

电磁块式制动器型号的表示方法如下：

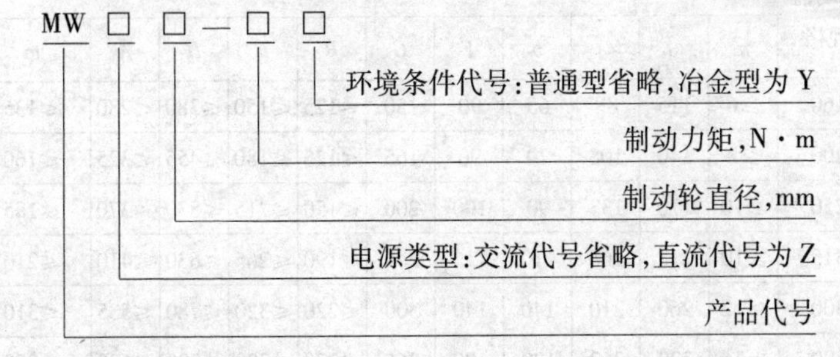

标记示例：

1）制动轮直径为 400mm，额定制动力矩为 1250N · m，供电电源为交流的普通型制动器应标为：

制动器　MW400—1250　JB/T 7685. 1

2）制动轮直径为 400mm，额定制动力矩为 1250N · m，电源为直流的冶金型制动器应标记为：

制动器　MW400—1250Y　JB/T 7685. 1

电磁块式制动器的基本参数和连接尺寸如图 2-33、图 2-34 和表 2-18 所示。

表 2-18　电磁块式制动器的基本参数和连接尺寸

制动器规格	每侧瓦块额定退距/mm	在基准工作方式下		基本尺寸/mm				
		额定制动力矩/N·m	额定操作频率/(次/h)	D	h_1	K	i	d
160	0.6	80	1200	160	132	130	55	14
200		160		200	160	145	55	14
250		315		250	190	180	65	18
315	0.8	630	900	315	230	220	80	18
400		1250		400	280	270	100	22
500	1.0	2500		500	340	325	130	22
630		5000	600	630	420	400	170	27
710	1.25	8000		710	470	450	190	27
800		10000		800	530	520	210	27

制动器规格	基本尺寸/mm										
	n	e_1	e_2	b	F	G	B	E	H	A	m
160	≥6	115	88	65	90	150	≤125	≤150	≤380	≤280	≤135
200	≥8	140	108	70	90	165	≤125	≤180	≤455	≤325	≤160
250	≥10	170	133	90	100	200	≤150	≤215	≤530	≤370	≤185
315	≥10	212	168	110	115	245	≤190	≤265	≤630	≤410	≤210
400	≥12	260	210	140	140	300	≤220	≤320	≤780	≤535	≤310
500	≥16	320	262	180	180	365	≤270	≤390	≤890	≤630	≤380
630	≥20	390	327	225	220	450	≤320	≤470	≤1000	≤725	≤450
710	≥20	440	370	255	240	500	≤355	≤530	≤1120	≤815	≤530
800	≥22	510	422	280	280	570	≤410	≤600	≤1230	≤890	≤615

注：1. 制动器结构可不与图示相符，只要求符合给定的尺寸。

2. 额定退距一般为最小退距，允许的最大退距由生产厂自行确定，但应有明确的规定。

3. 基准工作方式为：连续和断续周期两种工作制，断续周期工作制时的负载因数为40%。

电磁铁的基本参数见表2-19。

表 2-19　电磁铁的基本参数

制动器规格		160	200	250	315	400	500	630	710	800
额定吸持力 /N	装设在上部时	800	1250	2000	3150	5000	8000	12500	16000	20000
	装设在中部时	2000	3150	5000	8000	12500	20000	31500	40000	50000
额定工作行程 /mm	装设在上部时	3.55			4.25		5.00		6.00	
	装设在中部时	1.25			1.80		2.24		2.80	

注：1. 额定吸持力为基准工作方式时的吸持力。

2. 额定工作行程指最小行程，允许的最大行程由生产厂家自行确定。

三、电力液压鼓式制动器

电力液压鼓式制动器是以电力液压推动器为驱动装置的常闭式块式制动器。制动器结构按制动弹簧的布置可分为两种：

1）制动弹簧在侧面垂直布置（见表 2-20 中 A 型），其特征代号省略。

2）制动弹簧在上部水平布置（见表 2-20 中 B 型），其特征代号为 P。

型号表示方法如下：

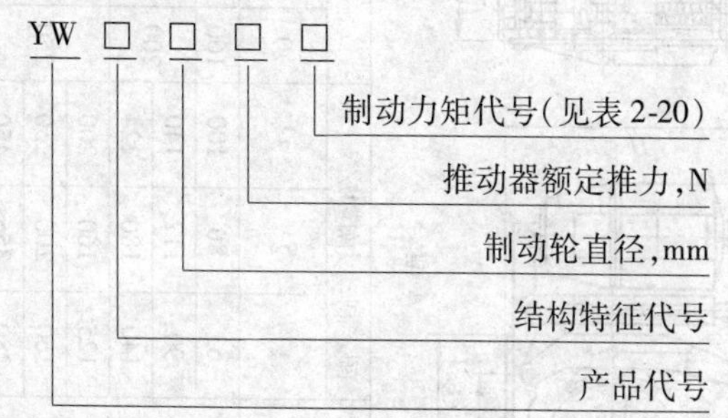

标记示例：

1）制动轮直径为 400mm，额定制动力矩为 1250N · m，制动力矩代号为 2，弹簧在侧面垂直布置的制动器标记为：

制动器　YW400—1250—2　JB/T6406

表 2-20　电力液压鼓式制动器的基本结构和尺寸（JB/T 6406）

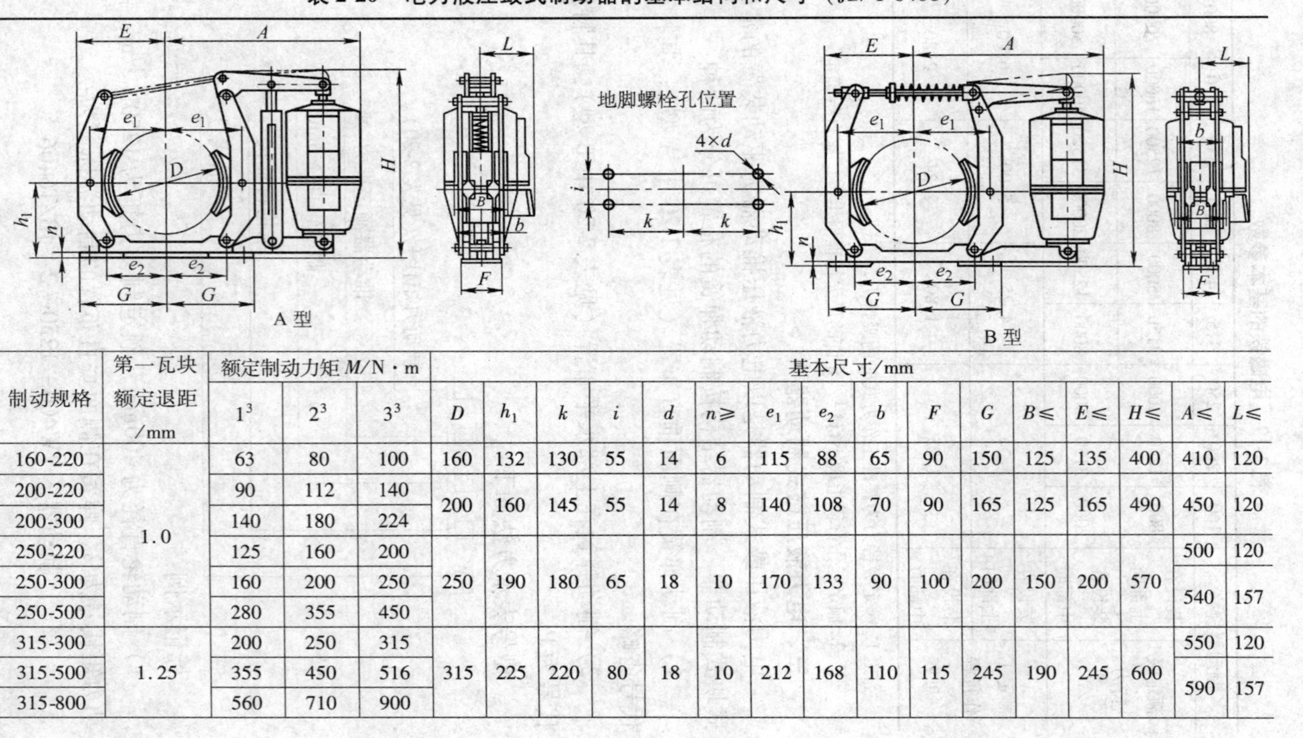

制动规格	第一瓦块额定退距/mm	额定制动力矩 M/N·m			基本尺寸/mm															
		1^3	2^3	3^3	D	h_1	k	i	d	$n\geqslant$	e_1	e_2	b	F	G	$B\leqslant$	$E\leqslant$	$H\leqslant$	$A\leqslant$	$L\leqslant$
160-220	1.0	63	80	100	160	132	130	55	14	6	115	88	65	90	150	125	135	400	410	120
200-220		90	112	140	200	160	145	55	14	8	140	108	70	90	165	125	165	490	450	120
200-300		140	180	224																
250-220		125	160	200	250	190	180	65	18	10	170	133	90	100	200	150	200	570	500	120
250-300		160	200	250															540	157
250-500		280	355	450																
315-300	1.25	200	250	315	315	225	220	80	18	10	212	168	110	115	245	190	245	600	550	120
315-500		355	450	516															590	157
315-800		560	710	900																

（续）

制动规格	第一瓦块额定退距/mm	额定制动力矩 M/N·m			基本尺寸/mm															
		1[3]	2[3]	3[3]	D	h_1	k	i	d	$n\geqslant$	e_1	e_2	b	F	G	$B\leqslant$	$E\leqslant$	$H\leqslant$	$A\leqslant$	$L\leqslant$
400-500		450	560	710																157
400-800		710	900	1120	400	280	270	100	22	12	260	210	140	140	300	220	300	790	680	148
400-1250		1120	1400	1800																
500-800	1.25	900	1120	1400																157
500-1250		1400	1800	2240	500	335	325	130	22	16	320	262	180	180	365	270	365	845	760	148
500-2000		2240	2800	3550																
630-1250		1800	2240	2800																
630-2000		2800	3550	4500	630	420	400	170	27	20	390	327	225	220	450	320	450	1020	860	148
630-3000		4000	5000	6300																
710-2000	1.6	3150	4000	5000	710	470	450	190	27	20	440	370	255	240	500	355	510	1100	930	148
710-3000		4500	5600	7100																
800-3000		5000	6300	8000	800	530	520	210	27	22	510	422	280	280	570	410	580	1200	985	148

注：1. 制动器结构可不与图示相符，只要求符合给定的尺寸。

2. 额定退距一般为最小退距，允许的最大退距由产品生产厂自行确定，但应有明确的规定。

3. 1、2、3 为制动力矩代号。

4. 基本尺寸中 h_1、k、i 等重要尺寸的公差应不大于 IT12 级。

2）制动轮直径为400mm，额定制动力矩为1250N·m，制动力矩代号为1，弹簧在上部水平布置的制动器标记为：

制动器　YWP 400—1250—1　JB/T 6406

四、制动器的调整

1. 短行程制动器的调整

（1）主弹簧工作长度的调整　为使制动器产生相应的制动力矩，须调整主弹簧的工作长度。调整方法如图2-35所示。

用一扳手拧住螺杆方头，用另一扳手转动主弹簧的固定螺母，把主弹簧调至适当长度，再用另一螺母固定住，以防松动。

（2）电磁铁冲程的调整　电磁铁冲程的大小影响制动瓦块的张开量。故须调整一个合适的电磁铁冲程，调整方法如图2-36所示。

图2-35　主弹簧的调整　　　图2-36　电磁铁冲程的调整

用一扳手拧住锁紧螺母，用另一扳手转动制动器弹簧的推杆方头。电磁铁的允许冲程见表2-21。

表2-21　电磁铁的允许冲程

电磁铁型号	MZD1—100	MZD1—200	MZD1—300
电磁铁的允许冲程/mm	3	3.8	4.4

（3）制动瓦块与制动轮间隙的调整　调整方法如图 2-37 所示。

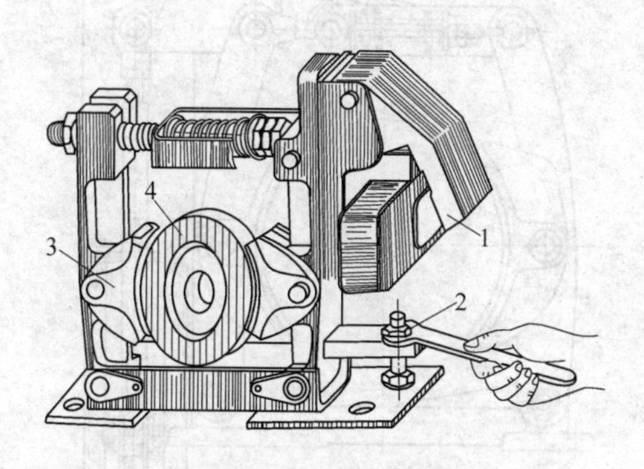

图 2-37　制动瓦块与制动轮间隙的调整
1—衔铁　2—螺栓　3—制动瓦块　4—制动轮

先把衔铁推在铁心上，制动瓦块即松开，然后调整螺栓，使制动瓦块与制动轮的间隙控制在表 2-22 规定的数值范围内，并使两侧间隙相等。

表 2-22　短行程制动器制动瓦块与制动轮间允许间隙

制动轮直径/mm	100	200/100	200	300/200	300
允许间隙/mm	0.6	0.6	0.8	1	1

2. 长行程制动器的调整

长行程制动器的调整如图 2-38 所示。

（1）主弹簧长度的调整　拧动锁紧螺母 9 来调整主弹簧长度，然后用螺母锁紧。

（2）电磁铁冲程的调整　拧开螺母 4 和 5，转动螺杆 2 和 6，制动瓦块在磨损前衔铁应有 25 ~ 30mm 的冲程。

（3）制动瓦块与制动轮之间间隙的调整　抬起螺杆 6，制动瓦块自动松开，调整螺杆 2 和螺栓 7，使制动瓦块与制动轮之间的间隙在表 2-23 规定的范围内，并使两侧间隙相等。

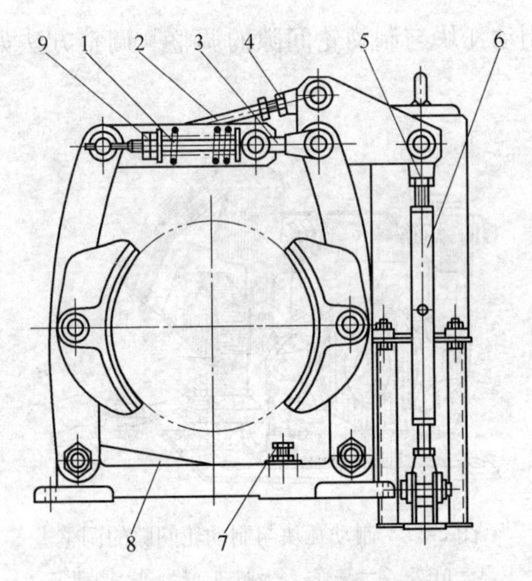

图2-38 长行程制动器的调整

1—主弹簧 2、6—螺杆 3—拉杆 4、5—螺母
7—螺栓 8—底架 9—锁紧螺母

表2-23 长行程制动瓦块与制动轮间的允许间隙

（单位：mm）

制动轮直径	200	300	400	500	600
间隙	0.7	0.7	0.8	0.8	0.8

五、制动器的安全技术要求和安全检查

1. 制动器的安全技术要求

1）制动器的零部件不得有裂纹、过度磨损、塑性变形、缺件等缺陷，制动片磨损达50%或者露出铆钉时必须报废。

2）制动器打开时，制动轮与摩擦片不得有摩擦现象，制动器闭合时制动轮与摩擦片接触均匀，不能有影响制动性能的缺陷和油污。

3）制动器调整适宜，制动平稳可靠。

4）制动轮不得有裂纹（不包括制动轮表面淬火硬层的微裂纹），凹凸平面度不得大于1.5mm，不得有摩擦片固定铆钉引起的划痕。

5）液压制动器保持无漏油现象，制动器的推动器保持无漏油状态。

2. 制动器的安全检查

制动器必须每班检查一次，检查其运转是否正常，有无卡塞现象，闸块是否贴在制动轮上，制动轮表面是否良好，调整螺母是否紧固。每周应润滑一次。

每次起吊时，要先将重物吊起离开地面 150 ~ 200mm，检查制动器是否正常，然后再起吊。

对制动器的检查要求如下：

1）闸瓦衬垫厚度磨损达 2mm 及闸带衬垫磨损达 4mm 时应更换之。

2）制动轮表面的硬度为 400 ~ 450HBW，表面淬火层的深度为 2 ~ 3mm，所以磨损达 1.5 ~ 2mm 时，必须重新车制并进行表面淬火。制动轮车制后，壁厚若较原厚度小 50%，则应更新。制动轮出现裂纹应报废。

3）小轴及心轴要进行表面淬火，其磨损量超过原直径 5%和圆度超过 0.5mm 时应更新，发现杠杆及弹簧上有裂纹时要更换。

4）通往电磁铁杠杆系统的“空行程”不应超过电磁铁冲程的 10%。

5）制动轮与衬垫的间隙要均匀一致。闸瓦开度不应超过 1mm，闸带开度不应超过 1.5mm。

6）电磁铁铁心的起始行程要超过额定行程的 1/2，以备由于磨损而调整用。

在起吊中发现制动器失灵，切不可惊慌。在条件允许的情况下，可将吊钩起升，同时开动大、小车，将车开到适合落物的地方，再慢慢地把重物放在安全的地方。

第七节　车轮与轨道

一、车轮

车轮也叫走轮，是天车大、小车运行机构中的主要部件之一，它承受大、小车重量及载荷，并将其传递到轨道上。

1. 车轮的种类

车轮按照轮缘数目可分为双轮缘、单轮缘和无轮缘三种，如图 2-39 所示。

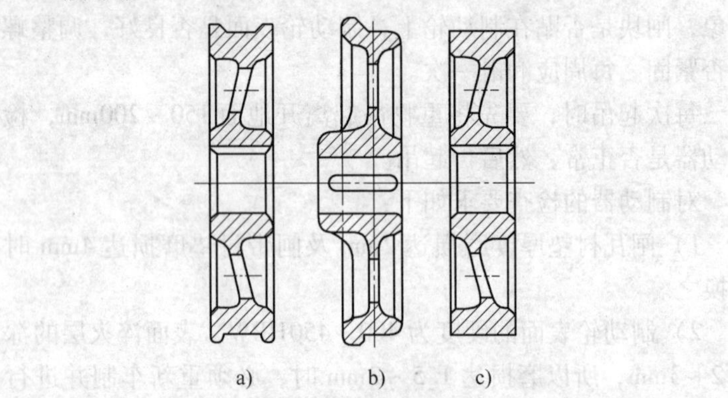

图 2-39　车轮形式
a）双轮缘　b）单轮缘　c）无轮缘

轮缘的作用是导向和防止脱轨。在通常情况下，大车车轮采用双轮缘，小车车轮采用单轮缘，轮缘放在轨道外侧。如采用无轮缘车轮，需加装水平轮来导向和防止脱轨。

车轮踏面可分为圆柱形和圆锥形。对于天车，集中驱动的大车主动轮踏面采用圆锥形，从动轮采用圆柱形；单独驱动的大车主、从动轮都采用圆柱形；所有小车车轮都采用圆柱形。圆锥形踏面的锥度为1∶10，配用头部带曲率的钢轨。

车轮与轴、轴承及角形轴承箱装在一起，组成车轮组，如图 2-40 所示。

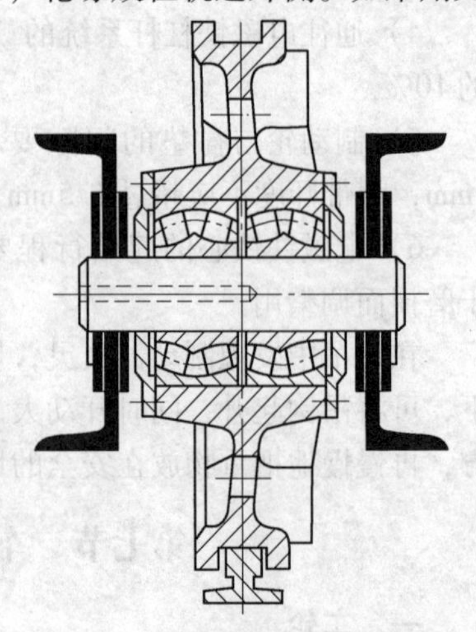

图 2-40　安装在定心轴上的车轮组

2. 车轮的材料

车轮大多采用 ZG340—640 铸钢或 ZG50SiMn 低合金钢制成，工作面需经淬火，淬火层深度不低于 20mm。对于 ZG340—640 铸钢车轮，规定滚动面硬度为 300 ~ 350HBW，对于 ZG50SiMn 车轮，规定滚动面硬度为 420 ~480HBW。

3. 车轮的安全检验

车轮应经常进行下列项目的检验：

1）圆柱形踏面的两主动轮，车轮直径在 250 ~ 500mm 范围内，当两轮直径偏差大于 0. 125 ~0. 25mm 时；车轮直径在 500 ~ 900mm 范围内，当两轮直径偏差大于 0. 25 ~0. 45mm 时，应进行修理。

2）圆柱形踏面的两被动轮，车轮直径在 250 ~ 500mm 范围内，当两轮偏差大于 0. 60 ~ 0. 76mm 时；车轮直径在 500 ~ 900mm 范围内，当两轮直径偏差大于 0. 76 ~ 1. 10mm 时，应进行修理。

3）圆锥形踏面两主动轮直径偏差大于名义直径的 1/1000 时应重新加工修理。

4）踏面剥离面积大于 $2cm^2$、深度大于 3mm 时，应重新加工修理。

5）轮缘断裂破损或其他缺陷的面积不应超过 $3cm^2$，深度不得超过壁厚的 30%，且同一加工面上的缺陷不应超过三处。

6）车轮装配后基准断面的摆幅不得大于 0. 1mm，径向跳动应在车轮直径的公差范围内。装配好的车轮组，用手转动应灵活、无阻滞。当采用圆锥滚子轴承时，不允许有轴向间隙。

7）当车轮出现下列情况之一时应报废：

①有裂纹。

②轮缘厚度磨损达原厚度的 50%。

③踏面厚度磨损达原厚度的 15%。

④当运行速度低于 50m/min，车轮椭圆度达 1mm；或当运行速度高于 50m/min，车轮椭圆度达 0. 5mm。

⑤踏面出现麻点，当车轮直径小于 500mm，麻点直径大于

1mm；或车轮直径大于 500mm，麻点直径大于 1.5mm，且深度大于 3mm，数量多于 5 处。

二、轨道

天车轨道大量采用铁路钢轨，轨顶是凸的，其断面形状如图 2-41a 所示，重型天车的大小车轨道，承受轮压较大时，常采用天车专用轨道。轨顶也是凸的，但曲率半径较铁路钢轨大，其断面形状如图 2-41b 所示。

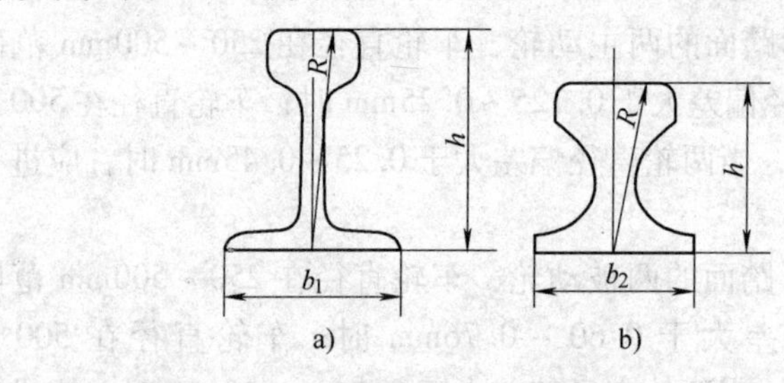

图 2-41　天车用轨道

也有用方钢或扁钢作天车轨道的。这种轨道轨顶是平的，底面较窄，只宜支承在钢结构上，不能铺在混凝土基础上。

天车轨道在桥架上的固定方式有焊接（见图 2-42a）、压板固定（见图 2-42b）和螺栓联接（见图 2-42c）等几种。图 2-42b 是国内最常用的固定方法，每两块压板之间的距离约为 700mm。采用压板便于装配，但拆卸麻烦，只能用扁铲铲除，不宜用气割。图 2-42c 所示的固定方法，适用于重级或超重级的天车。图 2-42d 是把大车轨道固定于天车轨道梁上的方法。

天车轨距的允许偏差为 ±5mm，轨道纵向倾斜度不得超过 1/1500，两根轨道相对标高的允许偏差为 10mm。钢轨的实际中心线与几何中心线的偏差不应大于 3mm。钢轨接头的缝隙一般留 1～2mm；在寒冷地区安装轨道时，若气温低于年平均气温 20℃，一般缝隙应留 4～6mm。接头处两根钢轨的横向位移或高低差均不得大于 1mm，安装时两根钢轨的接头应错开 50mm 以上。

钢轨检验：检查钢轨、螺栓、夹板有无裂纹、松脱和腐蚀。如果发现裂纹应及时更换，或有其他缺陷应及时修理；钢轨顶面有较小疤痕或损伤时，可用焊接补平，再用砂轮打磨光滑；轨道顶面和侧面磨损不应超过 3mm。

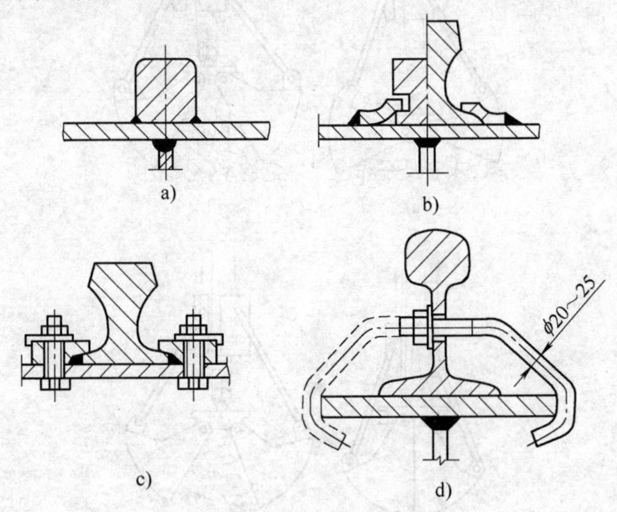

图 2-42　起重机钢轨的固定

第八节　抓　斗

天车的取物装置除吊钩以外，还有抓斗和电磁吸盘等。

一、抓斗的种类

抓斗是一种抓取散粒物料和自行取物的装置，常用的抓斗有双绳抓斗（也称四绳抓斗）、单绳抓斗、电动抓斗等。

1. 双绳抓斗

若开闭、起升卷筒为单联卷筒时，则开闭绳和起升绳共两根，称为双绳抓斗。双绳抓斗的构造及其工作原理如图 2-43 所示。

它由颚板、下横梁、撑杆和上横梁构成。工作时：起升绳的下端固结在上横梁上，另一端直接缠入起升卷筒；开闭绳的一端固结在下横梁上，另一端通过安装在上、下横梁上的滑轮组缠入开闭卷筒。

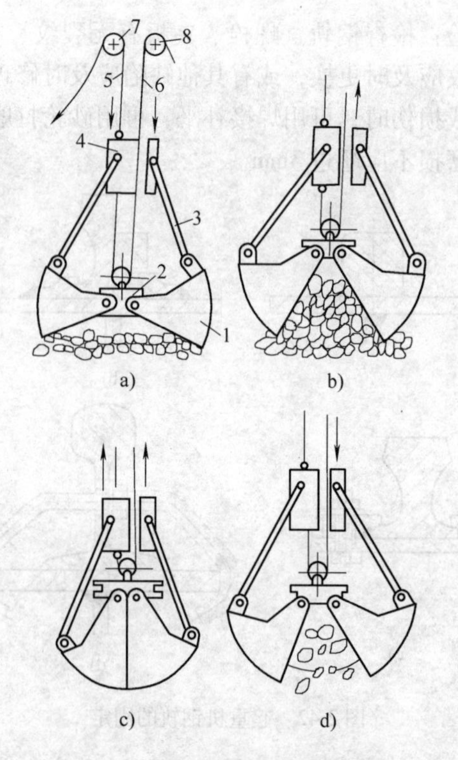

图 2-43　双绳抓斗的构造及工作原理

a）降斗　b）闭斗　c）升斗　d）开斗

1—颚板　2—下横梁　3—撑杆　4—上横梁　5—起升绳

6—开闭绳　7—起升卷筒　8—开闭卷筒

双绳抓斗的工作过程见表 2-24。

表 2-24　双绳抓斗的工作过程

抓 斗 动 作	降	闭	升	开
起升绳	降	停	升	停
开闭绳	降	升	升	降

双绳抓斗工作效率高，能抓取散碎物料的品种较多，本身自重小，安装维修方便。

2. 单绳抓斗

单绳抓斗只有一组工作绳，它轮流起双绳抓斗中支持绳和开闭绳的作用。单绳抓斗常用于只有一个起升卷筒的普通天车。

单绳抓斗的结构基本与双绳抓斗相同。其工作原理如图2-44所示。

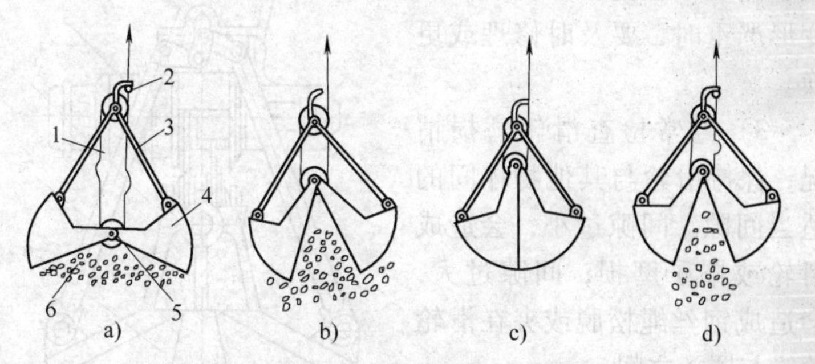

图2-44　单绳抓斗的工作原理

a）开斗落于料堆　b）抓取物料　c）起升　d）开斗卸料

1—钢丝绳　2—钢球　3—开闭绳　4—抓斗　5—钢叉　6—料堆

为了开斗卸料，在开闭绳上固定一个钢珠，抓斗的头部装一个钢叉。卸料时，先将抓斗落在料堆上，放下钢丝绳，使钢球卡在钢叉中，然后再提升钢丝绳，便开斗卸料。卸完料后，仍能以开斗状态进行垂直与水平运动。下一次抓取物料时，先将抓斗落在料堆上，只要钢丝绳偏过一边，使钢球从钢叉中脱出，再提升钢丝绳，即可抓取物料。其缺点是有效起升高度小，作业时间长，生产效率低。

3. 电动抓斗

将双绳抓斗的开闭卷筒及其驱动装置移到抓斗的内部就是电动抓斗，如图2-45所示。它是把标准电葫芦装在抓斗头部作为开闭机构的电动抓斗。

电动抓斗可作为普通吊钩天车的备用取物装置，由于其可在任意高度卸料，因而生产率比单绳抓斗高，但比双绳抓斗低。电动抓斗自重大、重心高、易翻倒，需要装设开闭驱动装置。

二、抓斗的使用和安全检验

1）抓斗是由起升和闭合两个卷筒来操纵其升降和斗口的闭合，必须经常检查抓斗钢丝绳的磨损及断丝情况。

2）抓斗的刃口和齿容易磨损，应经常检查。发现磨损或变形严重时，要及时修理或更换。

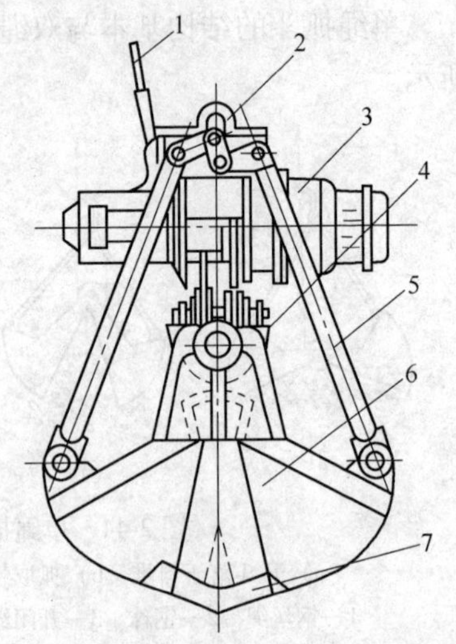

图 2-45　电动抓斗

1—电缆　2—吊环及上横梁　3—电动葫芦　4—动滑轮组及下横梁　5—撑杆　6—颚板　7—颚齿

3）经常检查滑轮磨损情况，保持滑轮与其他物体间的适当间隙。间隙过小，会造成滑轮或罩子磨损；间隙过大，会造成钢丝绳松脱或夹在滑轮轮缘与罩子之间。

4）经常检查铰轴的磨损情况。当铰轴磨损达原直径的10%时，应更换铰轴；衬套磨损超过原壁厚的20%时，应更换衬套；各铰点应经常加注润滑脂。

5）应经常检查钢丝绳出口处的圆角光滑程度，如果粗糙或已磨出棱角，须将圆角处重新锉光滑。

6）使用中应经常检查抓斗各部件的情况。抓斗闭合时，两水平刃口和垂直刃口的错位差及斗口接触处的间隙不得大于3mm，最大间隙处的长度不应大于200mm；抓斗张开后，斗口平行度偏差应不大于20mm；抓斗提升后，斗口对称中心线与抓斗垂直中心线应不大于20mm。

第九节　电 磁 吸 盘

电磁吸盘又称起重电磁铁，用于提升和吊运具有导磁性的钢铁材料。电磁吸盘的基本部分是铸钢外壳 1 和置于其中的线圈

2，如图 2-46 所示。

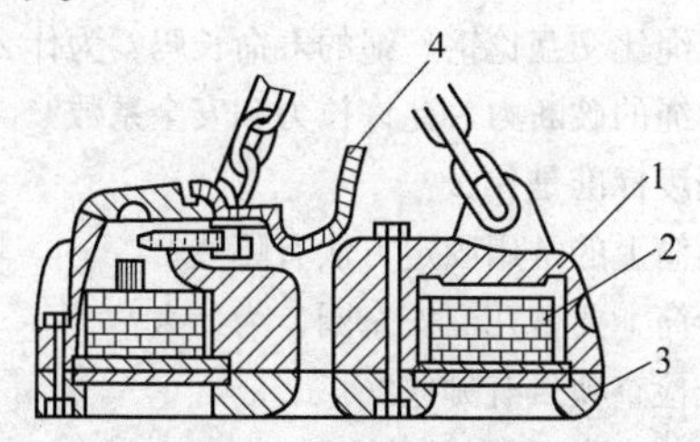

图 2-46　圆形起重电磁铁

1—外壳　2—线圈　3—底面（高锰钢）　4—导线

将直流电输送给线圈绕组，通电后所形成的磁通由电磁铁的外壳通过物品而闭合。这时物品被电磁铁吸住，并继续维持到断电卸载为止。

电磁吸盘有圆形和矩形两种。MW1—6、MW1—16、MW1—45 型圆形起重电磁铁适于常温下吸取重量大的原钢板、钢块等。当用于吸取废钢和碎钢时，由于磁路没有充分利用，其吸重效率要相应降低。

MW2—5 型矩形起重电磁铁适于吸取条形钢材，如钢轨、型钢、钢管、方钢等。对于各种长度的重物可以采用固定在同一平衡梁上的两个或多个矩形电磁铁同时工作来协同吸持。这种电磁铁已采用加强绝缘和绝热的措施，可以用来吸吊 500℃ 以下的高温材料。

电磁铁一般起吊温度为 200℃ 以下的钢材，当温度在 500℃ 时，电磁吸盘的起重能力就会下降 50% 左右，当温度为 700℃ 时则没有起重能力。

作业时，以电磁吸盘为中心，半径为 5m 的范围内不准站人，以免伤人。

复习思考题

1. 吊钩的报废标准是什么？
2. 什么叫双联滑轮组？其滑轮组倍率如何计算？

3. 线接触钢丝绳有哪几种？它们各自的构造特点是什么？
4. 同向捻钢丝绳比交互捻钢丝绳的寿命长吗？为什么。
5. 什么叫钢丝绳的破断力、允许拉力和安全系数？
6. 钢丝绳的报废标准是什么？
7. 钢丝绳在卷筒上的常用固定方法有哪些？
8. 钢丝绳在卷筒上要留几圈安全圈，为什么？
9. 卷筒的安全检查项目有哪些？
10. 用卷筒卷绕方式的原则是什么？
11. 减速器应经常检查哪些内容？
12. 选用减速机的主要依据是什么？
13. 联轴器应检查哪些内容？
14. 叙述块式制动器的工作原理。
15. 说明短行程块式制动器的调整。
16. 制动器的安全检查项目有哪些？
17. 车轮的安全检查包括哪些内容？
18. 车轮的报废标准是什么？
19. 常用抓斗的种类有哪些？其工作原理如何？
20. 使用抓斗有哪些安全注意事项？
21. 使用起重电磁铁有哪些安全注意事项？

第三章　天车的安全防护装置

为了保证起重机械安全运行和避免造成人身伤亡事故，在起重设备上配备有各种安全防护装置。了解安全防护装置的构造、工作原理和使用要求，对起重机械的操作人员来说是非常重要的。

在桥式起重机和门式起重机上装设的安全防护装置的名称、要求程度和要求范围见表3-1。

表3-1　天车的安全防护装置

安全防护装置名称	桥式起重机		门式起重机	
	要求程度	要求范围	要求程度	要求范围
超载限制器	应装	额定起重量大于20t的	应装	额定起重量大于10t的
	宜装	动力驱动，额定起重量为3~20t的	宜装	动力驱动、额定起重量为5~10t的
上升极限位置限制器	应装	动力驱动的	应装	动力驱动的
下降极限位置限制器	宜装		宜装	
运行极限位置限制器	应装	动力驱动的并且在大车和小车运行的极限位置（单梁吊的小车可除外）	应装	动力驱动的并且在大车和小车运行的极限位置
偏斜高调整显示装置			宜装	跨度等于或大于40m时
联锁保护装置	应装	由建筑物登上起重机的门与大车运行机构之间，由司机室登上桥架的舱门与小车运行机构之间，设在运动部分的司机室在进入司机室的通道口与小车运行机构之间	应装	装卸桥设在运动部分的司机室在进入司机室的通道口与小车运动机构之间

（续）

安全防护装置名称	桥式起重机		门式起重机	
	要求程度	要求范围	要求程度	要求范围
缓冲器	应装	在大车、小车运行机构或轨道端部	应装	在大车、小车运行机构或轨道端部
夹轨钳和锚定装置或铁鞋	宜装	露天工作的	应装	露天工作的
登机信号按钮	宜装	具有司机室的		装卸桥司机室位于运动部分的
防倾翻安全钩	应装	单主梁起重机在主梁一侧落钩的小车架上	应装	单主梁门式起重机在主梁一侧落钩的小车架上
检修吊笼	应装	在司机室对面靠近滑线一端		
扫轨板和支承架	应装	动力驱动的大车运行机构上	应装	在大车运行机构
轨道端部止挡	应装		应装	
导电滑线防护板	应装			
暴露的活动零部件的防护罩	宜装		宜装	
电气设备的防雨罩	应装	露天工作的	应装	露天工作的

在使用中应及时检查、维护这些装置，保持其正常的工作性能，如发现性能异常，应立即进行修理或更换。

本章着重介绍天车上主要几种安全防护装置的构造、工作原理和使用要求等。

第一节 超载限制器

超载限制器，又称为起重量限制器，它的功能是防止起重机超载吊运。当起重机超载吊运时，它能够停止起重机向不安全方向继续动作，但应能允许起重机向安全方向动作，同时发出声光报警信号。

超载限制器主要有机械型超载限制器和电子型超载限制器两种。

一、机械型超载限制器

机械型超载限制器，一般是将吊重直接或间接地作用在杠杆，或偏心轮或弹簧上，进而使它们控制电器开关。

1. 杠杆式超载限制器

杠杆式超载限制器如图 3-1 所示。

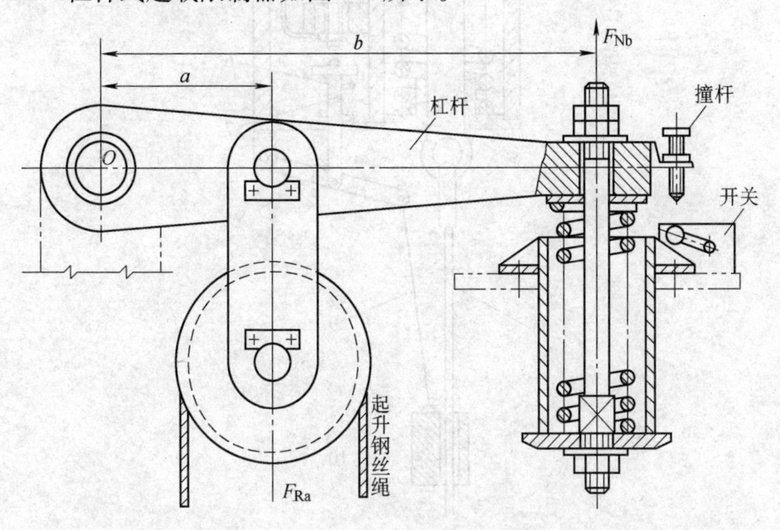

图 3-1 杠杆式超载限制器

杠杆式超载限制器主要由杠杆、弹簧及控制开关等组成。当吊重小于额定起重量时，起升钢丝绳的合力 F_R 对杠杆转轴中心 O 的力矩小于弹簧力 F_N 对 O 的力矩，即 $F_R a \leqslant F_N b$，这时撞杆不动，起升机构正常运行，当吊重大于额定起重量时，$F_R a > F_N b$，弹簧被压缩变形，撞杆向下移动，触动与起升机构线路联锁的控制开关，使电动机断电，起升机构停止吊运，起到超载限制作用，其中撞杆的行程是可调的。

2. 弹簧式超载限制器

弹簧式超载限制器如图 3-2 所示。

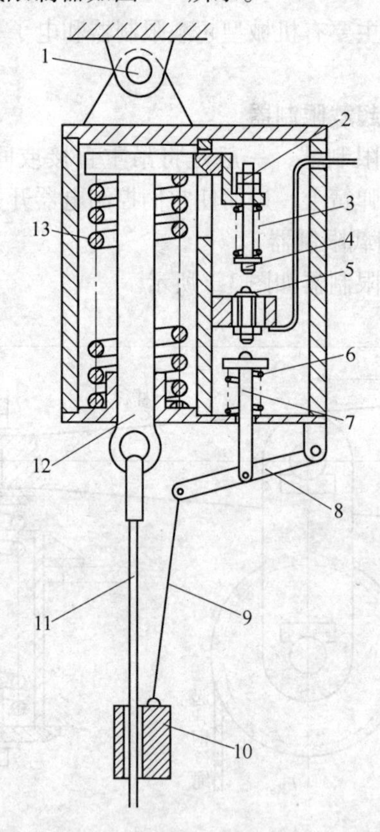

图 3-2　弹簧式超载限制器

1—支铰　2—调节螺母　3、6、13—弹簧　4—触杆　5—控制开关　7—拉杆　8—杠杆　9—链条　10—重锤　11—钢丝绳　12—滑杆

它主要由弹簧 13、控制开关 5 等组成。当吊重小于额定起重量时，弹簧 13 压缩量较小，与起升钢丝绳连接的滑杆 12 带动触杆 4 向下移动也较小，不会触动控制开关 5，起升机构正常运行。当吊重大于额定起重量时，弹簧 13 压缩变形较大，滑杆 12 带动触杆 4 触动控制开关 5，使起升机构停止吊运，从而起到超载限制作用。触杆 4 的行程可以通过调节螺母 2 调节。

图 3-2 同时有上升极限位置限制器的作用。当吊钩滑轮组上

升到极限位置时，托起重锤10，在弹簧6的作用下，拉杆7上移，触动控制开关5，使起升机构停止起升动作。

二、电子型超载限制器

电子型超载限制器主要由载荷传感器、测量放大器和显示器等部分组成。

载荷传感器是在一弹性金属体上粘贴电阻应变片，这些电阻应变片构成一个平衡电桥回路。当传感器受力时，电阻应变片就产生变形，使电阻应变片的电阻发生变化，在桥路中产生一个不平衡电压，从而使桥路失去平衡，并输出电压信号。

测量放大器的作用是将微弱的电压信号放大和功率放大，驱动微型电动机旋转，用转角来反映出载荷的大小。经测量放大，A/D（模/数）转换后，在LED（大电子显示器）上准确地显示出重量。

超载控制和报警是通过负荷测量放大器输出的电压，与设定电压相比较，当负荷达到设定负荷（额定起重量）的90%时，比较器控制电路开启，发出警报；当负荷达到设定值时，比较器控制继电器，中断起升回路，吊钩只能下降，不能再起升，起到超载保护作用。

载荷传感器可以安装在平衡轮处，也可以安装在钢丝绳上，载荷传感器安装在平衡轮支架上的示意图如图3-3所示。

载荷传感器安装在钢丝绳上的示意图如图3-4所示。

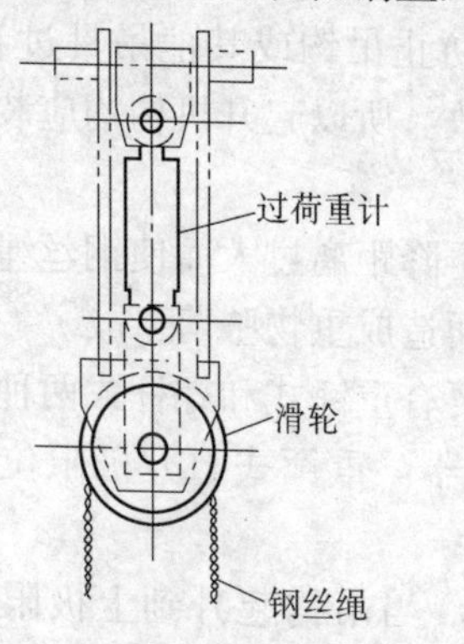

图3-3　载荷传感器安装在平衡轮支架上

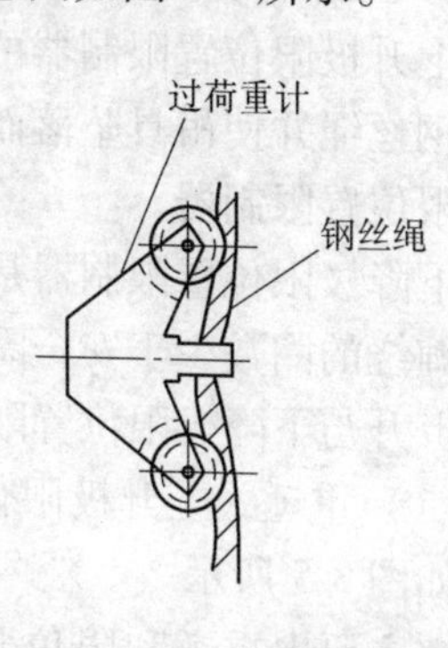

图3-4　载荷传感器安装在钢丝绳上

三、超载限制器的安全要求

1）超载限制器的综合误差：电子型的应不大于 ±5%；机械型的应不大于 ±8%。

2）当载荷达到额定起重量的 90% 时，应能发出提示性报警信号。

3）装设超载限制器后，应根据其性能和精度情况进行调整或标定，当起重量超过额定起重量时，能自动切断起升动力源，并发出禁止性报警信号。

超载限制器的综合误差计算方法如下：

综合误差 =（动作点 - 设定点）/设定点 ×100%

式中，动作点是指在装机条件下，由于超载限制器的超载防护作用，起重机停止向不安全方向动作时，起重机的实际起重量。

设定点指的是超载限制器标定时的动作点。

设定点的调整应使起重机在正常工作条件下可吊运额定起重量。设定点的调整要考虑超载限制器的综合误差，在任何情况下，超载限制器的动作点不得大于 110% 额定起重量。设定点宜调整在 100% ~105% 额定起重量之间。

第二节　位置限制器

一、上升与下降极限位置限制器

上升极限位置限制器的作用是防止吊钩或其他吊具过卷扬，拉断钢丝绳并使吊具坠落而造成事故。所以起升机构均应装置上升极限位置限制器。

下降极限位置限制器是防止因下降距离过大而使钢丝绳在卷筒上缠绕的圈数少于安全圈数要求而造成重物坠落事故。

上升与下降极限位置限制器主要有重锤式和螺杆式两种。

（1）重锤式上升极限位置限制器　重锤式上升极限位置限制器如图 3-5 所示。

它主要由重锤和限位开关构成。当吊钩起升到上极限位置时，碰到重锤（见图 3-5a）或碰到碰杆抬起重锤（见图 3-5b），限位开关上的偏心重锤即在重力作用下打开限位开关，使起升机构断电，吊钩不再向起升方向运行。

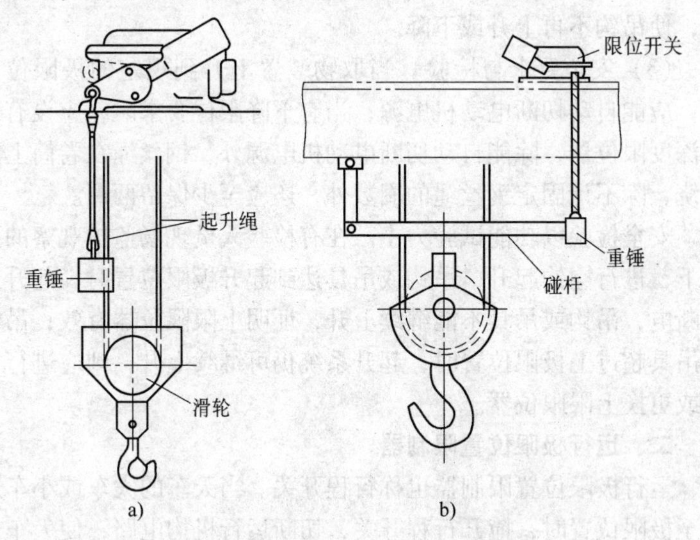

图 3-5　重锤式上升极限位置限制器

（2）螺杆式上升极限位置限制器　螺杆式上升极限位置限制器如图 3-6 所示。

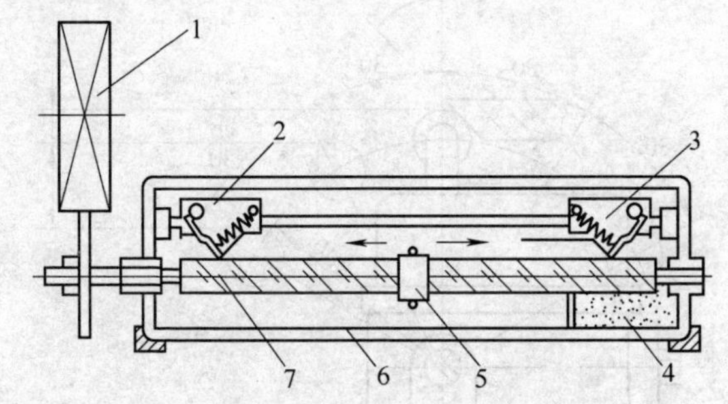

图 3-6　螺杆式极限位置限制器

1—卷筒齿轮　2、3—上下过卷扬限位开关　4—油池
5—撞头　6—壳体　7—螺杆

它是设有润滑油池的双向极限位置限制器。它由卷筒端连接，通过与螺母一起的撞头，随着卷筒正反转而前后滑行，当吊

钩上升或下降到极限位置时，撞头 5 即撞动限位开关 3 或 2 而断电，使吊钩不再上升或下降。

（3）安全要求与检验　当取物装置上升到规定的极限位置时，应能自动切断电动机电源；当有下降限位要求时，应设有下降深度限位器，除能自动切断电动机电源外，钢丝绳在卷筒上的缠绕，除不计固定钢丝绳的圈数外，还应至少保留两圈。

安全检验以功能试验为主。在有检验人员现场监护观察的条件下，进行空钩起升，吊钩或吊具达到起升极限位置时，起升系统断电，吊钩或吊具不能继续上升，证明上限限位器有效；吊钩或吊具超过上极限位置时，起升系统仍可继续上升，则应进行检修或更换上限限位器。

二、运行极限位置限制器

运行极限位置限制器也称行程开关。当天车的大车或小车运行至极限位置时，撞开行程开关，切断运行机构电路，使大车或小车停止运行。

常用的运行极限位置限制器为直杆式限制运行位置的行程开关，如图 3-7 所示。

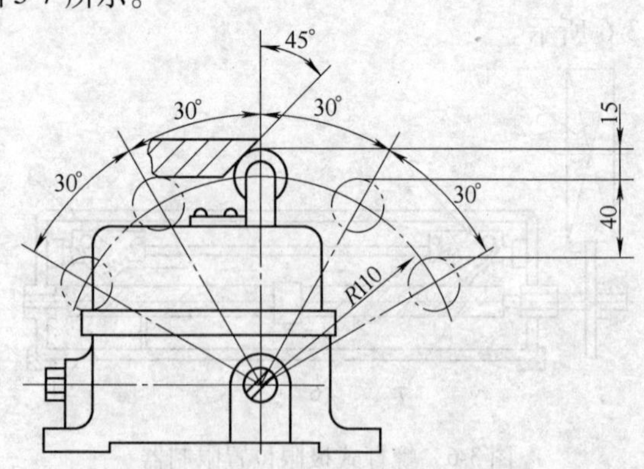

图 3-7　直杆式极限位置限制器

它由一个行程开关及配合触发开关的安全尺构成。当大车或小车运行到极限位置时，安全尺推压限位开关的转动臂，使电路断开，电动机停转，运行机构制动器使大车或小车停止运行。

各种行程开关的极限速度见表 3-2。

表 3-2　各种行程开关的极限速度　（单位：m/min）

行程开关 / 极限速度	杆形操动臂自动复位式	叉形操动臂非自动复位式	重锤式	旋转式
最高速度	200	100	80	不限
最低速度	5	3	1	直流 8r/min

L×10 系列行程开关的基本技术数据见表 3-3。

表 3-3　L×10 系列行程开关的基本技术数据

外壳形式	保护式		防溅式	
控制回路数	单	双	单	双
型号	L×10—11 L×10—21 L×10—31	L×10—12 L×10—22 L×10—32	L×10—11J L×10—21J L×10—31J	L×10—12J L×10—22 L×10—32J
外壳形式	防水式		额定电流	备注
控制回路数	单	双	（380V 时）	
型号	L×10—11S L×10—21S L×10—31S	L×10—12S L×10—22S L×10—32S	10A 10A 10A	自复位，用于平移机构 非自复位，用于平移机构 重锤式，用于起升机构

三、限位开关的检验

1）限位开关应有坚固的外壳，并应有良好的绝缘性能，密封性能较好，在室外或粉尘场所应能有效的防护。

2）触点不应有明显的磨损和变形，应能准确地复位。

3）限位开关动作灵敏可靠。

4）上升极限位置限制器的动作距离，一般情况下，吊钩滑轮组与上方接触物的距离应不小于 250mm。

第三节　偏斜调整装置

当门式起重机和装卸桥的跨度 $L\geqslant 40$m 时，由于大车运行不同步，车轮打滑以及制造安装不准等原因，常会出现一腿超前，另一腿滞后的偏斜运行现象。偏斜运行的起重机，会使起重机的金属结构产生较大的应力和变形，也会造成车轮啃轨，使运行阻力增大，加速车轮与轨道的磨损。因此必须装设偏斜调整装置和显示装置，以使偏斜现象得到及时调整。

常用的偏斜调整装置有凸轮式和电动式两种。

一、凸轮式偏斜调整装置

凸轮式偏斜调整装置如图 3-8 所示。

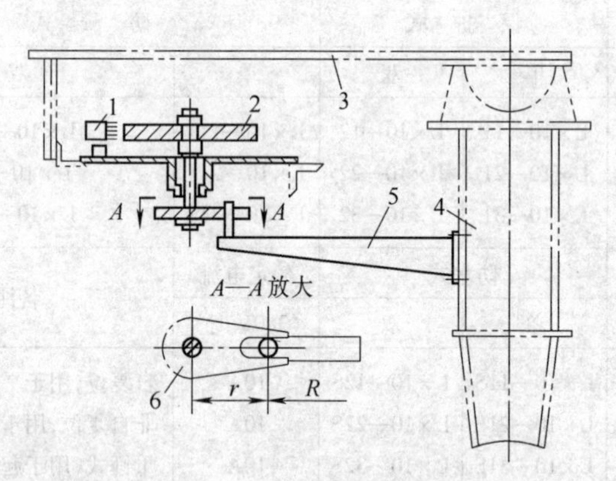

图 3-8　凸轮式偏斜调整装置

1—开关　2—凸轮　3—桥架　4—柔性支腿　5—转动臂　6—拨叉

门式起重机和装卸桥的两条支腿刚度不同，一条是刚度较大的刚性支腿，另一条是刚度较小的柔性支腿。在柔性支腿 4 上固接一个转动臂 5，通过转动臂 5 带动固定于桥架 3 上的拨叉 6，当桥架两端支腿出现偏斜时，桥架与支腿发生相对转动，固定在柔性支腿上的转动臂，通过拨叉 6 带动凸轮 2 转动。凸轮的形状如图 3-9 所示。

当偏斜量在允许范围（一般为 5/1000 跨度）内时，凸轮的

转动角度小于 β_1，纠偏电动机开关 K 不动作。当偏斜量超过允许值时，开关 K 动作，并发出信号，提示司机；同时接通运行机构的纠偏电动机，使柔性支腿一边的运行速度增快或减慢，直到两条支腿平齐为止。如果刚性支腿超前，柔性支腿滞后，凸轮顺时针转动，开关 K1 动作，使柔性支腿一边的运行速度加快，直到两条支腿平齐为止；如果柔性支腿超前，刚性支腿滞后，则凸轮逆时针转动，开关 K2 动作，使柔性支腿一边的运行速度减慢，直到两条腿平齐为止。

如果起重机向相反方向运行，偏斜时凸轮转动方向与前进时方向相反，各开关及纠偏电动机的动作也与向前运行时相反。

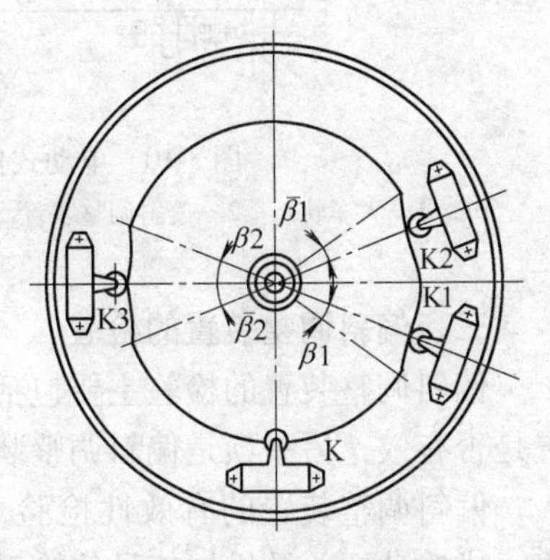

图 3-9　凸轮的形状

纠偏电动机能使柔性支腿的运行速度增加或减少 10% 左右，调整速度的能力是有限的。如果纠偏速度不能适应偏斜的发展速度或纠偏开关失灵，就会使起重机的偏斜量越来越大。因此设置偏斜量极限开关 K3，即当偏斜量达到结构允许的极限值（一般为 7/1000 跨度）时，凸轮转过 β_2 角度，极限开关 K3 动作，使超前支腿的运行机构断电，直到两条支腿平齐后接通。

二、电动式偏斜调整装置

电动式偏斜调整装置的安装布置如图 3-10 所示。

两个电动式偏斜调整装置 2 布置在刚性支腿同一侧轨道上，并通过线路连接起来。偏斜调整装置上的滚轮 4 顶在轨道侧面。正常运行时，两个偏斜调整装置里面的铁心有相同的位移量，由它们构成的电桥处在平衡状态；当两条支腿偏斜时，两个偏斜调整装置里的铁心位移量就不相同，从而电桥失去平衡，发出信号，并通过与纠偏机构联锁构成偏斜调整装置。

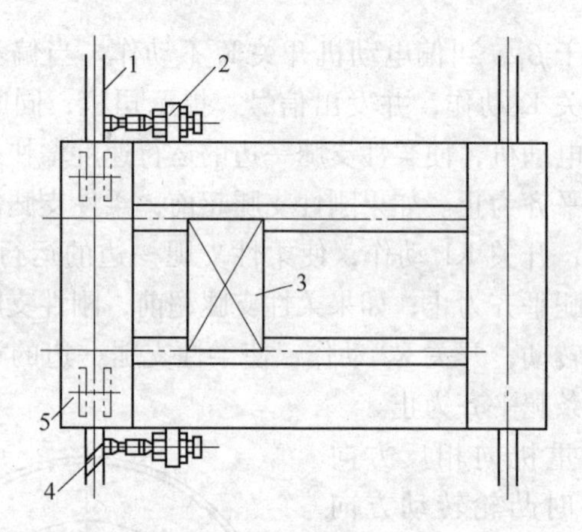

图 3-10　电动式偏斜调整装置

1—大车轨道　2—偏斜调整装置　3—小车　4—滚轮　5—车轮

三、偏斜调整装置的检验

偏斜调整装置的检验主要包括两项内容：一项是偏斜调整装置是否有效；另一项是偏斜调整装置的精度。

偏斜调整装置的有效性检验，先在起重机停止状态进行观察，或拨动开关及机械信号传输系统，检验其运动是否灵活。然后观察起重机运行状况，电气开关的通断，以及运行偏斜时的自动调整性能。

检验偏斜调整装置精度时，应用经纬仪测出开关动作时的偏斜量，与装置显示的偏斜量相对照，即可测出装置的精度。

第四节　缓　冲　器

缓冲器是天车或小车与轨道终端或天车与天车之间相互碰撞时起缓冲作用的安全装置。天车上常用的缓冲器有橡胶缓冲器、弹簧缓冲器和液压缓冲器等。

一、橡胶缓冲器

橡胶缓冲器如图 3-11 所示。其构造简单，因其弹性变形量较小，缓冲量不大，因此，只适用于车体运行速度小于 50m/min，并且环境温度限制在 -30 ~ 50℃的范围内。

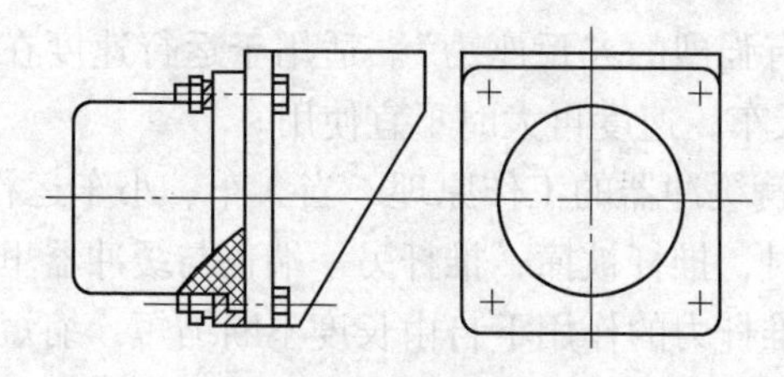

图 3-11　橡胶缓冲器

二、弹簧缓冲器

弹簧缓冲器如图 3-12 和图 3-13 所示。

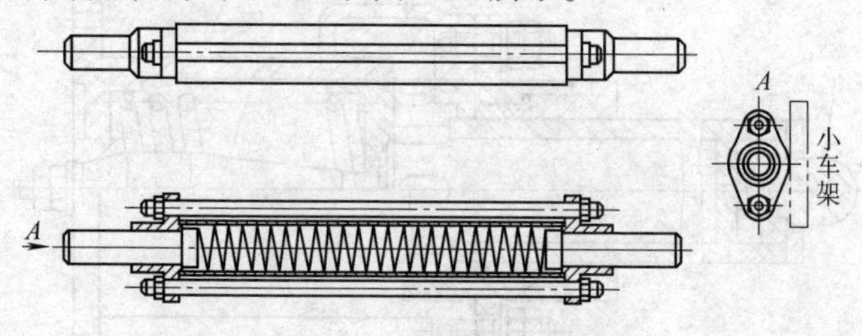

图 3-12　小车弹簧缓冲器

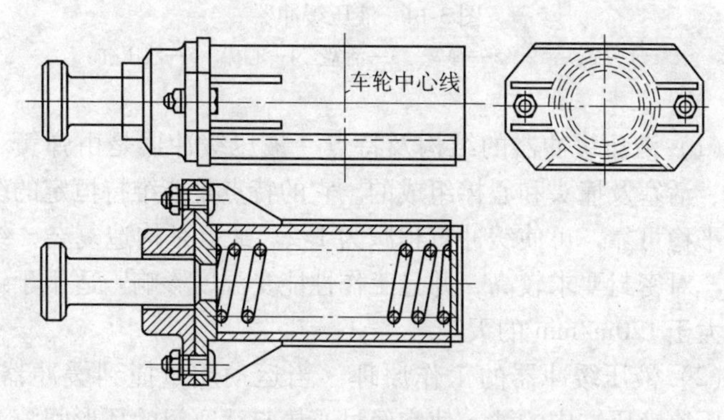

图 3-13　大车弹簧缓冲器

（1）弹簧缓冲器的结构及特点　弹簧缓冲器的结构很简单，除铸钢外壳和推杆外，内部只是一个弹簧。它的特点就是结构简单、维修方便、使用可靠，对工作温度没有要求，吸收能量较大，缺点是有强烈的“反座力”。适用于运行速度在 50 ~ 120m/min 之间的天车，速度再大时不宜使用。

（2）弹簧缓冲器的工作原理　当大车、小车运行到极限处，或两车相撞时，推杆被撞，推杆另一端正与缓冲器里面的弹簧相接，弹簧在推杆力的作用下自由长度不断缩短，缩短的距离为缓冲行程，从而起到了缓冲作用。

三、液压缓冲器

液压缓冲器如图 3-14 所示。

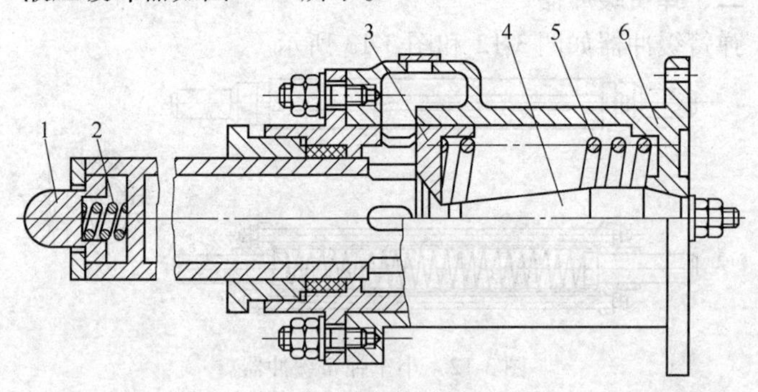

图 3-14　液压缓冲器

1—撞头　2、5—弹簧　3—活塞　4—心棒　6—液压缸

（1）液压缓冲器的结构及特点　液压缓冲器是由弹簧、液压缸、活塞及撞头和心棒组成的。它的特点是能维持恒定的缓冲力，平稳可靠，可使缓冲行程减为 1/2。缺点是构造复杂，维修麻烦，对密封要求较高，并且工作性能受温度影响。适用于运行速度大于 120m/min 的天车。

（2）液压缓冲器的工作原理　当运动质量撞到缓冲器时，活塞压迫液压缸中的油，使它经过心棒与活塞间的环形间隙流到存油空间。适当设计心棒的形状，可以保证液压缸里的压力在缓冲过程中恒定而达到匀减速的缓冲，使运动质量柔和地在最短距离内停住。

四、缓冲器的检验

（1）对缓冲器零件的试验　在桥式起重机和门式起重机的

大、小车运行机构或轨道端部都应装设缓冲器，要求缓冲器零件的性能可靠，试验后零件应无损坏，连接无松动，无开焊。

（2）对在役起重机缓冲器的检验　主要检查其完好性，并实地低速碰撞后进行检查。

第五节　防 风 装 置

露天工作的桥式起重机和门式起重机，为了防止被大风吹走而造成倾翻事故，必须装设防风装置。天车上常用的防风装置有两大类，即夹轨器和锚定装置。

一、夹轨器

夹轨器又称夹轨钳，是广泛应用的一种防风装置，它的工作原理是通过钳口夹住轨道，使起重机不能滑移，从而达到防风吹动的目的。按作用方式不同，夹轨器可分为手动夹轨器、电动夹轨器和手电两用夹轨器。

（1）手动螺杆夹轨器　手动螺杆夹轨器如图 3-15 所示。

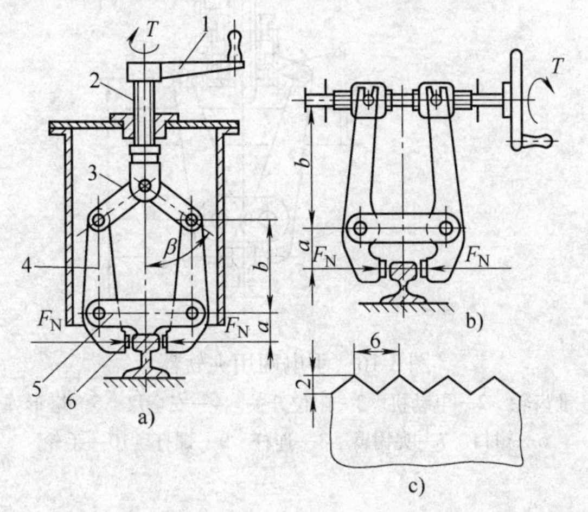

图 3-15　手动螺杆夹轨器

1—手轮　2—螺杆　3—连杆　4—夹钳臂　5—连接板　6—钳口

它是一种比较常用的夹轨器，它结构简单、成本低、操作方便，但夹紧力有限，动作慢，仅适用于中、小型起重机。

图 3-15a 是垂直螺杆夹轨器，使用时转动手轮 1，使螺杆 2 上下移动。当螺杆向下移动时先使连接板 5 碰到轨道顶面，进行高度定位，然后通过连杆 3 使夹钳臂 4 绕连接板 5 的铰点转动从而使钳口 6 夹紧轨道。当螺杆向上移动时，先使钳口松开，然后将夹钳臂提高，离开轨道顶面，钳口从而松开轨道。

图 3-15b 是水平放置的螺杆夹轨器。

（2）手电两用夹轨器　手电两用夹轨器如图 3-16 所示。

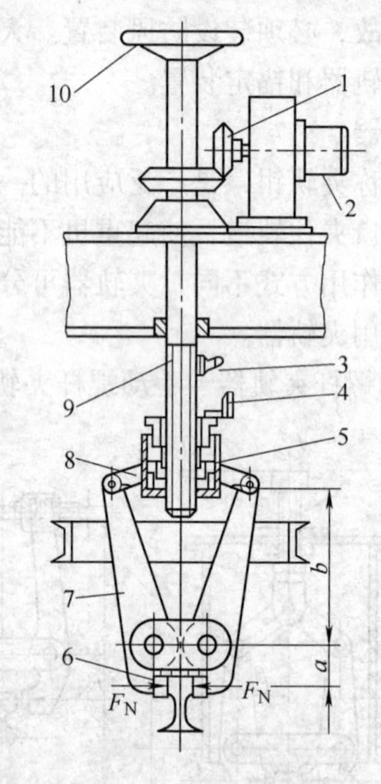

图 3-16　手电两用夹轨器

1—锥齿轮　2—电动机　3—限位开关　4—安全尺　5—塔形弹簧　6—钳口　7—夹钳臂　8—连杆　9—螺杆　10—手轮

它由电动机 2、锥齿轮 1、螺杆 9、塔形弹簧 5、钳口 6 和夹钳臂 7 等组成。

这种夹轨器主要靠电动机工作，其夹紧力是由电动机带动螺杆传动，压缩塔形弹簧产生的。弹簧的作用是保持夹紧力，以免夹钳松弛。脱钳时，使螺母退到一定位置，触动终点限位开关，运行机械方可通电运行。当遇到电气故障或停电时，可采用摇动手轮夹紧。

（3）电动夹轨器　楔形重锤式夹轨器如图 3-17 所示。

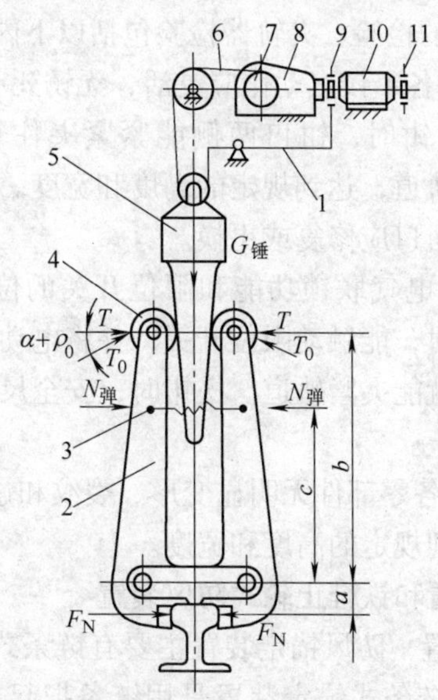

图 3-17　楔形重锤式夹轨器

1—杠杆系统　2—夹钳臂　3—弹簧　4—滚轮　5—楔形重锤　6—钢丝绳　7—卷筒　8—减速器　9—安全制动器　10—电动机　11—制动器

它是电动夹轨器的一种。楔形重锤式夹轨器的提升机构包括电动机 10、减速器 8、卷筒 7、制动器 11、安全制动器 9 以及滑轮、钢丝绳等。

当需要夹紧钳时，楔形重锤靠自重下降。当重锤降到下面极限位置时，安全制动器 9 自动闭合，防止钢丝绳继续放出。这时重锤克服弹簧力，迫使夹钳臂上端分开，下端夹紧轨道，实现上钳。

当需要松钳时，电动机 10 驱动卷筒 7，提升重锤 5。当重锤上升到一定高度（松钳）撞开第一限位开关，使起重机运行机构电动机接电。继续提升撞第二个限位开关，使电动机 10 停电，并接通上闸电磁铁将铰车制动，使重锤悬吊不下滑，这时起重机运行机构方可开动。这种夹轨器的缺点是重锤自重较大，滚轮容易磨损。

（4）夹轨器的检验　夹轨器检验包括以下内容：

1）夹轨器的各个铰点动作应灵活，无锈死和卡阻现象。

2）夹轨器上钳时，钳口两侧能紧紧夹住轨道两侧；松钳时，钳口能离开轨道，达到规定的高度和宽度。当钳口的磨损量达到规定值时，钳口应修复或更换。

3）夹轨器的电气联锁功能和限位开关的位置应符合要求。当钳口夹住轨道时，能触动限位开关，并将电动机关闭；当电动机关闭后，钳口就能夹紧轨道。松钳时，安全尺应能触动限位开关，将电动机停止。

4）夹轨器的各零部件无明显变形、裂纹和过度磨损等情况。夹轨钳钳口应达到规定的高度和宽度。

二、锚定装置和铁鞋止轮式防风装置

（1）锚定装置　防风锚定装置主要有链条式和插销式两种，如图3-18所示。链条式锚定装置是用链条把起重机与地锚固定起来，通过链条间的调整装置把链条调紧，防止链条松动使起重机在大风吹动下产生较大的冲击。插销（或插板）锚定装置是用插销（或插板）把起重机金属结构与地锚固定起来。当风速超过规定值时（一般风速超过60m/s，相当于10～11级风），把起重机开到设有锚定装置的地段，采用链条或插销（插板）把起重机与锚定装置固定起来。

要定期检查，锚链不得开裂，链条的塑性变形伸长量不应超过原长度的5%，链条的磨损不应超过原直径的10%，插销（或插板）无变形、无裂纹、锚固螺栓无裂纹、锚固架无过大变形、无裂纹。

（2）铁鞋止轮式防风装置　铁鞋作为一种防风装置，其工作原理是：当大风时，铁鞋伸入车轮与轨道之间，依靠铁鞋和钢轨之间的摩擦起防风作用。

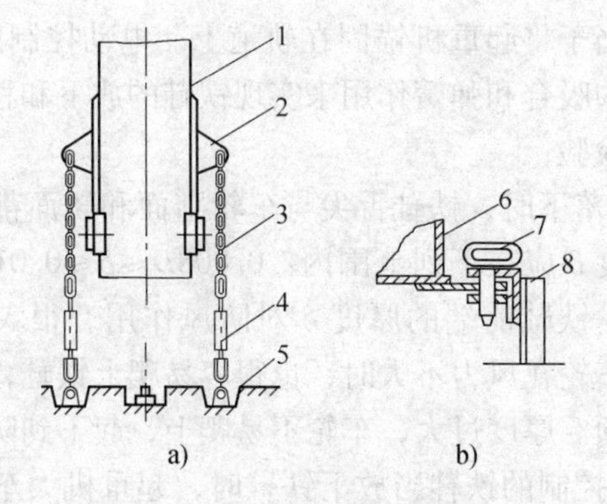

图 3-18　锚定装置

a）链条式　b）插销式

1—支腿　2—连接板　3—锚链　4—调整装置　5—锚固点

6—金属结构　7—插销　8—锚固架

铁鞋可分为手动控制（见图 3-19）和电动控制（见图 3-20）两种。

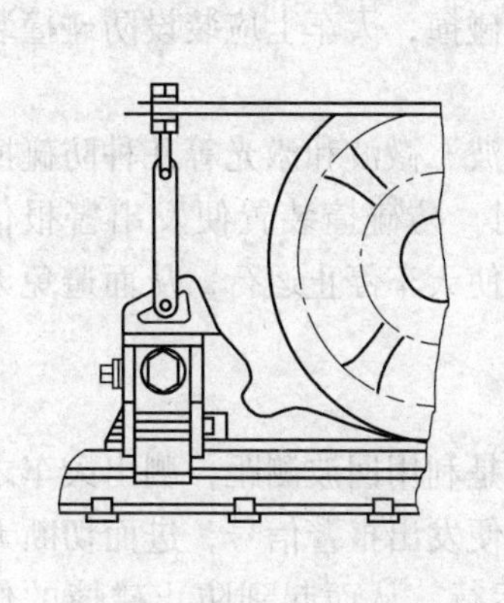

图 3-19　手动防风锚定铁鞋

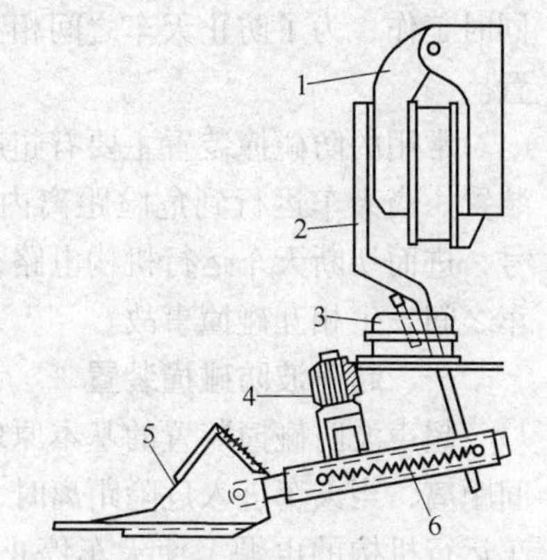

图 3-20　电动防风铁鞋

1—电磁铁　2—推杆　3—限位开关

4—电磁铁　5—铁鞋　6—弹簧

手动控制的防风铁鞋，它将铁鞋和锚链锚固功能结合在一起，通过一个自锁功能装置将夹轨装置固定到轨道上。防止铁鞋与轨道之间产生滑动，锚链的一端连在起重机上，另一端连在铁鞋上，就相当于将起重机锚固在轨道上。电动控制的防风铁鞋，它靠电磁铁的吸合和弹簧作用来实现铁鞋的放下和移开。

铁鞋的检验：

1）铁鞋落下时，铁鞋舌尖与车轮踏面和轨面都应接触。铁鞋前端的厚度δ应在下列范围内：$0.008D \leqslant \delta \leqslant 0.012D$，其中$D$为车轮直径。铁鞋前端的厚度$\delta$对防风作用有很大影响。厚度小，起重机车轮在风力不大时，也很容易爬上铁鞋，给工作带来不必要的麻烦。厚度过大，车轮不易爬上，起不到防风作用。

2）电动控制的铁鞋当放下铁鞋时，起重机大车运行机构应不能开动；只有当铁鞋移开轨道时，大车运行机构才能开动。

3）各铰点和机构应动作灵活，无卡阻现象，机构的各零部件无缺陷和损坏。

第六节　防碰撞装置

随着天车的运行速度不断提高，在同一轨道上常有数台天车同时工作，为了防止天车之间相互碰撞，天车上应装设防碰撞装置。

常用的防碰撞装置主要有超声波、微波和激光等几种防碰撞装置。当天车运行到危险距离内时，防碰撞装置便发出警报信号，进而切断天车运行机构电路，使天车停止运行，从而避免天车之间发生相互碰撞事故。

一、超声波防碰撞装置

超声波防碰撞装置的基本原理是利用回波测距，测出天车之间距离，当天车进入危险距离时，便发出报警信号，进而切断天车运行机构的电源，使天车停止运行，从而起到防止碰撞的作用。

超声波防碰撞装置主要由检测器、控制器和反射板等组成。检测器安装在大车的走台上，反射板安装在另一台天车的相对位置上，控制器安装在司机室内。

检测器定期发出超声波，它在空气中的传播速度约为$v=340\mathrm{m/s}$，从发射到收到反射回波的时间为t，离反射体的距离

为 s，则 $t=2s/v$ 或 $s=vt/2$。当反射体进入设定距离内时，就能检测出该物体，并发现报警信号。

二、激光防碰撞装置

激光防碰撞装置由发射器、接收器和反射板等组成。

发射器经过交直流变换和脉冲调制，产生脉冲电流，通过半导体激光管产生平行光束，当天车之间处在设定距离内时，投射到安装在另一台天车上的反射板上，并把反射回来的光束汇聚到接收器上，接收器把光信号转换成电信号，光电转换采用的是光电二极管。产生的电信号经过放大器放大，接通报警装置发出报警信号。

激光防碰撞装置的检出距离一般为 2~50m 左右，最大可达 300m。

激光防碰撞装置不受其他光、烟尘、雾气、声等的影响。

三、测设定值

设定距离为防止碰撞的天车之间的最小距离。设定距离是人为设定的，设定距离的大小与天车的运行速度、制动距离等参数有关。一般报警设定距离为 8~20m，减速和停止的设定距离为 6~15m。

检测距离的设定值与天车运行速度有关，它们之间的关系见表 3-4。

表 3-4　检测设定值

起重机运行速度/m·min^{-1}	60~90	90~120	>120
设定距离/m	4~7	8~12	10~20

复习思考题

1. 安全的含义是什么？
2. 天车上有哪些安全防护装置？
3. 超载限制器的作用是什么？
4. 超载限制器主要有哪几种形式？
5. 杠杆式超载限制器主要由哪几部分组成？它是如何起到安全防护作

用的?

6. 弹簧式超载限制器主要由哪几部分组成?它是如何起到安全防护作用的?

7. 电子型超载限制器主要由哪几部分组成?其工作原理是什么?

8. 对超载限制器的安全要求有哪些?

9. 超载限制器的综合误差如何计算?

10. 位置限制器主要有哪几种?

11. 起升机构为什么要装置极限位置限制器?

12. 起升机构极限位置限制器主要有哪几种?它们是如何起到防护作用的?

13. 起升机构极限位置限制器的安全要求是什么?

14. 运行机构极限位置限制器有哪些安全要求?

15. 为什么要安装偏斜调整装置,常用的偏斜调整装置有哪几种?

16. 凸轮式偏斜调整装置的工作原理是什么?

17. 缓冲器的作用是什么?有哪几种?各有什么优缺点?

18. 防风装置有哪几种?

19. 夹轨器在使用中应注意哪些事项?

20. 行程开关在桥式起重机上起限制各机构活动范围作用,是一种什么装置?

第四章　天车安全操作规程和维护保养

天车是现代工业中使用最广泛的起重机械，它横架在车间、仓库及货场的跨间上方，并可沿轨道移动，取物装置悬挂在可沿桥架运行的小车上，使吊运的重物实现起升和降落，以及水平移动，进行空间作业。因此，天车作业的活动范围广，造成事故的可能性大，作业环境复杂，对地面作业人员及设备构成威胁，它的运转状态直接与人身和设备的安全密切相关。为了保证人员和设备安全及生产正常进行，天车工必须严格遵守和认真执行各项规章制度，如交接班制度、安全技术要求细则、操作规程细则、绑挂指挥规程、检修制度等，并做好起重机的维护保养工作。

第一节　天车的安全操作规程

一、对司机的要求

1）起重机的操作只应由下述人员进行：

①经考试合格的司机。

②司机直接监督下的学习满半年以上的学徒工等受训人员。

③为了执行任务需要进行操作的维修、检测人员。

④经上级任命的劳动安全监察人员。

2）司机应符合下述条件：

①年满 18 周岁，身体健康。

②视力（包括矫正视力）在 0.7 以上，无色盲。

③听力应满足具体工作条件要求。

3）司机应熟悉下述知识：

①所操纵的起重机各机构的构造和技术性能。

②起重机操作规程及有关规章制度。

③安全运行要求。

④安全、防护装置的性能。

⑤电动机和电气方面的基本知识。

⑥指挥信号。

⑦保养和基本的维修知识。

二、安全操作的一般要求

1）司机接班时，应对制动器、吊钩、钢丝绳和安全装置进行检查。发现性能不正常时，应在操作前排除。

2）开车前，必须鸣铃或报警。操作中接近人时，应给以断续铃声或报警。

3）操作应按指挥信号进行。对紧急停车信号，不论何人发出，都应立即执行。

4）当起重机上或其周围确认无人时，才可以闭合主电源。如电源断路装置上加锁或有标牌时，应由有关人员除掉后才可闭合主电源。

5）闭合主电源前，应使所有的控制器手柄置于零位。

6）工作中突然断电时，应将所有的控制器手柄扳回零位；在重新工作前，应检查起重机动作是否都正常。

7）在轨道上露天作业的起重机，当工作结束时，应将起重机锚定住。当风力大于6级时，一般应停止工作，并将起重机锚定住。对于门座起重机等在沿海工作的起重机，当风力大于7级时，应停止工作，并将起重机锚定住。

8）司机进行维护保养时，应切断主电源并挂上标志牌或加锁。如有未消除的故障，应通知接班司机。

三、司机操作时应遵守下述要求

1）有下述情况之一时，司机不应进行操作：

①超载或物体重量不清。如吊拔起重量或拉力不清的埋置物体及斜拉斜吊等。

②结构或零部件有影响安全工作的缺陷或损伤。如制动器、安全装置失灵，吊钩螺母防松装置损坏，钢丝绳损伤达到报废标准等。

③捆绑、吊挂不牢或不平衡而可能滑动，重物棱角处与钢丝

绳之间未加衬垫等。

④被吊物体上有人或浮置物。

⑤工作场地昏暗，无法看清场地、被吊物情况和指挥信号等。

2）司机操作时，应遵守下述要求：

①不得利用极限位置限制器停车。

②不得在有载荷的情况下调整起升机构的制动器。

③吊运时，不得从人的上空通过。

④起重机工作时不得进行检查和维修。

⑤所吊重物接近或达到额定起重能力时，吊运前应检查制动器，并用小高度、短行程试吊后，再平稳地吊运。

⑥无下降极限位置限制器的起重机，吊钩在最低工作位置时，卷筒上的钢丝绳必须保持有设计规定的安全圈数。

⑦起重机工作时，吊具、辅具、钢丝绳、缆风绳及重物等，与输电线的最小距离不应小于表4-1的规定。

表4-1　与输电线的最小距离

输电线路电压 U/kV	<1	1~35	≥60
最小距离/m	1.5	3	$0.01(U-50)+3$

⑧对无反接制动性能的起重机，除特殊紧急情况外，不得利用打反车进行制动。

3）用两台或多台起重机吊运同一重物时，钢丝绳应保持垂直；各台起重机的升降、运行应保持同步；各台起重机所承受的载荷均不得超过各自的额定起重能力。

如达不到上述要求，应降低额定起重能力至80%；也可由总工程师根据实际情况降低额定起重能力使用。吊运时，总工程师应在场指导。

4）有主、副两套起升机构的起重机，主、副钩不应同时开动。对于设计允许同时使用的专用起重机除外。

5）起重工的一般安全要求如下：

①指挥信号明确，并符合规定。

②吊挂时，吊挂绳之间的夹角宜小于120°，以免吊挂绳受力过大。

③绳、链所经过的棱角处应加衬垫。

④指挥物体翻转时，应使其重心平稳变化，不应产生指挥意图之外的动作。

⑤进入悬吊重物下方时，应先与司机联系并设置支承装置。

⑥多人绑挂时，应由一人负责指挥。

四、交接班制度

1）交班前天车应停放在停车位置，天车的各控制器手柄应扳回零位，拉下保护箱的总刀开关。

2）交班天车工应将工作中天车的工作情况记录于交接班手册中。接班天车工首先应熟悉前一班司机在手册中所记事项，并共同检查天车各机构，检查的项目为：

①检查保护箱的总电源刀开关是否已切断，严禁带电检查。

②钢丝绳有无破股断丝现象，卷筒和滑轮缠绕是否正常，有无脱槽、串槽、打结、扭曲等现象，钢丝绳端部的压板螺栓是否紧固。

③吊钩是否有裂纹，吊钩螺母的防松装置是否完整，吊具是否完整可靠。

④各机构制动器的制动瓦是否靠紧制动轮，制动瓦衬及制动轮的磨损情况如何，开口销、定位板是否齐全，磁铁冲程是否符合要求，杆件传动是否有卡住现象。

⑤各机构传动件的联接螺栓和各部件的固定螺栓是否紧固。

⑥各电气设备的接线是否正常，导电滑块与滑线的接触是否良好。

⑦开车检查终点限位开关的动作是否灵活、正常；安全保护开关的动作是否灵活、工作是否正常。

⑧天车各机构的传动是否正常，有无异常声响。

检查完天车各机构后，接班天车工将结果记录于交接手册中。

3）检查天车和试验各机构时，发现下列情况，天车工不得起动天车。

①吊钩的工作表面发现裂纹，吊钩在吊钩横梁中不能转动。

②钢丝绳有整股折断或断丝数超过报废标准。

③各机构的制动器不能起制动作用，制动瓦衬磨损严重，致使铆钉裸露。

④各机构的终点限位开关失效或其杠杆转臂不能自动复位，舱口门、横梁门等安全保护开关的联锁触头失效。

五、天车运行前应做的工作

1）了解电源供电和是否有临时断电检修情况。

2）断开隔离开关，检查起重机各机构的情况，各开关是否正常，制动器是否正常，各部位的固定螺栓是否松动，车上有无散放的各种物品。

3）按规定向各润滑点加注润滑油脂。

4）对在露天工作的起重机，应打开夹轨器或其他固定装置。

5）检查运行轨道上及轨道附近有无妨碍运行的物品。

6）在主开关接电之前，司机必须将所有控制器手柄扳至零位，并将从操作室通向走台的门和各通路上的门关好。

六、天车工在操纵起重机中要做的工作

1）天车工在操作时精神必须集中，不得在作业中聊天、阅读书报、吃东西、吸烟等。

2）为防止触电，天车工不能湿手操纵控制器，应穿绝缘鞋，工作室地面要铺有橡胶板或木板等绝缘材料。

3）天车工在操作天车运行时，必须遵守下列规则：

①鸣铃起车。起车要平稳，逐挡加速。起升机构每挡之间的转换时间为1~2s；运行机构每挡之间的转换时间为3s以上；大起重量的天车各挡的转换时间还应长些。

②每班第一次起吊货物时，应首先将货物吊离地面0.5m，然后放下，在下放货物的过程中试验制动器是否可靠，然后再进行正常作业。

③禁止超负荷运行。对于接近额定载荷的货物应用第2挡试

吊，如不能起吊，说明物件的重量超过天车的额定负荷，所以不能用高速挡直接起吊。

④起吊物件时，禁止突然起吊。当起升钢丝绳接近绷直时，要一边调整大小车的位置，一边拉紧钢丝绳。放下物件时，也要注意逐渐落地，以防损伤物件及引起天车的振动。

⑤禁止起吊埋在地下或凝结在地面，以及与车辆、设备相钩连的货物，以防拉断钢丝绳。

⑥禁止斜拉、斜吊。因为斜吊会使货物摆动，与其他物体相撞，而且还可能出现使钢丝绳拉断、超负荷等现象。

⑦天车吊运的物件禁止从人的头顶上越过，禁止在吊运的物件上站人。吊运物件应走指定的“通道”，而且要高于地面物件0.5m以上。

⑧天车工在作业中应按下列规定发出信号：起升、落下物件，开动大小车时；天车接近跨内另一天车时；吊运物件接近地面人员时，都要鸣铃。天车吊物从视线不清处通过时；在吊运通道上有人停留时，要连续鸣铃发出信号。

⑨天车正常运行时，禁止使用紧急开关、限位开关、打倒车等手段来停车。当然，为了防止发生事故而须紧急停车时例外。

⑩禁止天车吊物在空中长时间停留。天车吊物时，天车工不准随意离开工作岗位。

⑪在电压显著降低和电力输送中断的情况下，必须切断主开关，所有控制器手柄扳回零位，停止工作。

⑫严禁利用吊钩或吊钩上的物件运送或起升人员。

⑬起升熔化状态的金属时，不得同时开动其他机构运转。

⑭吊运盛有钢液的浇包时，天车不宜开得过快，以控制器手柄置于第二挡为宜。

⑮翻转浇包前，应用横梁上的起重钩牢靠地钩住吊耳，用辅助小车吊钩可靠地钩住包上的翻转环。工作中只听专职人员指挥。

⑯不得将辅助起升机构的钢丝绳与浇包或平衡梁直接接触。

⑰由浇注槽向炉内注入钢液时，只许浇包在槽的边缘运送，

并保持适当的高度。

⑱打开浇包的水口砖时，不许有人站在浇包下操纵压棒。

七、天车工在天车工作结束后要做的工作

1）将吊钩升至较高位置，小车开到远离大车滑线的端部，大车开到天车的停车位置。

2）对于电磁铁和抓斗天车，应将起重电磁盘或抓斗放落到地面。

3）将控制器手柄扳回零位，拉下保护箱的刀开关。

4）对各机构及电气设备的各种电器元件进行检查、清理，并按规定润滑。

5）在室外工作的天车应将大车和小车固定可靠，以防风吹。

6）天车在运行及检查中所发现的问题、故障及处理情况应全部记入交接班手册。

7）工作结束后的天车工只有在向接班天车工交班后方可离开天车。如接班天车工未到，需经领导准许后方可离开。

第二节 天车的使用与维护

一、通用桥式起重机的维护与保养

1. 定期检查

1）使用单位应当对在用起重机进行定期的自行检查和日常维护保养，至少每月进行一次常规检查，每年进行一次全面检查，必要时进行试验验证，并且做记录。

使用单位应当根据设备工作的繁重程度和环境条件的恶劣程度，确定检查周期和增加检查内容。自行检查和日常维护保养发现异常情况，应当及时进行处理。

2）在用起重机常规检查至少包括以下内容：

①起重机工作性能。

②安全保护、防护装置有效性。

③电气线路、液压或者气动有关部件的泄漏情况及其工作性能。

④吊钩及其闭锁装置、吊钩螺母及其防松装置。

⑤制动器性能及其零件的磨损情况。

⑥联轴器运行情况。

⑦钢丝绳磨损和绳端的固定情况。

⑧链条的磨损、变形、伸长情况。

3）在用起重机全面检查至少包括以下内容：

①常规检查的内容。

②金属结构的变形、裂纹、腐蚀及其焊缝、铆钉、螺栓等的联接情况。

③主要零部件的变形、裂纹、磨损等情况。

④指示装置的可靠性和精度。

⑤电气和控制系统的可靠性等。

4）起重机操作人员（司机）在操作过程中发现事故隐患或者其他不安全因素时，应当立即停机并且向现场安全管理人员和有关负责人报告。

5）起重机出现故障或者发生异常情况，使用单位应当立即对其进行检查，消除事故隐患后，方可重新投入使用。停止使用1年以上（含1年）的起重机，再次使用前，使用单位应当进行全面检查，并且经特种设备检验检测机构按照定期检验要求检验合格。

2. 天车的维护与保养

1）制动器的维护与保养。对于起升机构的制动器要做到每班检查，而运行机构的制动器可2～3天检查一次。如遇轴栓被咬住、闸瓦贴合在闸轮上、闸瓦张开时在闸轮两侧的空隙不相等的一些情况，应及时调整、维修，以防止造成制动器的损坏。

2）轴承的维护与保养。要经常检查滚动轴承，尤其是检查轴承座的固定是否牢靠，轴承内的润滑油量是否充足，不能让轴承在没润滑油的情况下工作。注意：在换油时，首先应用煤油洗净轴承，然后再加润滑油。轴承的温度在正常工作情况下应不超过60～70℃，超过这个温度范围要检查润滑油量是否够，其质量是否合乎要求，钢珠有无损坏。

3）钢丝绳的维护与保养。为防止钢丝绳的迅速磨损，以保证或延长其使用寿命，对钢丝绳必须经常检查：检查其是否有断丝和磨损是否已达到报废标准；是否需要加润滑油，润滑时要将润滑油脂加热到60℃，以便使润滑油渗入钢丝绳股之间。润滑前先用钢丝刷子刷去钢丝绳上的脏物和旧润滑脂，以防酸碱性成分的润滑油润滑钢丝绳。

4）卷筒和滑轮的维护与保养。要经常检查卷筒和滑轮的绳槽表面情况，轮槽是否完整无损。对卷筒和滑轮要保持清洁和适量的润滑油。

5）联轴器的维护与保养。联轴器要牢固地固定在轴上。检查用螺杆联接的部分是否旋紧，注意在工作时是否有跳动现象，以便及时修理。

6）减速器的维护与保养。检查减速器的内齿轮传动时，要注意检查轮齿工作表面的情况、磨损程度、啮合情况，齿轮传动情况是否正常，是否有异常声音。减速器两半体的结合面不可漏油，内部必须存有一定量的合格机油，并要及时清洗换油。

3. 维修

1）维修更换的零部件应与原零部件的性能和材料相同。

2）结构件需焊修时，所用的材料、焊条等应符合原结构件的要求，焊接质量应符合要求。

3）起重机处于工作状态时，不应进行保养、维修及人工润滑。

4）维修时，应符合下述要求：

①将起重机移至不影响其他起重机的位置，对因条件限制、不能做到以上要求时，应有可靠的保护措施，或设置监护人员。

②将所有的控制器手柄置于零位。

③切断主电源、加锁或悬挂标志牌。标志牌应放在有关人员能看清的位置。

4. 及时做好起重机的小修、中修和大修

小修是对设备进行局部修理和排除工作中出现的故障和缺陷等，通常不安排修理计划，多在停车或间歇时修复即可。中修一般指对设备进行局部解体、修复，更换主要零部件，恢复精度和机构性能等。中修应安排修理计划，一般修理工作多安排在节假日进行。大修要按计划对设备进行全部解体、修复，更换全部磨损零件，按技术标准恢复各机构精度和性能，进行必要的改进工作等。最后按技术标准和图样规定进行检查和测定。

大、中修期限的长短，应视各使用单位起重机的具体情况而定，不可强求一致。在机器制造业中一般3～4年要大修一次，而在冶金车间或特别繁重场所工作的起重机和装卸桥等两年就需大修一次，甚至也有规定1年大修一次的。

二、抓斗桥式起重机的使用规则与维护

1. 抓斗桥式起重机的使用规则

1）遵守通用桥式起重机的一切规则。

2）使用抓斗桥式起重机前应检查抓斗开闭机构，检查抓斗开闭绳的导轮状况，检查抓斗悬挂处绳索的紧固情况。检查颚板闭合是否紧密，检查颚板的固定情况，检查撑杆的铰接情况。

3）空载试运转，检查抓斗闭合机构工作的正确性、可靠性和灵活性。

4）禁止抓斗与人同在一个车厢内装卸物料。

5）不允许用抓斗抓取整块的物件。

6）禁止用抓斗移动装料箱的小车和铁路车辆等。

7）抓斗卸料时，离料箱高度不得大于200mm。

8）起升抓斗时，应使起升绳与开闭绳速度相等，以使钢丝绳受力均匀。

9）抓斗的起升和降落应保持平稳，防止因碰撞而造成转动。

10）抓斗在卸载前，要注意升降绳不应比开闭绳松弛，以防冲击而断绳。

11）抓斗在接近车厢底部抓料时，注意升降绳不可过松，以防抓坏车厢。

12）机车在未摘钩和未离开前，抓斗不得靠近车厢，更不准进行抓料。

13）抓满物料的抓斗不应悬吊10min以上，以防溜抓伤人。

14）抓斗桥式起重机工作完毕后，应将抓斗放到地面，不得悬空吊挂。

2. 抓斗的维护保养

1）定期检查抓斗颚板和颚齿磨损状态，检查各销轴的磨损状况和联接情况，已损坏的和过度磨损的零部件应及时更换。

2）经常检查抓斗的起升钢丝绳和开闭钢丝绳的工作状况，有无扭结、脱槽、卡住、损伤现象，如有应及时处理或更换。

3）对滑轮、钢丝绳和各铰链销轴要定期清洗、润滑。

三、电磁桥式起重机的使用规则及检查

1. 电磁桥式起重机的使用规则

1）遵守通用桥式起重机的一切规则。

2）经常检查电磁铁的电路情况，电缆的绝缘情况，防止漏电；检查电缆缠绕是否正常；检查电缆缠绕与钢丝绳缠绕是否协调同步。

3）作业时，以电磁吸盘为中心，在半径为5m的范围内不准站人，以防伤人。

4）禁止在人员上方或靠近人身、设备上方用电磁吸盘吊运物件。

5）装卸较重的碎料时，起升高度不得超过料箱200mm。

6）禁止电磁吸盘与人同在一个车厢内装卸物料。

7）严禁用起重电磁铁来移动装料箱的小车或铁路车辆。

8）为避免被吊物件中途掉落，电磁吸盘应吸住物件的重心部位，以保持吊物平衡。

9）禁止转动已载重的起重电磁铁，以免绕乱和损坏电缆和起重绳索。

10）当发现电磁铁铁心有剩磁时，应停止起重机的运转。

11）不准用起重电磁铁吊运温度超过200℃的物料。

12）只有在卸料地点才可切断吸住物料的起重电磁铁的电源。

13）用起重电磁铁吊运钢板时，吸着面或板间不得有异物或间隙。

14）不可用起重电磁铁吊运极度弯曲、表面有氧化皮或砂土的钢材。

15）起重机工作完毕后，应将起重电磁铁放置在地面上，不得悬空吊挂。

2. 起重电磁铁的安全检验

1）起重电磁铁的铁壳焊缝应无损伤或裂纹。

2）起重电磁铁的端子箱盖应密封良好。

3）起吊链条的链环磨损超过原尺寸的10%时应报废，销轴磨损超过原尺寸的5%时应报废。

4）引入电缆应无损坏。

5）起重电磁铁的冷态绝缘电阻应大于10MΩ。

四、铸造起重机的使用规则

铸造起重机是用于冶炼车间运送钢液和浇注钢锭的起重机。铸造起重机具有两台小车，一台是主小车，另一台是副小车（辅助小车）。主、副小车上的起升机构是用来吊运和倾翻盛钢桶的，主小车上的起升机构负责吊运盛钢桶，副小车上的起升机构负责倾翻盛钢桶或做一些辅助性工作。

由于钢液温度高达1000℃以上，且处于液体状态，在吊运及浇注过程中如稍有不慎或操作失误，会使钢液溢出或坠落，将会造成重大人身与设备事故。因此，天车司机除要遵守通用桥式起重机的全部使用规则外，还必须遵守和掌握以下规则和操作要领：

1）应熟悉吊运工艺的全过程，了解各个环节的动作要求及彼此衔接关系，以确保钢液吊运和浇注工作顺利进行。

2）在吊运盛钢桶之前，要确认吊钩正确和可靠地钩住吊耳颈部后，根据专职人员的指挥起升盛钢桶。

3）为防止炽热钢液直接烘烤吊钩组，吊运盛钢桶的吊钩应具有隔热装置，如采用隔板或长脖钩等。

4）钢液不得装得太满，以防大、小车起动或制动过快而引起游摆，造成钢液溢溅伤人。

5）在每次吊运钢液前，应首先进行试吊，将盛有钢液的盛钢桶慢速提升至离地面200mm的高度，再下降制动，用以检验起升制动器的可靠性。如不超出允许下滑距离（一般不大于100mm），方可正式进行吊运钢液的作业。

6）吊运钢液时，严禁从人上方通过。

7）吊运钢液时，速度不宜过快，控制器手柄以置于第2挡为宜。

8）在开动起升机构提升或下降盛钢桶时，严禁开动大车或小车等其他机构，以便集中精神，避免发生误动作而导致事故的发生。

9）翻转盛钢桶前，应用辅助小车吊钩可靠地钩住盛钢桶的翻转环，工作中只听专职人员指挥。

10）不得将辅助起升机构的钢丝绳与盛钢桶或平衡梁直接接触。

11）由浇注槽向炉内注入钢液时，只许盛钢桶在槽的边缘运送，并保持适当的高度。

12）打开盛钢桶的“水口砖”时，不许有人站在盛钢桶下操作压棒。

第三节　天车的润滑

天车的润滑是保证天车正常运行、延长机件寿命、提高生产效率以及确保安全生产的重要措施之一。天车司机和维修保养人员，应提高对设备润滑重要性的认识，经常检查各运动点的润滑情况，并定期向各润滑点加注润滑油脂，坚决纠正那种只管开车，不管润滑的现象。

一、润滑原则与方法

设备中任何可动的零部件，在其作相对运动的过程中，相接触的表面都存在着摩擦现象，因而造成零部件的磨损，其后果是导致设备运转阻力增大，运转不灵活，寿命降低，工作效率下降。

润滑就是在具有相对运动的两物件接触表面，加入第三种物质（润滑剂），达到控制和减少摩擦，从而使设备正常运转，延长零部件寿命，提高设备的工作效率，这是设备维护保养工作的重要措施。

润滑的原则是：凡是有轴和孔，属于动配合部位以及有相对运动的接触面的机械部分，都要定期进行润滑。

由于各种天车的工作场合、工作类型不同，对各润滑部位的润滑周期应灵活确定。一般对在高温环境中工作的天车，应在经常检查的同时就进行润滑，因此润滑周期应较短，以保证天车的正常运转。

正确地选择润滑材料是搞好润滑工作的基本条件。

采用适当的方法和装置将润滑材料送到润滑部位，是搞好润滑工作的重要手段，对提高设备工作性能及其使用寿命起着极为重要的作用。

天车各机构的润滑方式分为分散润滑和集中润滑两种。

中、小型天车一般采用分散润滑。润滑时使用油枪或油杯对各润滑点分别注油。分散润滑的优点是：结构简单，润滑可靠，维护方便，所用润滑工具易于购置，规格标准，成本较低等。缺点是：润滑点分散，添加油脂时要占用一定时间；外露点多，易受灰尘覆盖或异物堵塞等。

大起重量天车、冶金专用天车多采用集中润滑。集中润滑分手动泵加油和电动泵集中加油两种。集中润滑可以定时定量润滑，从一个地方集中供应多个润滑点，直接或间接地减少维护工作量，提高安全程度和保持环境卫生。缺点是结构复杂、成本高。

二、润滑点的分布

天车上各润滑部位分布如下：

1）吊钩滑轮轴两端的轴承及吊钩螺母下的推力轴承。

2）定滑轮组的固定心轴两端（在小车架上）。

3）钢丝绳。

4）卷筒轴的轴承。

5）各减速器的齿轮及轴承。

6）各齿轮联轴器的内外齿套。

7）各轴承箱（包括车轮组角型轴承箱）。

8）各制动器的销轴处。

9）各制动电磁铁的转动铰接轴孔。

10）各接触器的转动部位。

11）大、小车集电器的铰链销轴处。

12）各控制器的凸轮、滚轮、铰接轴孔。

13）各限位开关、安全开关的铰接轴孔。

14）各电动机的轴承。

15）抓斗上、下滑轮轴承，导向滚轮及各铰接轴孔。

三、润滑材料

润滑材料分为润滑油、润滑脂和固体润滑剂三大类。

润滑油是应用最广泛的液体润滑剂，天车上常用的润滑油有全损耗系统用油、齿轮油、气缸油等。

润滑脂是胶状润滑材料，俗称黄油、干油，它是由润滑油和稠化剂在高温下混合而成的，实际上是稠化了的润滑油，有的润滑脂还加有添加剂。

固体润滑剂常用的有二硫化钼、石墨、二硫化钨等。

润滑油的主要性能指标是润滑油的粘度，它表示润滑油油层间摩擦阻力的大小，粘度越大，润滑油的流动性越小，越黏稠。

天车上常用的润滑油，如全损耗系统用油，其牌号与粘度见表4-2，从表4-2中可以看出，润滑油新标准的牌号就是润滑油在40℃时粘度的平均值。

表4-2　全损耗系统油牌号与粘度

牌　号	原机械油旧牌号	粘度/($\times 10^{-6}$ m^2/s)(40℃)
L-AN5	4	4.14~5.06
L-AN7	5	6.12~7.48
L-AN10	7	9.00~11.00
L-AN15	10	13.5~16.5
L-AN22	14	19.8~24.2
L-AN32	20	28.8~35.2

（续）

牌　号	原机械油旧牌号	粘度/($\times10^{-6}m^2/s$)(40℃)
L-AN46	30	41.4~50.6
L-AN68	40	61.2~74.8
L-AN100	50	90.0~110
L-AN150	80	135~165

润滑脂的主要性能指标是工作锥入度（或针入度），它表示润滑脂内阻力的大小和流动性的强弱。工作锥入度小则润滑脂不易被挤跑，易维持油膜的存在，密封性能好，但因摩擦阻力大而不易充填较小的摩擦间隙。重载时应选用工作锥入度小的润滑脂，即硬的润滑脂；轻载时应选用工作锥入度大的润滑脂，即软的润滑脂。对于用油泵集中给脂润滑的设备所使用的润滑脂，工作锥入度一般不应小于27mm，太小了泵送有困难。

润滑脂的另一性能指标是滴点，是润滑脂受热后开始滴下第一滴时的温度，它是表示润滑脂耐热性能的，一般使用温度应低于滴点20~30℃甚至40~60℃，以保证润滑的效果。

天车上常用的润滑脂有钙基、钠基、铝基、锂基等种类。

钙基润滑脂耐水性好，耐热能力差，适用于工作温度不高于60℃的开式与空气、水气接触的摩擦部位上。

钠基润滑脂对水较敏感，所以在有水或潮湿的工作条件下，不要用钠基润滑脂。但钠基润滑脂比钙基润滑脂的耐温高，可在120℃温度下工作。

复合铝基润滑脂有抗热、抗潮湿的特性，没有硬化现象，对金属表面有良好的保护作用。

锂基润滑脂有良好的抗水性，可适应20~120℃温度范围内的高速工作。

石墨钙基润滑脂有极大的抗压能力，能耐较高温度，抗磨性好。

天车上常用润滑脂的牌号及性能见表4-3。

表4-3 天车上常用润滑脂的牌号及性能

名　称	代号(或牌号)	工作锥入度/10^{-1}mm	滴点≥℃
钙基润滑脂 (GB/T 491—1987)	ZG—1	310~340	80
	ZG—2	265~295	85
	ZG—3	220~250	90
	ZG—4	175~205	95
复合钙基润滑脂 (SH0370—1992)	ZFG—1	310~340	180
	ZFG—2	265~295	200
	ZFG—3	220~250	220
	ZFG—4	175~205	240
钠基润滑脂 (GB/T 492—1989)	ZN—2	265~295	160
	ZN—3	220~250	160
通用锂基润滑脂 (GB 7324—1994)	ZL—1	310~340	170
	ZL—2	265~295	175
	ZL—3	220~250	180
合成复合铝基润滑脂 (SH 0378—1992)	ZFU—1H	310~340	235
	ZFU—2H	265~295	235
	ZFU—3H	220~250	235
	ZFU—4H	175~205	235
石墨钙基润滑脂 (SH 0369—1992)	ZG—5	—	80

天车典型零部件的润滑材料及其添加时间见表4-4。

表 4-4 天车典型零部件的润滑材料及其添加时间

零件名称	期限	润滑条件	润滑材料
钢丝绳	1~2月	1. 润滑脂加热至80~100°C浸涂，至饱和为宜 2. 不加热涂抹	1. 钢丝绳麻心脂 2. 石墨钙基润滑脂或其他钢丝绳润滑脂
减速器	新使用时每季度换一次油，以后可每半年至一年换一次	夏季 冬季（不低于-20℃）	L—CKD齿轮油 L—CKD齿轮油
齿轮联轴器	每月一次	1. 工作温度在-20~50°C 2. 高于50°C 3. 低于-20°C	1. 采用以任何元素为基体的润滑脂，但不能混合使用，冬季宜用1号、2号；夏季宜用3号、4号 2. 用通用锂基润滑脂，冬季用1号，夏季用2号 3. 采用1号、2号特种润滑脂
滚动轴承	3~6个月一次		
滑动轴承	酌情		
卷筒内齿盒	每大修时加油一次		
电动机	年修或大修	1. 一般电动机 2. H级绝缘和湿热地带	1. 合成复合铝基润滑脂 2. 3号通用锂基润滑脂
开式齿轮	半月一次，每季或半年清洗一次	—	开式齿轮油

四、润滑注意事项

天车润滑时的注意事项如下：

1）润滑剂在使用过程中，必须保持清洁。使用前查看仔细，发现杂质或脏物时不能使用，使用中注意润滑剂的变化，如发现已变质失效时，应及时更换。

2）经常认真检查润滑系统的各部位密封状态和输脂情况。

3）温度较高的润滑点要增加润滑次数，并装设隔温或冷却装置。

4）按具体情况选用适宜的润滑材料，不同牌号的润滑脂不能混合使用。

5）各机构没有注油点的转动部位，应视其需要，用加油工具把油加进各转动缝隙中，以减少磨损和防止锈蚀。

6）潮湿的地方不宜选用钠基润滑脂，因其吸水性强而且易失效。

7）采用压力注脂法（油枪、油泵或旋盖式的油杯），应确保润滑剂进到摩擦面上。如因油脂凝结不畅通时，可采取稀释疏通法疏通。

8）凡更换油脂时，务必做到彻底除旧换新，清洗干净，封闭良好。

复习思考题

1. 天车工须具备哪些条件？
2. 天车工应熟悉哪些知识？
3. 闭合天车主电源前，应注意哪些事情？
4. 天车工交接班时有哪些规则？
5. 天车运行前司机应做哪些工作？
6. 天车工在操作天车运行时应遵守哪些规则？
7. 在天车工作结束后天车工须做哪些工作？
8. 天车工交接班时进行的每日检查包括哪些内容？
9. 天车的周检包括哪些内容？
10. 天车的月检包括哪些内容？
11. 天车的半年检包括哪些内容？
12. 天车工操作抓斗起重机时应注意哪些事项？
13. 天车工操作电磁起重机时应禁止哪些操作行为？
14. 天车工在吊运钢液时应注意哪些事项？
15. 润滑的原则是什么？

16. 天车的润滑有哪几种方式?
17. 天车上常用的润滑材料有哪几种?
18. 润滑油的性能指标是什么?天车上常用的润滑油有哪些?
19. 润滑脂的主要性能指标是什么?
20. 天车上常用的润滑脂有哪些?各有何特点?
21. 交接班检查维护、例行保养中的安全注意事项是什么?

第五章　通用桥式起重机的操作

第一节　运行机构和起升机构的操作

一、大、小车运行机构的操作

1. 大、小车运行机构的操作方法

大、小车运行的起动、制动、调速和换向，由操纵控制器手柄（手轮）来实现。

控制器中间位置为零挡，是停止挡，在其左右各有五挡，把手柄推离零挡，大车或小车就起动运行。当手柄向左，大车就向左运行（小车向前运行）；手柄向右，大车就向右运行（小车向后运行）。大车（或小车）运行的快慢与各挡位置有关，1 挡最慢，2 挡其次，3 挡、4 挡、5 挡逐渐加快，5 挡速度最快，接近额定速度。

操作要领：

1）平稳起动与加速　为了运行平稳，减少冲击，避免吊物游摆，必须逐挡推转控制器手柄，每挡应停留 3s 以上，大车（或小车）从静止加速到额定速度（第五挡）应在 10 ~ 20s 内，严禁从零快速转至 5 挡。

2）根据运行距离的长短，选择合适的运行速度。

长距离吊运，一般应逐挡加速到第 5 挡，以最高速度运行，提高生产效率。

中距离吊运：应选择二三挡的速度运行，避免采用高速行驶以至行车过量。

短距离吊运：应采用第 1 挡并伴随断续送电开车的方法，以减少反复起动与制动。

3）平稳并准确停车。停车前应逐挡回零，使车速逐渐减慢，并且在回零后再暂短送电跟车一次，然后靠制动滑行停车。

天车工应掌握大、小车在各挡停车后的滑行距离，可在预定停车位之前的某一点处断电滑行。这样既准确又节电，并可消除停车制动时的吊物游摆。

2. 大、小车运行机构的操作安全技术

1）起动、制动不要过快过猛。严禁快速从零扳到第5挡或从第5挡扳回零，避免突然快速起动、制动引起吊物游摆，造成事故。

2）尽量避免反复起动。反复起动会使吊物游摆，还会超过天车规定的工作级别，增大疲劳程度，加速设备的损坏。

3）严禁开反车制动停车。如欲改变大车（或小车）的运行方向时，应在车体运行停止后，再把控制器手柄扳至反向。

以上是用凸轮控制器操作大、小车运行机构的方法，适用于中、小型天车。对于大型天车采用主令控制器控制大、小车运行的操作方法与上述方法基本相同，但配合PQY控制屏的主令控制器为3—0—3挡操作。

二、起升机构的操作

1. 用凸轮控制器控制起升机构的操作

(1) 起升操作

1）轻载起升，起重量$G \leqslant 0.4G_n$

①从零向起升方向逐级推挡，直至第五挡，每挡停留时间1s左右，从静止加速到额定速度（第5挡），一般需经5s以上。

②当吊物将提升到预定高度时，应把手柄逐级扳回到零位，每挡停留1s左右，使电动机逐渐减速，最后制动停车。

2）中载起升，$G \approx 0.5 \sim 0.6G_n$

①起动与缓慢加速，把手柄推到起升方向第一挡，停留2s左右，再逐级加速，每挡停留1s左右，直至第5挡。

②平稳减速与制动，与轻载操作相同。

3）重载起升，$G \geqslant 0.7G_n$

①当手柄推到起升方向第一挡时，由于负载转矩大于该挡电动机的起升转矩，所以电动机不能起动运转，应迅速将手柄推到第二挡，把物件逐渐吊起（如手柄推到第二挡后，电动机仍不

起动，就意味着被吊物件超过额定起重量，应停止起吊）。物件吊起后再逐级加速，直至第五挡。

②当物件将提升到预定高度时，应把手柄逐挡扳回零位，在第二挡停留时间应稍长些，以减少冲击；但在第一挡位不能停顿，应迅速扳回零位，否则重物会下滑。

（2）下降操作　下降手柄一、二、三、四、五挡的速度逐级减慢，与上升时各挡位置速度的加快正好相反。

1）轻载（$G \leqslant 0.4G_n$）下降时，可将控制器手柄推到下降第一挡，这时被吊物件以大约1.5倍的额定起升速度下降。

2）中载（$G \approx 0.5 \sim 0.6G_n$）下降时，将控制器手柄推到下降第三挡较为合适，不应以下降第一挡的速度高速下降，以免发生事故。

3）重载（$G \geqslant 0.7G_n$）下降时，将控制器手柄推到下降第五挡，以最慢速度下降，当吊物到达应停位置时，应迅速将手柄由第五挡扳回零位，中间不要停顿，以避免下降速度加快及制动过猛。

2. 用主令控制器控制起升机构的操作

配合PQS型控制屏的主令控制器，在上升和下降两个方向上各有三个挡位，其上升操作与凸轮控制器操作基本相同，而下降操作不相同。

1）轻载短距离慢速下降时，把主令控制器手柄推到下降第二挡。

2）轻载和中载长距离下降时，把主令控制器手柄推到下降第三挡，这时吊物快速下降，有利于提高生产效率。

3）重载短距离慢速下降时，先把主令控制器手柄推到下降第二挡或第三挡，然后迅速扳回下降第一挡，即可慢速下降。

4）重载长距离下降时，先把主令控制器手柄推到下降第三挡，使吊物快速下降，当吊物接近落放点时，将手柄扳回下降第一挡，放慢下降速度，这样既安全又经济。

3. 起升机构的操作安全技术

1）每次吊运物件时，最好把钩对准被吊物件的重心；或正确估计被吊物件的重量和重心，将吊钩调至适当位置。

吊钩的左右找正，根据吊钩钩挂吊物后钢丝绳的左、右偏斜情况来向左、右移动大车，使吊钩对准吊物重心。

吊钩的前后找正，由于吊钩钢丝绳在司机前方，看不出钢丝绳前、后的偏斜情况，吊钩钩挂吊物绳扣后可缓慢提升吊钩，根据吊物前后两侧绳扣的松紧不同，可向前后方向移动小车，以达到前后两侧绳扣松紧一致，即吊钩前后找正。

2）平稳起吊。在吊物前，钢丝绳拉直后，应先检查吊物、吊具及周围环境确实无误，再进行起吊，起吊时应用低速把吊物提起，再将控制器手柄逐挡推到最快挡，使物件以最快速度提升。严禁快速推挡，突然起动，避免吊物碰撞周围人员和设备，以及拉断钢丝绳，造成人身或设备事故。

当控制器手柄推到上升第二挡时，如果电动机不能起动，则说明被吊物件超过天车的额定起重量，不能起吊。

3）吊物起升后，一般在高出地面最高设备 0.5m 后移至吊运通道，然后沿吊运通道吊运，不得从地面人员或设备上空通过，防止发生意外事故。当吊物需要通过地面人员所站位置的上空时，天车工必须发出信号，待地面人员躲开后方可开车通过。

4）当物件吊运到应停放的位置时，应对正落点下降。下降时应根据吊物距离落点的高度选择合适的下降速度。当吊物接近地面时，要断续开动起升机构慢慢降落吊物，不要过猛过快。当吊物放置在地面后，不要马上落绳脱钩，必须在证实吊物放稳并经地面指挥人员发出落绳脱钩信号后，方可落绳脱钩。

第二节　稳钩操作

一、吊物游摆分析

由于操作不当，如起吊时吊钩距吊物重心太远，大、小车起动或制动过快过猛，绳扣过长且不相等或捆绑位置不当等，吊物就会在空中游摆或抖动。

当吊物静止地处在垂直位置时，如图 5-1 所示。

吊物只受本身的重力 Q 和钢丝绳对吊物的拉力 F_t，这两个力大小相等，方向相反，作用在一条垂直线上，因此吊物处在平衡状态，不会产生游摆。如果起吊时，吊物不在吊钩与小车吊点 O（固定滑轮组的中心位置）的垂直连线 OG 上，如图 5-2 所示。

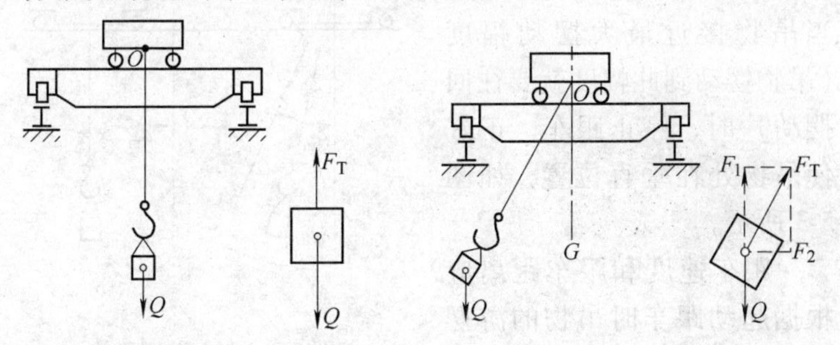

图 5-1 吊物平衡时的受力图

图 5-2 吊物不平衡时受力图

为了起吊重物应把吊钩偏移后钩挂在物件上。起吊时吊物受重力 Q 和钢丝绳的拉力 F_t，这两个力大小不等，且不在一条直线上，重力向下，拉力 F_t 沿钢丝绳方向。F_t 可分解成垂直分力 F_1 和水平分力 F_2，F_1 与 Q 平衡，而 F_2 使吊物以 O 点为圆心，以 OG 为半径来回游摆。或者起吊后由于突然起动大、小车，并快速推挡，小车（或大车）以很大的水平加速度作水平运动，而吊物具有惯性，力图保持其原来状态，这时吊物受力状态如同图 5-2 中所示的受力状态，产生游摆，并且突然快速制动也与上述情况相同。

吊物在空中的游摆对安全不利：一是容易碰撞周围人员和设备，或吊物散落造成人身和设备事故；二是影响工作质量，落点不准；三是影响生产效率。因此，天车工在操作中应避免产生吊物的游摆现象。为此，在起吊时要找正吊钩位置，起动、制动时要平稳，逐级推挡，不可过快过猛，绳扣长短要适当，两侧绳扣分支要相等，捆绑位置要正确。

二、稳钩操作

在吊运过程中出现吊物游摆现象时，要迅速采取措施使其稳定下来，通常采用消除吊物游摆的操作即稳钩操作方法有以下几种：

(1) 吊物左右游摆的稳钩　当吊物做左右游摆（沿大车轨道方向来回游摆）时，起动大车向吊物摆动方向跟车，当吊物接近最大摆动幅度（吊物摆动到此幅度就要往回摆动）时，停止跟车，正好使吊物处在垂直位置，如图5-3所示。

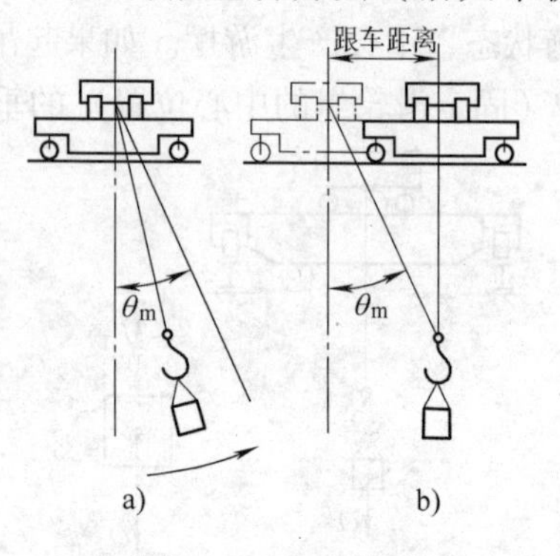

图5-3　左右游摆稳钩
a) 向前跟车　b) 停止跟车

跟车速度和跟车距离应根据起动跟车时吊物的游摆位置及吊物游摆幅度的大小来决定。如一次跟车未完全消除游摆，可向回跟车一次。如跟车速度、跟车距离选择合适，经往返两次跟车即可将吊物稳住。

(2) 吊物前后游摆的稳钩　当吊物做前后游摆（沿小车轨道方向来回游摆）时，可起动小车向吊物的摆动方向跟车来消除游摆，其具体操作方法与吊物左右游摆的稳钩操作方法类似。

(3) 原地稳钩　大、小车已停在应停的位置，因操作不当，吊物做前后或左右游摆，可采用原地稳钩的操作方法控制，如图5-4所示。

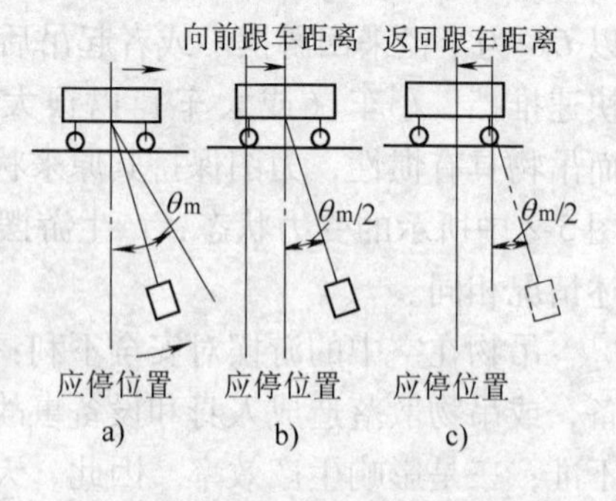

图5-4　原地稳钩
a) 起车　b) 向前跟车　c) 返回跟车

当吊物向前（或左）摆动时，起动小车（或大车）向前（或左）跟车到吊物最大摆幅的1/2，待吊物向回游摆时再起动小车（或大车）向回跟车，停在原来应停的位置。如跟车及时，速度合适，跟车距离恰当，通过来回两次跟车即可将吊物稳定在应停放的位置。

(4) 起车稳钩　由于突然起动和快速推挡，车体向前移动，吊物由于惯性作用而滞后于车体一段距离，出现游摆，如图 5-5 所示。

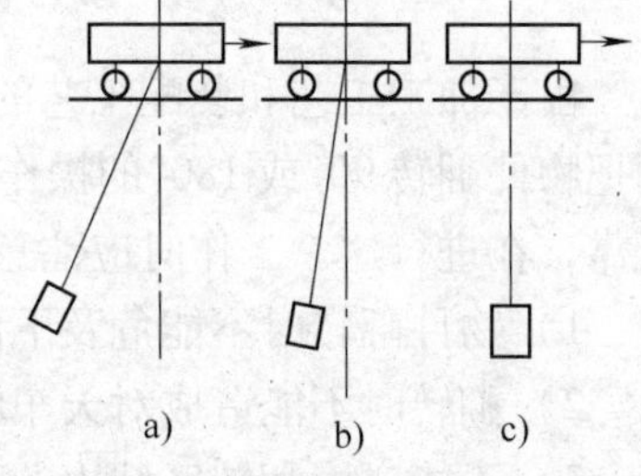

图 5-5　起车稳钩

a）起车　b）停车　c）二次起车

这时应立即将大车或小车的控制器手柄扳回零位制动停车，待吊物向前摆动并越过垂直位置时重新起车向前跟车。如起车及时，速度恰当，可使车体与吊物同速运行。

（5）运行稳钩　在运行中吊物游摆时，应顺着吊物的游摆方向加速跟车；当吊物向回摆动时，应减慢运行速度，以减小吊物的回摆幅度。通过几次反复加速、减速跟车，可使吊物与车体同步运行。

（6）停车稳钩　当大、小车运行到指定位置停车后，吊物由于惯性作用而产生游摆。天车工应在指定的停车位置之前把控制器逐挡扳回零位，并在吊物向前摆动时跟车一两次，这样即可平稳地停在预停位置。

（7）抖动稳钩　由于绳扣过长，绳扣两侧分支长短不等或吊物的重心偏移，起吊后吊物以慢速大幅度来回摆动，而吊挂吊钩的钢丝绳以快速小幅度抖动。当吊物与吊钩向同一方向游摆时，快速跟车并快速停车；当吊物回摆且吊钩也回摆时，再快速向回跟车并快速停车，通过反复几次即可把吊物稳住。

（8）斜向或圆弧游摆稳钩　由于大车和小车同时突然起动（制动）、快速推挡，吊物就会产生斜向游摆或圆弧形游摆。这时应同时起动大、小车向游动方向跟车。如大、小车配合协调，跟车及时，速度合适，跟车距离恰当，即可消除这种游摆。

稳钩操作是天车工实际操作的基本技能之一，在掌握上述稳钩基本原理的基础上，还需要通过勤学苦练，才能熟练掌握这一操作技能。

第三节　物件翻转的操作方法

由于加工工艺和装配工艺的需要，天车工在工作中经常会遇到把物件翻转90°或180°的操作。为了确保物件翻转操作的安全可靠，在进行这一工作时应注意以下几点：

1）物件翻转时不能危及下面作业人员的安全。

2）翻转时不能造成对天车的冲击和振动。

3）不能碰撞翻转区域内的其他设备和物件。

4）不能碰撞被翻转的物件，特别是精密物件。

翻转物件的形式有两种：一种是地面翻转，另一种是空中翻转。地面翻转一般是用单钩进行，空中翻转要用两个吊钩配合进行。

一、地面翻转

根据翻转特点，地面翻转可分为兜翻、游翻和带翻三种类型。

（1）兜翻操作　兜翻适用于一些不怕碰撞的铸锻毛坯件。其翻转操作要领是：

1）正确兜挂被翻转的物件，绳索必须兜挂在被翻转物件的底部或下侧，如图5-6a所示。

2）绳扣系牢后，即可推转起升控制器手柄，逐步提升吊钩。随着物件以*A*点为支点的逐渐倾斜，校正大车（或小车）的位置，以确保吊钩钢丝绳时刻处于垂直状态，如图5-6b所示。

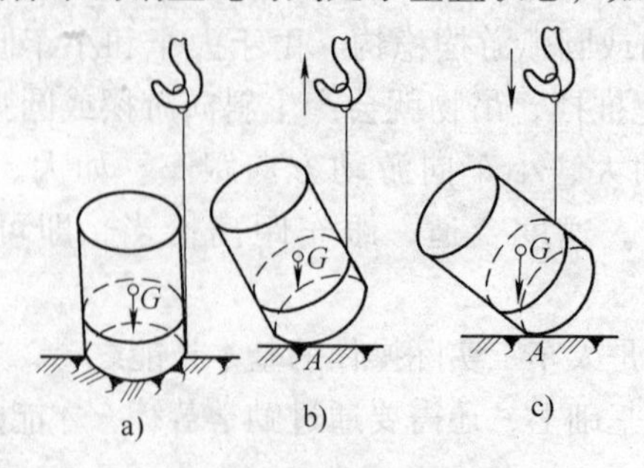

图5-6　兜翻物件操作示意图

3）当被翻转物件倾斜到一定程度，其重心 G 超过地面支撑点 A 时，（如图 5-6c 所示），物件的重力倾翻力矩使物件自行翻转，此时应迅速将控制器手柄扳至下降第一挡，即吊钩以最快的下降速度落钩，如这时吊钩继续提升，就会造成物件的抖动和对天车的冲击。

为防止碰撞，可加挂副绳，如图 5-7a 所示，即在被翻物件的上部缚以适当长度的副绳，在物体翻转前，副绳处于松弛状态。当吊钩提升物件逐渐倾斜时，副绳的松弛程度也逐渐减小，如图 5-7b 所示。如果副绳长度选择适宜，则当物件重心 G 超过地面的支撑点 A，且物件可以自行翻转时，副绳恰好刚刚拉紧受力，继续提升，即可将被翻转物件略微提高，使其离开地面。然后再进行落钩，当吊物下角部位与地面接触后，继续落钩，使物件逐渐翻转着地，如图 5-7c 所示。

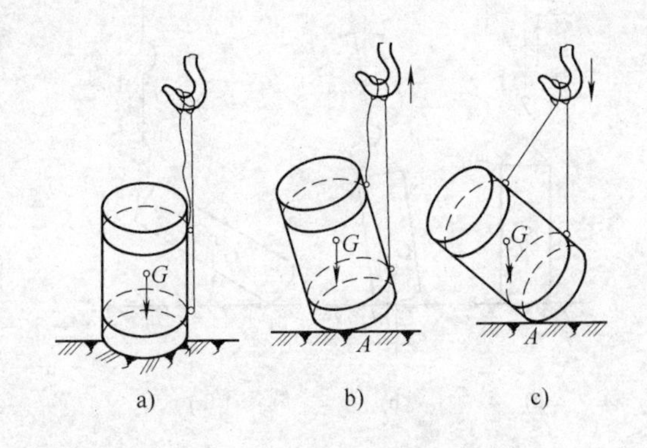

图 5-7　加挂副绳的兜翻方法

（2）游翻操作　游翻操作适合于一些不怕碰撞的盘状或扁形工件，如大齿轮、带轮等铸锻毛坯件。其操作要领是：先把已吊挂稳妥的被翻物件提升到稍离地面，然后快速开动大车或小车，人为地使吊物开始游摆。当被翻物件游摆至最大摆角的瞬间，立即开动起升机构，以最快下降速度将物体快速降落。当被翻转物件的下角部位与地面接触后（见图 5-8），吊钩继续下降，物件在重力矩作用下自行倾倒，在钢丝绳的松弛度足够时，即停止下降并与此同时向回迅速开动大车或小车，用以调整车体位置。以达到当被翻物件翻转完成后，钢丝绳处于铅垂位置。游翻操作时应防止物件与周围设备碰撞，要掌握好翻转时机，动作要干净利落。

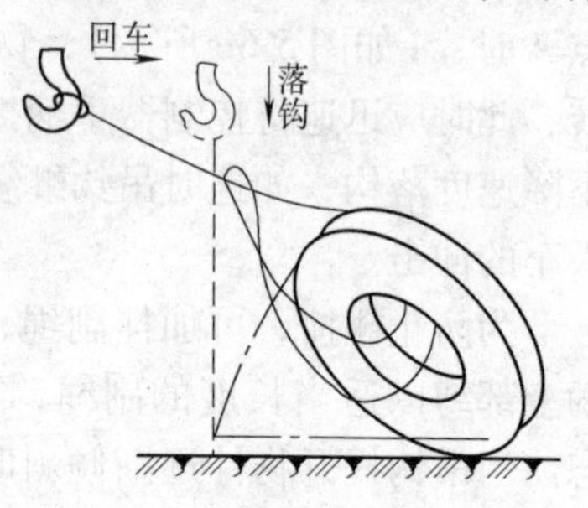

图 5-8　物件游翻示意图

（3）带翻操作　对于一些怕碰撞的物件，如已加工好的齿轮等，一般采用带翻操作来完成翻转工序，如图 5-9 所示。

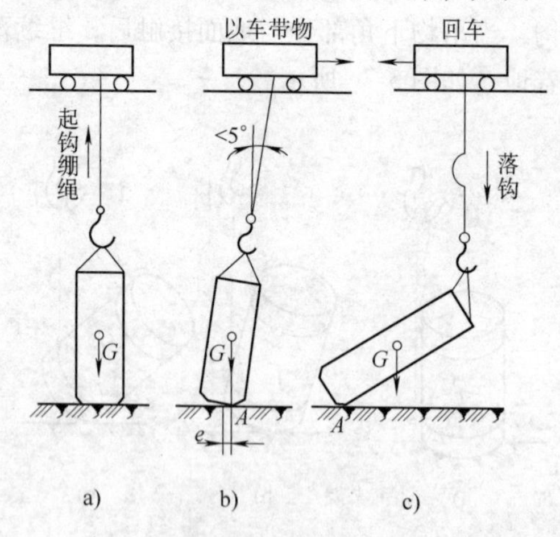

图 5-9　带翻操作示意图

带翻操作时首先把被翻转的物件吊离地面，然后慢慢降落。降至被翻物件刚刚与地面接触时，迅速开动小车（或大车），通过倾斜绷紧的钢丝绳的水平分力，使物件以支撑点 A 为中心作倾翻运动。当吊物重心 G 超过支撑点 A 时。物件在重力矩作用下，就会自行翻倒。这时，再开动起升机构落钩并控制其下降速度，使物件平稳翻倒。这种翻转方法即安全又平稳，对天车无冲击。值得注意的是：采用这种操作时被翻转的物件必须是扁形或盘形物件，吊起后的重心位置必须较高，底部基面较窄。另外，用绷紧的钢丝绳拖带物件翻转时，钢丝绳相对铅直位置的倾角不要大于5°，否则钢丝绳的水平分力将会大于吊物与地面之间的最大静摩擦力，使物件沿地面滑动而不翻转；再有就是车体的横向运动和吊钩的迅速下降，两者必须配合协调。

二、物件的空中翻转

（1）物件翻转90°的操作　浇包的翻转就是物件翻转90°的典型实例。用两个吊钩（主钩和副钩）分别钩挂在被翻转物件（浇包）的上、下两个吊点，如图5-10所示。

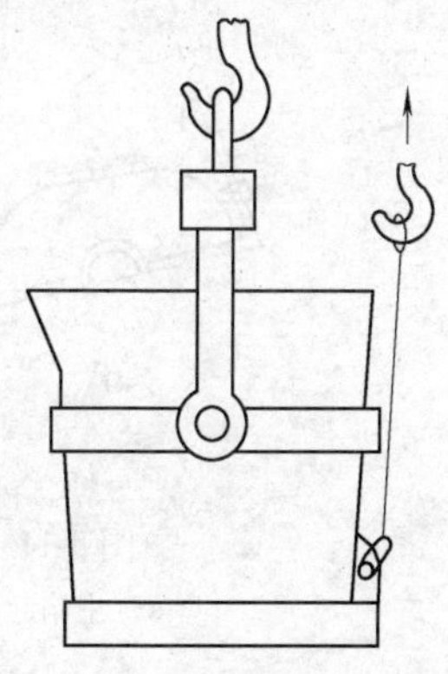

图5-10　浇包倾翻示意图

一般主钩挂在上部吊点，担负浇包的吊运；副钩挂在下部吊点，使浇包倾翻。在起吊点，两钩同时下降，将浇包降至适于浇铸的高度，然后慢速提升副钩，使浇包底部逐渐上升，同时，主钩继续下降并调整小车的位置，以确保在浇包翻转的同时，使浇包的浇嘴时刻对准浇口，以便倒出时钢液准确地注入浇口，在浇注过程中，主、副钩都应采用慢速挡，缓慢地倾倒钢液，以防钢液冲坏砂模。

（2）物件翻转180°的操作方法　物件在空中翻转的示意图如图5-11所示。

对于外形较规则的大型机件，用这种方法将其翻转180°是非常适宜的。这种方法的操作要点是：用两套较长的吊索，同挂于一端，如图5-11a所示的B点。吊索1绕过物件的底部后系挂在主钩上，而吊索2直接系挂在副钩上。系挂稳妥后，两钩同时提升，使工件离开地面0.3～0.5m，然后停止副钩而继续提升主钩，则工件即在空中绕B端逐渐向上翻转。为使B点始终保持距地面有0.3～0.5m的距离，在主钩逐渐提升的同时，继续降落副钩。主、副钩这样缓慢而平稳地协调动作，即可把工件翻转90°（见图5-11b）。当物件翻转90°后，副钩连续慢速下降，主钩继续上升，以防止工件触碰地面。这样连续动作，工件上部则依靠在副钩的吊索上，随着副钩的下降，工件的 A 端就绕 B 端顺时针方向转动，使工件很安全地翻转 180°，如图 5-11c 所示。

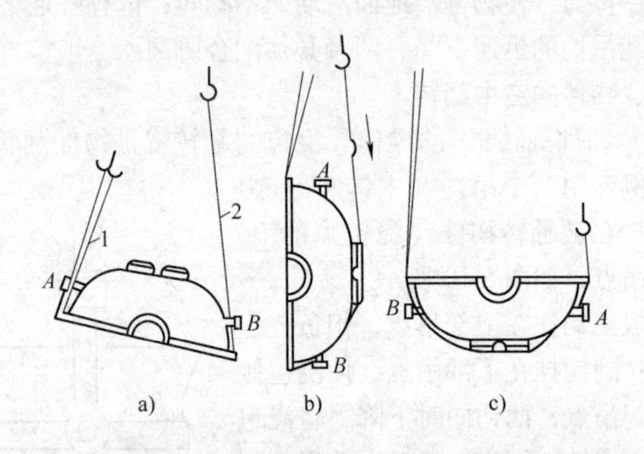

图 5-11　物件在空中翻转的示意图

a）主钩起升　b）翻转 90°　c）翻转 180°

上面介绍了几种翻转的操作方法，在生产实践中天车工应根据被翻转物件的形状、结构特点及对翻转的要求，正确地捆绑被翻转的物件，选择适宜的吊点，操作要平稳，各机构配合必须协调。

第四节　大型、精密设备的吊运和安装

大型物件和精密设备吊运和安装的关键是选择好吊点，在吊运过程中应保持物件和设备的平衡，要求平稳而无冲击。

一、大型物件的吊装方法

（1）用绳扣调节平衡的吊装方法　在机械设备的拆卸、安装过程中，对于各种大轴的水平吊装，一般采用等长和不等长的绳扣吊运。用两根等长的绳扣吊运大轴的示意图如图 5-12 所示。

用两根等长的绳扣吊运简单方便，应用普遍。用两根不等长

的绳扣吊运大轴的示意图如图 5-13 所示。

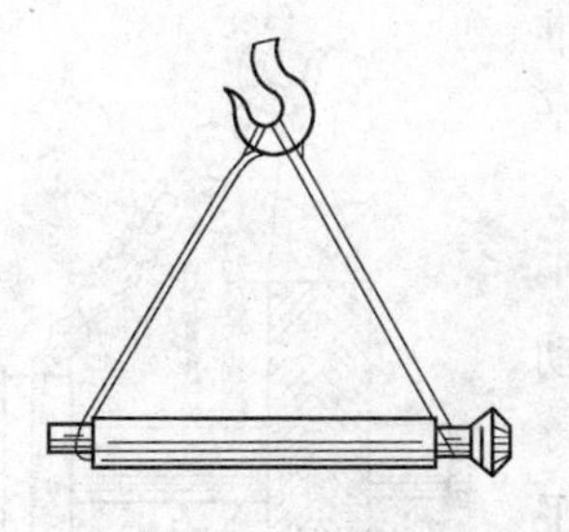

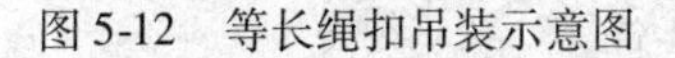

图 5-12　等长绳扣吊装示意图

图 5-13　不等长绳扣吊装示意图

这种吊装方法的步骤是：将短绳扣套在大轴的一端，再把长绳扣的一端挂于吊钩上，长绳扣的另一端绕过大轴的另一端后，在钩上绕几圈，再从短绳扣的两个绳套中穿过，然后挂于吊钩上，利用缠于吊钩上面的钢丝绳的圈数多少来调节大轴的水平度。

形状复杂的大型设备和管道等的吊运，必须对其形状进行详细分析，找出其重心位置，把绳扣系在适当地方，以保持被吊物件的平衡。垂直吊装和水平吊装时管道用绳扣受力点的示意图分别如图 5-14 和图 5-15 所示。

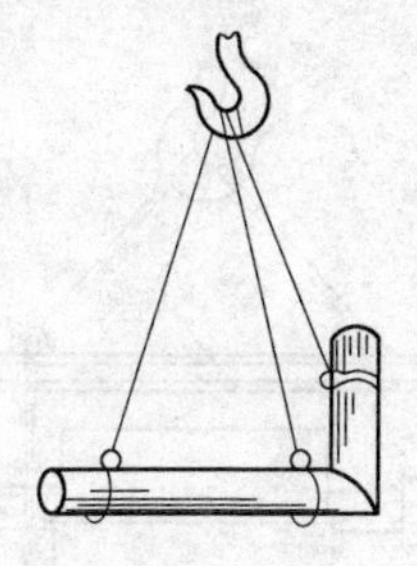

图 5-14　用绳扣调节受力点作垂直吊装的示意图

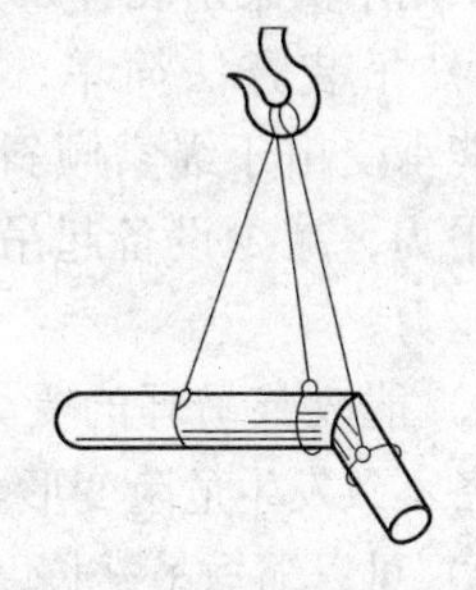

图 5-15　用绳扣调节受力点作水平吊装的示意图

选好吊点后，应先行试吊。如达不到要求，可放下物件重新调节绳扣吊点，直到调节合适，达到平稳吊装的要求为止。

（2）用手动葫芦调节平稳的吊装方法　对于有些大而长的机件，要求机件保持水平位置才能准确地装配，这时可采用调整机件水平位置的方法，如图5-16所示。

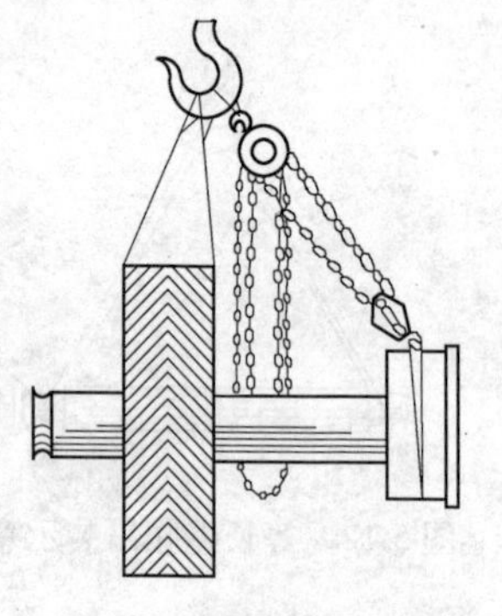

图5-16　用手动葫芦调节平衡的吊装示意图

利用手动葫芦来调节大轴的平衡。当右端向下倾斜时，可拉紧手动葫芦，使轴以左端为支撑点，右端逐渐起升，直到其与左端位于同一水平面为止。这种调节机件平衡的方法简单方便，可做到细微调整，安全可靠。

（3）用平衡梁的吊装方法　大型精密设备（如大型电动机转子、涡轮机转子、发动机轴等精密大型机件）的吊装，要求既要保持平衡，又要保证机件不致被绳索损坏，一般多采用平衡梁进行吊运，如图5-17所示。

其吊运方法是先将平衡架用钢丝绳钩挂在吊钩上，然后再将被吊物件（大型精密机件）用钢丝绳在找好重物中心的条件下，挂于平衡架的小钩上，经试吊后，即可吊运。

采用平衡梁吊装有如下优点：

1）吊装方法简单，安全可靠，能承受由于绳索倾斜而产生的水平力，减少设备起吊时所承受的压力。

2）能改善吊耳的受力情况，使设备不致发生危险变形。

3）可以缩短吊索长度，减少捆绑时间，提高生产效率。

由于大型物件的形状不同，因此，在吊运时采用的平衡梁结构形式也是多样的，应根据物件

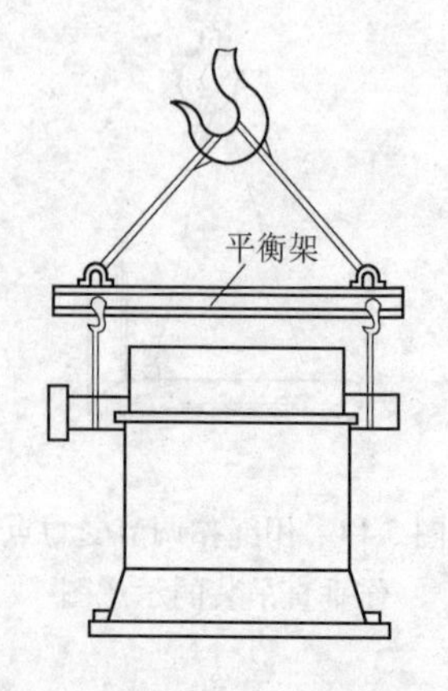

图5-17　平衡梁吊装示意图

的具体形状选择合适的平衡梁。

二、大型、精密设备的吊运和安装操作要领

为保证大型、精密设备吊运和安装的工作质量，完成特殊的工艺要求，确保安全可靠，天车工必须掌握以下几项要领：

1）必须明确与地面指挥人员的联系信号，保证不发生误动作是确保精密机件安装质量的关键。

2）在操纵天车时必须技术熟练、工作平稳、不产生冲击和振动，动作准确无误。

3）必须熟练地掌握点动开车技术，既能断续微动各机构，又要确保不对天车机构和桥架产生振动和冲击。天车各机构的动作均应十分准确。操作时应以精细、准确为主，严防图快而忽视操作质量。

第五节　两台天车共同吊运同一物件的操作

在生产当中，有时会遇到被吊运物件的重量超过现场单台天车额定起重量的情况。此时，在条件许可，方法得当，加强现场指挥，确保安全的情况下，可采取两台天车共同吊运的方案。

两台天车共同吊运同一物件的基本条件是两台天车的额定起重量之和必须大于被吊运物件的重量。如果在吊运中采用平衡梁吊运的方法，其要求如下

$$G_{物} + G_{梁} \leqslant Q_{n1} + Q_{n2}$$

式中　$G_{物}$——被吊物件的重量（t）；

$G_{梁}$——平衡梁的重量（t）；

Q_{n1}和Q_{n2}——分别为两台天车的额定起重量（t）。

平衡梁是把被吊运物件的重量合理地分配给两台天车的承载构件，它必须满足强度和刚度条件，以确保吊运工作的安全可靠。

吊运时应根据两台天车的额定起重量Q_{n1}和Q_{n2}，合理地选择平衡梁的吊点，以确保每台天车在吊运物件时负荷不超过额定起重量。吊点的确定方法见表5-1。

表 5-1　两台天车共同吊运同一物件的方法及吊点的计算

吊装条件		受力图及其计算公式	说　明
两台天车联合作业，起重量相等，即 $Q_1=Q_2$，用平衡梁吊运	单吊点	Q_1 $l/2$ $l/2$ Q_2 Q 当载荷 $Q=Q_1+Q_2$ 时，则 $Q_1=Q_2=Q/2$ 吊点应布置在梁的中点	载荷集中于一点，梁的载荷作用处弯矩最大，对梁受力不利
	双吊点	Q_1 $l/2$ $l/2$ Q_2 Q 当载荷 $Q=Q_1+Q_2$ 时，则 $Q_1=Q_2=Q/2$ 吊点应在梁上对称布置	载荷对称分布在平衡梁上，梁的弯矩相应减小，可提高梁的承载能力
两台天车联合作业，起重量不相等，即 $Q_1>Q_2$，用于平衡梁吊运	单吊点	Q_1 l Q_2 a b Q 当载荷 $Q=Q_1+Q_2$ 时，吊点位置应为 $a=Q_2l/Q$ $b=Q_1l/Q$ l 为平衡梁的长度	载荷集中于一点，梁的载荷作用处弯矩最大，对梁受力不利
	双吊点	l Q_1 a b Q_2 Q 当载荷 $Q=Q_1+Q_2$ 时，吊点位置应为 $a=Q_2l/Q$ 或 $b=Q_1l/Q$	载荷分布在梁的两点，梁的弯矩相应减小，可提高梁的承载能力

两台天车共同吊运同一物件时，为了确保安全，必须遵守下列规则：

1）必须在有关部门领导下，由设备、生产及安全技术等有关人员参加，共同制订吊运方案和吊运工艺。

2）统一天车工与地面指挥的联系信号和手势。整个吊运作业必须指定专人指挥。各种作业人员的分工应明确，各负其责，并指派安全检查监督人员进行现场安全检查工作。

3）对两台天车的机械、电气和金属结构进行全面检查，特别是对起升机构制动器、吊钩及钢丝绳等重要起重机件，应进行重点检查，有缺陷的机具不准使用。

4）两台天车正式吊运前应先起吊平衡梁进行协调性试车，同时开动两台天车的相同机构，测量两台天车工作速度的差异。预先确定各自的工作挡位，力求达到两车同速或接近同速。如两车工作速度差异较大，可预先确定断续工作的协调方案，以防正式吊运时发生不协调动作而造成事故。

5）在正式吊运时，首先将两台天车同时开动，起升机构慢速起吊，使被抬物件离开地面约200mm。然后下降制动，以检查起升机构制动器工作的可靠性，待确认没有问题后，方可正式起吊。

6）两台天车在吊运作业中，只允许同时开动相同机构，不准同时开动两种机构，以防动作失调而发生事故，并且均应以各机构最慢挡速度工作，以此来调节两相应机构速度不等的差异。严禁突然快速起动和快速开车。

7）为确保两天车吊运工作协调，天车工在操作过程中应时刻注视被吊运物件的平衡状况，时刻注意地面指挥人员发出的信号，时刻调整机构的工作速度，以确保平衡或被吊运物件始终保持水平的平衡状态。这是确保吊运工作安全无误的关键。

8）两台天车各机构在起动和制动时，应力求平稳，不允许突然起动和制动，以消除由于加速时间过短而产生过大的惯性力对天车造成的冲击。

复习思考题

1. 大、小车运行机构的操作要领是什么？
2. 大、小车运行机构的操作安全技术是什么？
3. 起升机构的操作安全技术是什么？
4. 稳钩的作用是什么？
5. 吊物游摆的原因有哪些？如何避免吊物游摆？
6. 稳钩操作有哪几种？消除吊物游摆的基本方法是什么？
7. 物件翻转操作应注意什么？
8. 物件翻转的形式有几种？
9. 叙述兜翻操作的要领。
10. 叙述游翻操作的方法。
11. 为什么用绷紧的钢丝绳拖带物件翻转时钢丝绳相对垂直位置的倾角不要大于5°。
12. 叙述物件翻转180°的操作方法。
13. 大型物件和精密设备吊运及安装操作的关键是什么？
14. 调节大型物件平衡的常用吊装方法有哪些？
15. 两台天车共同吊运同一物件的基本条件是什么？
16. 两台天车共同吊运同一物件的吊点如何确定？
17. 两台天车共同吊运同一物件时应注意什么？
18. 铸造天车的使用规则是什么？
19. 操作双钩天车应注意什么？

第六章　冶金起重机的操作

第一节　铸造起重机的操作

铸造起重机（见图1-7）主要用于冶炼车间的运送钢液和浇注钢锭，它与通用桥式起重机的构造基本相同，具有主、副两套起升机构，主、副小车分别在主、副梁上行走。在运送钢液及浇注钢锭的作业中，主钩用来吊运浇包，副钩用于浇包的倾倒。

铸造起重机主起升机构应有两套驱动系统，当其中一套驱动系统发生故障时，另一套驱动系统应能保证在额定起重量下完成一个工作循环。

铸造起重机起升机构应装设上升极限位置的双重限位器（一般为重锤式和旋转式并用），当取物装置上升到设计规定的极限位置时切断电动机电源。对起升高度大于20m的起重机还应装设下降极限位置的限位器，除自动切断电动机电源外，还应保证钢丝绳在卷筒上缠绕的圈数在不计固定钢丝绳圈数的情况下，至少再保留2圈。

由于钢液温度高达1000℃以上，处于流动状态，在吊运及浇注过程中如有不慎或操作失误，会使钢液溢出或坠落，造成重大人身与设备事故，因此，保证吊运及浇注作业安全，是铸造起重机操作的关键。所以，天车工除要遵守通用桥式起重机的一般操作规则及有关制度外，还必须掌握以下几点规则及操作要领：

1）应熟悉吊运工艺的全过程，了解各个环节的动作要求及彼此衔接关系，以确保钢液吊运和浇注工作顺利进行。

2）在吊运浇包之前，要确实证明吊钩正确和可靠地钩住吊耳颈部后，根据专职人员的指挥起升浇包。

3）为了防止炽热钢液直接烘烤吊钩组，吊运浇包的吊钩应具有隔热装置，如采用隔板或长脖钩等。

4）钢液不得装得太满，以防大、小车起动或制动过快而引起游摆，造成钢液溢溅伤人。

5）在每次吊运钢液前，应首先进行试吊，将盛有钢液的浇包慢速提升至离地面200mm的高度，再下降制动，用以检验起升制动器的可靠性。如不超出允许下滑距离（一般不大于100mm），方可正式进行吊运钢液的作业。

6）吊运钢液时，严禁从人头的正上方通过。

7）吊运钢液时，速度不宜过快，控制器手柄置于第二挡为宜。

8）在开动起升机构提升或下降浇包时，严禁开动大车或小车等其他机构，以便天车工集中精神，避免发生误动作而导致事故的发生。

9）翻转浇包前，应用辅助小车吊钩可靠地钩住包上的翻转环。工作中只听专职人员指挥。

10）不得将辅助起升机构的钢丝绳与浇包或平衡架直接接触。

11）由浇注槽向炉内注入钢液时，只许浇包在槽的边缘运送，并保持适当的高度。

12）打开浇包的“水口砖”时，不许有人站在浇包下操作压棒。

第二节　锻造起重机的操作

锻造起重机是配合水压机进行锻造工作的专用起重机（见图1-8）。锻造起重机与通用起重机基本相同，也有主、副两台小车，在各自的主梁上行走。其中起重量大的为主小车，起重量小的为副小车。主、副小车的运行速度基本相同，以便主、副小车配合工作时能够协调。

为了配合水压机的锻造，在锻造起重机的主钩上挂有转料机，以翻转钢锭或平衡杆。在副钩上挂有链条，用以兜住平衡杆后端，配合主钩抬起平衡杆。

一、转料机的构造

转料机如图 6-1 所示。

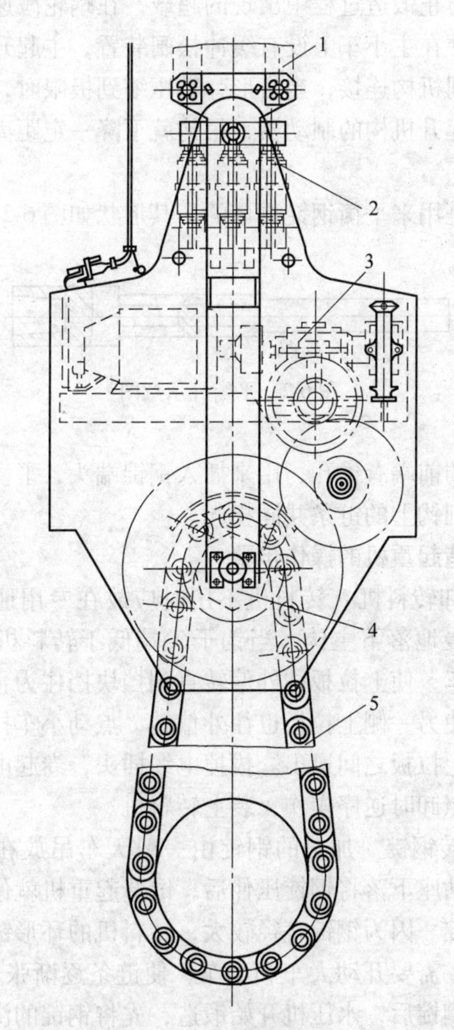

图 6-1 转料机结构图

1—上拉板 2—塔形弹簧 3—蜗轮减速机 4—链轮 5—链条

电动机的动力通过蜗轮减速器和两对外啮合齿轮传递给链

轮，链轮带动链条，从而转动钢锭或平衡杆，起着翻转锻件的作用。其中塔形弹簧是为了减小锻造时引起的冲击对起重机机构的影响。为了防止锻造过程中出现的超载，在蜗轮减速器中设有超载离合器，并在主小车上设有缓冲松闸装置，主起升机构钢丝绳的一端与松闸机构连接，当塔形弹簧压缩到极限时，通过杠杆作用自行打开起升机构的制动器，吊钩就下降一定距离，使主梁的承载力减小。

平衡杆是用来平衡钢锭重量的，其形状如图 6-2 所示。

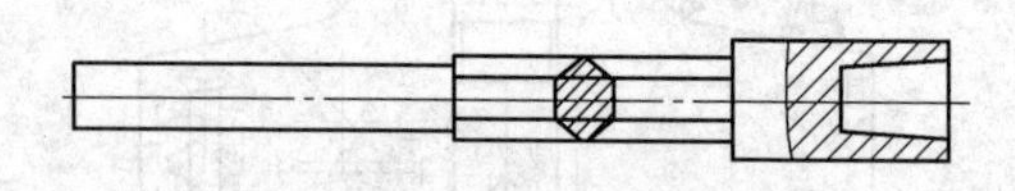

图 6-2　平衡杆示意图

平衡杆的前端有锥孔，用来插入钢锭端头，平衡杆由转料机链条和挂在副钩上的链条共同担起。

二、锻造起重机的操作步骤

（1）装卸转料机　转料机不用时应放在专用地坑里。卸转料机时应慢慢地落下主钩，当钩子尖端低于转料机的上端横轴时，点动小车，使上拉板往外偏转直到挡块挡住为止。然后反向点动小车，使另一侧上拉板也往外偏转，点动小车打正钩子，使钩子从两个上拉板之间退出。拔掉电缆插头，卷起电缆。需用转料机时，按照卸时逆序操作，装上转料机。

（2）兜转钢锭　加热的钢锭由一般天车吊放在水压机的下砧座上，上砧座下落将钢锭压住后，锻造起重机就位，用转料机链条来兜钢锭。因为钢锭直径较大，转料机的环形链条由于自重合并在一起，需要开动大车和小车，使链条逐渐张开兜住钢锭。转料机兜住钢锭后，水压机开始锻造，先将钢锭的浇口一端锻成与平衡杆锥孔相适应的圆柱形。当水压机对钢锭锻压一次后，上砧座开始升起时，开动转料机，使钢锭旋转一定角度。如此反复锻压、旋转，使钢锭一端锻成圆柱形。

（3）装卸平衡杆　当钢锭一端锻成圆柱形后，需将圆柱套入平衡杆的孔。这时将锻造起重机开到平衡杆停放处，把副钩上的环形链条对准平衡杆后端。此时落下副钩，链条落地后。环形链条打开，开动大车即能将链条套入平衡杆。当主小车上的转料机链条在平衡杆前端时，用与副钩同样的操作方法将转料机的链条套入平衡杆前端。打正大车，同时起升主、副钩即可将平衡杆抬起。自卸平衡杆的操作方法较简单。

（4）钢锭端部插入平衡杆　钢锭浇口端锻成圆柱后，水压机的砧子压住钢锭的中间部分，这时锻造天车装上平衡杆，调整主、副钩，使平衡杆的锥孔对准钢锭的圆柱，开动大车，圆柱插入孔中一部分，但不能全部进入。点动大车，使平衡杆对钢锭有一轴向力，同时开动转料机，带动平衡杆旋转，使钢锭圆柱全部插入平衡杆的孔中。调整好大车位置，使平衡杆不再有推动钢锭的轴向力。

（5）翻转平衡杆　钢锭的圆柱端插入平衡杆后，随着水压机的锻压，钢锭直径逐渐变细，而长度逐渐变长。此时要随时调节主、副钩的高度，使钢锭处于水平状态，防止主钩稍高，这样会使塔形弹簧压缩超载。如将钢锭锻成轴类零件，在钢锭长度方向经过第一次锻压后，应将平衡杆转动大约30°，进行第二次锻压。经过六七次锻压和转动，钢锭形成多边形。如尺寸和形状达不到要求，再进行精锻，使转料机转动的角度减小，翻转次数增多，这样锻件截面可逐渐接近圆形。

三、锻造起重机的操作规则

1）遵守通用起重机的操作规则。

2）锻造起重机司机在操作前必须熟悉锻造工艺过程及锻造起重机的操作要求。

3）由于加热了的钢锭温度很高，地面又没有司索工辅助，所以要求锻造起重机司机能独立平稳地操纵起重机进行作业。

4）挂在转料机链条上的钢锭其高温近千度，时间长就会使链条过热受损，要及时翻转，避免链条长时间受热。

5）锻压时要掌握好主、副钩的高度，避免钢锭不处于水平状态，造成锻压冲击，而使起重机超载。

第三节　淬火起重机的操作

淬火起重机是用于大型机械零件淬火的专用起重机，其结构与通用起重机基本相似，不同之处在于其提升机构。根据淬火及调质热处理的工艺要求，炽热的工件需要迅速地浸入淬火池中，以保证工件上下金相组织均匀，并避免油面起火，所以淬火起重机应能快速下降，其下降速度比起升速度要大许多，一般约为60m/min。

一、淬火起重机起升机构的工作原理

淬火起重机的起升功率较小，而下降功率较大，下降功率来自起重机的起升机构及工件释放的能量。一般采用制动下降的方法，其关键是维持恒定的下降速度。快速下降的方法之一是采用摇摆电动机控制的快速下降，其传动系统如图6-3所示。

摇摆电动机的支承使它的定子可以摇摆，以便输出力矩，这个力矩随转速而变，转速低时力矩大，转速高时力矩小。这个力矩通过扇形齿轮及小齿轮与杠杆传给制动器，抵消制动弹簧的压力，从而降低制动力矩，达到调速的目的。

机构以常速工作时，组合弹簧制动器（简称制动器）抱紧，主电动机接通，制动器松闸。主电动机通过行星减速器带动卷筒，实现常速的升降运动。

快速下降时，主电动机不动，给摇摆电动机的定子通入三相交流电。开始时制动器处在抱紧状态，故摇摆电动机的转子不能转动，转差最大，转子与定子之间相互作用的力矩也最大，由摇摆电动机定子通过扇形齿轮传到制动器的松闸力也最大，足以使制动器松开。定位块将定子的摆动限制在一定的角度内。这时，在淬火工件自重的作用下，摇摆电动机的转子开始加速旋转。随着其转速的增加，转差率减小，对定子的作用力矩也减小，其对制动器的松闸作用力也减小，制动器在组合弹簧的作用下又逐渐抱紧。当制动力矩增加到能维持平衡的数值时，淬火工件以恒定的速度下降。采用组合弹簧和阻尼装置也是为了更好地保证运动的稳定性。

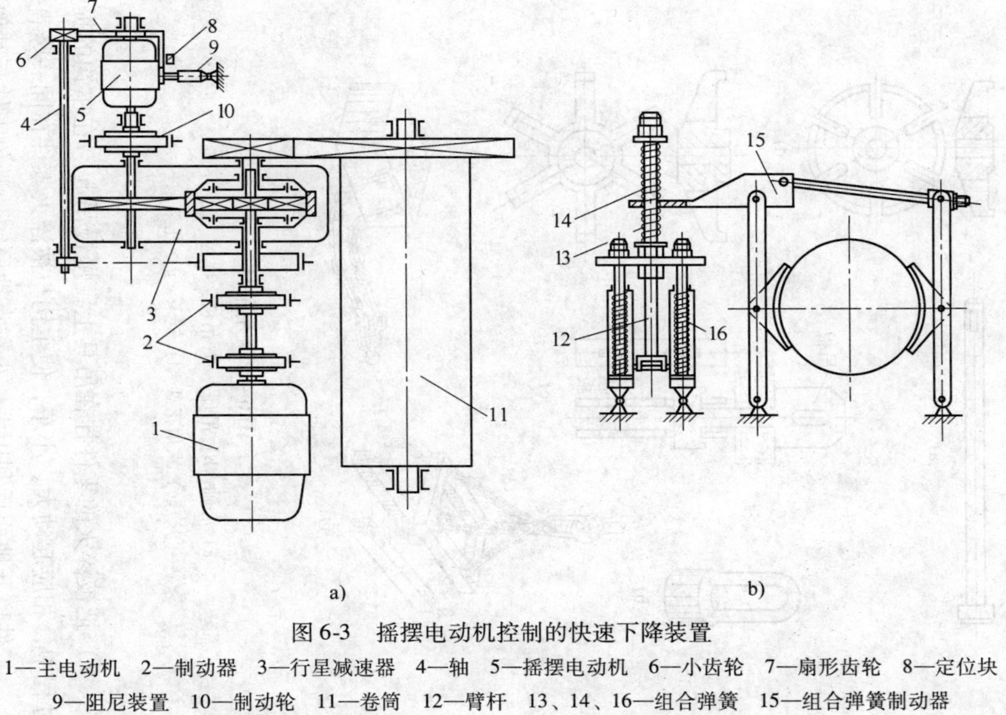

图 6-3　摇摆电动机控制的快速下降装置

1—主电动机　2—制动器　3—行星减速器　4—轴　5—摇摆电动机　6—小齿轮　7—扇形齿轮　8—定位块　9—阻尼装置　10—制动轮　11—卷筒　12—臂杆　13、14、16—组合弹簧　15—组合弹簧制动器

二、淬火起重机的操作步骤

1）在热处理工的指令下，吊装适当的吊具。常用的吊具如图 6-4 所示。

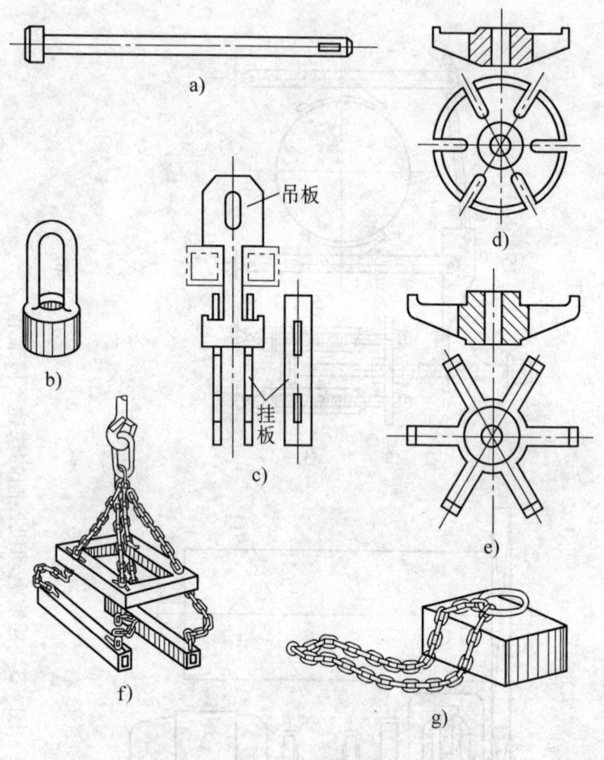

图 6-4　常用吊具

a）心轴　b）吊环　c）吊板、挂板　d）平盘
e）六角花盘　f）链条　g）托架

2）把被淬火的零件挂在吊具上，慢慢吊起。在主钩的提升过程中，相应起动大、小车，使主钩与被淬火零件在同一竖直线上。工件离开地面后利用大、小车点动稳钩，避免工件与其他障碍物相碰撞，使工件变形和损坏。工件被提升到适当高度以后，送到井式电阻炉，对正炉口的中心位置。

3）待炉盖张开后，将工件下降到井式电阻炉加热工艺规定的深度。由地面人员关闭井式电阻炉炉盖，将吊板两边台肩架设在炉盖小车的横梁上，对工件进行加热。退钩待命。

4）工件加热到规定温度后，将淬火起重机开到井式炉上空，降下主钩，钩住吊板的吊装孔后，使主钩与吊装工件保持在同一直线上。停火开启炉盖后，立即将工件吊出炉。此时不得随意起动大、小车，避免工件碰撞炉壁，防止工件弯曲变形。

5）炽热的工件出炉，提升到适当高度后，快速起动大、小车，将工件迅速运送到油池（或水池）上空，对准冷却池中心快速下降主钩，将工件浸入液体中，并做上、下升降运动，以便使被淬火工件均匀快速地冷却。

6）当冷却到规定时间后，按照热处理工的指令，将淬火工件提升出冷却池，迅速将工件运送回井式电阻炉内进行低温回火处理。待回火完毕，将工件吊运到专用架上，进行空气冷却，至此完成整个淬火、回火的过程。

三、操作淬火起重机的注意事项

1）淬火起重机司机在操作中，必须熟悉热处理工艺及其对起重机操作的要求。

2）在操作过程中必须与热处理工密切配合。

3）细长工件淬火，在快速冷却时只能允许工件上下移动，不许有水平摆动，否则被淬火工件容易产生变形。

4）快速下降仅用于热处理的冷却阶段，其他情况下禁止使用快速升降。

5）淬火起重机上的各个制动器，应由淬火起重机司机进行调整，特别是组合弹簧制动器（见图 6-6），应根据该制动器图样上技术要求规定的数据调定。

第四节　冶金起重机安全技术要求

冶金起重机的安全技术要求如下：

1）起重机采用的工作支持制动器应是常闭式的。

2）应按 GB. 16067 的规定设置起重机的安全防护装置。

3）起重机的起升机构应装设起升高度限位器，当取物装置上升到规定的极限位置时，应能自动切断电动机电源。在特殊需要情况下，可装设第二级的起升高度限位器，或采取其他措施来防止冲顶越程事故发生。

当有下限位置要求时还应设下降限位器，除能自动切断电动机电源外，钢丝绳在卷筒上的缠绕圈数，在不计固定钢丝绳圈数的情况下，还应至少保留两圈。

4）起重机应装设运行限位装置、清轨板、缓冲器，小车轨道端部还应装设止挡装置，挡头应焊接牢固。

5）当两台或两台以上的起重机在同一轨道上运行时，要配备防撞装置。

6）起重机直接受高温辐射的部分应设隔热板或隔热围墙。

7）起重机外露的，且可能造成伤害的旋转零部件（如开式齿轮、传动轴及联轴器等）均应设安全防护罩。

8）起升机构钢丝绳缠绕系统的末端固定段应布置在便于安装与维修之处（应尽可能在小车架台面上）。安装时钢丝绳的末端应固定好。到达最低扬高时固定钢丝绳圈数应至少保留两圈。

9）在导电线的一侧应设置检修室或检修平台。当滑线高度大于起重机轨道面或受极限位置限制吊钩位置太靠近滑线时，滑线处应设置防护挡架。当司机室和导电滑线在同侧时，滑线集电器接触段应设置保护网。

10）进入司机室的门和到桥架上的门应设置电器联锁保护装置，当任何一个门打开时，除起升机构外，起重机其他机构均应停止工作。

11）起重机应设置失压保护和零位保护。在司机方便之处设置紧急断电开关。

12）起重机进线处宜设置隔离开关或采取其他措施，应设置总断路器作短路保护。

13）采用能耗制动、涡流制动器起升机构的调速系统时应设置失磁保护装置。

14）对于重要的、负载超速会引起危险的起升机构应设置超速保护开关。超速开关的整定值取决于控制系统性能和额定下降速度，通常为额定下降速度的1.25～1.4倍。

15）各机构应单独设置过电流保护装置（笼型电动机驱动的机构除外）。

16）起重机电控设备中，各电路的对地绝缘电阻一般环境中不应小于1.0MΩ，在潮湿环境中不应小于0.5MΩ。

17）起重机供电部分接地的可靠性应符合GB/T14405—1993中4.8.5.5的规定。

18）对吊钩以下的和驱动电动机布置在横梁上的取物装置，供电的电缆收放速度与吊具升降速度应基本一致，在升降过程中电缆应不碰升降的钢丝绳。

复习思考题

1. 操作铸造起重机时应遵守哪些操作规则？
2. 在锻造起重机的操作中如何自装自卸转料机？
3. 操作锻造起重机时如何自装自卸平衡杆？
4. 操作锻造起重机时应遵守哪些操作规则？
5. 淬火起重机与普通起重机有何不同？
6. 操作淬火起重机时应注意哪些事项？

第七章　天车的电气设备及安全技术

第一节　电　动　机

电动机是一种将电能转换成机械能，并输出机械转矩的动力设备。电动机可分为交流电动机和直流电动机两大类。在交流电动机中又有异步电动机和同步电动机之分。交流异步电动机又分笼型和绕线型两种。绕线转子异步电动机是天车上使用最广泛的一种电动机，而笼型转子三相异步电动机只限用于中小容量、起动次数不多、没有调速要求，对起动平滑性要求不高、操纵简单的场合。

一、电动机的结构

三相绕线转子异步电动机的结构主要由定子和转子两个基本部分组成，如图 7-1 所示。

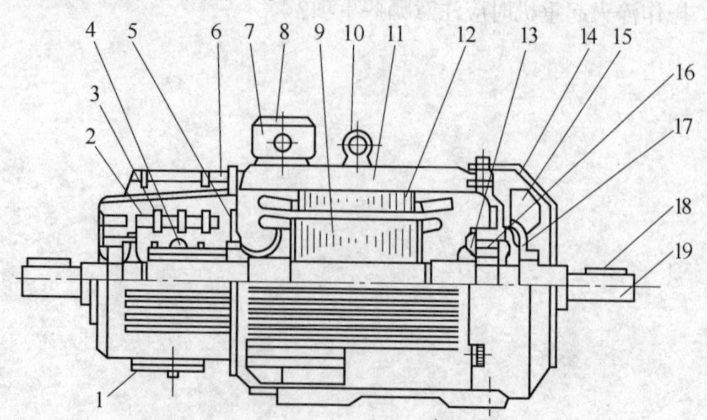

图 7-1　YZR112～250 电动机的结构图

1—排尘孔盖　2—刷杆　3—刷握　4—集电环　5—挡尘板
6—观察窗盖　7—接线盒座　8—接线盒盖　9—转子
10—吊环　11—机座　12—定子　13—轴承内盖　14—端罩
15—风扇　16—轴承　17—轴承外盖　18—键　19—轴

（1）定子　定子是电动机静止不动的部分，定子包括机座、定子铁心、定子绕组和端盖等。定子铁心由 0.5mm 厚的硅钢片叠成，是电动机的磁路部分。定子绕组嵌放在定子铁心槽内，是电动机的电路部分。定子绕组有三相，对称分布在定子铁心上。三相绕组的首端分别用 U1、V1、W1 表示，末端对应用 U2、V2、W2 表示。三相绕组的六个接线端都接在电动机的接线盒内，根据需要接成星形（Y）或三角形（△），图 7-2 所示为绕组作星形与三角形联结的示意图。

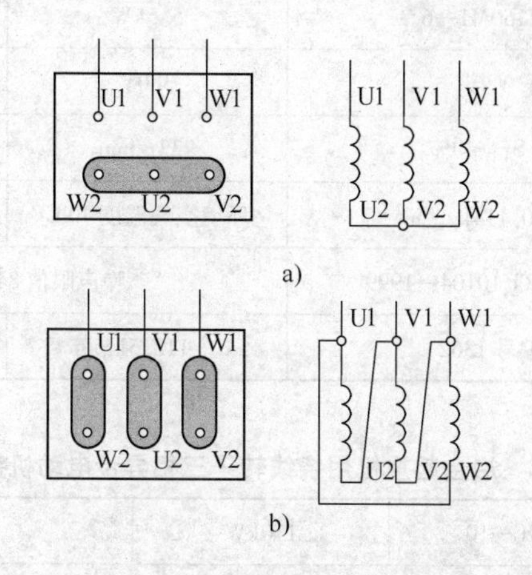

图 7-2　定子三相绕组联结示意图
a）Y形　b）△形

（2）转子　转子是电动机的转动部分，它由转子铁心、转子绕组和转轴等组成。转子绕组分为笼型和绕线型两种，由其构成的电动机分别称为笼型绕组异步电动机和绕线绕组异步电动机。转子的作用是输出机械转矩。转子铁心与定子铁心一样，也是由 0.5mm 厚的硅钢片叠成的，是电动机的磁路部分。绕线型异步电动机的转子绕组与定子绕组相似，也是三相对称绕组，转子的三相绕组都接成星形，三个出线端分别接到固定转轴上的三个铜制集电环上，环与环之间以及环与轴之间都彼此绝缘。在每个集电环上都有一对电刷，通过电刷使转子绕组与外接电阻器相连接。

二、铭牌

每台异步电动机的机座上都钉有一块铭牌，铭牌上记载着这台电动机的各种额定参数值（即铭牌数据），起重机用电动机铭牌见表7-1和表7-2。

表7-1　冶金起重机用笼型三相异步电动机铭牌

型号 YZ160M1—6	5.5kW	50Hz
定子 Y 接	380V	12.5A
工作制 S_3　40%	933r/min	防护等级 IP44
转动惯量 0.114kg·m^2	环境空气温度 40℃	F 级绝缘
标准编号 JB/T 10104—1999	噪声限值 84dB	
出厂编号 1362	118.5kg	2000年7月

表7-2　冶金起重机用绕线转子三相异步电动机铭牌

型号 YZB335L—10	110kW		50Hz
定子 Y 接	380V	218A	582r/min
转子 Y 接	380V	173A	F 级绝缘
工作制 S_3　40%	转动惯量	67kg·m^2	kg·m^2
频带声功率级 LW_f　96dB(A)	防护等级 IP44		6/h 环境空气温度 40℃
标准编号 JB/T 10105—1999			制造许可证
出厂编号 512857—1			2000年9月

了解铭牌上各项数据的意义是正确使用电动机的前提条件。

铭牌上标注的项目有：

（1）型号　表示电动机的种类与形式。

电动机的产品型号由产品代号、规格代号、特殊环境代号和补充代号等四部分组成，并按下列顺序排列：

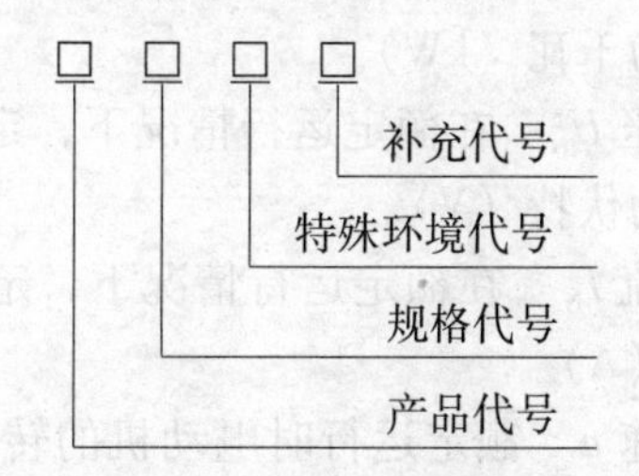

1）产品代号　产品代号由电动机类型代号、电动机特征代号、设计序号等顺序组成。

类型代号是用汉语拼音字母表征电动机的各种类型，主要有：Y—异步电动机、T—同步电动机、Z—直流电动机、YR—绕线转子三相异步电动机、YZ—起重冶金用笼型三相异步电动机和 YZR—起重冶金用绕线转子三相异步电动机等。

特征代号是用汉语拼音字母表征电动机的性能、结构或用途，主要有：A—增强型、B—隔爆型。

设计序号是指电动机的产品设计顺序，用阿拉伯数字表示，对于第一次设计的产品，不标注设计顺序。

2）规格代号　规格代号用中心高、机座长度（S 表示短机座、M 表示中机座、L 表示长机座）、铁心长度（由短至长顺序用数 1、2、3…表示）。

3）特殊环境代号　特殊环境代号用汉语拼音字母表示：G—“高”原用；W—户“外”用；F—防“腐”用等。

电动机的产品型号示例：

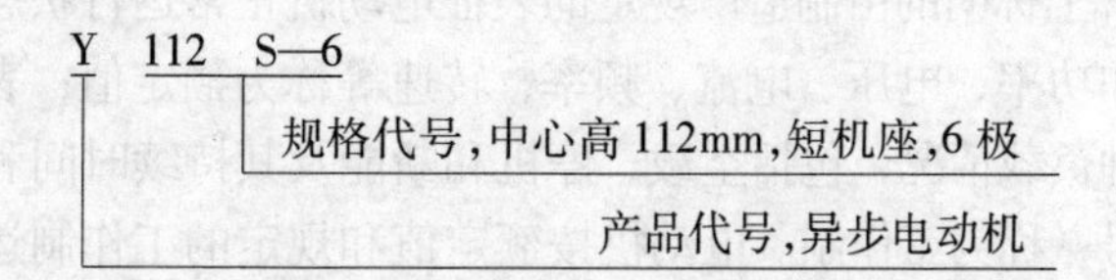

YZR 132 M1—6

规格代号,中心高132mm,中机座,第一种铁心长度,6极

产品代号,起重冶金用绕线转子三相异步电动机

（2）额定功率 P_N 在额定运行情况下，电动机轴上输出的机械功率，单位为千瓦（kW）。

（3）额定电压 U_N 在额定运行情况下，定子绕组端应加的线电压值，单位为伏特（V）。

（4）额定电流 I_N 在额定运行情况下，定子绕组的线电流值，单位为安培（A）。

（5）额定转速 n 额定运行时电动机的转速，单位为转/分钟（r/min）。

（6）额定功率因数 $\cos\Phi_N$ Φ_N 表示在额定运行时，定子的相电压与相电流之间的相位差角。

（7）转子绕组额定电压 U_{2N} 指定子绕组接额定电压、转子绕组开路时集电环之间的电压，单位为伏特（V）。

（8）转子额定电流 I_{2N} 指电动机轴输出额定功率时，转子电路的线电流，单位为安培（A）。

（9）温升 电动机某一点的温度与基准温度（如环境空气温度40℃）间的差值，用开尔文（K）来表示。

（10）防护等级 IP44。电动机外壳防护等级应符合 GB/T4942.1—2006 的规定：户内使用时，在正常条件下至少符合IP23；多尘环境下须符合IP54。户外使用时，至少符合IP54，在可能有凝水的情况下，要确保冷凝水出水孔畅通。

（11）定额 电动机的定额是制造厂根据产品的技术条件或与用户的技术协议要求，对电动机规定的全部电量和机械量的数值以及运行的持续时间及顺序。

铭牌上标明的由制造厂规定的表征电动机正常运行状态的各种数值，如功率、电压、电流、频率、转速等称为额定值；表明电动机的各种负载情况，包括空载、停机和断能及其持续时间和先后顺序的代号，称为工作制。电动机按额定值和规定的工作制运行称为额定运行。电动机定额有连续、短时、周期工作三类，即：

1）连续　电动机可按额定运行情况长时间连续使用。

2）短时　电动机只允许在规定的时间内按额定运行情况使用，短时定额时限优先选用15min、30min、60min、90min。

3）周期电动机间歇地运行，但可多次重复。

天车上使用的电动机一般按断续周期工作制 S_3 制造（S_3——每一个周期为10min）。基准工作制为 S_3—40%（即工作制为 S_3，基准接电，负载持续率 F_c 为40%）或 S_3—25%。

负载持续率：

$$F_c = t_g/(t_g + t_0) \times 100\%$$

式中　t_g——在额定条件下运行的时间（min）；

t_0——停机和断能时间（min）。

电动机的工作制有 S_1、S_2、S_3、S_4、S_5、S_6、S_7、S_8 八种，天车上只用 S_3 一种，其余各种工作制这里就不再介绍。

三、天车上使用的绕线转子异步电动机的特点

天车的工作特点是：周期性断续运行；频繁起动和改变运转方向；频繁的电气和机械制动；超负荷；下放重物时，还经常出现超速；显著的机械振动和冲击；工作环境多灰尘；有的还含金属粉尘；环境温度范围大（-40～+70℃）等。

为了满足天车以上的工作特点，要求天车用电动机具有如下独特的特性：

1）天车电动机的一般基准工作制为 S_3—40%或 S_3—25%。不同负载持续率下电动机的功率不同。

2）电动机起动转矩倍数和最大转矩倍数大，以适应频繁的重载下起动、制动和改变运转方向，满足减少起动时间和经常过载的要求。

3）电动机转子转动惯量较小，转子的长度与直径之比较大，以得到较小的加速时间和较小的起动损耗。

4）允许的最大安全转速超过额定转速的倍数较高，定子与转子均具有较高的机械强度。

5）天车用电动机的防护等级不低于IP44。

YZ、YZR 系列电动机的技术参数见表7-3、表7-4。

表 7-3　YZ 系列电

工作制		S2						S3 6次/h								
F_c		30min			60min			15%			25%			40%		
机座号	项目	P_N/kW	I_1/A	n/r·min^{-1}	P_N/kW	I_1/A	n/r·min^{-1}	P_N/kW	I_1/A	n/r·min^{-1}	P_N/kW	I_1/A	n/r·min^{-1}	P_N/kW	I_1/A	n/r·min^{-1}
1000/r·min^{-1}																
YZ	112M	1.8	4.9	892	1.5	4.25	920	2.2	6.5	810	1.8	4.9	892	1.5	4.25	920
	132M1	2.5	6.5	920	2.2	5.9	935	3	7.5	804	2.5	6.5	920	2.2	5.9	935
	132M2	4.0	9.2	915	3.7	8.8	912	5	11.6	890	4	9.2	915	3.7	8.8	912
	160M1	6.3	14.1	922	5.5	12.5	933	7.5	16.8	903	6.3	14.1	922	5.5	12.5	933
	160M2	8.5	18	943	7.5	15.9	948	11	25.4	926	8.5	18	943	7.5	15.9	948
	160L	15	32	920	11	24.6	953	15	32	920	13	28.7	936	11	24.6	953
750/r·min^{-1}																
YZ	160L	9	21.1	694	7.5	18	705	11	27.4	675	9	21.1	694	7.5	18	705
	180L	13	30	675	11	25.8	694	15	35.3	654	13	30	675	11	25.8	694
	200L	18.5	40	697	15	33.1	710	22	47.5	686	18.5	40	697	15	33.1	710
	225M	26	53.5	701	22	45.8	712	33	69	687	26	53.5	701	22	45.8	712
	250M1	35	74	681	30	63.3	694	42	89	663	35	74	681	30	63.3	694

动机的技术数据

S3												转动惯量 J_m/kg·m	质量/kg
6 次/h													
40%					60%			100%					
$\frac{M\text{max}}{M\text{n}}$	$\frac{M\text{st}}{M\text{n}}$	$\frac{1\text{st}}{I_1}$	η (%)	$\cos\phi$	P_N/kW	I_1/A	n/r·min^{-1}	P_N/kW	I_1/A	n/r·min^{-1}			
1000/r·min^{-1}													
2.7	2.44	4.47	69.5	0.75	1.1	2.7	946	0.8	3.5	980		0.022	58
2.9	3.1	5.16	74	0.76	1.8	5.3	950	1.5	4.9	960		0.056	80
2.8	3	5.54	78	0.79	3	7.5	940	2.5	7.2	945		0.062	92
2.7	2.5	4.9	80	0.82	5	11.5	940	4	10	953		0.114	119
2.9	2.4	5.52	81	0.83	6.3	14.2	956	5.5	13	961		0.143	132
2.9	2.7	6.17	83	0.84	9	20.6	964	7.5	18.8	972		0.192	152
750/r·min^{-1}													
2.7	2.5	5.1	80	0.76	6	15.6	717	5	14.2	724		0.192	152
2.5	2.6	4.9	81	0.79	9	21.5	710	7.5	19.2	718		0.352	205
2.8	2.7	6.1	82.5	0.8	13	28.1	714	11	26	720		0.622	276
2.9	2.9	6.2	84	0.82	18.5	40	718	17	37.5	720		0.820	347
2.54	2.7	5.47	85	0.84	26	56	702	22	45	717		1.432	462

表 7-4　YZR 系列电动机的技术数据

机座号	工作制 / F_c / 项目	S2								S3								
										6 次/h								
		30min				60min				15%				25%				40%
		P_N	I_1	I_2	n	P_N	I_1	I_2	n	P_N	I_1	I_2	n	P_N	I_1	I_2	n	P_N
1000/r·min^{-1}																		
YZR	112M	1.8	5.3	13.4	815	1.5	4.63	12.5	866	2.2	6.6	18.4	725	1.8	5.3	13.4	815	1.5
	132M1	2.5	6.5	12.9	802	2.2	6.05	12.6	908	3.0	8.0	16.1	855	2.5	6.5	12.9	892	2.2
	132M2	4.0	9.7	14.2	900	3.7	9.2	14.5	908	5.0	12.3	18.2	875	4.0	9.7	14.2	900	3.7
	160M1	6.3	16.4	29.4	921	5.5	15	25.7	930	7.5	18.5	35.4	910	6.3	16.4	29.4	921	5.5
	160M2	8.5	19.6	29.8	930	7.5	18	26.5	940	11	24.6	39.6	908	8.5	19.6	29.8	930	7.5
	160L	13	28.6	31.6	942	11	24.5	27.6	957	15	34.7	39	920	13	28.6	31.6	912	11
	180L	17	36.7	49.8	955	15	33.8	46.5	962	20	42.6	58.7	946	17	36.7	49.8	955	15
	200L	26	56.1	82.4	956	22	49.1	69.9	964	33	62	103	942	26	56.1	82.4	956	22
	225M	34	70	85	957	30	62	74.4	962	40	80	101	917	34	70	85	957	30
	250M1	42	80	103	960	37	70.5	91.5	965	50	99	123	950	42	80	103	960	37
	250M2	52	97	110	958	45	84.5	95	965	63	121	134	947	52	97	110	958	45
	280S	63	118	142	966	55	101.5	129.8	969	75	144	169.5	960	63	118	142	966	55
	280M	85	157	140	966	75	139	124	970	100	185	166	960	85	157	140	966	75
750/r·min^{-1}																		
YZR	160L	9	22.4	28.1	694	7.5	19.1	23	705	11	27.5	35.3	676	90	22.4	28.1	694	7.5
	180L	13	29.1	47.8	700	11	27	44	700	15	34	56	690	13	29.1	47.8	700	11
	200L	18.5	40	67.2	701	15	33.5	53.5	712	22	48	81	690	18.5	40	67.2	701	15

（续）

工作制		S2								S3								
										6 次/h								
F_c		30min				60min				15%				25%				40%
机座号	项目	P_N	I_1	I_2	n	P_N	I_1	I_2	n	P_N	I_1	I_2	n	P_N	I_1	I_2	n	P_N
750/r · min^{-1}																		
	225M	26	55	71.2	708	22	46.9	59.1	715	33	70	92	696	26	55	71.2	708	22
	250M1	35	64	80	715	30	63.4	67.7	720	42	75	97.5	710	35	64	80	715	30
	250M2	42	86	79	716	37	78	70	720	52	103	98	706	42	86	79	716	37
	280S	52	108	106	712	45	96.5	92	717	63	129	130	704	52	108	106	712	45
	280M	63	126	110	722	55	110.5	92.5	725	75	150	132	715	63	126	110	722	55
	315S	85	164.8	177.8	722	75	146.7	156.7	725	100	200	162	715	85	164.8	177.8	722	75
	315M	100	190	183.5	715	90	172	160.9	720	125	250	232	717	100	190	183.5	715	90
600/r · min^{-1}																		
YZR	280S	42	92	177.1	571	37	84.8	153.2	560	55	112	235.2	564	42	92	177.1	571	37
	280M	55	127	207	556	45	103.8	165	560	63	146	241	548	55	127	207	556	45
	315S	63	132	161.9	580	55	118.3	138.7	580	75	154	194	574	63	132.5	161.9	580	55
	315M	85	179	171	576	75	160	149.3	579	100	210	203	570	85	179	171	576	75
	355M	110	218	207	581	90	180	166.6	585	132	266	252	576	110	218	207	581	90
	355L1	132	257	213	576	110	217	172	582	160	314	261	571	132	257	213	578	110
	355L2	150	293	194	588	132	262	167.5	588	185	353	241	585	150	293	194	588	132
	400L1	190	390	290	585	160	338	244	587	220	445	336	581	190	390	290	584	160
	400L2	240	490	302	585	200	427	252	588	270	540	340	582	240	490	302	586	200

（续）

机座号		工作制 S3 6次/h F_c 40%							60%				100%				转子电压 /V	转动惯量 /kg·m^2	质量 /kg
项目		I_1	I_2	T_m	I_0	n	η%	$\cos\phi$	P_N	I_1	I_2	n	P_N	I_1	I_2	n			
1000/r·min^{-1}																			
YZR	112M	4.63	12.5	2.5	3.37	866	65	0.77	1.1	3.8	7.32	912	0.8	3.5	5.16	940	100	0.03	74
	132M1	6.05	12.6	2.86	4.04	908	70	0.77	1.8	5.4	8.96	921	1.5	5.0	7.3	940	132	0.06	97
	132M2	9.2	14.5	2.51	5.58	908	75.5	0.78	3.0	7.9	10.2	937	2.5	7.5	8.4	950	185	0.07	108
	160M1	15	25.7	2.56	7.95	930	75.5	0.78	5.0	14	22.9	935	4.0	12.5	18.2	944	138	0.12	154
	160M2	18	26.5	2.78	11.2	940	79	0.8	6.3	16	21.7	949	5.5	15	18.8	956	185	0.15	160
	160L	24.9	27.6	2.47	13	945	82	0.8	9.0	21	22.3	952	7.5	18.8	18.5	970	250	0.20	174
	180L	33.8	46.5	3.2	18.8	962	84	0.81	13	29.7	37.3	968	11	25.5	31.4	975	218	0.39	230
	200L	49.1	69.9	2.88	26.6	964	86	0.8	19	44.5	60.5	969	17	40.5	52.6	973	200	0.67	320
	225M	62	74.4	3.3	29.9	962	88	0.82	26	55	64.5	968	22	50	54.2	975	250	0.84	398
	250M1	70.5	91.5	3.13	26.5	960	89	0.89	32	61	79	970	28	55	69	975	250	1.52	512
	250M2	84.5	95	3.48	28.2	965	90.5	0.89	39	73	83	969	33	64	71	974	290	1.78	559
	280S	101.5	119.8	3.0	34	969	91	0.9	48	88	107.1	972	40	76	88.9	976	280	2.35	747
	280M	139	124	3.2	47.5	970	91.8	0.89	63	118	104	975	50	96.3	82	980	370	2.86	848
750/r·min^{-1}																			
YZR	160L	19.1	23	2.73	12.7	705	78.5	0.72	6.0	16.4	18.2	712	5.0	14	15	724	205	0.20	172
	180L	27	44	2.72	14.8	700	81	0.77	9.0	21.9	32.1	720	7.5	19.6	26.6	726	172	0.39	230
	200L	33.5	53.5	2.94	17.75	712	85	0.78	13	30	46	718	11	27	38.7	723	178	0.67	317

（续）

工作制		S3																		
		6 次/h																转子电压/V	转动惯量/kg · m^2	质量/kg
F_c		40%							60%				100%							
机座号 \ 项目		I_1	I_2	T_m	I_0	n	$\eta\%$	$\cos\phi$	P_N	I_1	I_2	n	P_N	I_1	I_2	n				
		750/r · min^{-1}																		
	225M	46.9	59.1	2.96	24.17	715	86	0.79	18.5	41	49.5	721	17	38	45	723		232	0.82	390
	250M1	63.4	68.8	2.64	31.4	720	87	0.8	26	52	59.1	725	22	46	49.7	729		272	1.52	515
	250M2	78.1	70	2.73	36.9	720	88	0.82	32	68	60	725	27	60	51	729		335	1.79	563
	280S	96.5	92	3.17	48	717	88.8	0.80	39	86.2	79.4	722	33	76.3	67	726		305	2.35	747
	280M	110.5	92.5	2.85	52.3	725	89	0.84	48	103	82.8	730	40	93	68.7	732		360	2.86	848
	315S	146.7	156.7	2.94	62	725	89	0.85	63	126.4	130.7	729	55	105.4	104.3	731		302	7.22	1050
	315M	172	160.9	3.13	57.7	720	90	0.87	75	140	136	725	63	124	113.8	728		372	8.68	1170
		600/r · min^{-1}																		
YZR	280S	84.8	153.2	2.8	44.2	572	86	0.76	32	77	133.4	578	27	69	111.8	582		150	3.58	767
	280M	103.8	165	3.16	63.6	560	86	0.77	37	90	136	569	33	89.6	118	587		172	3.98	840
	315S	118.3	138.7	3.11	62.5	580	88.5	0.79	48	106.6	122	585	40	95.2	101	588		242	7.22	1026
	315M	160	149.3	3.45	85.3	579	89	0.79	63	140	124.8	584	50	125	98.5	587		325	8.68	1156
	355M	180	166.6	3.33	83	589	90	0.81	75	154	140	588	63	136	117	589		330	14.32	1520
	355L1	217	172	3.1	90	582	91	0.82	90	181	143	585	75	157	119	588		388	17.08	1764
	355L2	262	167.5	3.48	126	588	92	0.82	110	226	141.8	591	90	191	115.6	592		475	19.18	1810
	400L1	338	244	3.02	175	587	91.5	0.79	135	294	206	592	115	268	174	591		395	24.52	2400
	400L2	423	252	2.85	213	588	92.2	0.77	170	372	214	591	145	332	183	592		460	28.10	2950

四、电动机的特性

（1）电动机的机械特性　电动机的定子绕组接通电源后所产生的电磁转矩与电动机转速之间的关系称为电动机的机械特性，其函数方程式为：$n=f(T)$。用直角坐标形式所表示的转矩与转速之间关系的函数曲线，称为电动机的机械特性曲线，如图7-3所示。其横坐标以电动机的额定输出转矩与电动机额定转矩的比值，即以 $T/T_n=T^*$（T_n 为额定转矩）来表示，而纵坐标则以电动机转速的相对值 n^* 来表示，即

$$n^*=n/n_0\times100\%$$

式中　n——电动机的转速；

n_0——同步转速。

当电压等于额定电压（即 $U=U_n$）、频率等于额定频率（即 $f=f_n$），定子绕组按规定方法接线时，转子电路的电阻仅为转子绕组本身的电阻，这个机械特性 $n=f(T)$ 称为固有特性。改变参数得到的机械特性 $n^*=f(T^*)$ 称为人为特性。异步电动机的人为特性有很多种，但应用最多的是转子电路串入电阻后的人为特性。

从图7-3中可以看出，天车采用的绕线转子异步电动机的机械特性是呈下降趋势的，即电动机的转速 n 随着电动机转矩 T 的增加而降低。曲线1、2、3、4、5分别为电动机转子绕组外接电阻 R_5、R_4、R_3、R_2、R_1（$R_5>R_4>R_3>R_2>R_1$）后的人为特性曲线。人为特性曲线具有较“软”的特性，$\Delta n/\Delta T$ 值较大的曲线5是转子外接电阻全部切除后电动机的机械特性曲线，称为固有（自然）特性曲线，在转矩变化 ΔT 很大的情况下，转速变化 Δn 很小，即 $\Delta n/\Delta T$ 值较小，它具有“硬”特性，在负载一定的条件下能得到较高的转速。

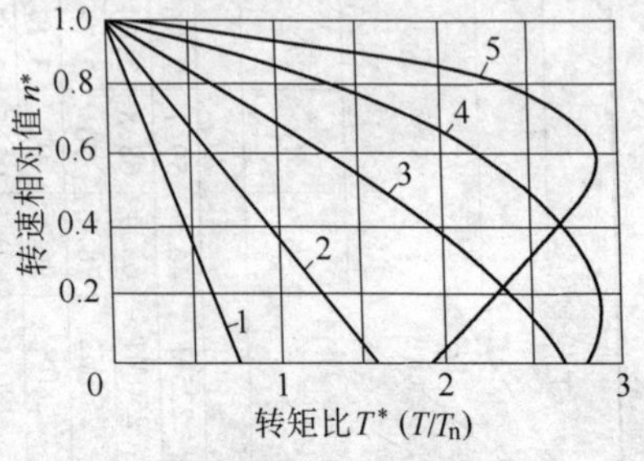

图7-3　绕线转子异步电动机的机械特性曲线

图 7-3 中的五条特性曲线是由典型凸轮控制器控制、具有对称线路的绕线转子异步电动机的机械特性曲线，每条曲线对应于凸轮控制器手柄的一个挡位，曲线 1 为第一挡，曲线 2 ~ 5 分别为第二至第五挡。操作时要将第一至第五挡的每条特性曲线的特点考虑进去，以达到合理操作的目的。

（2）工作机械的负载特性　所谓工作机械就是由电动机带动而运转的机械。如天车的起升机构，大车和小车的运行机构等，这些都称为工作机械。

工作机械的负载折算到电动机轴上的转矩与电动机转速之间的关系，称为工作机械的负载特性，即 $n=f(T_L)$。

1）起升机构的负载特性曲线　起升机构的负载特性曲线如图 7-4 所示。

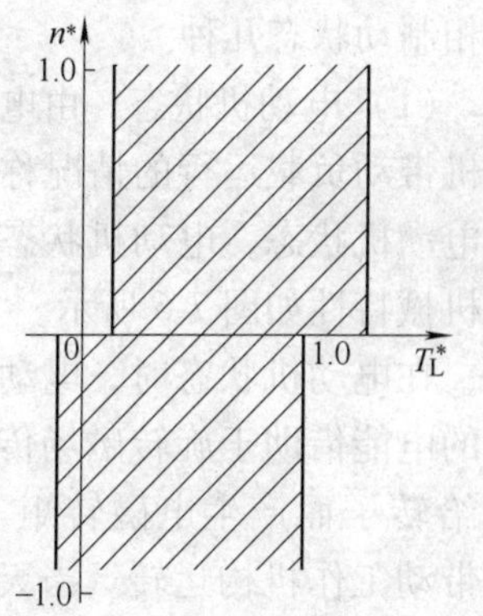

图 7-4　起升机构的负载特性曲线

起升机构首先是位能性负载（静负载转矩的方向不因转速方向的改变而改变的负载称为位能性负载。例如起升机构由重物产生的静负载就是位能性负载）；上升时都是阻力负载；下降时多数是动力负载，而空钩下降究竟是动力负载还是阻力负载要由效率、吊具重量对满载重量的比值等来确定；起升机构的负载又是恒转矩负载（凡是负载转矩不随转速变化的机械都具有恒转矩负载特性。例如室内天车大、小车的运行机构和起升机构的转矩只决定于运动部件的重量和摩擦因数，而与速度无关。但在不同载荷下的负载转矩是不同的），一般使用时，电动机最大静负载转矩为电动机额定转矩的 0.7 ~ 1.4 倍。

2）运行机构的负载特性曲线　运行机构的负载特性曲线如图 7-5 所示。使用于室内的天车运行机构都是阻力负载。当天车的大、小车空载或吊物运转时，电动机的负载转矩是运行传动机构和车轮滚动时的摩擦力矩，其值恒定，即不随电动机的转速变化而改变，电动机的运转方向改变时，其方向也随之改变。

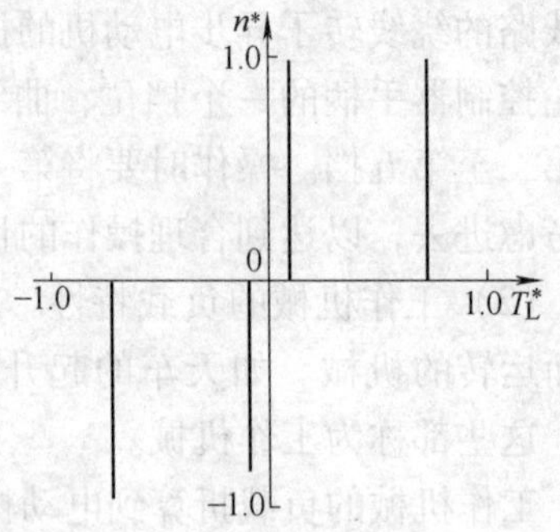

图 7-5　运行机构的负载特性曲线

五、电动机的各种工作状态

天车用电动机常处的工作状态有电动机状态、再生制动状态、反接制动状态和单相制动状态几种。

（1）电动机状态　由电动机带动负载运行的情况称为电动机状态，电动机状态的机械特性如图 7-6 所示。

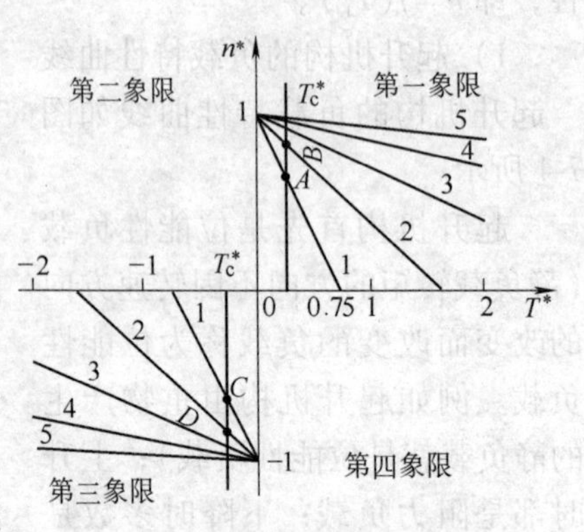

图 7-6　电动机状态的机械特性

在电动机状态时，电动机的电能借助于旋转磁场传递给转子而产生电磁转矩，再带动工作机构运转。当天车的起升机构起升，或大、小车运行机构运行时，负载对电动机来说起阻力矩作用，这时电动机把电能转换为机械能。在电动机状态，电动机的转速低于同步转速，转差率 S 在 0～0.1 之间，机械特性只出现在第一象限（正转）和第三象限（反转）。

（2）再生制动状态　从操作实践中可知，天车起升机构吊有负载，在电动机不通电时松开制动器，则负载只要克服摩擦阻力就会飞快地自由坠落，电动机转速 n 超过同步转速 n_0 是很危险的。如果松开制动器，电动机按负载下降方向通电，则负载的速度就不会坠落得那么快了，说明这时电动机有制动作用。

采用凸轮控制器控制具有对称线路的起升机构，即吊钩吊有负载时，将凸轮控制器的手柄扳到下降方向挡位，电动机按下降

方向通电（如起升机构提升重物，电动机为正转；起升机构下放重物则为反转）。电动机反向起动，在它本身及负载的作用下，电动机的转速超过同步转速，$|n| \geqslant |n_0|$，电动机产生制动转矩。这样由负载带动电动机，使电动机处于异步发电机的状态，称为再生制动状态。在再生制动状态时，电动机转速高于同步转速，转子电路的电阻越大，其转速越高。为确保安全，在再生制动状态时，电动机应在外部电阻全部切除的情况下工作。

（3）反接制动状态　起升机构电动机的反接制动状态与运行机构电动机的反接制动状态是有区别的。

1）起升机构电动机的反接制动状态　额定起重量为15t的天车吊起13t的重物起升到半空后，再缓慢地把控制器手柄扳向零位，这时可以看出负载上升的速度逐渐降低，当控制手柄扳到上升第一挡位置时，负载不但不上升反而下降（13t重物对于15t的天车来讲为重载，当控制器手柄置于上升第一挡位置时，是不能提升的）。此时，电动机转矩方向与其转动方向相反，转差率大于1.0，电动机处于反接制动状态，其转速低于同步转速，如图7-7所示。

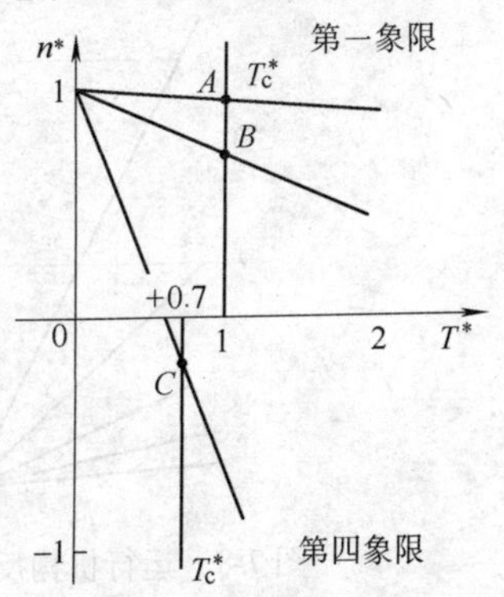

图7-7　起升机构反接制动状态的机械特性

在具有主令控制器的起升机构中，也广泛采用这种反接制动线路，以实现重型负载短距离的慢速下降。

2）运行机构电动机的反接制动状态　其机械特性如图7-8所示。

大（或小）车运行机构原在A点向左稳定地运行，若将控制器快速扳至向右第一挡，定子电路则先从电源断开，改变电源线相序后再接入电源，这种情况也称为“打反车”。打反车时，定子相序改变，电动机的旋转磁场和电磁转矩方向也随之改变，由于惯性，电动机转速 n 未改变，电动机的转矩 T 与转速 n 方向相反，这种情况是另一种形式的反接制动状态。在电磁转矩和负载转矩作用下，电动机转速急剧下降，如为了停车，在 $n=0$ 时，应立即将控制器手柄扳回零位，否则电动机将向右转。在打反车时，电动机转子绕组与旋转磁场的相对速度为 $-n_0-n\approx-2n_0$，电动机将产生强烈的电、机械冲击，甚至发生损坏事故，所以在一般情况下不允许使用。

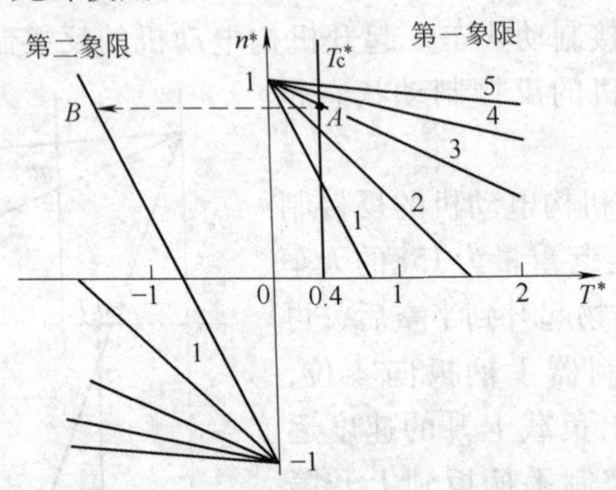

图 7-8　运行机构反接制动状态的机械特性曲线

（4）单相制动状态　所谓单相，就是三相绕线转子异步电动机定子绕组的一相断开，只有其余两相定子绕组接通电源的情况。三相异步电动机发生单相状态与电动机原来的状态、转子回路总电阻及负载性质有很大关系。下面以平移机构用的电动机为例来说明：若电动机原来是静止的（$n=0$），无论转子回路的总电阻值如何，发生单相后电动机仍静止不动，即电动机转矩 T 等于 0；若电动机原来是转动的，转子回路总电阻较小，这时电动机仍能继续转动，电动机转矩 T 起带动负载的作用，但电动机的转速较低；若电动机原来是转动的，转子回路的总电阻较大，这时电动机将逐渐减速，最终停止转动，电动机的转矩 T 此时便起制动作用。对起升机构用的电动机来讲，重物原处于地面，起升前发生单相，无论转子回路总电阻值如何，电动机都不动；在下降时发生单相，转子回路总电阻较小时，电动机不起制动作用（重物将自由坠落）；转子回路总电阻较大时，电动机才起制动作用，而这种制动时，需要将从电源断开的那相定子绕组与仍接通电源的另两相绕组中的一相并联，这种制动便称为单相制动。单相制动状态的机械特性曲线如图 7-9 所示。

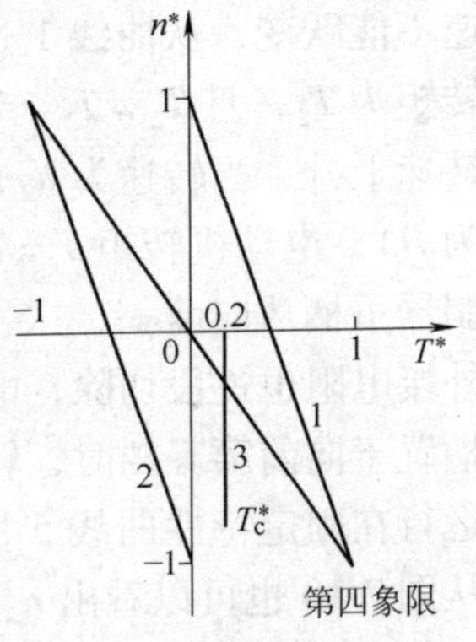

图 7-9　单相制动状态的机械特性曲线

天车主令控制器控制的起升机构控制屏采用的是单相制动工作挡位，用于轻载短距离低速下降，与反接制动状态相比，不会发生轻载上升的弊端。而在重载时会发生吊物迅猛下降的重物坠落事故。

（5）电动机的调速原理　用人为的方法来改变电动机的转速称为调速。绕线转子异步电动机的调速方法很多，改变转子回路电阻的大小是常用的一种调速方法。用这种方法来调速的线路简单，并具有一定的调速范围。其不足之处是串接电阻中有电能损耗，且转速越低，损耗越大，电阻越大，机械特性越软，即转速随负载变化较大，空载或轻载的情况下几乎不能调速。天车用绕线转子异步电动机的调速是通过凸轮控制器或接触器来改变电动机转子回路外接电阻的大小来实现的。

以平移机构（大车或小车）的电动机为例，当外接电阻不同时，其特性曲线如图 7-10 所示。

曲线 1、2、3、4 分别为转子接入 R_1、R_2、R_3、R_4 电阻时的机械特性曲线；曲线 5 为转子外接电阻全部切除，三相转子绕组短接后的电动机机械特性曲线（固有特性）。假设负载转矩 $T_L = 0.5T$，将凸轮控制器手柄扳到向前第一挡时，电动机起动转矩为 $T_1(T_1 = 0.7T_n)$，$T_1 > T_L$，即 $T_1 - T_L > 0$，故电动机的角加速度 $\alpha > 0$，电动机起动。随着转速 n 的增加，电动机的转矩逐渐减小，当转速为 n_1 时，$T = T_L$。在第一挡，$T = T_L = 0.5T_n$。电机稳定运行在曲线 1 的 A 点，其转速为 n_1。将凸轮控制器手柄扳到第二挡时，控制器触头闭合切除第一段电阻，由于电动机的转速不能跃变，从曲线 1 过渡到曲线 2 的 A'点，而 A'点电动机的转矩为 T_2，且 $T_2>T_L$，$T_2-T_L>0$，即角加速度 $\alpha>0$，电动机的转速上升，当转速为 n_2 时（曲线 2 与负载转矩特性曲线的交点为 B），电动机转矩 $T=T_L$，电动机以转速 n_2 稳定运行。凸轮控制器手柄从向前一、二、三、四、五挡依次推动，电动机转子的外接电阻也逐段切除，电动机的转速逐渐增加。在凸轮控制器手柄置于向前第五挡时，转子外接电阻全部切除，电动机最后稳定运行在固定特性曲线 5 所对应的 E 点，即以转速 n_5 稳定运行。从图 7-10 也可以看出 $n_5>n_4>n_3>n_2>n_1$。

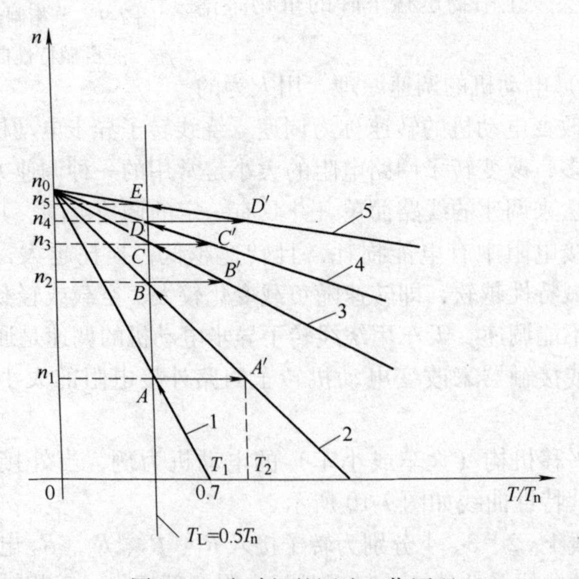

图 7-10　电动机的调速工作原理

同理，从控制器手柄的第五挡逐级扳到第一挡时，相对应的电动机转速从 n_5 沿各挡相应曲线逐步减速到 A 点所对应的 n_1 后稳定运转。可见天车的各机构就是利用电动机转子外接电阻，通过操纵凸轮控制器或主令控制器的触头，使之根据不同的挡位闭合或断开，在转子回路中相应地切除或接入不同阻值电阻的方法来实现天车各机构的调速。

六、电动机的维护

电动机的一般维护包括：经常保持电动机清洁；防止异物进入电动机内部。监视各部位的温升不超过允许限度；负载电流不超过规定的额定值，电源电压不超过规定的范围；注意电动机的气味、振动和噪声；经常检查轴承发热、漏油情况；定期更换润滑脂；有集电环的电动机应经常检查电刷与集电环的接触状况、电刷磨损以及火花情况。注意检查通风系统，保证出风口温度在允许范围内等。

第二节　控　制　器

控制器是一种具有多种切换线路的控制电器，它用以控制电动机的起动、调速、换向和制动，以及线路的联锁保护，进而使各项操作按规定的顺序进行。

一、控制器的分类

控制器的分类方法很多，如按其控制方法的不同可分为直接控制、半直接控制和间接控制三种。按控制器触头形式的不同可分为平面控制器、鼓形控制器、凸轮控制器和主令控制器。天车上一般采用后两种形式的控制器。

二、凸轮控制器

（1）凸轮控制器的结构　凸轮控制器是由机械、电器、防护三部分组成的，其结构如图 7-11 所示。其中：机械部分有手轮、转轴、凸轮等；电器部分有动触头、静触头、联板等；防护部分有外罩及防止弧光短路的灭弧罩等。

（2）凸轮控制器的作用　其作用是：控制电动机起动、制动、换向、调速；控制电阻器并通过电阻器来控制电动机的起动电流，防止电动机起动电流过大，并获得适当的起动转矩；凸轮控制器与限位开关联合工作，可以限制电动机的运转位置，防止电动机带动的机械运转越位而发生事故；保护零位起动，防止控制器手柄不在零位时切断电源以后重新送电，使电动机运转而发生事故。

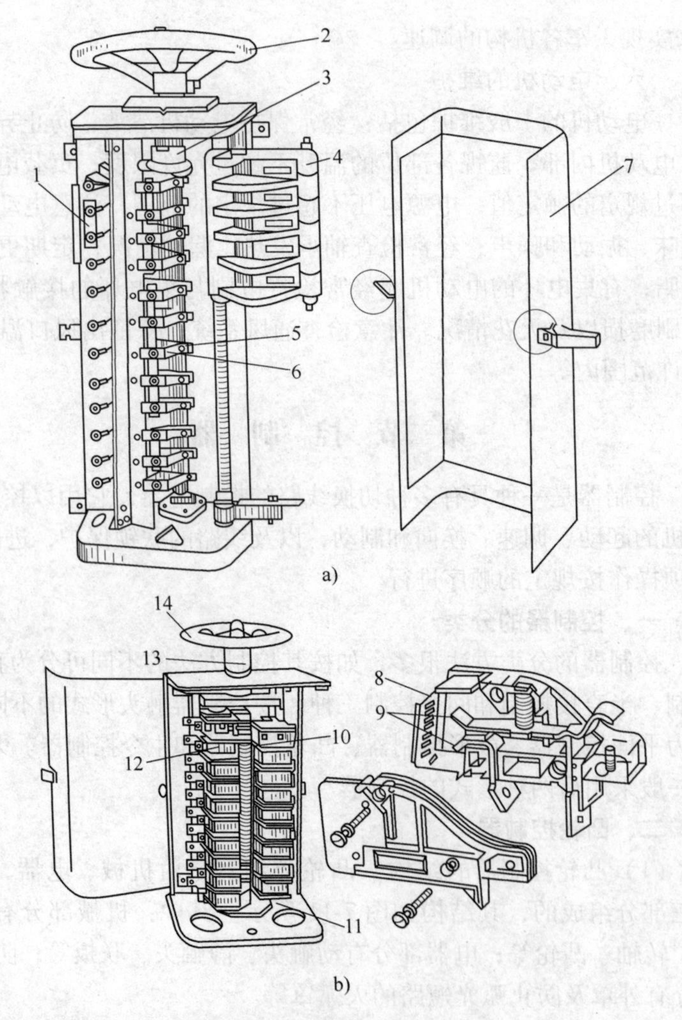

图 7-11　交流凸轮控制器

a）KTJ1—50/1 型　b）KT12—25J 型

1—联板　2、14—手轮　3、13—转轴　4、8—灭弧罩　5、10—动触头　6、12—静触头　7—外罩　9—触头　11—凸轮

（3）凸轮控制器的特点

1）控制绕线转子异步电动机时，转子串接不对称电阻，以减少凸轮控制器触头的数量。

2）一般为可逆对称电路，平移机构正、反方向挡位数相同，具有相同的速度，从一挡至五挡速度逐级增加，如图 7-12 所示。

在下降时，电动机处于回馈制动状态，稳定速度大于同步速度，与起升相反，五挡速度最低。不能得到稳定低速，如需准确停车，只能靠点动操作来实现。重载时需慢速下降，可将控制器打至上升第一挡，使电动机工作在反接制动状态。

（4）凸轮控制器的工作原理

凸轮控制器的控制方法很多，下面以直接控制方法为例来分析凸轮控制器的工作过程。所谓直接控制法就是电动机的起动、制动、正反转以及调节电动机转速，这些都是通过凸轮控制器本身触头的闭合与分断来直接控制的。每个触头的作用是不同的，如图 7-12 所示，其中，×代表触头闭合。正转、零位、反转栏内的数字表示控制器的不同位置。例如正转一侧的 5，即表示在正转方向的第五挡，并且在该挡位时有八对触头闭合，即 1、3、5、6、7、8、9 和 11。根据凸轮控制器各种触头在电路中的作用，可分为定子回路触头、转子回路触头、控制回路触头三种。其中：1、2、3、4 触头为定子回路触头，用于控制电动机的正转、反转、起动、制动；5、6、7、8、9 触头为转子回路触头，用于切换电阻，调节电动机的转速；10、11、12 触头为控制回路触头，用做零位保护。

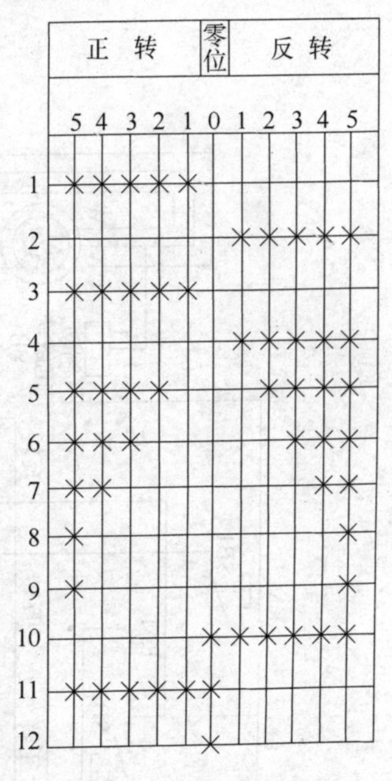

图 7-12　凸轮控制器的触头分合展开图

KT12—25J 型凸轮控制器的控制原理图如图 7-13 所示。按下按钮 SB1，控制线路由 V1→FU1→SB1→触头（1—2）→SB2→SA→KOC→KM→FU2→W1，形成闭合回路，接触器 KM 线圈得电吸合，其主触头 KM 闭合，主回路接通电源，同时辅助触头 KM 闭合，实现自保电气联锁。

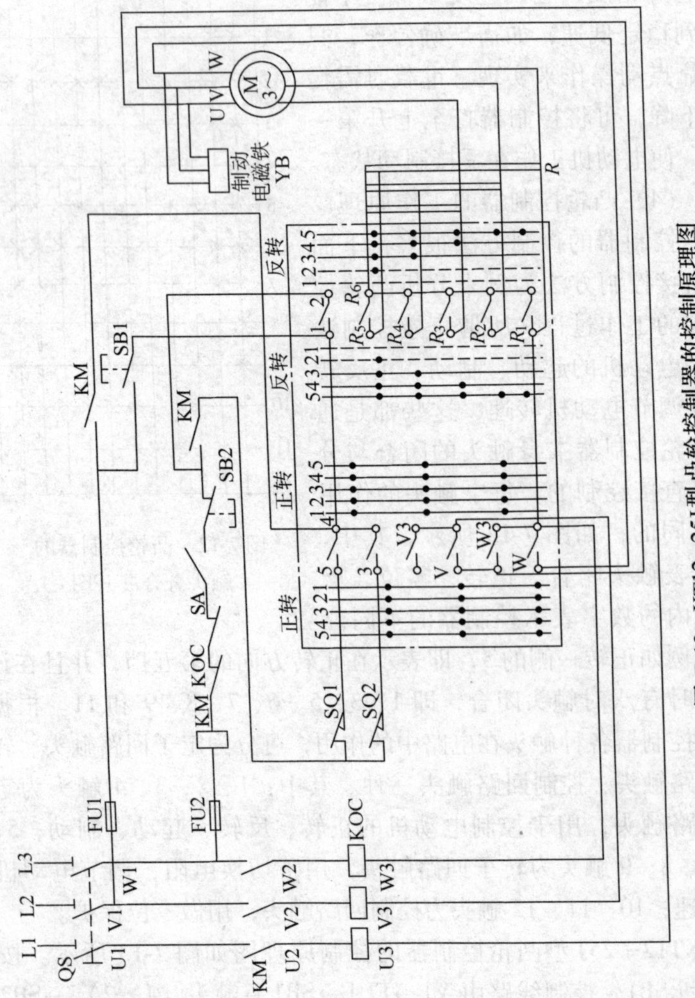

图 7-13 KT12—25J型凸轮控制器的控制原理图

当手柄置于正转第1挡时，控制器的控制回路1触头3—4接通，控制回路自V1→FU1→KM→触头（4—3）→SO2→KM→SB2→SA→KOC→KM→FU2直至W1，控制回路仍保持闭合，接触器持续工作。此时由控制器定子触头闭合状况可知，电源V3与V接通，W3与W接通，U3直通U，电动机正转。当手柄置于反转第一挡时，电源V3与W接通，W3与V接通，U3直通U，电动机实现反转。

（5）凸轮控制器的型号　目前生产中使用的主要有KTJ1、KT10、KTK、KT14系列凸轮控制器。而新产品KTJ15、KTJ16系列凸轮控制器将取代KT10、KTK、KT14。因为新产品在通、断能力和使用寿命等方面都优于旧产品。KTJ1、KTJ15系列凸轮控制器的技术数据见表7-5和表7-6。

表7-5　KTJ1系列交流凸轮控制器的技术数据

控制器型号	额定电流/A		控制电动机功率/kW		位置数	
	长期工作制	TD为40%以下工作制	220V	380V	向前或上升	向后或下降
KTJ1—50/1	50	75	16	16	5	5
KTJ1—50/2	50	75	—	—	5	5
KTJ1—50/3	50	75	11	11	1	1
KTJ1—50/4	50	75	11	11	5	5
KTJ1—50/6	50	75	11	11	5	5
KTJ1—50/5	50	750	2×11	2×11	5	5
KTJ1—80/1	80	120	22	30	6	6
KTJ1—80/3	80	120	22	30	6	6
KTJ1—150	150	—	—	100	7	7

注：1. KTJ1—50/4控制器为可逆不对称电路，只适用于天车的升降机构。

2. KTJ1—50/1、KTJ1—80/1、KTJ1—80/3、KTJ1—50/4、KTJ1—50/6型控制器用于控制三相绕线转子异步电动机。

3. KTJ1—50/2、KTJ1—50/5型控制器用于同时控制两台三相绕线转子异步电动机。

4. KTJ1—50/3型控制器用于控制三相笼型异步电动机。

5. KTJ1—150在通电持续率TD为40%时所控制电动机最大的功率为100kW，最大操作频率为600Hz，最大工作周期为10min。

表 7-6　KTJ15 系列交流凸轮控制器的技术数据

控制器型号	额定电流/A	位置数		控制电动机功率/kW
		向前或上升	向后或下降	
KTJ15—32/1		5	5	
KTJ15—32/2	32	5	5	15 及以下
KTJ15—32/3		1	1	
KTJ15—32/5		5	5	
KTJ15—63/1			5	
KTJ15—63/2	32	63	5	30 及以下
KTJ15—63/3			1	
KTJ15—63/5			5	

注：1. KTJ15—32/1、63/1 凸轮控制器控制 1 台绕线转子异步电动机。
2. KTJ15—32/2、63/2 凸轮控制器控制 2 台绕线转子异步电动机，转子回路定子由接触器控制。
3. KTJ15—32/3、63/3 型凸轮控制器控制 1 台笼型异步电动机。
4. KTJ15—63/4 型凸轮控制器控制 1 台绕线转子异步电动机，转子电路两组电阻器并联。
5. KTJ15—32/5、63/5 型凸轮控制器控制 2 台绕线转子异步电动机。

凸轮控制器型号的含义如下：

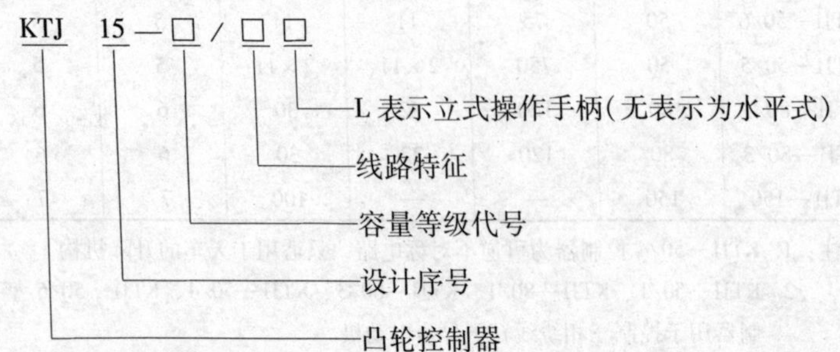

其中：线路特征用数字 1 ~ 5 表示，1 表示控制 1 台绕线转子异步电动机；2 表示控制 2 台绕线转子异步电动机，转子回路定子由接触器控制；3 表示控制 1 台笼型异步电动机；4 表示控制 1 台绕线转子异步电动机，转子电路的两组电阻器并联；5 表

示控制2台绕线转子异步电动机。

容量等级代号：32——额定工作电流为32A，63——额定工作电流为63A。

三、主令控制器

主令控制器是向控制电路发出指令并控制主电路工作的一种间接控制用电器。在天车上它常与起重机控制屏相配合，组成一个完整的控制系统，用来控制电动机的起动、制动、换向和调速。

（1）主令控制器的结构　主令控制器的结构如图7-14所示。

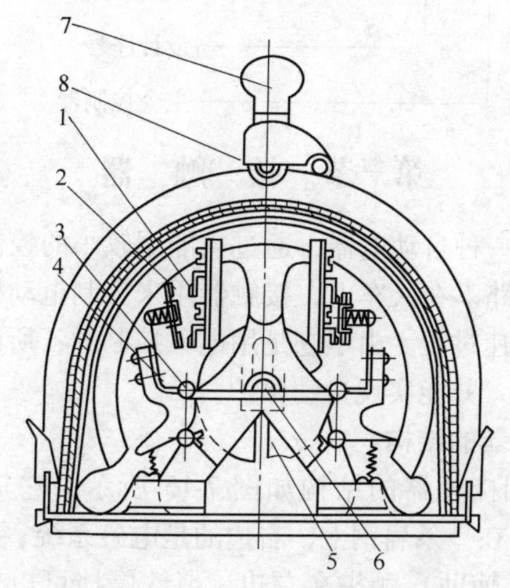

图7-14　LK1系列主令控制器结构图

1—静触头　2—动触头　3—滚轮　4—杠杆　5—凸轮　6—凸轮心轴　7—手柄　8—定位滚轮

（2）主令控制器的应用范围　由于主令控制器线路复杂、使用元件多、成本高、体积大，所以仅适用于下列情况：电动机容量大，凸轮控制器容量不够；操作频率高，每小时通断次数接近600次或600次以上；天车工作繁重，要求电气设备有较高的寿命；天车机构多，要求减轻天车工的劳动强度；由于操作需要

（如抓斗机构）；要求天车工作时有较好的调速、点动性能等。

（3）主令控制器的特点　主令控制器具有工作可靠、操作轻便、能实现多点多位控制等优点，这对于工作机构操作频繁的天车来说是很重要的。

（4）主令控制器的型号　目前生产的主令控制器有 LK14、LK15、LK16，其额定电流为 10A，新产品 LK18 将取而代之。

主令控制器型号的表示方法：

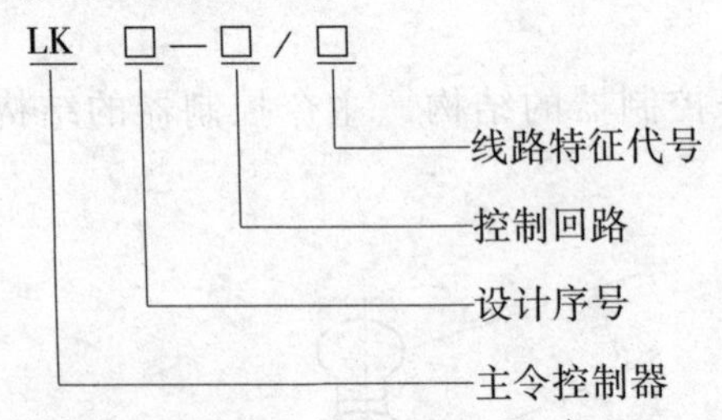

第三节　接　触　器

接触器是一种自动电器，通过它能用较小的控制功率控制较大功率的主电路。在天车上，接触器用来控制电动机的起动、制动、加速和减速过程。由于它是用电磁控制的，所以能远距离控制和频繁动作，并能实现自动保护。

一、接触器的结构

CJ12 系列接触器的结构如图 7-15 所示，它是条架式平面布置图，安装在一条扁钢上，右边的是电磁系统，主触头系统在中间，联锁（辅助）触头在左边，衔铁停挡可以转动，便于维修。

接触器的电磁系统由 Π 型动、静铁心及吸引线圈组成。动、静铁心均有弹簧缓冲装置，能减轻磁系统闭合时的碰撞力，减少主触头的振动时间。接触器的主触头系统为单断点串联磁吹结构，配有纵缝式塑料灭弧罩。联锁触头为双断触头式，有透明的防护罩。联锁触头的常开（动合）、常闭（动断）可按 51、42 或 33 任意组合，其额定电流为 10A。触头系统的动作由接触器电磁系统的扁钢方轴带动。

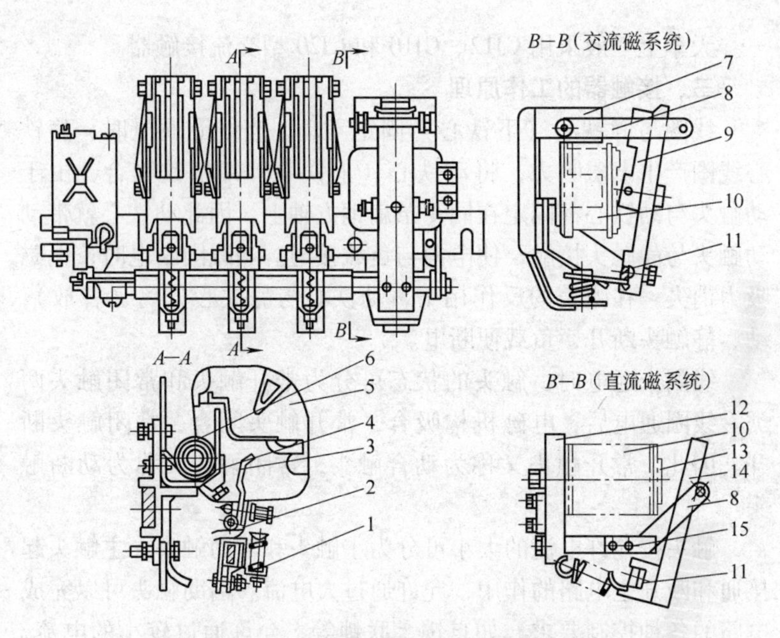

图 7-15　CJ12 系列交流接触器的结构

1—触头弹簧　2—软连接　3—主动触头　4—主静触头　5—灭弧罩　6—吹弧线圈　7—静铁心　8—停档　9—动铁心　10—线圈　11—转轴　12—磁轭　13—铁心　14—衔铁　15—螺钉

二、接触器的分类与型号

（1）接触器的分类　接触器按所控制的电流性质可分为交流控制器和直流控制器两种；如按电磁系统的动作又可以分为转动式和直动式两种。

（2）接触器的型号及含义　型号中的适应环境：TH 表示适应于温热地区；电流代号：Z 表示直流，交流可不写；改型：T 表示改型，没改型可不写。

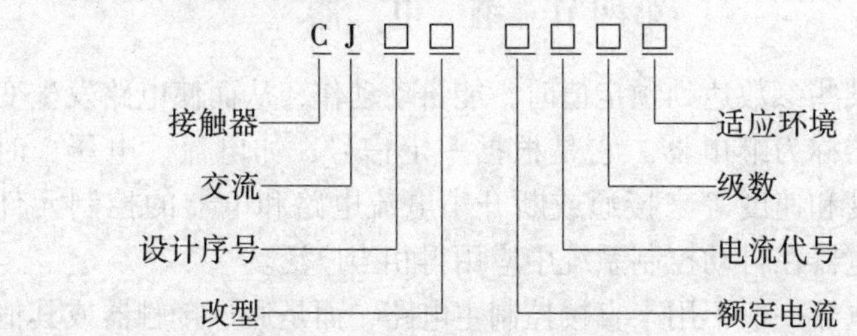

天车上一般采用CJ12、CJ10和CJ20型交流接触器。

三、接触器的工作原理

线圈与静铁心（下铁心）固定不动，当线圈通电时，静铁心线圈产生电磁吸力，将动铁心（上铁心）即衔铁吸合，由于动触头与动铁心都固定在同一条扁钢方轴上，因此动铁心就带动动触头与静触头接触，使电源与负载接通。当线圈断电时，电磁吸力消失，在弹簧的反作用下，动铁心与静铁心分离（释放），动、静触头断开，负载便断电。

线圈未通电时，触头的状态可分为常开触头和常闭触头两类。线圈通电后，电磁机构吸合，常开触头闭合，常闭触头断开。因此，常开触头又称为动合触头，常闭触头又称为动断触头。

触头按允许电流的大小可分为主触头和辅助触头。主触头起接通和断开主电路的作用，允许通过大电流。辅助触头可以完成电路的各种控制要求，如自锁、联锁等，允许通过较小的电流，使用时一般接在控制电路中。

灭弧室的作用是迅速切断触头断开时的电弧。容量稍大的交流接触器都有灭弧室，否则将发生触头烧焦、熔焊等现象。

其他部分包括反作用弹簧、缓冲弹簧、触头弹簧、传动机构、短路环、接线柱等。

反作用弹簧的作用是当线圈断电时，衔铁释放，使触头复位。触头弹簧的作用是增加触头的接触面积，以减少接触电阻。在铁心的极面上嵌装铜质短路环的目的是消除衔铁吸合时的振动与噪声。

第四节　继　电　器

当某些参数达到预定值时，能自动动作，从而使电路发生变化的电器称为继电器。它是根据一定信号，如电流、电压、时间、温度和速度等来接通或断开小电流电路和电器的控制元件的，继电器在自动控制系统中应用得相当广泛。

继电器一般不用来直接控制主电路，而是通过接触器或其他继电器来对主电路进行控制。同接触器相比，继电器的触头容量小，一般不需设置灭弧装置，结构简单、体积小、重量轻，但对继电器动作的准确性则要求较高。

一、继电器的分类

继电器按其用途的不同，可分为保护继电器和控制继电器两大类。保护继电器中有过电流继电器和热继电器，控制继电器中有时间继电器和中间继电器。

二、过电流继电器

在电路中如果发生短路或严重过载时，需要迅速切断电源。担负这一任务的继电器叫做过电流继电器。

1. 过电流继电器的结构

JL12 系列过电流继电器的外形及油杯断面图如图 7-16 所示。

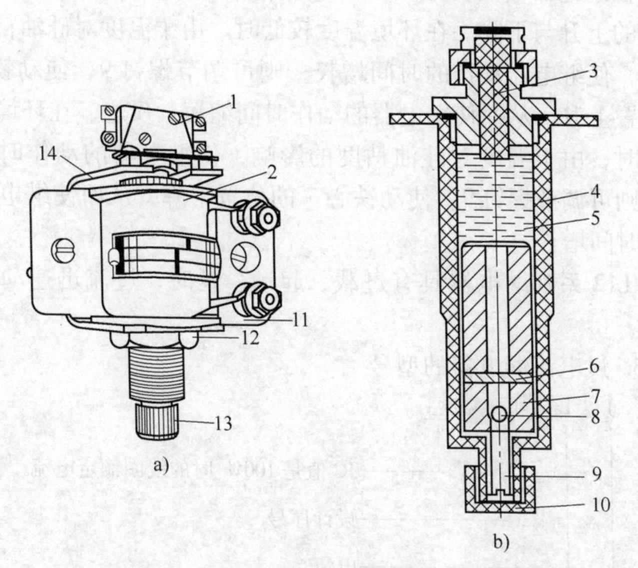

图 7-16　JL12 系列过电流继电器的外形及油杯断面图

a）外形图　b）油杯断面图

1—微动开关　2—线圈　3—顶杆　4—导管　5—阻尼剂　6—销钉　7—动铁心　8—钢珠　9—调节螺钉　10、13—封帽　11—接线座　12—螺母　14—磁轭

其由以下三部分组成:

(1) 螺管式电磁系统　包括双玻璃丝包线线圈或裸铜线线圈2、磁轭14及封口塞。

(2) 阻尼系统　包括装有阻尼剂5（201—100 甲基硅油）的导管4（即油杯）、动铁心7及动铁心中的钢珠8。

(3) 触头部分　用微动开关1作触头，型号为JLXK1—11。

2. 过电流继电器的工作原理

当天车各机构的电动机发生过载、过电流时，导管4中的动铁心7将受到电磁力的作用，克服阻尼剂5的阻力，向上运动，直到推动顶杆3，打开微动开关1，断开控制电路，使电动机断电为止。继电器动作后，电动机停止工作，动铁心7在重力作用下返回原位。

在继电器下端装有调节螺钉9，旋动调节螺钉可以调节铁心位置的上升与下降。在环境温度较低时。由于温度对硅油粘度的影响，使继电器动作的时间增长，则可调节螺钉9，使动铁心7的位置上升，从而使继电器的动作时间缩短。反之，在环境温度较高时，由于温度对硅油粘度的影响，使继电器的动作时间缩短，则可调节螺钉9，使动铁心7的位置下降，从而使继电器的动作时间增长。

JL12系列继电器具有过载、起动、延时、过流迅速动作等特点。

3. 过电流继电器的型号

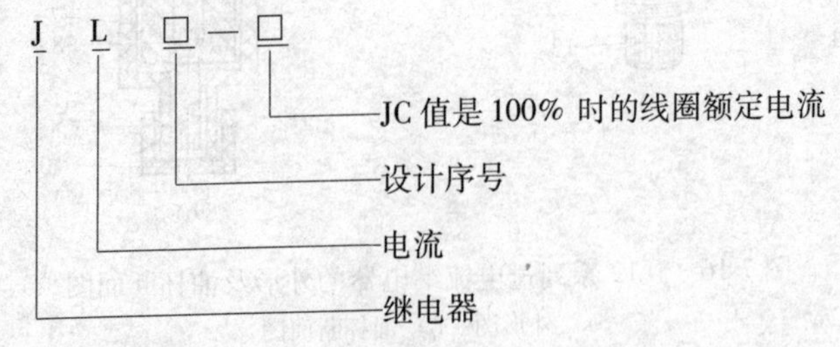

三、热继电器

(1) 结构及作用　热继电器的结构如图7-17所示，它由双金属片、偏心轮、推杆、杠杆、连杆、内外导板和动合、动断触头等组成。它是用来反映被控制对象发热状态的保护电器。

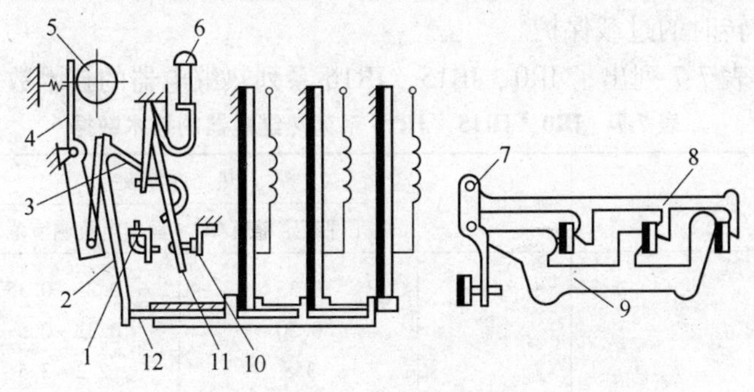

图 7-17　JR16—150 型热继电器

1—复位调节螺钉　2—补偿双金属片　3—推杆　4—连杆　5—偏心轮
6—复位按钮　7、12—杠杆　8—内导板　9—外导板
10—常闭静触头　11—动触头

天车上的电动机在运行过程中，因操作频繁及过载等原因，会引起定子绕组中的电流增大、绕组温度升高等现象。如果电动机过载不大，时间较短，电动机绕组的温度不超过允许的温升，这种过载是允许的。但如果过载时间较长或电流过大，使绕组温升超过允许值时，将会损坏绕组的绝缘，缩短电动机的使用寿命，严重时甚至会使电动机烧毁。电路中虽然有熔断器，但熔丝的额定电流为电动机额定电流的 1.5 ~ 2.5 倍，所以不能可靠地起过载保护作用，采用热继电器就能起到电动机的过载保护作用。

（2）热继电器的工作原理　图 7-17 所示为天车上用的 JR16 系列热继电器。该系列是三相结构，并带有差动式断相保护机构。当三相均衡过载时，双金属片 2 受热向左弯曲，推动外导板 9（同时带动内导板 8）左移，通过补偿片及推杆 3，使动触头 11 与常闭静触头 10 分断，从而断开控制回路。如果一相断路，该相双金属片逐渐冷却向右移动，且带动内导板右移，外导板继续在未断相的双金属片推动下左移，于是产生差动作用。然后通过杠杆传动，使热继电器的动作加快。

JR16 型热继电器除用作电动机的均衡保护外，还可作为断相运转时的过载保护。

表 7-7 列出了 JR0、JR15、JR16 系列热继电器的技术数据。

表 7-7　JR0、JR15、JR16 系列热继电器的技术数据

型　　号	额定电流/A	热元件等级	
		热元件额定电流/A	额定电流调节范围/A
JR0—20/3、20/3D JR16—20/3、20/3D	20	0.35	0.25～0.35
		0.50	0.32～0.5
		3.5	2.2～3.5
		5	3.2～5
		1.6	1.0～1.6
		2.4	1.5～2.4
		16	10～16
		22	14～22
JR0—40 JR15—40/Z	40	1.6	1～1.6
		2.5	1.6～2.5
		10	6.4～10
		16	10～16
		11	6.8～11
		16	10～16
JR0—60/3、60/3D JR16—60/3、60/3D	60	22	14～22
		32	20～32
		45	28～45
		63	40～63
		45	28～45
		63	40～63
JR0—150/3、150/3D JR15—150/3、150/3D JR16—150/3、150/3D	150	63	40～63
		85	53～85
		72	45～72
		110	68～110
		120	75～120
		160	100～160

（3）热继电器的型号

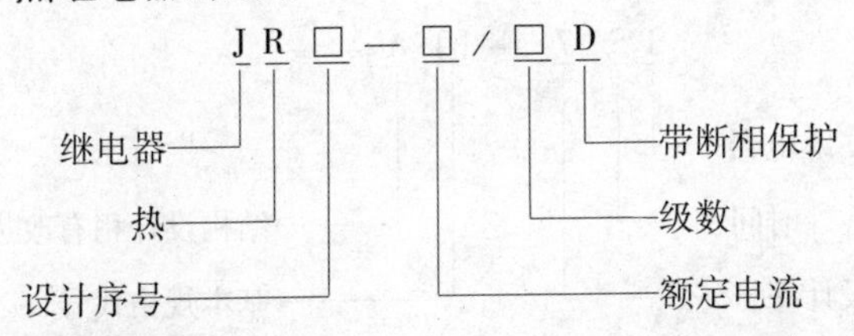

四、时间继电器

（1）时间继电器的结构及作用　时间继电器由线圈、动铁心、静铁心、微调弹簧和动、静触头等组成，如图 7-18 所示。

时间继电器是一种利用电磁原理或机械动作原理来延迟触头闭合或断开的自动控制电器。它有电磁式、电动式、空气阻尼式、晶体管式等多种类型。天车控制屏中多采用 JT3 系列直流电磁式时间继电器。

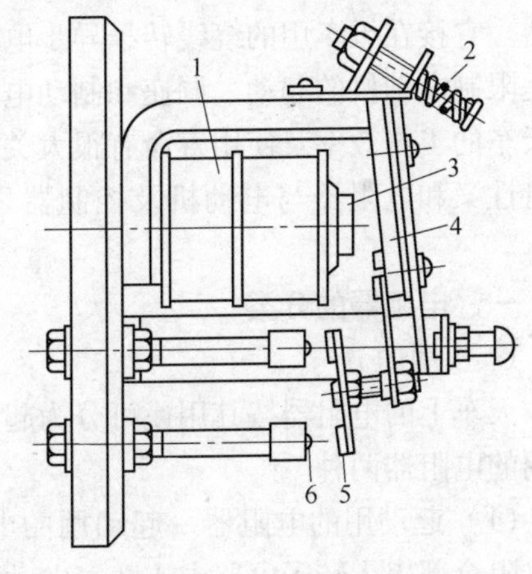

图 7-18　JT3 系列直流时间继电器
1—线圈　2—微调弹簧　3—静铁心
4—动铁心　5—动触头　6—静触头

（2）时间继电器的工作原理　JT3 系列直流时间继电器的延时作用是根据磁路中磁通缓慢衰减的原理而得到的。延时的长短由磁通衰减的速度来决定。在继电器的静铁心 3 上有一个铜或铝制的阻尼套，当线圈 1 断电时，阻尼套中产生感应电流，这个电流使铁心中的磁通衰减变得缓慢，所以断电后继电器的动铁心 4 不能立刻释放，而是经过一定时间才释放。这种继电器在线圈通电后，其延时闭合触头瞬时断开，延时断开触头瞬时闭合；线圈断电后，其延时闭合触头延时闭合，延时断开触头则延时断开，所以本继电器仅在断电释放时才有延时作用，延时的时间长短可根据需要进行调节。

（3）时间继电器的型号

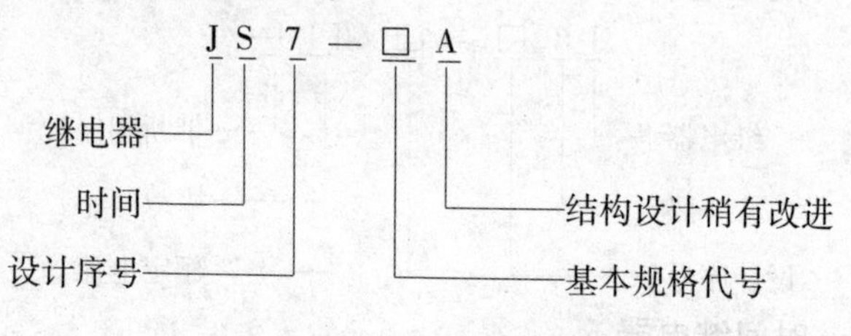

第五节 电 阻 器

电阻器是由电阻元件、换接设备及其他零件组合而成的一种电器。它接在天车用的绕线转子异步电动机的转子电路中，其作用是限制电动机的起动、调速和制动电流的大小。电阻器的选择与天车的工作效率及使用寿命有很大关系，而整个电器设备的工作特性又和电阻器与电动机及控制器之间的正确连接有很大关系。

一、电阻器的分类

1. 按用途分

天车上的电阻器按其用途可分为起动用的电阻器和起动、调速用的电阻器两种。

（1）起动用的电阻器　起动用的电阻器是在电动机起动时把电阻全部串入转子电路中，随着电动机转速的不断增加，逐级切除，当电阻器全部被切除后，电动机就处在额定转速状态下运行，所以这种电阻是短时使用的用电器。

（2）起动、调速用的电阻器　这种电阻器接在电动机的转子电路中，起动和调速都用，所以它是连续使用的用电器。天车上一般都使用这种电阻器。

如果按材料的不同，电阻器又可分为铸铁电阻器、康铜电阻器和铁铬铝合金电阻器三种。

2. 按材料分

（1）铸铁电阻器　铸铁电阻器的特点是价廉，材料容易获得，制造也不困难。它的主要缺点是性脆、易断裂，因为制成栅状，高温时易弯曲变形造成短路；其次是温度系数比其他电阻材料高得多。随着铁铬铝的大量生产，近年来逐渐用铁铬铝代替铸铁。

（2）康铜电阻器　康铜电阻器的外形结构如图 7-19a 所示。

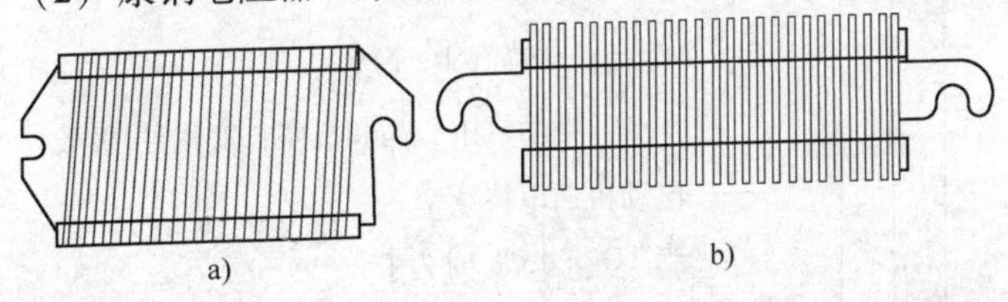

图 7-19　电阻器
a）康铜电阻器　b）铁铬铝合金电阻器

康铜是铜镍合金，康铜丝是理想的电阻材料，各方面的性能都很好。由于铜、镍都是贵金属，所以康铜丝只用作小电动机的电阻。

康铜电阻器在起重机上最常用的规格是 ϕ0.1 ~ ϕ2.0mm，较大容量的可采用双股并绕，这样绕制起来较方便。这种电阻的优点是比较坚固，耐冲击；缺点是容量小、温升高。

（3）铁铬铝合金电阻器　图 7-19b 所示为铁铬铝合金电阻器的外形结构图。铁铬铝也是较好的电阻材料，它具有良好的抗氧化性和耐高温、耐振动、散热条件较好的特性。除铬以外，铁和铝都是较普通的材料，现已被用在大中型起重机的电阻器上。

二、电阻器的型号

起重机用电阻器有 ZX2、ZX4 康铜电阻器（由 ZB1 带绕元件和 ZB2 线绕元件组成）、ZX9 型（小波浪）铁铬铝电阻器、ZX12 型（锯齿形）铁铬铝电阻器。由于 ZX12 型电阻器具有性能可靠，无自励振动噪声，产生的寄生电感量小，零件少，结构简单，抽头调节方便，重量轻，成本低，寿命长等优点，已成为取代 ZX9、ZX10 电阻器的新型产品。

产品型号如下：

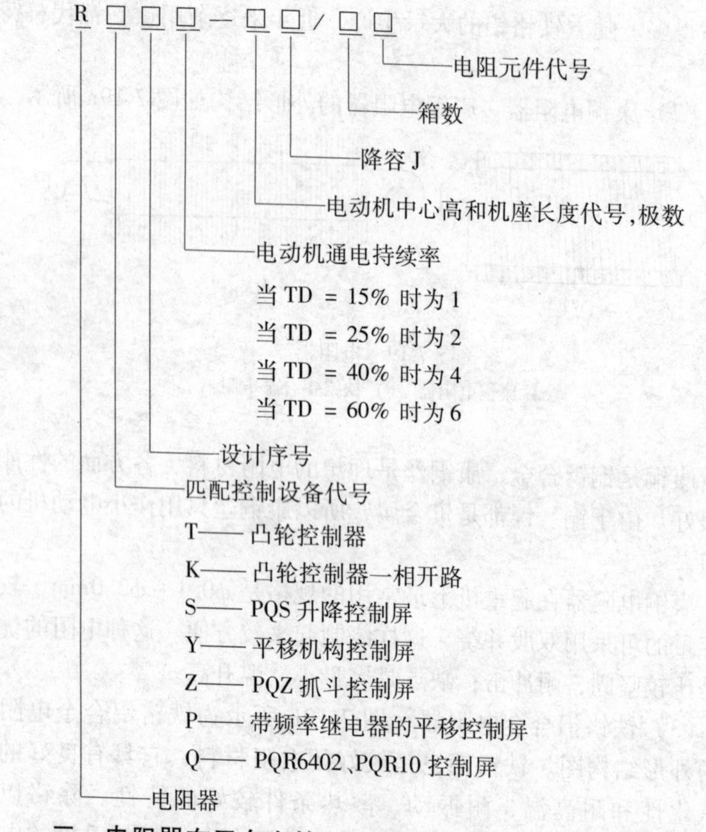

三、电阻器在天车上的工作情况

（1）电阻器的短接切除方法　电阻器的短接切除方法有平衡与不平衡短接两种，如图 7-20 所示。

平衡短接法是电动机转子外接电阻在短接过程中，三相同时等量切除或接入。这种方法的特点是触头多，工作过程复杂。不平衡短接法是电阻短接切除时单相逐挡切除，因而使各相阻值不相等。这种方法的特点是接线简单，控制触头少。

（2）不平衡切除法的工作情况　图 7-20b ~ f 是电动机转子所接不平衡电阻的接线方法。

当控制器手柄从零位转到第一挡位时，电动机的定子电路接通，转子电路因控制器电阻的触头没闭合而全部接入，转子电路

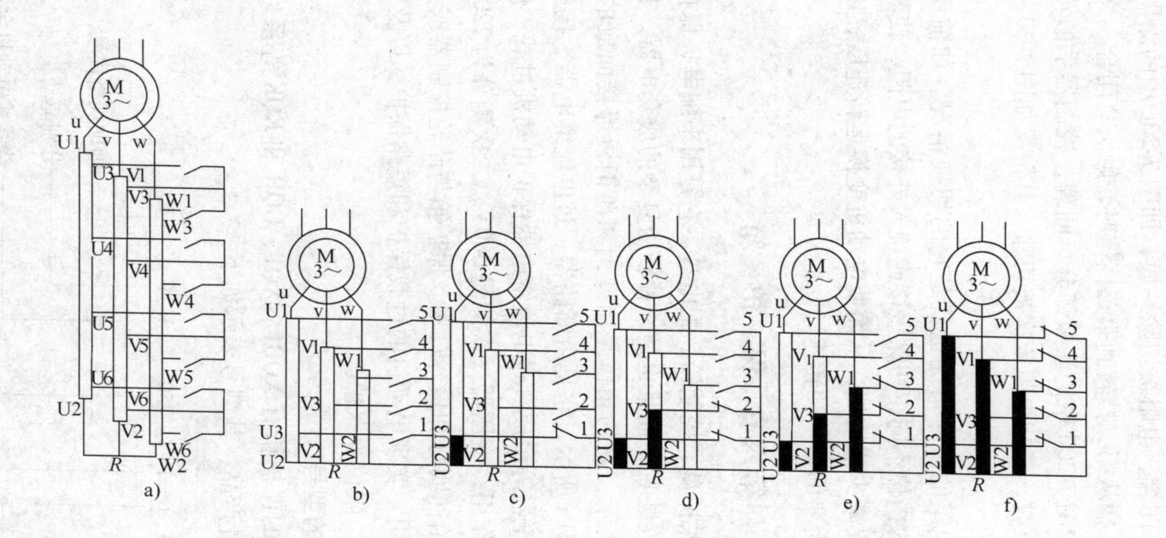

图 7-20　电阻器短接示意图

a）电阻平衡短接　b）~ f）电阻不平衡短接　b）控制器手柄在第一挡时全部接入的情况　c）控制器手柄在第二挡时全部接入的情况　d）控制器手柄在第三挡时全部接入的情况　e）控制器手柄在第四挡时全部接入的情况　f）控制器手柄在第五挡时全部接入的情况

处于工作状态，如图 7-20b 所示。当控制器手柄从第一挡转到第二挡位时，触头 1 闭合，电阻被切除一段，即图 7-20c 中的涂黑部分。当控制器手柄从第二挡转到第三挡位时，触头 2 闭合，又切除一段电阻，如图 7-20d 中的涂黑部分。同理，控制器手柄转到第四、第五挡位时，三相电阻依次被切除，其情况如图 7-20e、f 涂黑部分所示。

由此可见，电阻的工作情况也就是它的切换情况。如前所述，按其控制器的挡位不同，切除短接或接入外接的电阻，使其阻值按工作的需要减少或增加，从而使电动机变换运转速度，以满足天车工作所需要的力矩和转速。

第六节　保　护　箱

保护箱又称保护盘、控制箱、配电盘。它是用来配电、保护和发出信号的电气装置，而且也是一种较为复杂的成套电器。其外形如图 7-21b 所示，它的箱体是用型钢和薄钢板焊接而成的。它的结构如图 7-21a 所示，它是由断路器、过电流继电器、接触器、熔断器、变压器等组成。过电流继电器保护电动机过载；熔断器起短路保护作用；变压器一次侧是 380V，二次侧分为 220V 和 36V，分别供给照明灯和信号灯用。保护箱与凸轮控制器或主令控制器配合使用，实现电动机的过载保护和短路保护，以及失压、零位、安全、限位等保护。

一、保护箱的型号

天车上常用的保护箱有 XQB1、XQ1、GQR 和 KQK 等系列。XQB1 为统一设计产品，其型号表示如下：

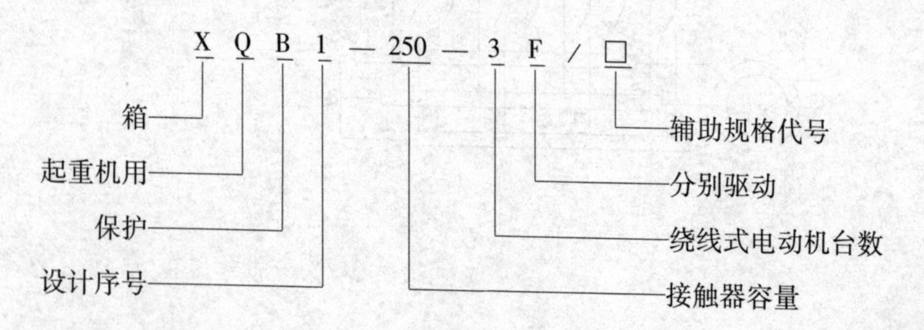

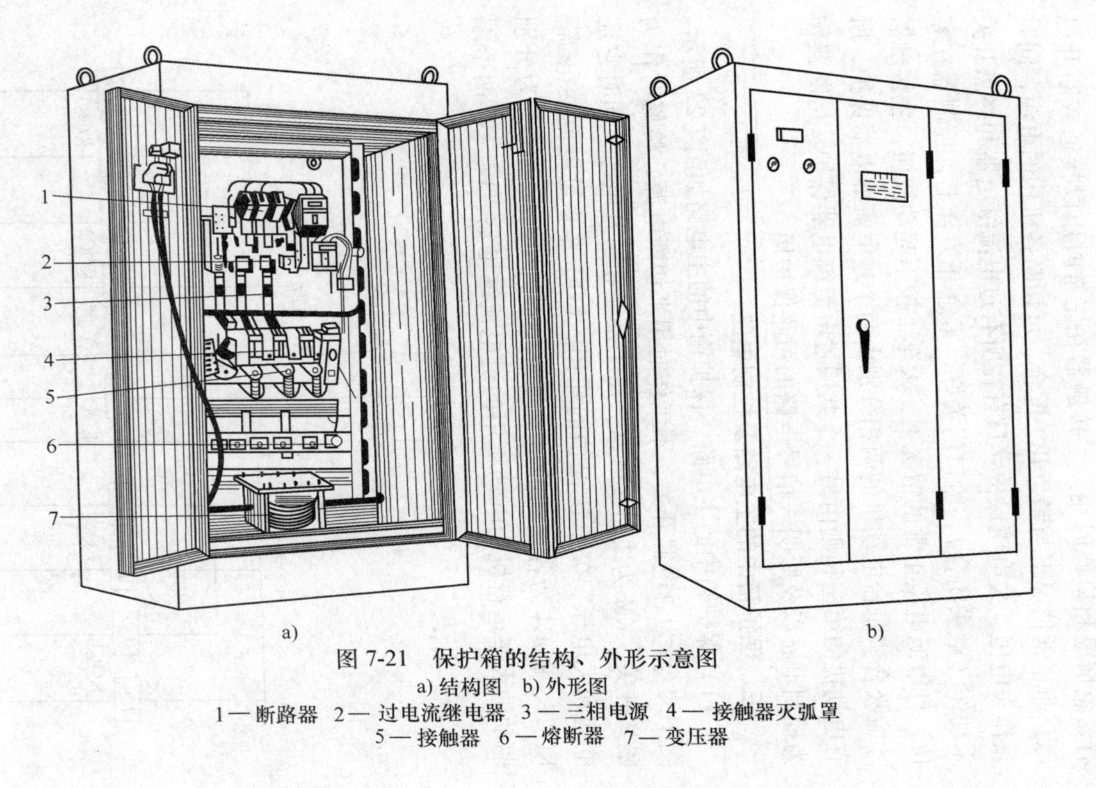

图 7-21　保护箱的结构、外形示意图

a) 结构图　b) 外形图

1 — 断路器　2 — 过电流继电器　3 — 三相电源　4 — 接触器灭弧罩　5 — 接触器　6 — 熔断器　7 — 变压器

二、保护箱中各电器元件的作用

刀开关起隔离电源的作用，空载时可将供电电源断开，以便有紧急情况和检修时用。主接触器在正常时用以接通或断开电源；非正常情况下与紧急开关配合，可切断各机构的电源，同时兼作失电压、欠电压保护。只有在所有过电流继电器和终点开关未动作（触头闭合），舱口门关好，紧急开关合上，控制器在零位，且电源电压正常的情况下，天车工按下起动按钮，主接触器才能吸合。每台电动机的两相分别由两个过电流继电器保护，所有电动机的第三相则由另一个共用过电流继电器保护。熔断器作为控制电路以及照明—信号电路的短路保护用。

三、保护箱中的主电路及控制电路

（1）保护箱中的主电路　保护箱中的主电路如图 7-22 所示。图中的 QS 为总电源开关，不工作时用来切断电源，检修时作为隔离开关。KM 为线路接触器，用于接通和断开电源，同时它还能起到失电压、欠电压保护的作用。KOC 为总过电流继电器；KOC1、KOC4 为各支路的过电流继电器；KOC2、KOC3 为分别驱动的大车运行机构电动机用的过电流继电器。U′、W′两个端

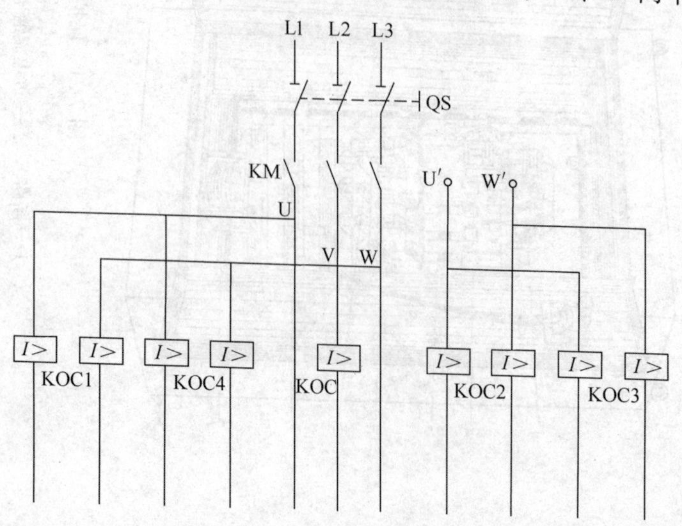

图 7-22　保护箱中的主电路

头接天车大车行走凸轮控制器，再将大车行走凸轮控制器的电源接到主回路 U、V 端。如果大车运行机构集中驱动，则 KOC2、KOC3 的接线方式要改成与 KOC1、KOC4 一样的接线方式。

（2）保护箱中的控制电路　保护箱中的控制电路如图 7-23 所示。HL 为信号灯，只要一接通电源，信号灯就亮。SA 为紧急开关，供在出事故时紧急停电和正常情况下分断电源用。按钮 SB 在正常情况下接通电源用。Q1 ~ Q3 分别为小车、起升、大车机构用凸轮控制器的零位（常闭）触头。SQ1、SQ2、SQ3 分别为舱口盖、横梁门的安全开关。KOC、KOC1、KOC2、KOC3、KOC4 分别是过电流继电器及各机构电动机过电流继电器的常闭触头。KM 为线路接触器，在正常工作时用来接通及分断电源，非正常情况下用来紧急切断电源，兼作失压保护。SQUP、SQFW、SQBW、SQL、SQR 分别是起升、大车、小车的限位开关。当机构向某方向运行时，则与此方向相应的限位开关和控制器辅助触头接入电路，而向相反方向运行的控制器辅助触头断开。当机构运行至某个方向的极限位置时，相应的限位开关断开而使线路接触器分断，整个天车停止工作。此后，必须将全部控制器置于零位重新送电，机构才可向另一方向运行。为了安全可靠，有的天车起升机构安装两个限位开关，如不安装限位开关

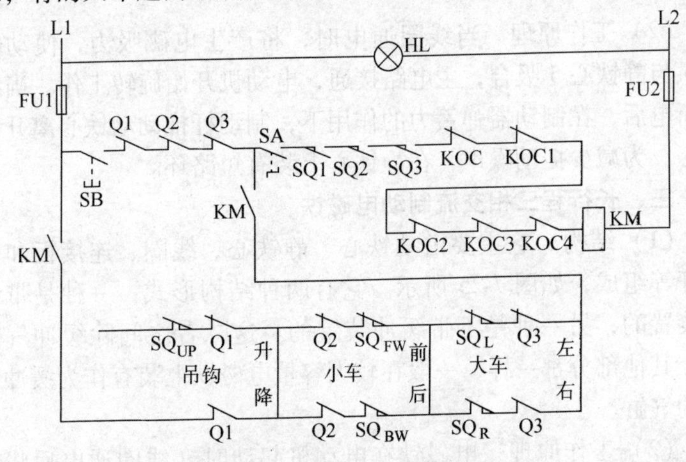

图 7-23　保护箱中的控制电路

（或限位开关失灵），起升机构在控制失灵的情况下吊钩上升不停，就容易发生吊钩“上天”的事故。

第七节　制动电磁铁

制动电磁铁与制动器联合使用，目的在于使电动机带动的运行机构能准确地停车和能控制起升机构在空中按生产实际的需要随时停在空中任意地方。一般制动电磁铁吸引线圈的引入线是从电动机的定子接线中引出的，所以，电磁铁的供电或停电是随电动机停电而停电，随电动机的供电而工作的。

一、制动电磁铁的分类

制动电磁铁根据电流种类的不同可分为直流电磁铁和交流电磁铁两大类。交流电磁铁又分单相交流电磁铁和三相交流电磁铁两种。根据行程长短和电磁铁的性质，电磁铁又可分为长行程制动电磁铁、短行程制动电磁铁、液压制动电磁铁等几种。

二、短行程单相交流制动电磁铁

（1）结构及特点　短行程单相交流制动电磁铁由动铁心、静铁心、线圈和轴等组成。如图 7-24 所示。其特点是动作迅速、结构简单、成本低。目前还使用在平移机构小容量电动机的制动器上。

（2）工作原理　当线圈通电时，将产生电磁吸力，使动铁心 3 与静铁心 5 吸合，主电路接通，电动机开始旋转工作。当线圈断电后，在制动器弹簧力的作用下，制动杆推动动铁心离开静铁心。为减少振动噪声，在静铁心上装有短路环。

三、长行程三相交流制动电磁铁

（1）结构　它主要由动铁心、静铁心、线圈、连接板和牵引杆等组成，如图 7-25 所示。它有两种结构形式：一种是带缓冲装置的，另一种是不带缓冲装置的。这二者之间除缓冲气缸外，其他部分都一样，一般在较大容量电磁铁上装有作为缓冲装置的气缸。

（2）工作原理　电磁铁在电动机起动时（线圈通电后将产生电磁吸力）带动连接杆使制动器松开，这样，电动机可以按着电阻切除的情况自由运转。当电动机停止时，制动电磁铁恢复原位，使制动器的闸瓦刹住装在电动机转轴上的闸轮，电动机停转，运行机构或起升机构也相应停止工作。

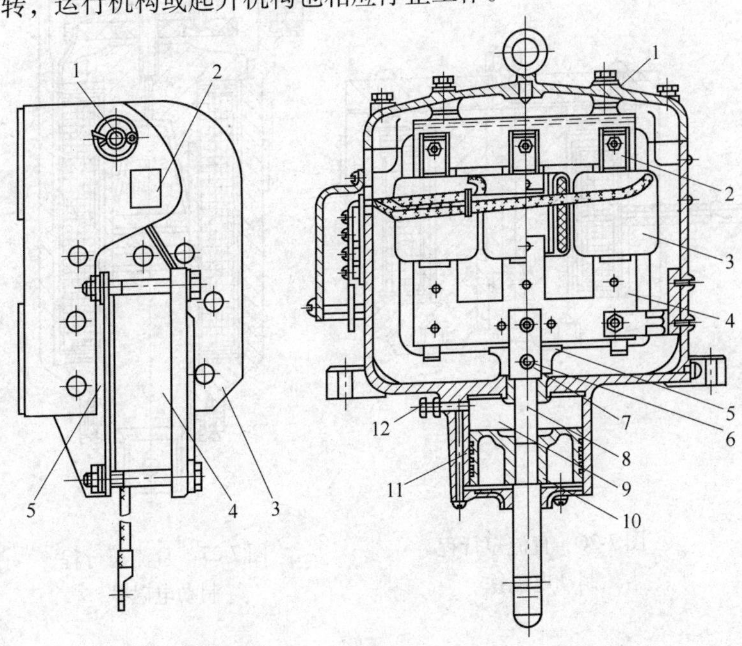

图 7-24　单相交流短行程电磁铁

1—轴　2—挡板　3—动铁心　4—线圈　5—静铁心

图 7-25　三相交流长行程制动电磁铁结构图

1—外壳　2—静铁心　3—线圈　4—动铁心　5—连接件　6—柱销　7—连接板　8—牵引杆　9—气缸　10—活塞　11—气孔　12—调节螺钉

另外，用主令控制器与交流控制屏配合使用来控制平移机构制动电磁铁的工作情况与上述相同，只是起升机构用的制动电磁铁的工作情况是通过交流控制屏上的接触器来控制，再通过主令控制器触头的闭合、断开来控制制动电磁铁的供电或断电。

直流短行程制动电磁铁和直流长行程制动电磁铁分别如图 7-26 和 7-27 所示。

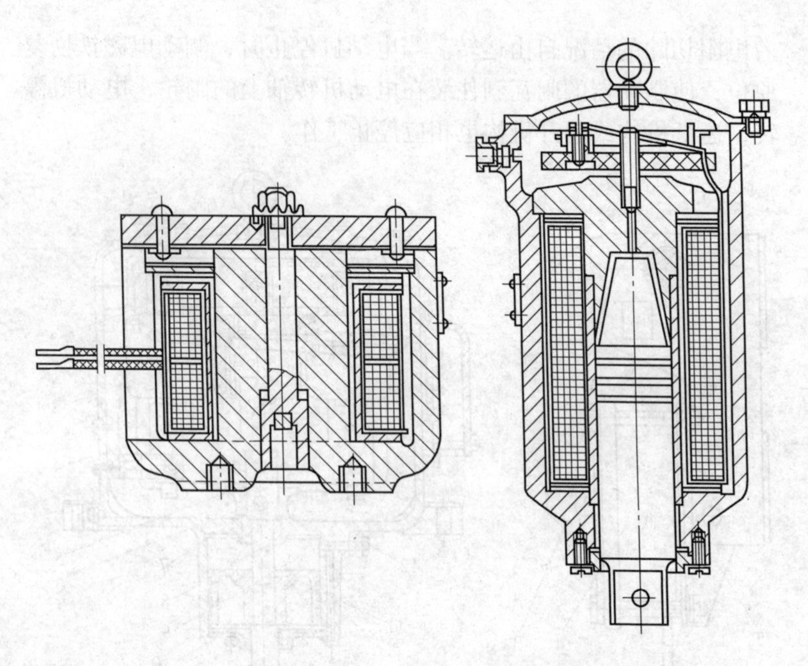

图 7-26 直流短行程制动电磁铁

图 7-27 直流长行程制动电磁铁

这两种电磁铁的共同缺点是制动时冲击大，制动器本身易受损失。

四、液压制动电磁铁

（1）结构及特点 它由推杆、活塞、静铁心、线圈、垫、动铁心、下阀片、下阀座、齿形阀、液压缸、放气螺栓等组成，如图 7-28 所示。

液压制动电磁铁的特点是动作平稳、无噪声、寿命长、安全可靠。但它的制造工艺要求高，价格昂贵。

（2）工作原理 由图 7-28 可见，液压制动电磁铁的构造，实质上是一个直流长行程电磁铁，但铁心的动作通过液压传到松闸推杆。其工作原理是：当线圈 4 通电后，动铁心 6 被静铁心 3 吸引向上运动，将两铁心间隙里的油液挤出，这些油液推动活塞 2 将推杆 1 压出。9 与 10 组成一个单向阀，使油液从液压缸流入工作空间。

阀片 10 与阀片 9 都制成齿形，使油可以经齿形缺口流过。齿形阀阀片 10 的自重使单向阀打开。当工作油腔有压力时，齿形阀阀片 10 被压向上面的 O 形密封圈（阀座），将油路切断，单向阀保证断电时铁心能落到底部。当线圈 4 断电后，动铁心与静铁心断开，并落到底部，底座中间的顶尖将下阀片 7 顶起，使工作空间里的油流出，使活塞充分下降，带动推杆使制动瓦块将制动轮抱紧。

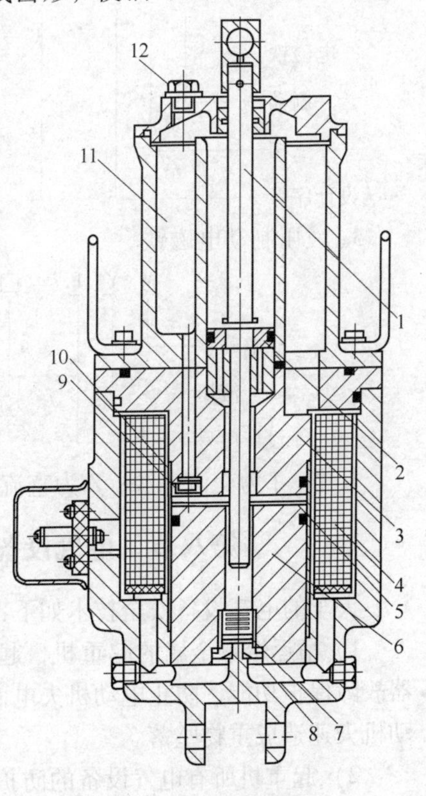

图 7-28　液压制动电磁铁

1—推杆　2—活塞　3—静铁心　4—线圈　5—垫　6—动铁心　7—下阀片　8—下阀座　9、10—齿形阀阀片　11—液压缸　12—放气螺栓

随着制动衬瓦的磨损，液压电磁铁的行程将发生变化，此时可调整垫 5 的厚度，使行程恒定。注入油液时应拧开放气螺栓 12，将工作空间里的空气放尽，这样才能保证液压电磁铁正常工作。

五、制动电磁铁的型号

1. 短行程单相交流制动电磁铁

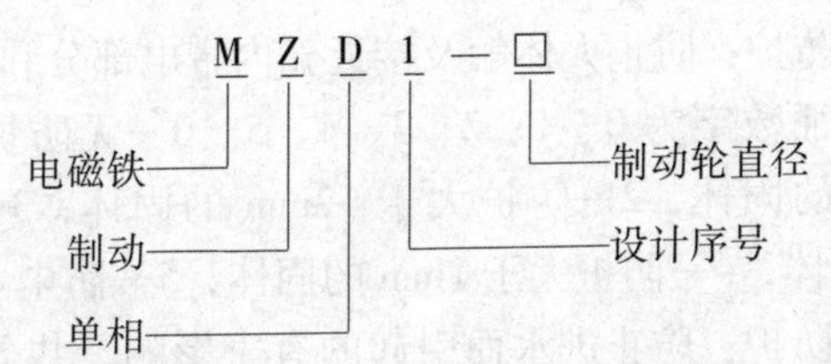

2. 长行程交流制动电磁铁

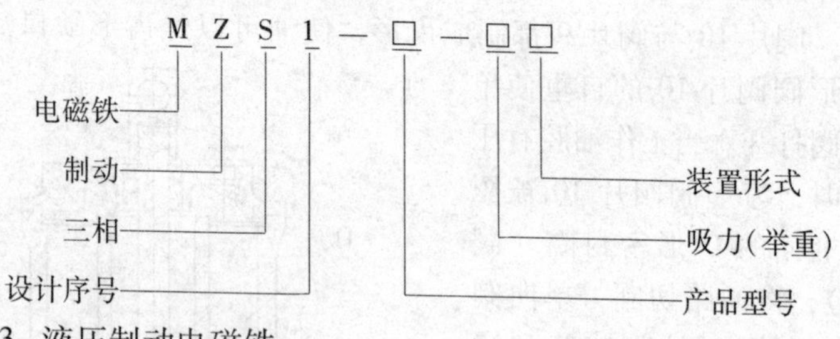

3. 液压制动电磁铁

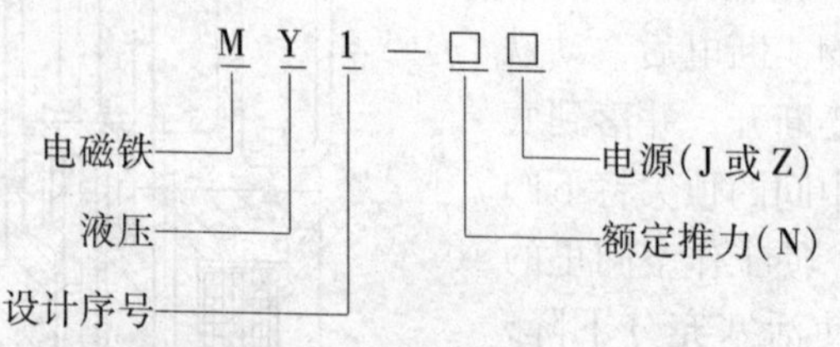

其中，J为交流电源；Z为直流电源。

第八节 电气设备的安全技术

天车的电气设备安全技术如下：

1）吊运熔融金属的起重机，起升机构应当具有正反向接触器故障保护功能，防止电动机失电而制动器仍然在通电，导致电动机失速造成重物坠落。

2）起重机所有电气设备的防护等级应当满足相关标准的要求。电路导体与起重机结构之间的绝缘保护应当符合有关安全技术规范的要求。

电气设备外壳防护等级的代码是由表征字母IP及附加两个数字组成，第一位数字表示第一种防护的各个等级，第二位数字表示第二种防护的各个等级。

第一种防护：防止人体触及接近壳内带电部分和触及壳内转动部件，表征数字为0、1、2、3、4、5。0—无防护，1—防护大于50mm的固体，2—防护大于12mm的固体，3—防护大于2.5mm的固体，4—防护大于1mm的固体，5—防尘。

第二种防护：防止进水而引起的有害影响，共分9个等级，表征数字为0、1、2、3、4、5、6、7、8。0—无防护，1—垂直滴水，2—滴水，3—防淋水，4—防溅水，5—防喷水，6—防猛烈喷水，7—防短时浸水，8—防连续浸水。

示例：IP44，第一字母4防止大于1mm的固体进入，防止金属线接近壳体；第二字母4防护溅水。

室内使用的起重机，安装在桥架上的电气设备应无裸露的带电部分，防护等级为IP10。室外使用的起重机，其电气设备外壳防护等级不应低于IP33。

电动机外壳防护等级，户内使用时，在正常条件下，至少符合IP23；多尘环境下须符合IP54。室外使用时，至少符合IP54。

控制屏（柜）外壳防护等级，户外不低于IP54；安装在电气室内的，其外壳防护等级可以为IP00，但应有栏杆、防护网。

电阻器应加防护罩，户内使用时其防护等级不小于IP10，户外使用时不小于IP13。

不能放在电气室、司机室、控制屏内的控制电气元件，如限位开关、传感器等控制电器，防护等级为IP54。

3）电气设备之间及其与起重机结构之间应当有良好的绝缘性能，绝缘电阻应当符合以下要求：

主回路、控制电路、所有电气设备的相间绝缘电阻和对地绝缘电阻不得小于1.0MΩ，有防爆要求时不小于1.5MΩ。

绝缘起重机有三道绝缘（吊钩与滑轮、起升机构与小车架、小车架与大车），其每道绝缘在常温状态的电阻值不小于1.0MΩ。

4）起重机应当由专用馈电线供电。起重机专用馈电线进线端应当设置总断路器，总断路器的出线端部不应与起重机无关的其他设备连接。

5）起重机应当设置短路及过流（过载）保护、过压及失压保护、零位保护、供电电源断错相保护等电气保护装置。

6）起重机应当设置总线路接触器，能够分断所有机构的回路或者控制回路。

7）起重机应当设置非自动复位的能切断起重机总控制电源的应急断电开关，其位置便于司机操作。

8）起重机的金属结构以及所有电器设备的外壳、管槽、电缆金属外皮和变压器低压侧均应具有可靠的接地。检修时也应当保持接地良好。

9）控制器应当操作灵活，有合适的操作力，挡位应当定位可靠、清晰，零位手感良好，工作可靠。在每个控制装置上，或者在其附近位置处，应当贴有文字标志或者符号，以区别其功能，并且能清晰地表明所操纵实现的起重机的运动方向。

10）吊运熔融和炽热金属的起重机，在热辐射强烈的地方，对电气设备应当采取防护措施。

复习思考题

1. 天车上使用的绕线转子异步电动机的特点是什么？

2. 写出下列元件的文字符号

紧急开关、主令控制器、熔断器、接触器、控制器、制动电磁铁、过电流继电器。

3. 画出下列电器元件的图形：

接触器的线圈、常开和常闭触头、熔断器、照明灯、三相制动电磁铁、三相交流绕线转子异步电动机、热继电器。

4. 电动机额定功率 $P_n = 16kW$，额定电流 I_n 为 40A，其保护过电流继电器的整定值为多少？

5. 电动机的机械特性是什么？

6. 控制器手柄在第三挡时，电阻被切除几段？

7. 天车用的凸轮控制器的作用是什么？它有哪些触头？

8. 制动电磁铁的作用是什么？简述其工作原理。

9. 保护箱内装有哪些电气元件？其作用是什么？

10. 制动器的工作原理是什么？

11. 过电流继电器是怎样实现对电动机的过载保护和短路保护的？

12. 电阻器在天车上的作用是什么？

13. 电动机有几种工作状态？简述其工作状态的特点。

14. 接触器的作用是什么？

15. 交流保护箱的作用是什么？天车上常用哪几种系列的保护箱？
16. 什么是桥式起重机的机械特性和机械特性曲线？
17. 电动机名牌上标注的主要技术参数有哪些？
18. 为什么过电流继电器的整定值必须调整适度？
19. 电动机的温升对其绝缘有什么影响？
20. 电动机发生单相故障的原因和现象是什么？

第八章　天车的电气线路及原理

第一节　照明信号电路

天车的照明电路是天车电气线路的一部分，它是由桥上照明、桥下照明和驾驶室照明等几部分组成的。

一、天车照明电路的作用

（1）桥上照明　供操作者和维修人员检查和修理设备用。

（2）桥下照明　供操作者观察桥下工作情况和下面工作者捆绑物件时用。

（3）驾驶室照明　包括电铃和信号灯等，供操作者与地面工作人员联系或发出危险信号用。

二、天车照明电路的工作原理

天车的照明电路图如图 8-1 所示。

它的电源是由变压器供给的，变压器一次侧经刀开关 SA 和熔断器 FU1 接在保护箱内的电源刀开关下端，二次侧有两个绕组，分别为 36V 和 220V。36V 供声响指示器 HA 和信号灯 HL 等用；220V 供照明灯 EL1、EL2、EL3 用。开关 SB1、SB2、SB3 分别为控制声响指示器、信号灯、照明灯的手动开关，使用时合上开关即可。XS1、XS2、XS3 为插座。

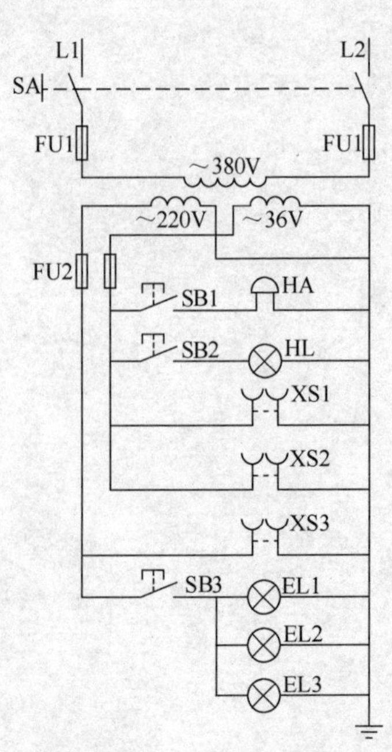

图 8-1　天车的照明电路

在变压器二次侧安装有熔断器 FU2，作短路保护用。

第二节　主　电　路

主电路（动力电路）是用来驱动电动机工作的电路，它包括电动机绕组和电动机外接电路两部分。外接电路有外接定子和外接转子电路，简称定子电路和转子电路。

定、转子电路根据控制电动机功率的不同，又分为接触器控制和凸轮控制器控制。定子电路由接触器控制，转子电路由凸轮控制器控制。

一、定子电路

定子电路是由三相交流电源、隔离开关 QS、过电流继电器的线圈 KOC1、KOC2，正反向接触器的主触头 KMF、KMR 及电动机定子绕组等组成。转子电路是由转子绕组、外接电阻器及凸轮控制器的主触头等组成，如图 8-2 所示。

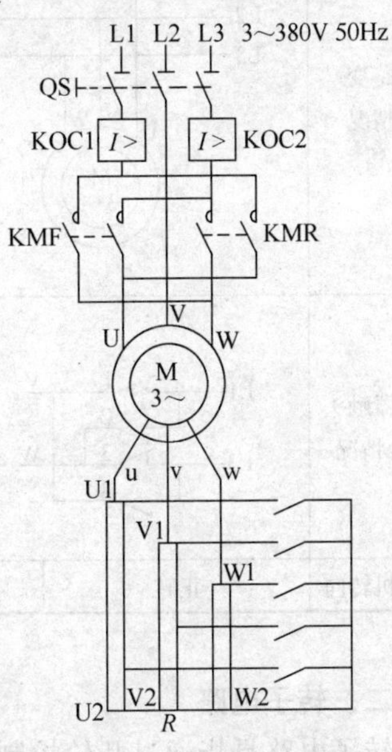

图 8-2　主回路电路图

隔离开关 QS 是主电路与电源接通和断开的总开关；过电流继电器 KOC1、KOC2 作电动机过流保护用；正反向接触器的主触头、KMF、KMR 均为动合（常开）触头，两者之间具有电器联锁。当正转接触器主触头 KMF 闭合时，电动机正转；当反转接触器主触头 KMR 闭合时，则电动机反转。

要改变电动机运转方向就必须将三相电源中的任意两相对调。表 8-1 为凸轮控制器控制电动机转向的情况。

当凸轮控制器手柄顺时针方向转动时，触头 2、4 闭合，电动机反转。从表 8-1 也可以看出，当接触器 KMF 的主触头闭合时，接到电动机定子绕组 U1、V1、W1 的电源相序为 L1、L2、L3，电动机正转。当接触器 KMR 的主触头闭合时，电动机定子绕组 U1、V1、W1 的电源相序为 L3、L2、L1，电动机反转。

表 8-1　凸轮控制器控制电动机转向的情况

电路变化情况	L1 L2 L3 U V W M 3～	L1 L2 L3 U V W M 3～	L1 L2 L3 U V W M 3～
控制器触头闭合情况	L1 1 V 2 L3 3 W 4	L1 U L3 W	L1 1 U 2 L3 3 W 4
电动机转向	正转	零位（停止）	反转

二、转子电路

转子电路是指通过凸轮控制器主触头的分合来改变转子电路外接电阻的大小而实现限制起动电流及调速的电路。

转子电路的外接电阻是由三相电阻器组成的，二相电阻的出线端 U2、V2、W2 连接在一起，另外三个出线端 U1、V1、W1 用三根导线经电刷—集电环分别与转子绕组 U、V、W 相连接，如图 8-2 所示。

（1）转子电路的接线方式　转子电路的外接电阻有不平衡（不对称）和平衡（对称）两种接线方式。不平衡接线方式用凸轮控制器控制，电动机的功率较小。平衡接线方式用接触器控制，电动机的功率较大。

平衡接线方式的三相电流是平衡（对称）的，采用这种方式接触器的主触头可接成开口三角形和闭口三角形两种电路，如图 8-3 所示。

两种接线方式相比，开口三角形的接线简单，流过触头的电流为闭口三角形的 3 倍；闭口三角形的接线较复杂，流过触头的电流为前者的 37%，工作可靠。

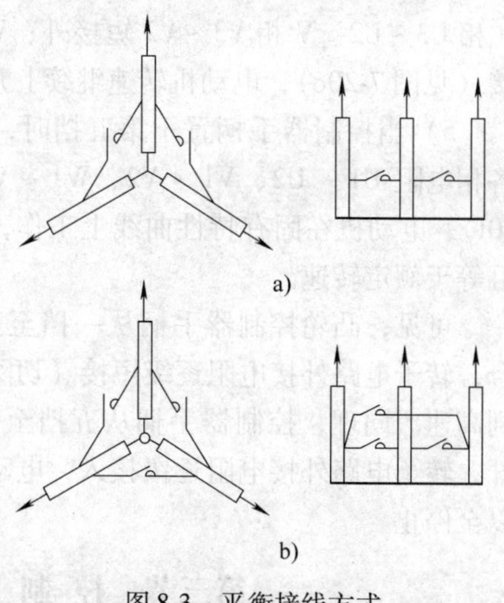

图 8-3　平衡接线方式

a）开口三角形　b）闭口三角形

（2）转子电路串接不对称电阻的调速过程及调速原理　转子电路串接不对称电阻起动，能以较少数量的换接元件来得到较多的加速级。而当电动机功率较大时，由于转子绕组电阻较小，起动级数也随之增加。不然起动时的电流和转矩将过大，影响起动的平稳性，还会引起机械特性的变化，在半速时转矩下降，致使不能顺利地起动。

开始工作前，先将凸轮控制器手柄置于零位，这时电动机处于静止状态。

1）电动机在额定负载下 $T_L = T_n$，当凸轮控制器手柄置于第一挡时，电动机的定子电路与电源接通，转子电路串接全部电阻，电动机转矩小于负载转矩 $T < T_L$，电动机并不转动，只消除传动装置间隙，以减小机械冲击（见图 7-20b）。

2）当凸轮控制器手柄置于第二挡时，其触头 1 闭合，转子电路 u 相电阻 U3 ~ U2（涂黑部分）被短接（见图 7-20c），电阻减小，电动机转矩大于负载转矩，电动机的起动转速上升。

3）当凸轮控制器手柄置于第三挡时，其触头 1、2 闭合，除转子电路 u 相电阻 U3 ~ U2 短接外，V 相电阻 V3 ~ V2 也被短接（见图 7-20d），电阻进一步减小，转矩增大，电动机转速继续上升。

4）当控制器手柄置于第四挡时，其触头1、2、3闭合，除U相U3～U2、V相V3～V2短接外，W相W1～W2电阻也被短接（见图7-20e），电动机转速继续上升。

5）当控制器手柄置于第五挡时，其触头1～5闭合，转子各相电阻U1～U2、V1～V2、W1～W2全部被短接（见图7-20f），电动机在固有特性曲线上工作，此时电动机的转速最高，且等于额定转速。

可见，凸轮控制器手柄从一挡至五挡，由于其触头顺序闭合，转子电路外接电阻逐级短接（切除），电动机的转速从低速到高速。同理，控制器手柄从五挡至一挡，由于其触头顺序断开，转子电路外接电阻逐级接入，电动机的转速从高速到低速，以至停止。

第三节　控 制 电 路

天车电路中控制电路（也叫做联锁保护电路）的作用是：

(1) 过电流保护　当电路短路或电动机严重过载时，主电路自动脱离电源。实现过电流保护作用的电器有熔断器、过电流继电器和热继电器等。

(2) 零压保护　在停电（电压为零）或电路电压过低的情况下，主电路自动脱离电源。零电压继电器（或接触器）起零压保护作用。

(3) 零位保护　防止控制器不在零位，电动机定子电路接通，使转子电路在电阻较小的情况下送电。

(4) 行程保护　限制大、小车或起升机构在所规定的行程范围内工作，行程开关（或终端开关）起行程保护作用。

(5) 舱口开关和安全栏杆开关　当舱口盖（或栏杆）打开时，主电路不能送电；已送电的主电路当舱口盖（或栏杆）打开时，能自动切断电源，防止天车工或检修人员上车触电。

紧急开关供在紧急情况下迅速切断电源用。

5t天车的控制电路原理图如图8-4所示。

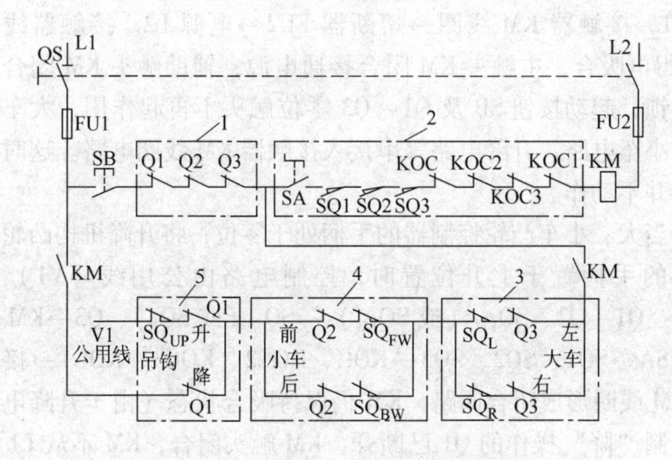

图 8-4　5t 天车的控制电路原理图

1—零位触头　2—串联回路　3—大车电路

4—小车电路　5—升降电路

控制电路由保护电路（包括零位触头、串联回路）、大车电路、小车电路、升降电路等四部分组成。其中保护电路有起动按钮 SB，大车用凸轮控制器零位触头（动断）Q3，小车用凸轮控制器零位触头（动断）Q2，起升机构用凸轮控制器零位触头（动断）Q1，紧急开关 SA，舱口盖（或栏杆）开关 SQ1、SQ2、SQ3，各过电流继电器触头（动断）KOC、KOC2、KOC3、KOC1，接触器 KM 线圈。大车电路有两个 Q3 联锁触头及 SQ_L、SQ_R 两个限位开关触头。小车电路有两个 Q2 联锁触头及 SQ_{FW}、SQ_{BW}两个限位开关触头。升降电路有两个 Q2 联锁触头及一个 SQ_{UP}上升限位开关触头。

合上隔离开关 QS，控制电路与电源接通，当大、小车及升降用凸轮控制器的手柄置于零位，紧急开关 SA 及舱口盖（或栏杆）的行程开关 SQ1、SQ2、SQ3 处于闭合状态时，按下起动按钮 SB，电源 L1→熔断器 FU1→起动按钮 SB→各凸轮控制器零位触头 Q1 ~ Q3→紧急开关 SA→舱口盖（或栏杆）行程开关 SQ1、SQ2、SQ3→各过电流继电器触头（动断）KOC、KOC2、KOC3、

KOC1→接触器 KM 线圈→熔断器 FU2→电源 L2。接触器线圈 KM 得电吸合，主触头 KM 闭合接通电源，辅助触头 KM 闭合实现自锁，起动按钮 SB 及 Q1 ~ Q3 零位触头不再起作用，大车电路、小车电路、升降电路等串接入接触器 KM 线圈电路。这时各机构并不动作。

当大、小车凸轮控制器的手柄处于零位，将升降机构凸轮控制器的手柄置于上升位置时，控制电路由公用线（V1）经 SQ_{UP}、Q1→Q2、SQ_{FW}（或 SQ_{BW}）→SQ_{L}（或 SQ_{R}）、Q3→KM 触头→SA→SQ1、SQ2、SQ3→KOC、KOC2、KOC3、KOC1→接触器 KM 线圈形成闭合回路，KM 仍保持吸合状态（由于升降电路中控制“降”操作的 Q1 已断开，KM 触头闭合，KM 不从 L1 供电）。由升降机构用凸轮控制器 Q1 控制电动机以某一速度往上升方向转动，吊钩上升。

当大车凸轮控制器手柄置于向左、小车凸轮控制器手柄置于向前、升降机构凸轮控制器手柄置于上升位置时，由公用线 V1 经 SQ_{UP}、Q1→Q2、SQ_{FW}→SQ_{L}、Q3→SA→SQ1、SQ2、SQ3→KOC、KOC2、KOC3、KOC1→接触器 KM 线圈，形成闭合回路，控制相应机构的电动机，以保证大车、小车、吊钩按手柄操纵方向运行。

当大车向右、小车向后、吊钩下降时，工作原理与上述过程相似，由 KM→Q1→Q2、SQ_{BW}→SQ_{R}、Q3 等电器元件形成闭合回路，控制相应机构的电动机，以保证大车、小车、吊钩按手柄所操纵的方向运行。

从图 8-4 的控制电路原理图可以看出，当机构向某方向运动时，其相应的行程开关即接入控制电路，当机构运动至行程终点时，行程开关即断开，接触器 KM 断电释放，也就实现了行程保护的目的。这时应将各控制器扳回零位，按动起动按钮 SB，使主电路重新送电，将机构向相反方向开车，天车方可继续工作。

天车的整机电路是由以上介绍的照明回路、主回路、控制回路三部分组成的。小吨位天车的整机电路图如图 8-5 所示。

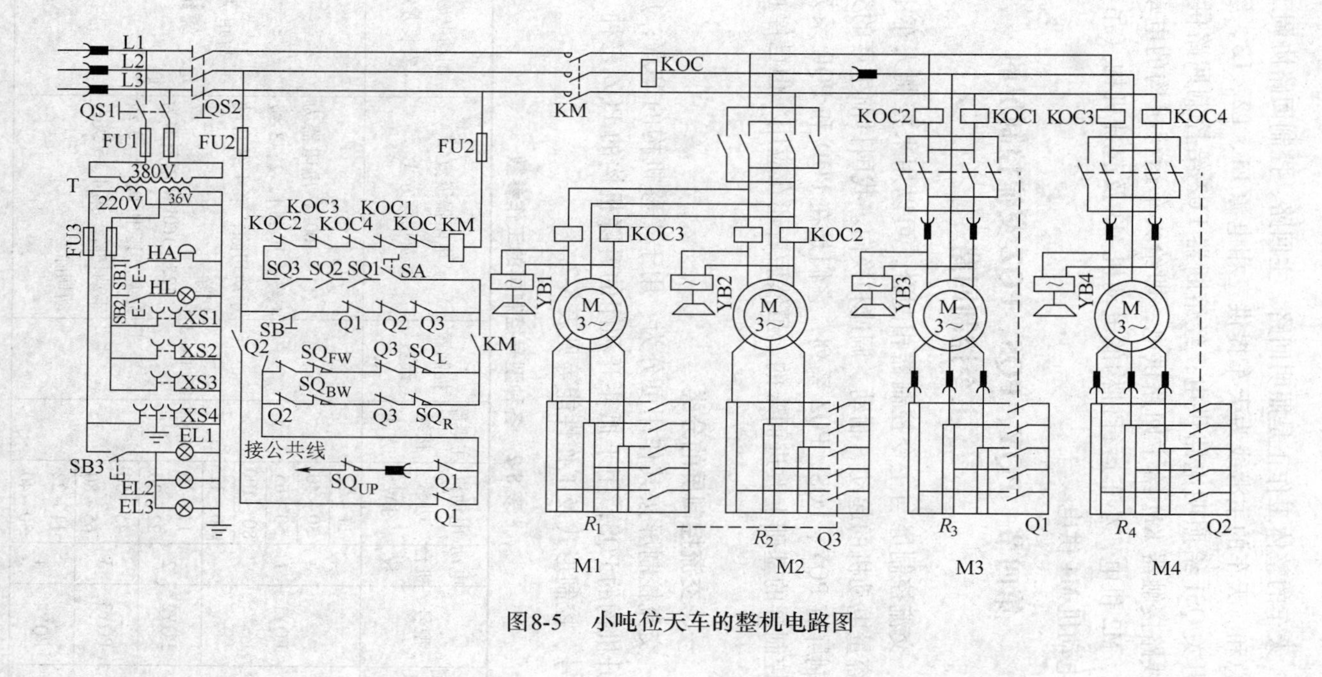

图8-5　小吨位天车的整机电路图

天车的整体工作正是照明回路、主回路、控制回路协调工作的总和。天车的主滑线为天车提供三相电源 L1、L2、L3，经隔离开关 QS1 给照明电路供电；经熔断器 FU2 给控制回路供电；经线路接触器 KM 给主回路供电，即给大车运行机构的电动机 M1、M2 供电，小车运行机构的电动机 M3 及起升机构（吊钩）的电动机 M4 供电。

第四节　PQY、PQS、PQZ 交流控制屏的主令控制回路

交流控制屏与主令控制器相配合，可以用来控制天车上较大容量电动机的起动、制动、调速和换向。我国目前生产的交流控制屏有 PQY、PQS、PQZ 系列，它们是在 PQD 和 PQR 系列交流控制屏的基础上改进而来的，虽然后者还在应用，但已停止生产。

一、交流控制屏的分类

交流控制屏按其作用可分为：用于平移机构的 PQY；用于起升机构的 PQS；用于抓斗开和闭的升降机构的 PQZ 三种。其型号、控制形式及工作性能等见表 8-2。

表 8-2　各种型号控制屏的工作参数

<table>
<tr><th>控制机构</th><th>型号</th><th>电动机台数</th><th>电动机功率/kW</th><th>主电路接线方式</th><th>控制器级数</th><th>电阻器级数及切除方式</th><th>制动电磁铁安装方式</th></tr>
<tr><td rowspan="11">平移机构</td><td rowspan="5">PQY1</td><td rowspan="5">1</td><td>11～22</td><td rowspan="11">对称</td><td rowspan="11">3—0—3</td><td rowspan="11">11～100kW 电阻器为4级，其中1、2、3级手动切除，第4级自动切除
125～160kW 电阻器为5级，其中1、2、3级手动切除，第4、5级自动切除</td><td rowspan="11">与电动机定子绕组并联</td></tr>
<tr><td>30～40</td></tr>
<tr><td>50～65</td></tr>
<tr><td>80～100</td></tr>
<tr><td>100～125</td></tr>
<tr><td rowspan="2">PQY2</td><td rowspan="2">2</td><td>11～16</td></tr>
<tr><td>22～30</td></tr>
<tr><td rowspan="2">PQY3</td><td rowspan="2">3</td><td>45～50</td></tr>
<tr><td>65～80</td></tr>
<tr><td rowspan="2">PQY4</td><td rowspan="2">4</td><td>11～22</td></tr>
<tr><td>30～40</td></tr>
</table>

（续）

控制机构	型号	电动机台数	电动机功率/kW	主电路接线方式	控制器级数	电阻器级数及切除方式	制动电磁铁安装方式
起升机构	PQS1	1	16～40	反接单相发电反馈	3—0—3	16～100kW 电阻器为4级，其中1、2、3级手动切除，第4级自动切除 125～160kW 电阻器为5级，其中1、2、3级手动切除，第4、5级自动切除	独立接线
			50～65				
			80～100				
			125～160				
	PQS2	2	16～40				
			40～65				
			80～100				
			125～160				
	PQS3	2					
抓斗机构	PQZ1	2	16～40		1—0—1	16～100kW 电阻器为4级 125～160kW 电阻器为5级，全部自动切除	与电动机定子绕组并联
			50～65				
			80～100				
			125～160				

二、交流控制屏的型号

P Q □ □ — □ □ / □ □

结构形式（P）；应用代号（Q）；控制对象（第一个□）；设计序号（第二个□）；基本规格（第三个□）；主要特征（第四个□）；派生或类别（第五个□）；制动电磁铁代号（第六个□）

其中：结构形式：P 为控制屏；X 为控制箱。

应用代号：Q 表示在天车上使用。

控制对象：Y 为平移机构；S 为升降机构；Z 为带抓斗开和闭的升降机构。

设计序号：表示不同的线路特征。

制动电磁铁代号：T 表示普通制动电磁铁；Y 表示液压制动电磁铁。

派生或类别：表示控制电路电源的性质，Z 表示直流，J 表示交流。

主要特征：表示主接触器的电源性质，Z 表示直流，J 表示交流。

基本规格：表示主接触器的额定容量，以额定电流的安培数表示。

三、交流控制屏的工作原理

1. 平移机构的工作原理

PQY1—□平移控制屏的电气原理图如图 8-6 所示。

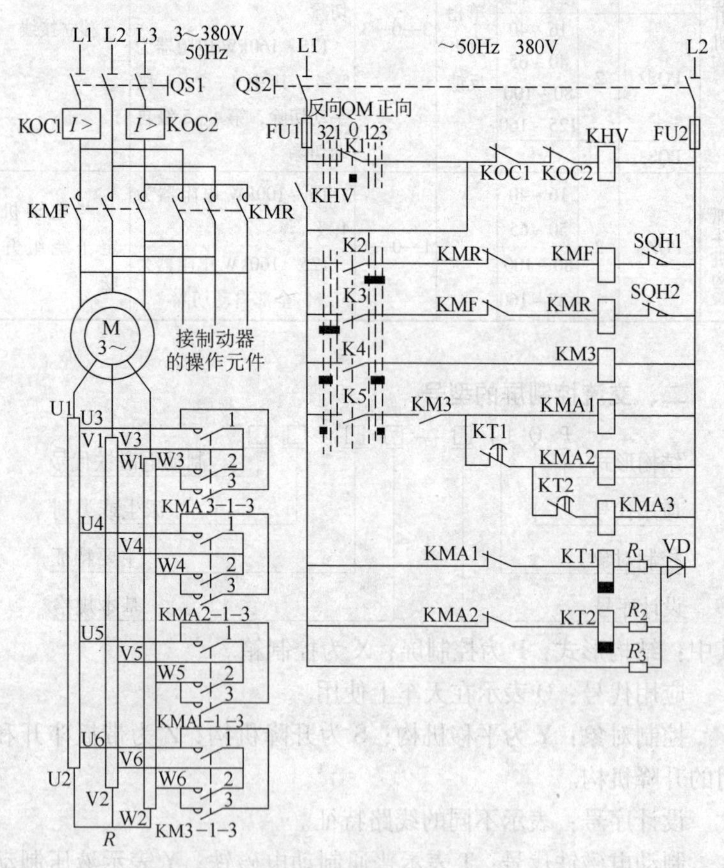

图 8-6　PQY1—口平移控制屏的电气原理图

PQY1—口平移控制屏的工作过程如下：

设隔离开关 QS1、QS2 闭合，主令控制器 QM 的手柄置于

“0”位时，零电压继电器 KHV 线圈得电，其 KHV 辅助触头闭合，实现自锁，为下一步的控制工作做好准备；与此同时，时间继电器 KT1、KT2 的线圈得电而吸合，其常闭延时闭合的触头 KT1、KT2 瞬时断开。

当主令控制器 QM 手柄扳至“正向 1”位置时，正转接触器 KMF 线圈得电，其主触头（常开）KMF 闭合，使电动机 M 与制动器的操纵元件接通电源，制动器松闸，转子回路中的电阻全部串入，电动机起动，起动转矩 T_{ST} 较小，消除传动装置间隙，轻载可以起动。

当主令控制器 QM 手柄扳至“正向 2”位置时，反接接触器 KM3 线圈得电而吸合。其主触头（常开）闭合，将转子电路 U6—U2、V6—V2、W6—W2 的部分电阻短接，电动机起动，转速上升；KM3 的辅助触头闭合，为加速接触器 KMA1、KMA2、KMA3 的接通准备条件。

当主令控制器 QM 手柄扳至“正向 3”位置时，反接接触器 KM3 仍处于吸合状态，其辅助触头闭合使加速接触器 KMA1 线圈得电而吸合，KMA1 主触头闭合将转子电路 U5—U6、V5—V6、W5—W6 的部分电阻短接，使电动机的转速上升。

由于 KMA1 辅助触头断开，时间继电器 KT1 断电释放，经过暂短延时后，KT1 触头延时闭合。KT1 触头闭合使加速接触器 KMA2 线圈得电，其主触头 KMA2 闭合将转子电路 U4—U5、V4—V5、W4—W5 部分电阻短接，电动机的转速继续上升。由于 KMA2 辅助触头断开，时间继电器 KT2 断电释放，经过暂短延时后，KT2 触头延时闭合。KT2 触头闭合使加速接触器 KMA3 线圈得电，其主触头闭合，将转子电路 U3—U4、V3—V4、W3—W4 部分电阻短接，电动机转速继续上升，最后的稳定转速略低于额定转速。此时转子电路 U1—U3、V1—V3、W1—W3 中仍留下部分电阻，这部分电阻称为软化级电阻（常接电阻），使电动机的机械特性软化。

主令控制器 QM 手柄扳至反向各位置时，其工作原理与正向各位置相同，这里不再赘述。

从以上分析可以看出：

1）PQY 平移机构控制屏为对称线路。

2）主令控制器的挡数为3—0—3，6 个回路。

3）电动机转子回路串接 4（或 5）级起动电阻，第一、二级电阻为手动切除，其余由时间继电器控制自动切除。

4）制动器操纵元件与电动机同时通电或断电。

5）允许直接打反向第一挡，实现反接制动停车。

PQY 平移机构控制屏控制的电动机机械特性曲线如图 8-7 所示。

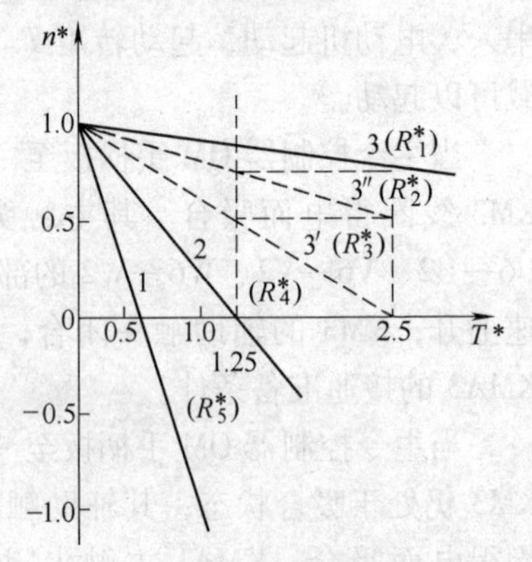

图 8-7　PQY 平移机构控制屏控制的电动机机械特性曲线

2. 起升机构的工作原理

PQS1 起升机构控制屏的电气原理图如图 8-8 所示。

PQS1 起升机构控制屏的工作过程如下：

设隔离开关 QS1、QS2 闭合，主令控制器 QM 的手柄置于“0”位时，其触头 K1 闭合，零电压继电器 KHV 线圈得电吸合，其辅助触头闭合，实现自锁，为下一步的控制工作做好准备；与此同时，经 SQH1（上升限位开关）、SQH2（下降限位开关），时间继电器 KT2、KT3、KT4 线圈得电而吸合。

(1) 吊钩上升　当主令控制器 QM 手柄扳至上升第一挡，QM 的触头 K3、K4、K5、K8、K11 闭合，回路④接通，正转（上升）接触器 KMF 线圈得电吸合，其主触头闭合，电动机定子绕组接至电源；回路⑪KMF 辅助（常开）触头闭合，制动接触器 KMB 线圈得电，制动器松闸。由于 KMF、KMB 辅助（常开）触头闭合，时间继电器 KT1 得电吸合，回路⑤、⑪中的触头 KT1 瞬时闭合。回路⑤的作用是当停车（主令控制器 QM 手柄回零）时，触头 K11 断开，制动接触器 KMB 断电释放，制动器制动，由于触头 K5 闭合，经 KT1 给接触器 KMF 供电，电动机仍正向运转。0.6s 后时间继电器触头断开，KMF 断电释放，主触头断开，电动机停止，从而实现了电动机先制动、后断电的程序，避免了重物下滑（溜钩）的现象。回路⑫的作用是防止产生重物自由下降的事故。

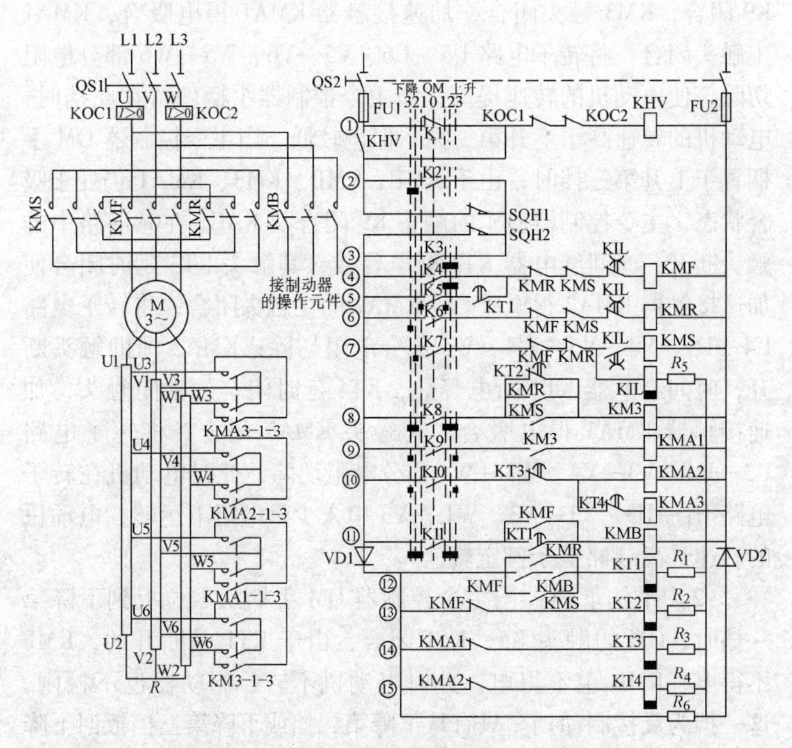

图 8-8　PQS1 起升机构控制屏的电气原理图

接触器 KMF 吸合，转子电路 U1—U2、V1—V2、W1—W2 的电阻全部接入电路，电动机的起动转矩 T_{st}很小，消除了传动装置的间隙，避免产生较大的机械与电冲击。回路⑬中的 KMF 常闭触头断开，时间继电器 KT2 断电释放。回路⑧中 KT2 的常闭触头延时 0.3s 闭合，反接接触器 KM3 得电吸合，其主触头 KM3 闭合，切除转子电路 U6—U2、V6—V2、W6—W2 的部分电阻（反接电阻），电动机的起动转矩 T_{st}大于负载转矩 T_L，电动机起动。若手柄停留在此位置，电动机的运转速度极低。

当主令控制器 QM 手柄置于上升第二挡时，正转接触器 KMF、制动接触器 KMB、反接接触器 KM3 仍处于吸合状态，电动机正转、制动器松闸、转子电阻切除一部分。由于 QM 的触头 K9 闭合，KM3 触头闭合，加速接触器 KMA1 得电吸合，KMA1 主触头闭合，将转子电路 U5—U6、V5—V6、W5—W6 部分电阻切除，使电动机的转速提高，当主令控制器手柄停留在此挡时，电动机的转速高于上升第一挡，但也较低。当主令控制器 QM 手柄置于上升第三挡时，由于 KMF、KMB、KM3、KMA1 仍处于吸合状态，主令控制器 QM 的触头 K9 闭合及 KAC1 在⑭回路中的触头断开，时间继电器 KT3 断电释放，其触头 KT3 延时闭合使加速接触器 KMA2 得电吸合，KMA2 的主触头闭合，将转子电路 U4—U5、V4—V5、W4—W5 部分电阻切除；KMA2 辅助触头断开，时间继电器 KT4 断电释放，KT4 延时闭合的常闭触头，加速接触器 KMA3 得电吸合，其触头 KMA3 闭合，将转子电路 U3—U4、V3—V4、W3—W4 部分电阻切除，此时电动机在转子电路 U1—U3、V1—V3、W1—W3 串入少量电阻下运转，电动机的转速最高（略低于额定转速）。

（2）吊钩下降　当主令控制器 QM 手柄从零位扳到下降第一挡时，QM 的触头 K5、K11 闭合，由于 KT1 是断开的，KMF 不得电，KMB 也不得电，此时电动机不转、制动器也不松闸，这一挡为反接制动挡。只有从下降第二挡或下降第三挡扳回下降第一挡时，才能动作，以避免因轻载而出现提升现象。下降第二挡为单相制动，下降第三挡为再生制动，在这两个挡位，由于单相接触器 KMS 与反转接触器 KMR 均处于吸合状态；回路⑫中的触头 KMS 与 KMR 闭合，时间继电器 KT1 也处于吸合状态；回路⑪中的 KT1 闭合，制动接触器 KMB 也处于吸合状态，制动器松开。当主令控制器 QM 手柄从下降二挡（或下降三挡）扳至下降一挡时，K7（或 K6）断开，KMS（或 KMR）断电释放，时间继电器 KT1 也断电释放。QM 的触头 K5、K11 延时动作，在⑤、⑪回路延时断开，在未断开时正转接触器 KMF 通电吸合，回路⑪中的KMF闭合，使制动接触器KMB仍保持吸合状态，制动器松开；回路⑫中的KMF与KMS辅助（常开）触头闭合，使时间继电器KT1再次得电吸合，K5与KT1为正转接触器KMF获电吸合提供条件。因此，在下降第一挡时，正转接触器KMF、制动接触器KMB处于吸合状态，反接接触器KM3及加速接触器KMA1、KMA2、KMA3均处于释放状态，这相当于上升第一挡反接接触器KM3未吸合前的情况；电动机正向接通、制动器已松开，转子电路电阻最大。不同的是在负载作用下电动机低速反转，以实现重载低速下降。

当主令控制器QM手柄扳至下降第二挡时，其触头K2闭合，使各控制回路电流经过下降限位开关SQH2；K7闭合，使换相继电器KIL线圈得电，其常开触头KIL延时0.11~0.16s闭合，回路⑦接通，单相接触器KMS线圈得电，其主触头KMS闭合，电动机定子绕组U1和V1并接于L1，W1接于L3，使电动机形成单相接电状态；在回路⑫中KMS触头闭合，时间继电器KT1线圈得电而吸合。可见，K7闭合，KT1闭合，制动接触器KMB得电吸合，制动器松开，K8闭合、KMS闭合，反接接触器KM3得电吸合，其触头KM3闭合，将转子电路U6—U2、V6—V2、W6—W2部分电阻切除。此时电动机在接成单相，制动器松开，转子电路切除反接电阻情况下，在负载作用下往下降方向转动。单相制动适用于轻载短距离下降。当采用单相制动下放重物时，如发现下降速度很快，应将主令控制器QM手柄扳至下降第一挡，采用反接制动，以实现重载低速下降。

当主令控制器QM手柄置于下降第三挡时，其触点K2、K6、K8、K9、K10、K11闭合。K2闭合，各控制回路电流经过下降限位开关SQH2；K6闭合，回路⑥接通，反转（下降）接触器KMR得电吸合，电动机与电源接通，回路⑫KMR的触点闭合，时间继电器KT1得电吸合；回路⑪的KT1触头瞬时闭合，K11闭合，制动接触器KMB得电吸合，制动器松开；KMR触点闭合，K8闭合，使反接接触器KM3得电吸合，KM3的主触头闭合，将转子电路U6—U2、V6—V2、W6—W2部分电阻切除；回路⑨中的KM3触头闭合，K9闭合，加速接触器KMA1得电吸合，其主触头K1闭合，将转子电路U5—U6、V5—V6、W5—W6部分电阻切除，回路⑭中的KMA1常闭触头断开，时间继电器KT3断电释放；回路⑩中的K10闭合，KT3延时闭合，使KMA2加速接触器得电吸合；KMA2主触头闭合，将转子电路U4—U5、V4—V5、W4—W5部分电阻切除；KMA2在回路⑮中的常闭触头断开，时间继电器KT4断电释放；回路⑩中的KT4常闭触头延时闭合，加速接触器KMA3得电吸合；KMA3主触头闭合，将转子电路U3—U4、V3—V4、W3—W4部分电阻切除。反转接触器KMR→KT1→KMB及KMR→KM3→KMA1→KT3→KMA2→KT4→KMA3的顺序动作过程就是电动机反向起动、制动器松开、反接电阻及各级加速电阻逐级切除的过程，当此过程结束后，电动机转子电路U1—U3、V1—V3、W1—W3只保留部分软化电阻。电动机在负载作用下，其转速超过同步转速稳定运行，这种状态称为再生（回馈）制动状态。下降第三挡适用于任何负载的快速下降，对长距离下降是非常适用的，这样可以提高生产率。在再生制动状态，转子电路电阻越小，电动机转速越低（大于同步转速）；转子电路电阻越大，电动机转速越高，当反接接触器KM3不吸合，电动机将会产生危险的高速。

PQS1起升机构控制屏电路的特点是：

1）可逆不对称线路。

2）主令控制器的挡数为3—0—3，12个回路。

3）电动机转子回路串接4（或5）级起动电阻，上升第一、二级电阻为手动切除，其余由时间继电器控制，自动切除。

4）下降第一挡为反接制动，可实现重载（半载以上）慢速下降。

5）下降第二挡为单相制动，可实现轻载（半载以下）慢速下降。

6）下降第三挡为再生制动下降，可使任何负载以略高于额定速度下降。

7）停车时，由于时间继电器KT1的作用，使制动器操纵元件比电动机先停电 0.6s，以防止溜钩。

8）利用换相继电器 KIL（动合延时 0.11～0.16s，动断延时 0.15～20s）来延长可逆转换时间，防止正转接触器 KMF、单相接触器 KMS、反转接触器 KMR 在可逆转换时造成相间短路，同时利用 KIL 的短暂延时，使主令控制器快速由零位打到下降第三挡或由下降第三挡打到零位。此时单相接触器 KMS 不动作。

9）回路⑫KT1 线圈中正转接触器 KMF 与制动接触器 KMB 常开辅助触头串联，防止工作在某一挡或换挡时，因主接触器（KMF、KMS、KMR）不能可靠地吸上而产生重物自由下降的事故。因为若不加 KMF 常开辅助触头，此时 KMB 和 KT1 常开辅助触头相互自保，使 KMB 线圈得电，制动器松开，而电动机不接电源，产生重物自由下降的事故。

10）下降行程开关 SQH2 如不用，可短接。

11）回路④、⑤、⑥中的正转接触器 KMF、反转接触器 KMR、单相接触器 KMS 之间有电气联锁，防止发生相间短路事故。

12）上升行程开关 SQH1、下降行程开关 SQH2 分别作上升、下降行程保护。

PQS1 起升机构控制屏控制电动机的机械特性如图 8-9 所示。

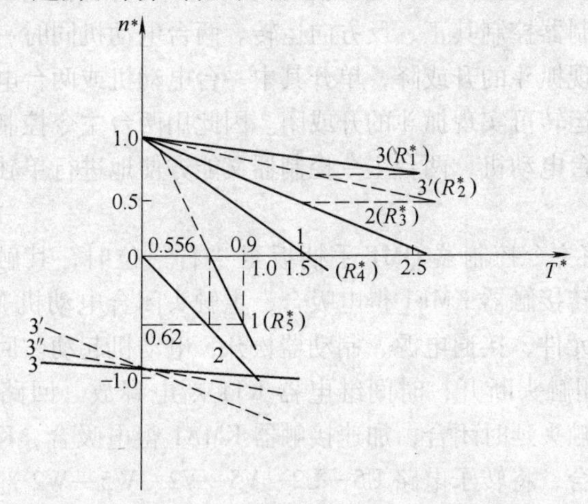

图 8-9　PQS1 起升机构控制屏控制电动机的机械特性

图中第一象限的1、2、3曲线分别为上升第一、二、三挡时的机械特性曲线。第四象限的1曲线为下降第一挡反接制动时的机械特性曲线；2曲线为下降第二挡单相制动时的机械特性曲线，3曲线为下降第三挡再生制动时的机械特性曲线。

第五节 抓斗电路

抓斗电路可分为四绳抓斗电路和电动（马达）抓斗电路两种。

一、四绳抓斗电路

目前在四绳抓斗天车上广泛采用PQZ型控制屏，通过操纵两台主令控制器实现抓斗的开、闭、升、降等复杂动作。PQZ1控制屏的电路原理图，如图8-10所示。

合上隔离开关QS1、QS2，主令控制器QM1、QM2的手柄都扳至零位，其触头K11、K21闭合，回路①接通，零电压继电器KHV得电吸合，KHV的常开触头闭合，实现自锁，使回路②~⑬接上电源。回路⑧~⑬中的时间继电器KT1~KT6均得电吸合，回路⑥、⑦中的KT1~KT6的常闭触头均瞬时断开，为抓斗的自动操作准备了条件。

由于抓斗机构由两台电动机M1、M2驱动，每台电动机由一个主令控制器控制其正、反方向运转。两台电动机同时一个方向运转可实现抓斗的升或降，单开其中一台电动机或两台电动机向相反方向运转可实现抓斗的开或闭。因此用两台主令控制器来分别操作两台电动机，两台主令控制器又能方便地进行单独或同时操作。

1）将主令控制器QM1手柄扳至“右”位时，其触头K12闭合，正转接触器KMF1得电吸合，主触头闭合电动机M1及制动器操纵元件，接通电源，制动器松开，电动机起动。回路⑧中KMF1常闭触头断开，时间继电器KT1断电释放。回路⑥中的KT1常闭触头延时闭合，加速接触器KMA1得电吸合，KMA1的主触头闭合，将转子电路U5—U2、V5—V2、W5—W2部分电阻切除，电动机转速上升。回路⑩中的触点KMA1断开，时间继电

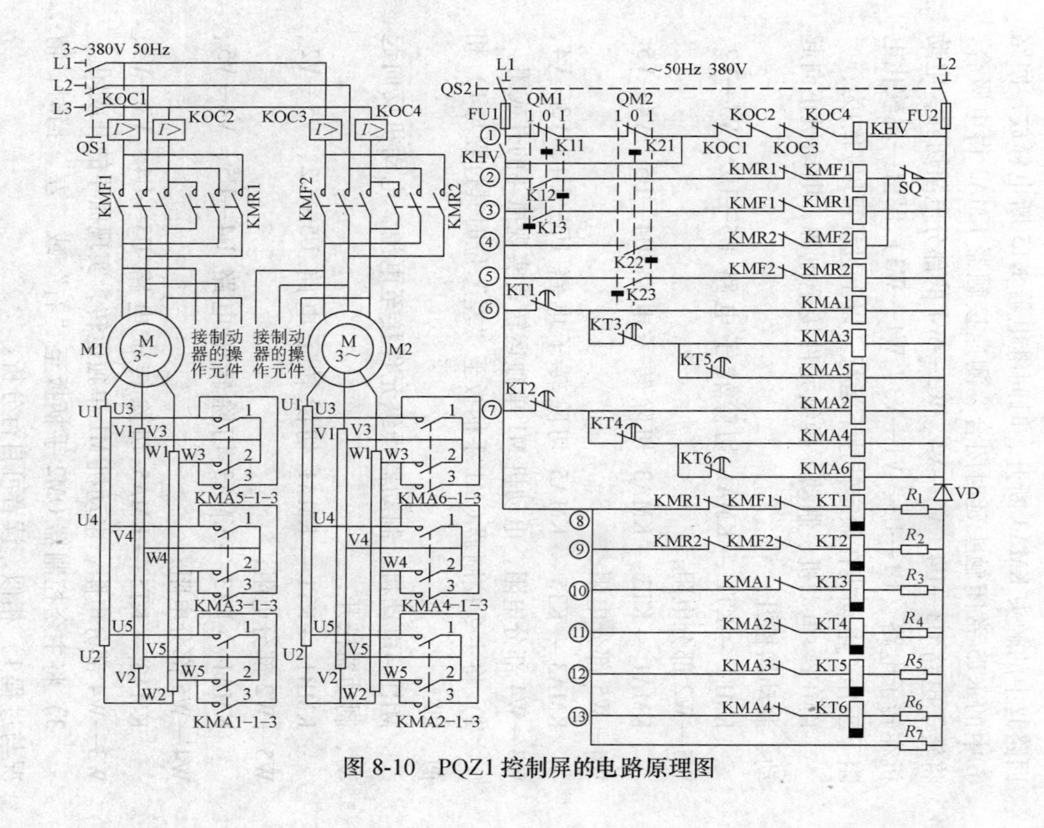

图 8-10　PQZ1 控制屏的电路原理图

器 KT3 断电释放，回路⑥中的 KT3 常闭触头延时闭合，加速接触器 KMA3 得电吸合，KMA3 的主触头闭合，将转子电路 U4—U5、V4—V5、W4—W5 部分电阻切除，电动机的转速继续上升。回路⑫中的触头 KMA3 断开，时间继电器 KT5 断电释放，回路⑥中的 KT5 常闭触头延时闭合、测速接触器 KMA3 得电吸合，将转子电路 U3—U4、V3—V4、W3—W4 的部分电阻切除，电动机在转子电路（U1—U3、V1—V3、W1—W3）保留一段软化电阻下工作。电动机在额定转速下运行。以上过程可以归纳为：

KMF1→电动机、制动器操纵元件接至电源，电动机正向起动、制动器松开；

KMF1→KT1→KMA1 切除转子电路 U5—U2、V5—V2、W5—W2 部分电阻；

KMA1→KT3→KMA3 切除转子电路 U4—U5、V4—V5、W4—W5 部分电阻；

KMA3→KT5→KMA5 切除转子电路 U3—U4、V3—V4、W3—W4 部分电阻，电动机 M1 单独运转，实现抓斗的开或闭。

2）将主令控制器 QM1 手柄扳至“左”位时其过程与 1）相似，即

MR1→电动机、制动器操纵元件接至电源，电动机反向起动、制动器松开；

KMR1→KT1→KMA1 切除转子电路 U5—U2、V5—V2、W5—W2 部分电阻；

KMA1→KT3→KMA3 切除转子电路 U4—U5、V4—V5、W4—W5 部分电阻；

KMA3→KT5→KMA5 切除转子电路 U3—U4、V3—V4、W3—W4 部分电阻，电动机 M1 单独运转，实现抓斗的开或闭。

3）将主令控制器 QM2 手柄扳至“右”或“左”挡时，情况与过程 1）相似，读者可自行分析。

4）将主令控制器 QM1、QM2 同时扳至“右”或“左”或一“右”一“左”的情况与过程 1）、2）相似，读者可自行分析。

PQZ1 抓斗开闭、起升控制屏采用手动操作的主令控制电路，具有操作时转动角度小、工作效率高、司机劳动强度低，工作可靠性高，有利于安全生产等优点。

二、电动抓斗电路

电动抓斗电路如图 8-11 所示。

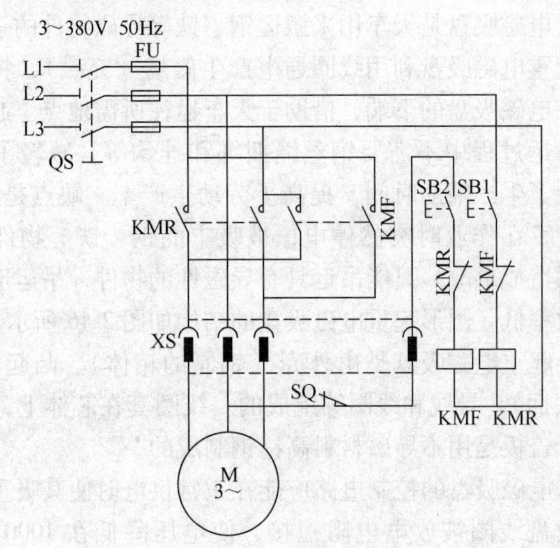

图 8-11　电动抓斗电路

电动抓斗电路由隔离开关 QS，熔断器 FU，正、反转接触器 KMR、KMF，电动机 M 及张开按钮 SB1，闭合按钮 SB2，限位开关 SQ，四芯插座，插头 XS 等组成。

工作前先将抓斗电动机引出线的四芯插头插在吊钩上的插座上。而插座用软电缆连接到桥架滑线上。

合上隔离开关 QS，按张开按钮 SB1，正转接触器 KMR 得电吸合，其主触头 KMR 闭合，电动机 M 正转，带动传动装置使抓斗张开；按闭合按钮 SB2，反转接触器 KMF 得电吸合，其主触头 KMF 闭合，电动机 M 反转，带动传动装置使抓斗闭合。

为防止抓斗的机械越位，在主回路与控制回路之间串联了限位开关 SQ，当抓斗闭合到极限位置时，限位开关 SQ 断开，使电动机停止运转。

正、反转接触器 KMR、KMF 之间有电气联锁，防止发生相间短路事故。

第六节　起重电磁吸盘控制电路

起重电磁吸盘是天车用来搬运钢、铁等导磁物件的一种取物装置。起重电磁吸盘利用线圈通电产生磁场（充磁），将导磁材料吸牢在电磁吸盘的下端，借助于天车运往所需地点。起重电磁吸盘在吊运过程中不需要钢丝绳捆绑和挂钩等，减轻了劳动强度，降低了生产辅助时间，提高了劳动生产率。缺点是自重大，安全性差，在作业时突然停电，被吸牢的钢、铁等物件立即脱落，容易造成事故。只能吊运具有导磁性的物件，吊运形状较小的物件效率低。圆形起重电磁吸盘的结构如图 2-46 所示。

圆形起重电磁吸盘是由外壳（钢制的箱体）、凸起的芯体、盖板（底面）、导线和线圈等组成的。线圈套在芯体上，并通直流电流。盖板是用不导磁材料高锰钢制成的。

起重电磁吸盘的控制电路应能在正常供电时使其吸重；断电后电磁吸盘线圈被放电电阻短接，使电压降低在 1000V 以下；当电磁吸盘释放重物时，反向供电给电磁吸盘线圈使其消磁，以便尽快释放重物，提高劳动生产率。

CKB 型控制屏原理图如图 8-12 所示。

闭合隔离开关 QS、主令控制器 QM，正向接触器 KMR 得电吸合，其常开主触头 KMR1、KMR2、KMR4 闭合，起重电磁吸盘 YH 线圈通电（+→5→7→8→6→-），电磁吸盘吸重。KMF3 断开放电回路。KMR4 闭合，指示灯亮。

打开主令控制器 QM 后，正向接触器 KMF 断电释放，KMR1、KMR2、KMR4 断开，电源不再向起重电磁吸盘提供正向电流。电磁盘 YH 线圈的自感电动势经 8→15→16→17→7 及 8→15→16→7 形成闭合回路进行放电，当电阻 R_2 上 16+、17-与电阻 R_1 上 17+、7-电压等于反向消磁接触器 KMM 的动作电压时，KMM 吸合，其触头 KMM1、KMM2 闭合，电源向起重电磁吸盘 YH 线圈反向通电（+5→8→7→17→14→6→-），电磁吸盘开始消磁，去磁电流使 R_{117} +、7 -（与自感电动势放电时 R_{117} +、7 - 相反），使 KMM 电压下降，一直到 KMM 释放，KMM1、KMM2 触头断开（YH 自感电动势经 7→16→15→8 再次放电），去磁过程结束。

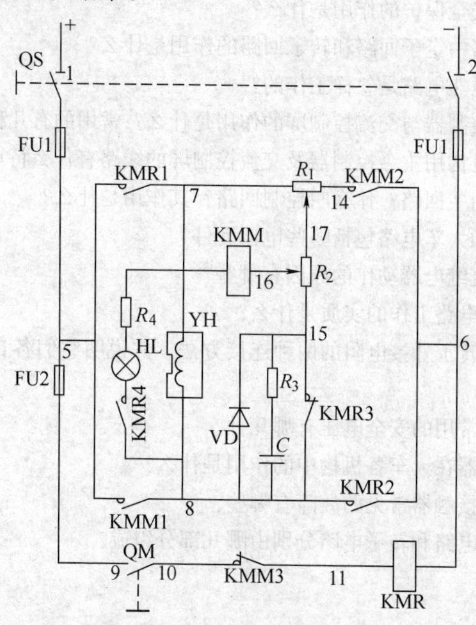

图 8-12　CKB 型控制屏原理图

复习思考题

1. 填写下列元器件的文字符号：

电源线、变压器、小车电动机、照明灯、零电压继电器。

2. 简述题

1）简述照明与信号的基本要求。

2）简述照明电路的工作原理。

3）简述欠电压保护作用。

4）描述平移机构的工作原理。

5）简述电动抓斗电路的工作原理。

6）简述电磁吸盘的去磁过程。

7）简述电磁吸盘的放电过程。

3. 将下列元器件的图形符号画出

热继电器的驱动器件、三极开关、二极管、三相磁滞同步电动机

4. 问答题

1）天车控制电路中的零位保护起什么作用?

2）舱口安全保护的作用是什么?

3）主回路中定子回路和转子回路的作用是什么?

4）四绳抓斗电路是怎样工作的?

5）主令控制器与交流控制屏的作用是什么？常用的有几种?

6）起升机构用主令控制器及交流控制屏的线路有什么特点?

7）什么叫主回路？什么叫控制回路？其作用是什么?

8）小车和大车电路包括哪些电器元件?

9）过电流继电器动作的原因有哪些?

10）定子电路工作的实质是什么?

11）画出转子外接电阻的两种连接方法，并说明它们各自使用的范围及特点。

12）天车常用的安全电压有哪几种?

13）电阻器在天车各机构中的作用是什么?

14）交流接触器常见的故障有哪些?

15）定子电路和转子电路分别由哪几部分组成?

第九章 天车的常见故障及排除方法

第一节 溜 钩

在生产实践中，天车常常发生溜钩现象。所谓溜钩就是天车手柄已扳回零位停止上升和下降，实现制动时，重物仍下滑，而且下滑的距离很大，超过规定的允许值（一般允许值为 $v/100$，其中 v 为额定起升速度）。更严重的是有时重物一直溜到地面，这种情况所带来的危害是不言而喻的。

一、产生溜钩的原因

1）制动器工作频繁，使用时间较长，其销轴、销孔、制动瓦衬等磨损严重。致使制动时制动臂及其瓦块产生位置变化，导致制动力矩发生脉动变化。制动力矩变小，就会产生溜钩现象。

2）制动轮工作表面或制动瓦衬有油污、有卡塞现象，使制动摩擦因数减小而导致制动力矩减小，从而造成溜钩。

3）制动轮外圆与孔的中心线不同心，径向圆跳动超过技术标准。

4）制动器主弹簧的张力较小或主弹簧的螺母松动，都会导致溜钩。

5）主弹簧材质差或热处理不符合要求，弹簧已疲劳、失效，也会产生溜钩现象。

6）长行程制动器的重锤下面增加了支持物，使制动力矩减小。

二、排除溜钩故障的措施

1）磨损严重的制动器闸架及松闸器应及时更换，排除卡塞物。

2）制动轮工作表面或制动瓦衬要用煤油或汽油清洗干净，去掉油污。

3）制动轮外圆与孔的中心线不同心时，要修整制动轮或更换制动轮。

4）调紧主弹簧螺母，增大制动力矩。

5）调节相应顶丝和副弹簧，以使制动瓦与制动轮间隙均匀。

6）制动器的安装精度差时，必须重新安装。

7）排除支持物，增加制动力矩。

第二节　天车不能吊运额定起重量

天车不能吊运额定起重量的原因如下：

（1）起升机构的制动器调整不当　不能吊起额定负载的天车，并不都是起升电动机额定功率不足的问题，而常常是因起升机构制动器调整不当所致。

1）制动器调整得太紧。当天车的起升机构工作时，制动器未完全松开，使起升电动机在制动器闸瓦的附加制动力矩作用下运转，增加了电动机的运转阻力，从而使起升机构不能吊起额定负载。

2）制动器的制动瓦与制动轮两侧间隙调整不均，使起升电动机在制动负荷作用下运转，造成电动机发热，运转困难。

（2）制动器张不开

1）制动器传动系统的铰链被卡塞，使闸瓦脱不开制动轮。

2）动、静磁铁极间距离过大，使动、静磁铁吸合不上；或因电压不足吸合不上，而张不开闸。

3）短行程制动器的制动螺杆弯曲，触碰不到动磁铁上的板弹簧，所以当磁铁吸合时，不能推动制动螺杆产生轴向移动，从而不能推开左右制动臂而张不开闸。

4）主弹簧张力过大，磁铁吸力不能克服张力而不能松开闸。

5）电磁铁制动线圈或接线某处断路，电磁铁不产生磁力，而无法吸合，使制动器张不开闸，影响吊运额定起重量。

（3）液压电磁铁的制动器张不开

1）油液型号、标准选用不当，液力传动受阻，或因油液内杂质多而使油路堵塞，造成闸松不开。

2）叶轮被卡住而闸松不开。

（4）起升机构传动部件的安装精度不合要求

1）因安装误差制动器闸架中心高与制动轮不同心。当松闸时，制动瓦的下边缘仍然与制动轮有摩擦，使起升阻力增大，消耗起重电动机的功率。

2）卷筒轴线与减速器输出轴线不同心。

（5）电器传动系统的故障

1）电动机工作在电压较低的情况下，使功率偏小。

2）电动机运转时转子与定子摩擦。

3）转子电路的外接起动电阻未完全切除，使电动机不能发出额定功率，旋转缓慢。

4）电动机长期运转，绕组导线老化，转子绕组与其引线间开焊，集电环与电刷接触不良，造成三相转子绕组开路。

5）若不是因电压低而造成起重电动机功率不足，就要对电动机进行检修，或更换。如确属电动机功率偏小又无条件更换，可以调整减速器的传动比，降低起升速度来解决起升电动机功率不足的问题。

6）电阻丝烧断，造成转子回路处于分断状态，使电动机不能产生额定转矩。当发现天车不能吊起额定起重量时，可根据上面分析的情况检查，并针对问题，采取相应措施，排除故障。

第三节　小车行走不平和打滑

小车行走不平，俗称“三条腿”，即一个车轮悬空或轮压很小，使小车运行时车体振动。

一、小车行走不平的原因

（1）小车本身的问题

1）小车的四个车轮中，有一个车轮直径过小，造成小车行走不平。

2）小车架自身的形状不符合技术要求，或因使用时间长而小车变形，使小车行走不平。

3）车轮的安装位置不符合技术要求。

4）小车车体对角线上的两个车轮直径误差过大，使小车运行时“三条腿”行走。

（2）轨道的问题

1）小车运行的轨道不平，局部有凹陷或波浪形。当小车运行到凹陷或波浪形（低处）时，小车车轮便有一个悬空或轮压很小，从而出现了小车三条腿行走的现象。

2）小车轨道接头处有偏差。轨道接头的上下、左右偏差不得超过1mm，如果超出所规定的范围也会造成小车行走不平。

（3）小车与轨道都有问题，如果是小车本身就存在行走不平的因素，而轨道也存在着问题，小车行走则更加不平。

二、小车车轮打滑的原因

1）轨道上有油污或冰霜，小车车轮接触到油污和冰霜时打滑。

2）同一截面内两轨道的标高差过大或车轮出现椭圆现象，都会使车轮打滑。

3）起动过猛也可能造成车轮打滑。

4）轮压不等也可能造成车轮打滑。关于轮压不稳有下面几种情况：

①当某一主动轮与轨道之间有间隙，在起动时一轮已前进，而另一轮则在原地空转，使小车车轮打滑。这种情况车体极容易产生扭斜。

②主动轮和轨道之间虽没有间隙，但两主动轮的轮压却相差很大，或两主动轮和轨道的接触面相差很大时，在起动的瞬间也会造成车轮打滑。

③两主动轮的轮压基本相等，但都很小，所以摩擦力也小，这样起动时就会造成车轮打滑。

三、小车行走不平和打滑的检查及修理

（1）车轮高低不平的检查

1）全面高低不平的检查。这种情况下可将小车慢速移动，用眼睛看轮子的滚动面与轨道之间是否有间隙。检查时，可用塞尺插入车轮踏面与轨道之间进行测量。

2）局部车轮高低不平的检查。在有间隙的地方，用塞尺测

车轮踏面与轨道之间间隙的大小。然后再根据间隙大小选用不同厚度的钢板垫在走轮与轨道之间，将小车慢慢移动，使同一轨道上的另一车轮压在钢板上。如果移动前进的走轮与轨道之间无间隙时，则说明加垫铁的这段轨道较低，而有间隙时，则说明这段轨道没问题，不用垫高。

（2）轮压不等的检查　开动小车，当一轮打滑，另一轮不打滑时，很容易判断出打滑的一边轮压较小。但当两主动轮同时打滑，则很难直接判断出哪一个车轮的轮压小。检查的方法是：在打滑地段，用两根直径相等的铅丝放在轨道表面上，将小车开到铅丝处并压过去，然后取出铅丝用卡尺测量其厚度。厚的说明轮压小，薄的说明轮压大。另外还有一种方法：向一根轨道的打滑地段均匀地撒上细砂子，把小车开到此处，往返几次，如果还在打滑，就说明这个主动轮没问题，而是另外一条轨道上的主动轮轮压小。

（3）小车不在同一水平线上的修理　这种问题无论毛病出在哪一个轮上，修理时一般都尽量不修主动轮。因为两主动轮的轴一般是同心的，所以移动主动轮就要影响轴的同轴度，给修理带来一些麻烦。以主动轮为基准去移动被动轮。如果主动轮和被动轮不在同一水平线上，可将被动轮的水平键板割掉，调整后再焊上。

对小车不等高的限度有如下规定：主动轮必须与轨道接触，从动轮允许有不等高现象存在，但车轮与轨道的间隙最大不超过1mm，连续长度不许超过1m。

（4）轨道的局部修理　这种修理主要是对轨道的相对标高和直线性进行修理。

首先要确定修理的地段和修理的缺陷。然后铲除修理部位轨道的焊缝或压板进行调整和修理。调整时要注意轨道与上盖板之间应采用定位焊焊牢。轨道有小部分凹陷时，应在轨道下边采用加力顶直的办法来恢复平直。在加力时，为了防止轨道变形，需要在弯曲部分附近加临时压板压紧后再顶。轨道在极短的距离内有凹陷现象时，要想调平是很困难的，所以应采用补焊的办法来找平。

第四节　大 车 啃 道

天车在正常工作时大车的轮缘与轨道侧面应保持一定的间隙。如果大车在运行中其轮缘与轨道侧面没有间隙，就有挤压和摩擦的现象产生。这种现象称为大车啃道。一般如不影响使用，不能认为是啃道。而所谓啃道是指大车的轮缘与轨道侧面之间的挤压和摩擦已达到使轮缘和轨道侧面有明显的磨损程度，并且增加天车运行的阻力，严重的可使天车脱轨。

在正常情况下中级工作类型的天车，经常啃道的大车车轮使用寿命一般为1~2年。而正常的大车车轮使用寿命是啃道车轮的4~5倍。所以，检查和排除大车啃道故障，对保证人身与设备的安全、天车的正常运行、延长天车的使用寿命、提高生产效率具有很大的意义。

一、大车啃道的现象及原因

(1) 大车啃道的现象

1）大车轨道侧面有一条明显的磨损痕迹，如表面带有毛刺，说明啃道已到一定程度。

2）大车轮缘的内侧有明显的磨损痕迹，轨道顶面有一块块光亮的斑痕。

3）大车行走时，有明显的间隙变化。

4）开车或停车时，车身有明显的摇摆现象。

5）严重啃道的，能听出磨损的切削声。

(2) 大车啃道的原因

1）车轮的加工不符合图样的技术要求。分别驱动时，车轮加工不符合要求就会引起两端车轮运转速度的差别，以致使整个车体倾斜而造成车轮啃道。

2）车轮歪斜。一般是因车轮装配质量不高、精度有偏差或使用过程中车架变形所致。车轮踏面中心线不平行于轨道中心线。因为车轮是一个刚性结构，它的行走方向永远向着踏面中心线的方向。所以，当车轮沿轨道走一定距离后，轮缘便与轨道侧面摩擦而产生啃道。

3）传动系统传动不良

①车轮直径不相等，使天车两个主动轮的线速度不等，或者其中一个车轮的传动系统有卡住现象，使车体扭斜，造成啃道。

②齿轮传动系统的间隙相差太大，或者一端的轴因滚键而松动，当起动时一端转动滞后而使车体倾斜，造成啃道。

③分别驱动时，两端的制动器调整不均，其中一端可能在半制动状态下运行，造成两端的主动轮转速不等，使车体倾斜，造成啃道。

4）桥架变形。桥架的金属结构变形，使车轮的安装位置发生对角线偏差，当超过允许值时，就引起对角啃道现象。

5）轨道顶面倾斜和轨道顶面油污。轨道顶面倾斜，使车轮轮缘与轨道侧面摩擦；轨道顶面有过多的油污，使主动轮打滑、车体扭斜，造成啃道。

二、防止啃道与啃道的检查

（1）防止大车啃道的方法

1）要严格控制车轮的制造工艺，直径误差一般不得超过 $D/1000$（D 为大车车轮的直径）。

2）要严格执行安装车轮和轨道精度的规定。

3）传动系统要严格按技术要求安装，桥架的制造必须符合技术要求。

（2）啃道因素的检查方法

1）轨道的检查。利用测量仪器，如水平仪、弹簧秤和钢卷尺等对轨道各部位进行测量。

2）机械传动系统的检查。用卡钳测量两主动车轮直径的差值。检查制动器、联轴器、减速器的齿轮传动是否有过大间隙和松动的地方。

3）测量大车车轮的对角线，将天车开到直线性较好的一段轨道处，对准车轮踏面中心划一条直线，沿直线吊一线锤，使锤尖对准轨道上的一点，打一冲眼，以同样的方法测定其余三点，如图 9-1 所示。

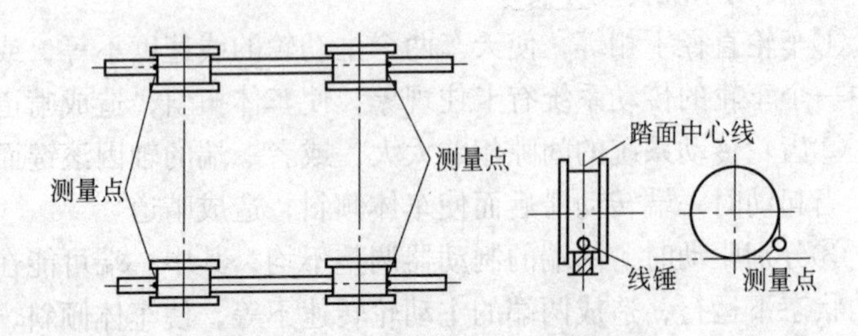

图 9-1　对角线测量方法示意图

测定完后，将天车开走，再用弹簧秤与钢卷尺测量四个冲眼对角线的距离。还可以测出跨距、轮距，同时还可利用四个冲眼计算出轨道侧面与轮缘间的间隙值。

4）车轮的直线性和垂直度的检查。车轮的直线性检查可以选择一条比较平直的轨道为基准，与轨道外侧相平行地拉一条钢丝，它与轨道外侧的距离为 a，再用钢直尺测出两轮四个点到钢丝绳的距离 D_1、D_2、D_3 和 D_4 的值，如图 9-2 所示。

图 9-2　车轮直线性的检查

用下列公式求出轮 A 和轮 B 的平行度偏差。

轮 A 的平行度偏差 $\delta_A = (D_1 - D_2)/2$

轮 B 的平行度偏差 $\delta_B = (D_4 - D_3)/2$

则两轮直线性偏差为

$$\delta = |\delta_A - \delta_B| = |(D_1 - D_2)/2 - (D_4 - D_3)/2|$$

三、大车啃道的修理方法

（1）对角线的调整　一般是采用移动车轮的方法来解决车轮对角线的安装误差问题，原则上应该是移动和调整那些位置不正确的车轮，但因移动主动轮要牵扯到传动系统，给修理带来很大的麻烦。所以应尽量先移动和调整被动车轮，当然，不移动主动轮就无法调整和修复例外。

（2）重新移动车轮的位置　大车啃道也可以通过移动车轮的位置来解决。因为车轮位置不对，不仅影响轮跨、轮距、对角线，还要影响同一轨道上两个轮子的同轴度。在移动时，把车轮的四块键板全割掉，重新找正、定位，按移动记号将轮子和键板装好，并拧紧螺栓。然后空车试运行，观察啃道情况。如仍有啃道，应继续调整。若无啃道现象，将键板和定位板焊好。

第五节　主 梁 下 挠

主梁是天车的主要构件之一，在制造天车时，按规定主梁就有一定的上拱度，目的在于加强主梁的承载能力及减轻小车的爬坡和下滑。所谓上拱度，就是主梁向上拱起的程度，一般上拱度为跨度的1/1000。而天车使用一段时间后，主梁的上拱度逐渐减小，随着使用时间的延长，主梁就由上拱过渡到下挠。所谓下挠，就是主梁向下的弯曲程度。一般讲，主梁产生下挠就要考虑修复。究竟下挠到什么程度才需要修复，允许值可参考表9-1和表9-2。

表9-1　双梁天车的允许挠度　（单位：mm）

国家名称	双梁天车的允许挠度f
中国	$\leqslant L_k/700$
前苏联	$\leqslant L_k/700$
日本	$\leqslant L_k/800$
英国	$\leqslant L_k/900$
美国	0.0125 ~ 0.015in/ft 跨度

表9-2　双梁天车应修的挠度　（单位：mm）

跨度 L_k/m	10.5	13.5	16.5	19.5	22.5	25.5	28.5	31.5
满载 $1.5L_k/1000$	15.75	20.25	24.75	29.25	33.75	38.25	42.75	47.25
空载 $0.66L_k/1000$	7	9	11	13	15	17	19	21

注：表中 L_k 是大车标准跨度值。

对不同程度的下挠，应采取不同的措施，决不可以任其发展。在测量挠度后，如果发现主梁已产生永久变形而不是弹性变形的现象，这个主梁就不仅是下挠修复的问题，而应立即进行加固修复。

我国还规定：单梁天车主梁的允许挠度$f<L_k/500$mm；手动单梁天车主梁的允许挠度$f\leqslant L_k/400$mm。

一、主梁产生下挠的原因

（1）制造时下料不准、焊接不当　按规定腹板下料时的形状应与主梁的拱度要求一致。而不能把腹板下成直料，然后靠烘烤或焊接来使主梁产生上拱形状，这种工艺加工，方法虽简单，但在使用上，很快会使上拱消失而产生下挠。

（2）维修和使用不合理　一般主梁上面不允许气焊和气割，但有时为了更换小车轨道等，过大面积地使用了气焊和气割，这对主梁影响很大。另一方面不按技术操作规定，违章操作。如随意改变天车的工作类型、拉拽重物及拔地脚螺钉、超负荷使用等都将造成主梁下挠。

（3）高温的影响　设计天车是按常温情况下考虑的。所以经常在高温环境下使用，要降低金属材料的屈服点和产生温度应力，从而增加主梁下挠的可能性。

二、主梁下挠对天车使用性能的影响

（1）对大车的影响　主梁下挠将使大车运行机构的传动轴支架随结构一起下移，使传动轴的同轴度、齿轮联轴器的联接状况变坏，阻力增大，严重时会发生切轴现象。

（2）对小车运行的影响　主梁下挠会造成小车起动、运行、制动控制不灵的后果。小车由两端往中间运行时会产生下滑现象，再由中间往两端运行时又会产生爬坡现象。而且小车不能准确地停在轨道的任一位置上，使装配、浇注等要求准确而重要的工作无法进行。

（3）对金属结构的影响　主梁产生严重下挠，即已永久变形时，箱形的主梁下盖板和腹板下缘的拉应力已达到屈服点，有的甚至会在下盖板和腹板上出现裂纹。这时如继续频繁工作，将使变形越来越大，疲劳裂纹逐步发展扩大，以致使主梁破坏。

三、主梁下挠的修复

主梁下挠的修复有火焰矫正法、预应力法和电焊法三种。

（1）火焰矫正法　这种方法是对金属的变形部位进行加热，利用金属加热后所具有的压缩塑性变形性质，达到矫正金属变形的目的。

火焰矫正法的特点是：灵活性很强，可以矫正桥架结构等各种各样的复杂变形。缺点是需要把天车落到地面上或立桅杆才能修理，所以工作周期较长。

（2）预应力法　这种方法是在两端焊上两个支承座，再穿上拉肋，然后旋转拉肋上的螺母，使拉肋受拉而使主梁产生上拱。此方法简单易行，上拱量容易检查、测量和控制。缺点是有局限性，较复杂的桥架变形不易矫正。

（3）电焊法　这种方法是采用多台电焊机，用大电流在两根主梁下部从两侧往中间焊接槽钢或角钢，利用加热、冷却的原理迫使主梁上拱。

电焊法的特点是对焊接工艺要求比较严，焊接电流和焊接速度要基本一致。但尽管这样，修理的质量还是不容易保证，而且焊接过程中也不容易及时测量，所以这种方法不常用。

第六节　控制器的常见故障及排除

一、控制器的常见故障

（1）控制器的手柄在工作中发生卡滞，还常伴有冲击　其原因是：定位机构发生故障，触头被卡滞或烧伤粘连等。

（2）触头磨损与烧伤　产生的原因是触头使用时间过长而老化，触头压力不足或脏污使触头接触不良，控制器过载等。

（3）控制器合上后电动机不转　原因如下：

1）三相电源中的一相断电，电动机发出不正常的声响。

2）线路中没有电压。

3）控制器的接触头与铜片未相接。

4）转子电路中有断线处。

(4) 控制器合上后，过电流继电器动作　产生的原因是：过电流继电器的整定值不符合要求或定子线路中某处接地。另外，还可以检查机械部分是否某环节有卡住现象。

(5) 控制器合上后，电动机只能向一个方向运转　其故障可能发生在：

1）控制器中定子电路或终端开关电路的接触点与铜片未相接。

2）终端开关发生故障。

3）配线发生故障。

二、控制器故障的排除

(1) 触头压力的调整　当控制器触头烧灼到一定程度时，动静触头的开距和超程就会发生变化而影响触头间的接触。因此必须及时调整，触头结构图如图 9-3 所示。

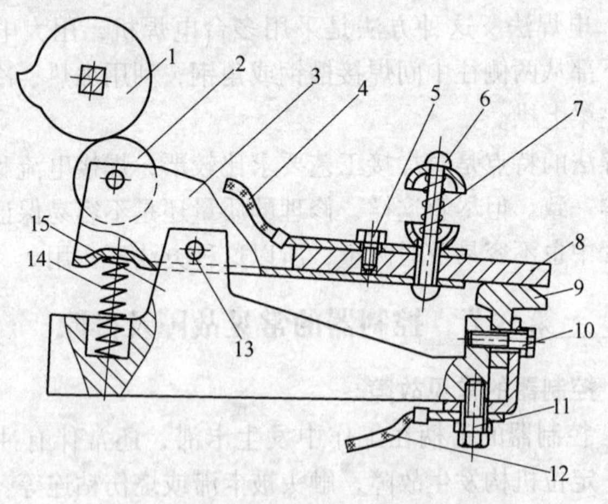

图 9-3　KTJ1 系列控制器触头结构图

1—凸轮　2—滚轮　3—杠杆支架　4、12—软接线
5、10、11—螺栓　6—固定销　7—弹簧　8—动触点
9—静触头　13—销轴　14—复位弹簧　15—胶木支架

动触头 8 是用固定销 6 固定在杠杆支架 3 上的，增加或减少复位弹簧 14 的压力，即可增大或减小动静触头间的压力。所以，

在胶木支架15的凹座中适当增加垫片，就可以增加触点间的压力。

（2）触头更换的方法　控制器的触头报废标准是：静触头磨损量达1.5mm、动触头磨损量达3mm时，即要更换。

触头结构图如图9-4所示。

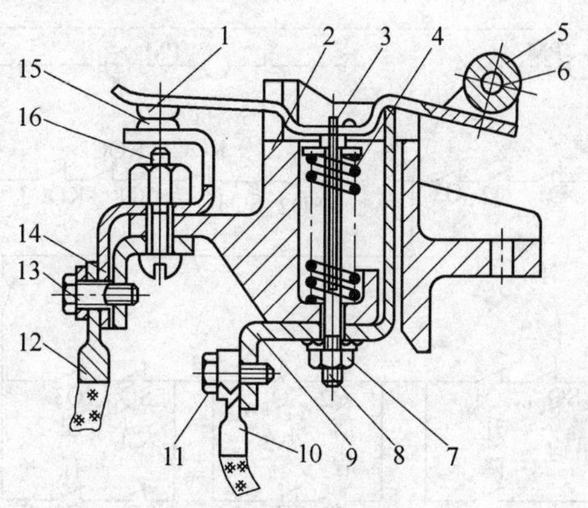

图9-4　KT10系列凸轮控制器触头结构图

1—动触头　2—胶木架　3—弹簧压板　4—弹簧　5—滚轮　6—轴　7—螺母　8、11、13、16—螺栓　9—支板　10、12—软接线　14—弯板　15—静触头

更换时，卸下螺母7，可将螺栓8连同动触头1整套地从胶木架2中取出，卸下弹簧压板3就可取出动触头1，进行更换；卸下螺栓13和16便可更换静触头15。

第七节　控制回路和主回路的故障

一、控制回路中的故障及产生原因

（1）天车不能起动

1）合上保护箱的刀开关，控制回路的熔断器就熔断，使天车不能起动。其原因是控制回路中相互连接的导线或某电器元件有短路或有接地的地方。

2）按下起动按钮，接触器吸合后，控制电路的熔断器就熔断，使天车不能起动。其原因是大车、小车、升降电路或串联回路有接地之处，或者是接触器的常开触头、线圈有接地之处。

3）按下起动按钮，接触器不吸合，使天车不能起动。原因可能是主滑线与滑块之间接触不良或保护箱的刀开关有问题。或者是熔断器、起动按钮和零位保护电路①这段电路有断路，串联回路②有不导电之处，如图 9-5 所示。

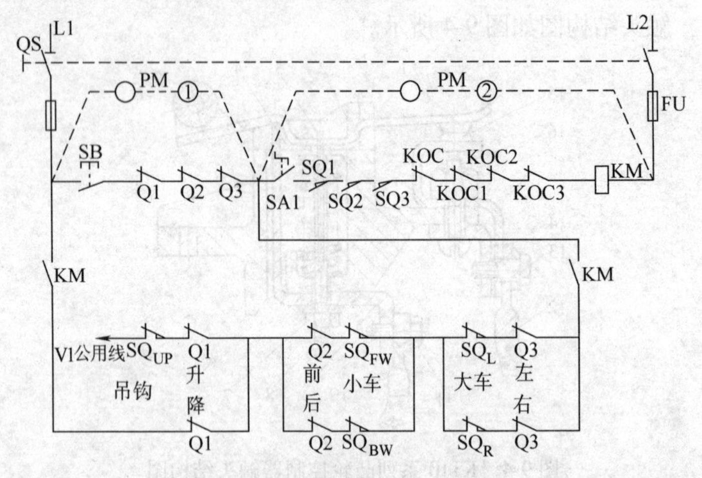

图 9-5　检查控制回路通断的电路图

检查方法，用万用表 PM 按图中①、②线路一段段测量，查出断路和不导电处，并处理之。

4）按下起动按钮，接触器吸合，但手离开按钮，接触器就释放。

从图 9-5 可知，当接触器线圈 KM 得电，它的常开触头 KM 闭合并自锁。使零位保护电路①和串联回路②导通，说明这部分电路工作正常。掉闸的原因是自锁没锁上或大小车和起升控制回路中。检查的方法同前面一样，切断刀开关，推合接触器，用万用表按电路的连接顺序，一段段检查。

（2）吊钩下降时，接触器就释放　吊钩下降时，控制回路的工作原理如图 9-5 所示。其他机构工作正常。说明图中①、②号电路工作正常，大小车的各种控制电路均正常，只是吊钩下降时，接触器释放。故障一定是在图 9-5 的吊钩下降部分。这种情况，可用万用表电阻挡或试灯查找接触器的联锁触头 KM、熔断器 FU 的连接导线和升降控制器下降方向的联锁触头 Q1。这两点任何一个部位未闭合都会出现吊钩下降时接触器掉闸的现象。

（3）吊钩一上升，接触器就释放

1）上升限位开关的触头接触不好。

2）滑线和滑块接触不良。

3）用万用表检查图 9-5 中吊钩上升那部分的电路，看是否有触头接触不良和断路的地方。

（4）按下起动按钮，接触器吸合，但一扳动手轮，过电流继电器就动作

1）电动机超负荷或定子线路有接地和短路的地方。

2）控制机构中某一部位被卡滞或操作太快。

3）过电流继电器的整定值小或触头接触不好。

4）接触器联锁触头的弹簧压力不足或接触不好。

（5）天车在运行中，偶尔出现掉闸现象　天车在运行中，小车运行到某个位置时，开动起升机构提升吊钩出现掉闸现象，但在其他位置都正常，没有这种现象。故障一般是小车集电托与小车滑线接触不良，或有绝缘物相隔而致。排除方法是：切断保护箱的刀开关，调整小车滑线或消除滑线上的锈渍等绝缘物。

（6）大车运行时接触器掉闸

1）大车向任一方向开动时，接触器都掉闸。一般来讲，这种情况常是因保护箱内的大车过电流继电器动作所引起的。又因保护大车电动机的过电流继电器所调电流的整定值偏小，所以大车电动机起动时，过电流继电器的常闭触头断开，使保护箱接触器释放。出现这种情况时，必须按技术要求调整过电流继电器的整定值。

2）控制电路中的接触器触头压力不足，使之接触不上。

3）主滑线与滑块之间接触不良。

4）大车轨道不平，使车体振动而造成有关触头脱落。

（7）大小车只能向一个方向开动　一般是因在另一个方向的限位开关触头接触不良，或者是因控制器里另一个方向上的控制触头接触不良。

（8）控制器手柄处在工作位置时，电动机不旋转

1）电源未接通或三相电源中有一相断路。

2）控制器里相对应的触头未接触上。

3）转子电路开路，导电器内接触不良。

（9）天车在工作中接触器时吸时断　这种情况是因接触器线圈的供电线路中有断续接触或接触不良之处。例如：接线螺钉松动、联锁触头压力不足或熔断器的熔丝松动。

（10）天车在起动和运行时，接触器发出劈啪声响　这种情况是因接触器动、静磁铁的铁心极面吸合时的撞击声。其原因是：回路中电流有波动，电流大时，动、静磁铁吸合，电流小时，磁铁吸力小而使动、静铁心极面出现间隙，发出劈啪声响。

（11）断电后接触器不释放　原因是控制电路某处有接地、短路和接触器触头粘连等情况。

（12）行程开关断开后，电动机仍未断电　原因是连接行程开关的电路中有短路或接错的地方。

二、主回路中的故障及产生原因

天车主回路中的故障，也就是定子电路和转子电路的故障。主要是因断相、短路、断路等因素所致。

（1）定子回路的故障及产生原因　定子电路的常见故障一般是断路和短路两种。短路故障多表现为有弧光崩炸现象，故障容易发现，但断路故障就不容易发现了，而且也比较复杂。

5台电动机的定子电路如图9-6所示。

用5台电动机的定子电路来分析电动机定子电路中可能出现的故障，分析如下：

1）各机构均不能起动。原因是电源没电、主滑线导电器发生故障、刀开关没闭合严或接触不良。或是图9-6中的U、V、W三个接线点以上电路有断相处。

2）其他机构工作正常，只有小车不能起动。这种故障一般发生在U11、V11、W11三个接线点以后的小车电路上。

①控制器里控制小车电动机的定子电路的触头有接触不良之处。

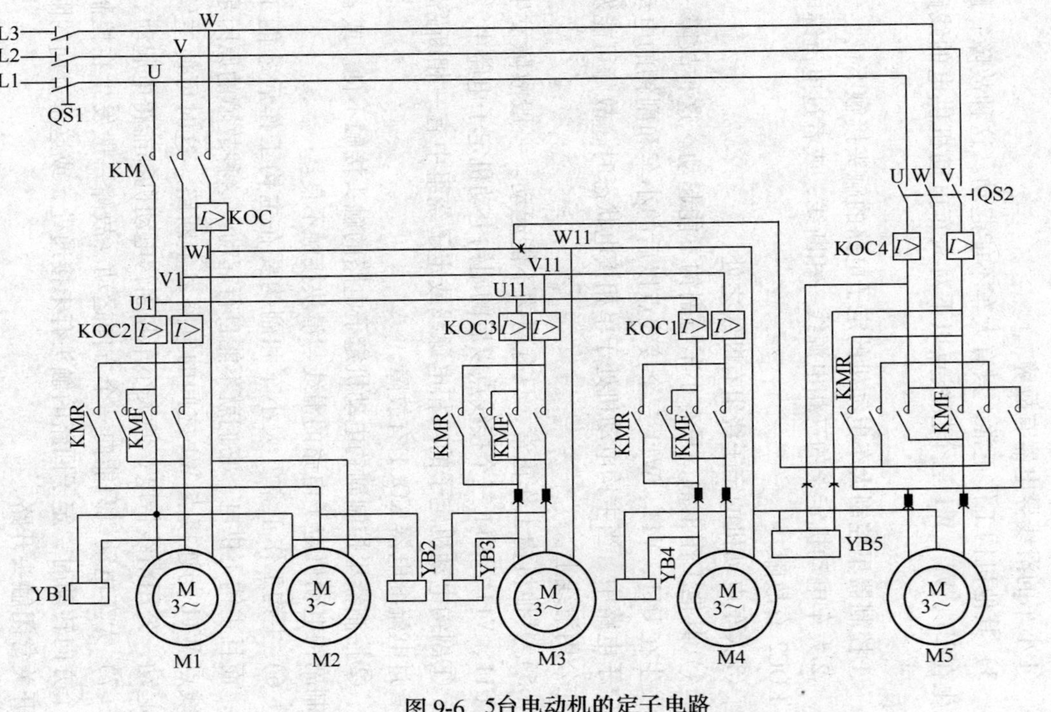

图 9-6 5台电动机的定子电路

②小车电动机定子的三相电源线中有一相断线，或者过电流继电器 KOC3 有故障。

③小车电动机定子绕组中有断线的地方。

④小车的滑线导电器有故障。

3）其他机构工作正常，只有大车不能起动。这种故障一般发生在 U1、V1、W1 三个接线点以下对大车电动机供电的线路中。

①控制器里控制大车电动机的定子电路的触头接触不良。

②大车电动机定子的三相电源线一相断线，或者过电流继电器 KOC2 有故障。

③大车电动机的定子绕组有断线之处。

4）其他工作正常，只有小车与副钩不能起动。这种故障一般发生在 U11、V11、W11 三个接线点以后的小车和副钩的电动机定子电路中。当主钩电动机处于单相接电状态时，故障可能发生在公用滑线上。

5）其他机构工作正常，只有副钩不能起动。一般故障发生在 U11、V11、W11 三个接线点以后的副钩电动机定子电路中。

①副钩电动机定子的三相电源线或定子绕组中有一相断路，或者过电流继电器 KOC1 有故障。

②控制器里控制副钩电动机定子电路的触头接触不良。或者控制副钩电动机定子电路的滑线与滑块接触不良。

6）主钩工作正常，大小车和副钩要在主钩工作后才能工作，而且主钩不供电，它们就不能自行起动。这种故障的原因是接线点 W11 与连接点 W1 之间的电路发生断路。这时可使主钩先起动，公用滑线带电，使大小车和副钩电动机都能得电起动。

7）大车电动机只能向一个方向运动。故障一般发生在控制某个方向转动时，定子回路的触头有未接通处，或这个方向的限位开关常闭触头开路。

（2）转子回路的故障及产生原因

1）断路

①滑线与滑块之间接触不好或滑块损坏。

②电动机转子绕组的引出线端与集电环相连接的铜焊片处断裂或开焊。

③电刷架的弹簧压力不够，电刷架和引出线端的接线螺钉松动，或电刷架和电刷配合过紧等都能造成电刷与集电环接触不严。

④电阻器内元件之间的连接处有松动现象，或电阻元件本身有断裂处。

⑤控制器连接的导线发生断路或在转子电路里有断路和接触不好的地方。

断路故障往往能引起电动机转子温度升高，并在额定负载下不能平稳起动和工作，而且常发生剧烈振动等现象。对这种故障的检查方法有两种：一种是直接观察，另一种是用钳形电流表检查定子电流变化的情况。

用钳形电流表测量时首先看三相电流是否平衡。如果平衡，故障就不在转子电路，而在机械传动部分。反之，不平衡或波动很大，则故障一定在转子电路里。遇到这种情况可将电动机集电环短接后再测量。测量时必然出现两种情况：一种是定子的三相电流仍然不平衡，则故障肯定在电动机的转子内部；另一种情况是，定子的三相电流平衡，这时故障一定在电动机转子的外部电路中。

2）短路

①接触器的触头因粘连等原因不能迅速脱开，造成电弧短路。

②合上刀开关，按下起动按钮，接触器吸合，手轮没有扳转，制动电磁铁就跟随吸合，使制动器松闸，造成重物下落等事故。这种故障的原因是由于电磁铁线圈的绝缘被破坏，从而造成接地短路。

③保护箱刀开关合上后，接触器就发出嗡嗡的响声。这种现象是因接触器线圈的绝缘损坏所造成的接地短路引起的。

④控制屏里可逆接触器的联锁装置失调，以致电动机换相时，一个接触器没释放，另一个接触器就吸合，从而造成相间短

路。

⑤控制屏内的可逆接触器，如果机械联锁装置的误差太大或者失去作用，也将造成相间短路。

⑥控制屏里的可逆接触器，因先吸合的触头释放动作慢，所以产生的电弧还没有消失另一个接触器就吸合，或者产生的电弧与前者没有消失的电弧碰在一起，形成电弧短路。

⑦由于控制器内控制电源通断的四对触头烧伤严重，在切换电源过程中造成电弧短路。

⑧因接触器的三对触头烧伤严重而使接触器在断电释放后产生很大的弧光，由此引起电弧短路。

⑨如果接触器的三个动触头在吸合时有先有后，此时如点动操作速度再过快，也会造成电弧短路。

第八节　主令控制回路的故障及排除

由于控制屏里的控制电路与主电路各是单独进行供电的。所以，可以在切断控制屏内主电路的情况下检查控制屏内控制电路的故障。

一、主令控制回路的故障及原因

(1) 起升机构不起不落

1) 零压继电器 KHV 不吸合，可能是熔断器烧断或继电器线圈 KHV 断路，或该段内导线断路。

2) 零压继电器 KHV 吸合，而起升机构仍不起不落，则可能是零压继电器的联锁触头 KHV 未接通。

3) 制动器线圈断路或主令控制器的触头未接通，制动器打不开，所以电动机发出嗡嗡声，电动机转不起来。

(2) 主钩只起不落或只落不起　如果是主钩只起不落，那么问题可能出在制动接触器上，在控制回路中的常开触头和下降接触器在控制回路中的常开触头同时未接通，使主令控制器置于下降挡时，制动接触器线圈没电压，制动器打不开，所以主钩只能升，不能降。

如果是主钩只落不起，那么问题可能是：上升限位开关的触头电路未接通；连接上升限位触头的两根滑线接触不良；主令控制器的触头未接通；上升接触器线圈有断路；控制回路中的下降接触器、加速接触器的常闭触头未接通。

(3）主令控制电路工作时接触器时断时吸　这种情况常常发出叭啦叭啦的响声，一般是熔断器处于似断非断的状态。或者是控制电路的导线联接螺钉松动。

(4）电动机转矩不足　这种情况主要是转子电路中的起动电阻没有按电路要求被切除。原因是在控制回路中，各加速接触器的线圈电路里都串有前一级加速接触器的联锁触头，所以，如果其中一个接触器线圈坏了或常开触头闭合不良等，下面的几级接触器都不能投入工作，从而使电动机转子电路中的电阻均不能被切除，所以，必然造成转矩不足的现象。

(5）由反接制动级转换到再生下降时吊物突然坠落　一般是由于下降的接触器线圈断路，或与之有关的电路断路。

(6）由下降第三级过渡到第四级时，制动器瞬间断电，发出“咯噔”的响声　因为接触器处于换接过程，所以它们在控制回路中的相应常开触头也随之换接，由于制动接触器在控制回路中的常开触头接触不良，从而造成制动接触器发生断续接通现象，发出“咯噔”的响声。

(7）下降第六级时，下降接触器释放，吊物坠落　产生这种现象的原因是由于主令控制器使用太久，凸轮磨损严重，甚至损坏，使触头不符合要求，在下降最后一级时触头接触不良而造成吊物坠落。

二、主令控制电路故障的排除

发生起升机构不起不落的情况时，应查找损坏处和断路处，并作出相应的修理和更换新件。另外，检查并修理零压继电器的联锁触头。

如果是主钩只起不落或只落不起，可以检查哪一级线路没接通，没接通是因触头接触不上，还是线路中有断路，或者是哪个线圈坏了。然后根据具体情况去修理触头、更换触头或线圈，接通断路之处。

其他几种故障，只要找到故障发生的准确位置，便可根据具体情况进行更换、修理、接通，将故障排除。

第九节　其他故障的原因及排除

天车常见的机械、电气和金属结构的故障还有很多，它们的故障产生原因及排除方法见表9-3。

表9-3　其他故障的产生原因及排除方法

名称	故　障	产生原因与后果	排除方法
吊钩	钩口危险断面磨损	磨损严重时，其强度减弱，易于折断	磨损量超过危险断面的10%时要更换，对吊运钢液的吊钩，磨损量超过危险断面5%时，就要更换新钩
	钩口部位有变形	长期过载，疲劳所致	立即更换新钩
	钩头表面出现裂纹	超期使用、超载使用或材质不好所致	发现裂纹，立即停止使用，必须更换
钢丝绳	钢丝绳迅速磨损损	滑轮或卷筒的直径对于这种钢丝绳来讲太小，或是卷筒上绳槽太小	换较软的钢丝绳，或装上标准直径的钢丝绳或更换卷筒
	钢丝绳经常破裂、断股、断丝	有脏物和没有润滑油，或上升限位器的挡板安装不正确	清洗和润滑钢丝绳，改换或调整挡板，断丝数在一个捻距内超过总丝数的10%、钢丝绳径向磨损40%时，应更换钢丝绳
联轴器	联轴器的联接螺栓孔磨损	开机时机构跳动、切断螺栓，起升时，将发生吊物坠落	可重新扩孔配螺栓，孔磨损严重时，可补焊后再钻铰孔，但起升机构的联轴器要更换
	齿轮套键槽磨损	不能传递转矩，吊物坠落	起升机构的齿轮套要更换，而运行机构的齿轮套可在与其相距90°处重新插键槽，配键后继续使用

（续）

名称	故　障	产生原因与后果	排除方法
减速器	周期性的颤动声	齿轮齿距误差过大或齿侧间隙超过标准	更换新齿轮
	壳体，特别是安装轴承处发热	轴承滚珠损坏或保持架破碎，轮齿磨损坏、缺少润滑油、轴颈卡住	更换轴承；修整轮齿；更换润滑油
	润滑油沿部分面流出	密封环损坏，部分平面不平，联接螺栓松动	更换密封圈，刮平部分不平的面，开回油槽，紧固螺栓
	减速器在架上振动	固定螺栓松动，输入与输出轴和电动机轴不同轴；支架刚性差	紧固减速器的固定螺栓，调整减速器传动轴的同轴度，加固支架，增大刚性
卷筒	卷筒出现裂纹	超期使用而产生疲劳裂纹	更换卷筒
	卷筒的轴、键磨损	轴被剪断，导致吊物坠落，安装不合理	停止使用，检修或更换
	卷筒绳槽磨损；钢丝绳跳槽	卷筒强度减弱并已断裂，钢丝绳缠绕混乱	当卷筒壁厚磨损达原厚度的20%以上时应更换卷筒，重新缠绕钢丝绳
滑轮	滑轮槽磨损不均匀	安装不合要求；绳与轮接触不均匀	重新安装或修补，磨损超过3mm应更换
	滑轮心轴磨损	轴上的定位件松动，使心轴损坏	紧固滑轮心轴上的定位件，加强润滑
	滑轮冲撞轮缘断裂	绳、轮接触不均匀，滑轮损坏	更换
	滑轮转不动	心轴和钢丝绳磨损加剧	检修心轴和轴承
夹轨钳	制动力矩小，夹不住	各活动铰接部分有卡住现象，润滑不良，制动带磨损，制动力矩明显减小	修正各活动铰接部分，加强润滑，更换新制动带

（续）

名称	故　障	产生原因与后果	排除方法
电动机	整个电动机均匀发热	1. 电动机的负载持续率与机构的工作类型不符，经常超载运行而发热 2. 在低压下工作	1. 降低天车工作的繁忙程度或更换符合工作类型的电动机 2. 电压低于额定电压10%时，应停止工作
	定子绕组局部过热	1. 各相的星形或三角形联结有错误 2. 某一相绕组有两处与机壳短接	1. 检查每相的电流，矫正接线的错误 2. 用电工仪表查找损坏的地方，并排除之
	集电环开路	集电环及电刷器械脏污	清除脏污、灰尘及油垢
	电动机运行时定子与转子摩擦	1. 轴承端盖不正，轴承磨损，定子或转子铁心变形 2. 因定子绕组的线圈连接不正确，而使磁通不平衡	1. 检查端盖与轴承，磨损严重者要更换；修整铁心，或更换之 2. 检查并改正连接的错误
	电刷冒火花或集电环被烧焦	1. 电刷研磨不好，或电刷在刷握中太紧 2. 电刷及集电环脏污 3. 电刷压力不够 4. 集电环不平，电刷跳动	1. 磨合电刷，调整松紧程度 2. 清洗电刷及集电环 3. 调整电刷的压力 4. 磨光集电环
	电动机在运转中声音不正常	1. 定子相位错移 2. 定子铁心未压紧 3. 轴承磨损	1. 检查接线系统，纠正错相 2. 调整定子铁心未压紧处或更换之 3. 轴承磨损严重者可更换
	电动机承受负荷后转速变慢	转子端部连接处发生短路	检查转子电路并排除短路故障
	转子绕组有两处接地	—	用绝缘电阻表检查每一匝线圈的绝缘电阻，排除接地故障

（续）

名称	故　　障	产生原因与后果	排除方法
交流接触器和继电器	线圈发热	线圈过载，动铁心的极面有间隙	减小动触头弹簧的压力，清洗极面脏污，排除弯曲、卡住等产生间隙的因素，或更换线圈
	嗡嗡声较大	1. 线圈过载 2. 磁流通路的工作表面有脏污 3. 动磁铁传动部位卡住	1. 减小动触头弹簧的压力 2. 清除脏污 3. 对铰接销轴加油润滑，排除附加阻力
	触头过热或烧损	触头压力不足、触头脏污	调整压力，清除污物
	主接触器不能接通	1. 刀开关、紧急开关、舱口开关没闭合 2. 控制手柄未放回零位 3. 控制电路熔断器没接通 4. 线路无电	1. 合上开关 2. 将手柄扳回零位 3. 接通熔断器 4. 检查线路是否有电
	动作迟缓	1. 动、静磁铁极面间距过大 2. 接触器器械底板与水平面不垂直，上部较下部凸出	1. 缩短动、静磁铁极面的间距 2. 调整之，使装置器械垂直
交流制动电磁铁	线圈发热	1. 电磁铁的电磁牵引力过载 2. 动、静磁铁极面在吸合时有间隙	1. 调整弹簧压力和重锤的位置 2. 调整制动器的机械部分，减小间隙

（续）

名称	故　障	产生原因与后果	排除方法
交流制动电磁铁	动、静磁铁分离不开	电磁铁有剩磁	消除剩磁或更换合适的磁铁材料
	工作时有较大的“嗡嗡”声	1. 电磁铁过载，短路环断裂 2. 动、静磁铁极面脏污 3. 电磁铁弯曲、扭斜	1. 调整制动器主弹簧压力或改变重锤的位置，更换短路环 2. 清除脏污 3. 校正弯曲和扭斜，严重者更换之
液压电磁铁	通电后推杆不动作或行程小	1. 推杆卡住 2. 网络电压低于额定电压的85% 3. 延时断电电器延时过短或常开触头不动作 4. 整流装置损坏 5. 严重漏油 6. 油量不足或活塞与轴承间有气体	1. 检查并排除卡住处 2. 提高电压 3. 按所需要的延时时间调整修理继电器 4. 修复或更换 5. 检修密封 6. 排除气体，补充油液
	电磁铁工作后，行程逐渐减小	1. 液压缸漏油 2. 密封圈严重损坏 3. 齿形阀片及动铁心阀片密封不严	1. 修理或更换液压缸 2. 更换密封圈 3. 清除阀片上可能存在的机械杂质
	起动时间过长	1. 电压过低 2. 制动器制动力矩过大 3. 运动部分卡住	1. 提高电压 2. 调整制动力矩，使其不超过额定值 3. 检查并排除卡阻现象
	制动时间过长	1. 时间继电器的触头打不开 2. 运动部分卡住 3. 机械部分故障 4. 油路堵塞	1. 检修触头 2. 排除卡住现象 3. 检查并排除机械故障 4. 疏通油路，排除堵塞

复习思考题

1. 如何判断电动机是定子电路单相还是转子电路单相？
2. 天车起动后按钮脱开就掉闸的原因有哪些？
3. 大车、小车和起升机构都不能正常工作，如何处理？
4. 产生小车行走不平、大车啃道的原因各是什么？
5. 制动器张不开的原因是什么？
6. 哪些部位能引起电动机的转子出现故障？
7. 怎样判断电动机转子的断路故障？
8. 产生主梁下挠的原因是什么？
9. 不能吊运额定起重量的原因何在？
10. 为什么会有溜钩的现象发生？
11. 合上保护箱刀开关，控制电路的熔断器就熔断，为什么？
12. 吊钩一上升或一下降，接触器就释放，为什么？
13. 常见的主令控制线路的故障有哪些？
14. 天车运行时，接触器短时断电，原因是什么？
15. 控制屏刀开关合上后，零压继电器不吸合，为什么？
16. 主令控制器手柄换级时，接触器就释放，为什么？
17. 从电气的角度说明制动器不能松闸的道理。
18. 怎样查找接触器工作不正常的原因？
19. 怎样查找单台电动机不能起动的原因？
20. 主回路、控制回路中常见的故障有哪些？
21. 简述排除溜钩故障的方法。
22. 简述检查、修理大车啃道的方法。
23. 怎样排除小车行车不平的故障？
24. 简述液压电磁铁通电后推杆不动作或行程小的原因及排除方法。
25. 简述接触器线圈发热的原因及排除方法。
26. 简述电动机在运转时声音不正常的原因及排除方法。
27. 简述电动机在承受负荷后转速变慢的原因及排除方法。
28. 简述控制器的常见故障。
29. 制动器有哪些电气故障会造成重物坠落事故？
30. 主钩能起不能落的原因是什么？

第十章　天车工的技术等级要求及实际操作技能考核题例

第一节　天车工的技术等级要求

一、初级天车工的技术等级要求

（1）理论基础知识　天车工经过理论培训，应能掌握：

1）桥式起重机的名称、性能及主要部分的结构、使用规则和维护保养方法。

2）常用工具、量具、电气仪器的名称、规格、用途和使用保养方法。

3）绑挂指挥与指挥信号、起重吊运指挥信号。

4）天车各个润滑部位所用润滑油的牌号及注油方法。

5）物件重量的计算方法。

6）天车上各部分电气控制装置的作用、使用规则和保养方法。

7）天车机械传动装置零部件的作用、原理及保养方法。

8）天车主要部件的安全技术要求及易损件的报废标准。

9）天车钢丝绳和吊钩的安全载荷限度。

10）天车各电气设备的结构、原理及作用。

11）天车工安全技术操作规程。

12）能听出和鉴别设备的正常和异常声音和现象，并能判明异常现象的部位，找出原因。

（2）实际操作

1）制动器的调整及简单的维修。

2）控制器的简单维修。

3）主回路线路的简单故障分析及排除。

4）基本操作技术要求：稳、准、快和安全；掌握吊钩定位、消除吊钩游摆和一般翻转零件的方法。

二、中级天车工的技术等级要求

（1）理论基础知识

1）天车的形式、规格、性能、结构、使用规则和维护保养方法。

2）常用各种钢丝绳和吊钩的使用寿命及其受力试验方法、允许载重量的计算方法。

3）控制回路、主回路的工作原理。

4）抓斗控制线路、电磁吸盘控制线路的工作原理。

5）天车的安装及验收方法。

6）天车各种故障产生的原因及排除方法。

7）天车的大修项目及其技术标准。

8）天车的安全管理规程。

（2）实际操作

1）两台天车同时起吊，吊运同一物体的方法及注意事项。

2）大型铸、锻件的翻转方法；大型精密设备装配及其起吊工作要点。

3）箱型主梁变形的修理。

4）主回路和控制回路的故障分析及排除。

5）操作技术要求：稳、准、快和安全；熟练地掌握各种操作：吊钩定位要稳、准、快；各种游摆的消除；各种物件的翻转。

第二节　天车工实际操作考核题例

为了科学地训练和合理地评价天车工，这里拟出10套操作技能考试题。这些考试题着重对天车工的各种操作基本功、稳钩操作技能、吊钩综合运动的协调熟练程度、各种物件的翻转技能等进行综合性考核。考核分初、中两个等级，初、中级各5套考试题，1～5题为初级，6～10题为中级。每套考试题满分100分，其中，安全文明生产20分，实际操作和排除故障 80 分。

一、安全文明生产考核评分标准（20 分）

1）车体内外环境不整洁，扣 2 ~ 3 分。

2）不穿戴好劳动保护用品，扣 2 ~ 3 分。

3）服务态度生硬，扣 3 ~ 5 分。

4）不听从地面指挥人员的指挥信号，扣 1 ~ 2 分。

5）排除故障时扩大事故，扣 1 ~ 2 分。

6）违反操作规程本项不得分。

7）考前未空车运行检查，开车前未鸣铃发出信号，扣 3 ~ 5 分。

8）如出现人身设备事故，取消参试者考试资格。

二、天车工考核标准（80 分）

根据国家的有关标准，初级天车工应能正确驾驶天车，做到稳、准、快、安全、合理；能准确判断出一般故障的发生点及原因，并能做简单的排除。中级天车工应能很好地掌握电动机的机械特性，从而更好地驾驶天车。做到稳、准、快、安全、合理地操作，包括有一定难度的吊运；能及时准确地判断出故障发生点，并能及时排除。

实际操作考核由两部分组成：第一部分是实际操作；第二部分是排除故障。

三、考核要求

1）选择好一台性能良好的天车（5t 或 10t），为考试创造必要的条件。

2）天车正式工作前要空车运行检查，排除故障的考试要在确认天车无误的前提下方可设置故障。

3）布置好考试现场，要保证司机能看得清；准备好考试用的哨子、秒表、水桶或吊物等。

4）吊运过程能体现稳、准、快。

5）排除故障，思路要正确，能正确识别主电路、控制电路及各元件出现的问题。

6）考核时间一般按每题的具体规定计时，超过规定时间者，每超5s扣1分，最多不得超过1min。

四、考核题例

1. 吊块碰撞及故障排除（见图10-1及表10-1）

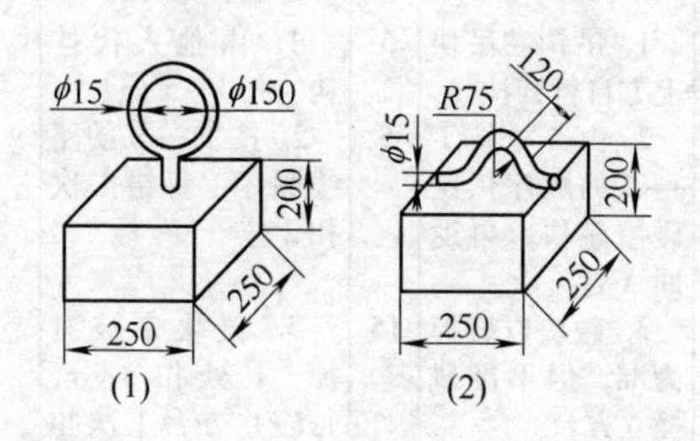

a)

b)

图10-1　吊块碰撞

表10-1 评 分 表

考核等级	初级	单位		姓名		考题图号	10-1	考题名称	吊块碰撞及故障排除

项次	考核内容	考核要求	配分	评分标准	得分	总分	时间定额
1	吊块碰撞	1. 吊钩在吊块上方自行钩挂 2. 由A处按①→⑤的顺序依次碰撞碰块，再返回A处 3. 碰块以碰掉为准，但不准碰撞立方台 4. 小车可以任意运动，大车只许向前，不许向后运动 5. 吊块停放准确	5 5 15 5 30	1. 由他人代挂钩，扣1～5分 2. 按①→⑤的路线顺序，每错1次扣2分 3. 碰块未被碰掉，1处扣3分，每碰立方台1次扣5分，扣完15分为止 4. 大车每向后运动1次扣5分 5. 落放指定地点： 1）出内圈扣5分 2）出中圈扣5分 3）出外圈扣15分		60	5min 实用时间 超时间扣分
2	控制回路不能送电，其故障点设置在： 1. 将隔离开关虚合或未合紧 2. 将控制器手柄不放在零位	1. 正确分析故障发生在哪个部分 2. 及时准确地排除故障	20	1. 故障分析欠佳扣5分 2. 1处故障未排除扣10分		20	时间定额 10min 实用时间 超时间扣分
3	安全文明生产	按本章安全文明生产考核评分标准考核	20	违反考核标准1条、次，酌情扣1～20分		20	

记录员		评分员		监考人		考工负责人		备注	

2. 吊水桶绕杆运行及故障排除（见图 10-2 及表 10-2）

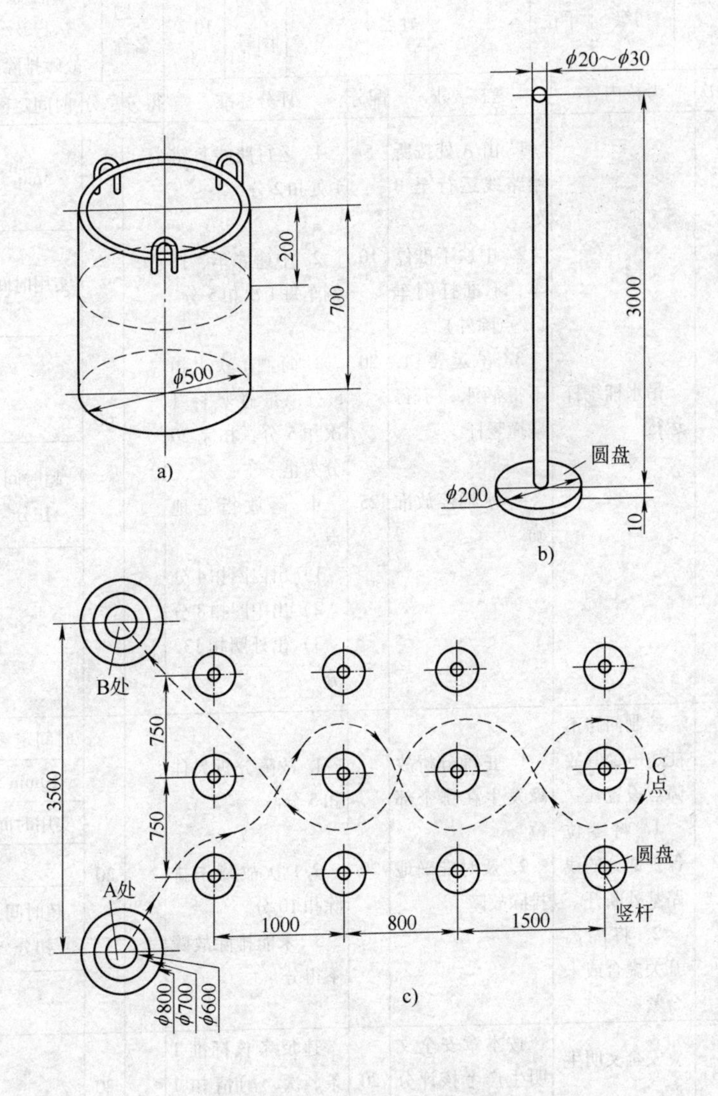

图 10-2　吊水桶绕杆运行

a）吊桶　b）竖杆　c）竖杆、吊桶运行路线布置图

表10-2 评 分 表

考核等级	初级	单位		姓名		考题图号	10-2	考题名称	吊水桶绕杆运行及故障排除

项次	考核内容	考核要求	配分	评分标准	得分	总分	时间定额
1	吊水桶绕杆运行	1. 由A处按所给路线运行至B处 2. 中途不准停车，不准打倒车（C点除外） 3. 吊运要稳，不得洒水，不得碰撞竖杆 4. 水桶停放准确	5 10 20 25	1. 运行路线每错1处扣2分 2. 中途停车、打倒车每1次扣5分 3. 每洒1次水扣5分，每碰竖杆1次扣5分，扣完20分为止 4. 落放指定地点： 1）出内圈扣4分 2）出中圈扣8分 3）出外圈扣13分		60	3min 实用时间 超时间扣分
2	控制回路不能送电，其故障点设置在： 1. 将零位保护部分的线路某处断开 2. 将隔离开关虚合或未合紧	1. 正确分析故障发生在哪个部位 2. 及时准确地排除故障	20	1. 故障分析欠佳扣5分 2. 1次故障未排除扣10分 3. 未能排除故障不得分		20	时间定额 10min 实用时间 超时间扣分
3	安全文明生产	按本章安全文明生产考核评分标准考核	20	违反考核标准1条、次，酌情扣1~20分		20	

记录员		评分员		监考人		考工负责人		备注	

3. 吊重块通过框架及故障排除（见图 10-3 及表 10-3）

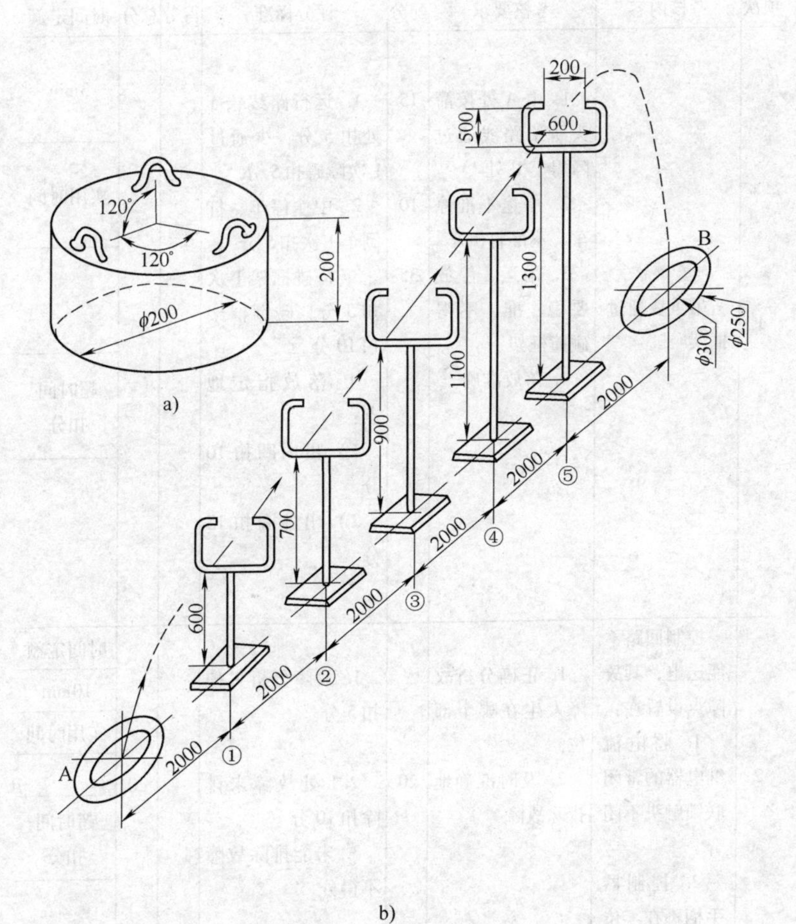

图 10-3 吊重块通过框架

a）重块 b）框架布置图

表10-3 评 分 表

<table>
<tr><td>考核等级</td><td>初级</td><td>单位</td><td></td><td>姓名</td><td></td><td>考题图号</td><td>10-3</td><td>考题名称</td><td colspan="2">吊重块通过框架及故障排除</td></tr>
<tr><td>项次</td><td>考核内容</td><td colspan="2">考核要求</td><td>配分</td><td colspan="2">评分标准</td><td>得分</td><td>总分</td><td colspan="2">时间定额</td></tr>
<tr><td rowspan="4">1</td><td rowspan="4">吊重块通过框架</td><td colspan="2" rowspan="4">1. 由A处按箭头所给路线通过障碍至B处
2. 中途不准停车，不准打倒车
3. 吊运、停放要稳、准，不得碰撞框架
4. 落放准确</td><td rowspan="4">15
10
35</td><td colspan="2" rowspan="4">1. 运行路线错1处扣5分，少通过1次障碍扣5分
2. 中途停车、打倒车1次扣5分
3. 每碰框架1次扣5分，碰倒框架扣10分
4. 落放指定地点：
1）出内圈扣10分
2）出外圈扣15分</td><td rowspan="4"></td><td rowspan="4">60</td><td colspan="2">3min</td></tr>
<tr><td colspan="2">实用时间</td></tr>
<tr><td colspan="2"></td></tr>
<tr><td colspan="2">超时间扣分</td></tr>
<tr><td rowspan="5">2</td><td rowspan="5">控制回路不能送电，其故障点设置在：
1. 将电流继电器的常闭联锁触头不闭合
2. 控制器手柄不在零位</td><td colspan="2" rowspan="5">1. 正确分析故障发生在哪个部位
2. 及时准确地排除故障</td><td rowspan="5">20</td><td colspan="2" rowspan="5">1. 故障分析欠佳扣5分
2. 1处故障未排除扣10分
3. 未能排除故障不得分</td><td rowspan="5"></td><td rowspan="5">20</td><td colspan="2">时间定额</td></tr>
<tr><td colspan="2">10min</td></tr>
<tr><td colspan="2">实用时间</td></tr>
<tr><td colspan="2"></td></tr>
<tr><td colspan="2">超时间扣分</td></tr>
<tr><td>3</td><td>安全文明生产</td><td colspan="2">按本章安全文明生产考核评分标准考核</td><td>20</td><td colspan="2">违反考核标准1条、次，酌情扣1~20分</td><td></td><td>20</td><td colspan="2"></td></tr>
<tr><td>记录员</td><td></td><td>评分员</td><td></td><td>监考人</td><td></td><td>考工负责人</td><td></td><td>备注</td><td colspan="2"></td></tr>
</table>

4. 吊水桶定点停放及故障排除（见图 10-4 及表 10-4）

5. 吊水桶撞击碰块及故障排除（见图 10-5 及表 10-5）

6. 双钩空中翻转方水桶、定点倒放及故障排除（见图 10-6 及表 10-6）

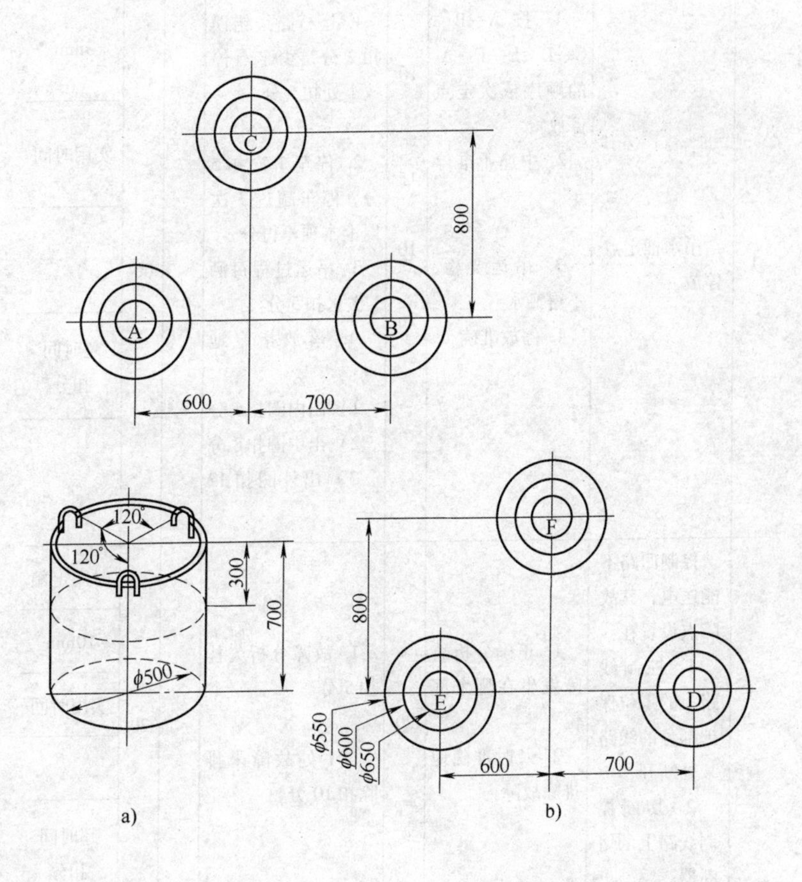

图 10-4 吊水桶定点停放

a）水桶 b）定点停放布置图

表 10-4　评　分　表

考核等级	初级	单位		姓名		考题图号	10-4	考题名称	吊水桶定点停放及故障排除

项次	考核内容	考核要求	配分	评分标准	得分	总分	时间定额
1	吊水桶定点停放	1. 按 A—B—C—D—E—F—A 的顺序依次定点停放 2. 中途不准停车 3. 吊运要稳、不得洒水 4. 停放准确	10 15 10 25	1. 运行路线错误扣 2 分，少定点停放 1 处扣 5 分 2. 停车 1 次扣 5 分，停车超过 3 次以上本项不得分 3. 吊运过程每洒 1 次水扣 5 分 4. 落放指定地点： 1）出内圈扣 5 分 2）出中圈扣 8 分 3）出外圈扣 12 分		60	3min 实用时间 超时间扣分
2	控制回路不能送电，其故障点设置在： 1. 控制线路上的零位保护部分的线路某处断开 2. 切断控制线路上的熔断器	1. 正确分析故障发生在哪个部位 2. 及时准确地排除故障	20	1. 故障分析欠佳扣 5 分 2. 1 处故障未排除扣 10 分		20	时间定额 10min 实用时间 超时间扣分
3	安全文明生产	按本章安全文明生产考核评分标准考核	20	违反考核标准 1 条、次，酌情扣 1 ~20 分		20	

记录员		评分员		监考人		考工负责人		备注	

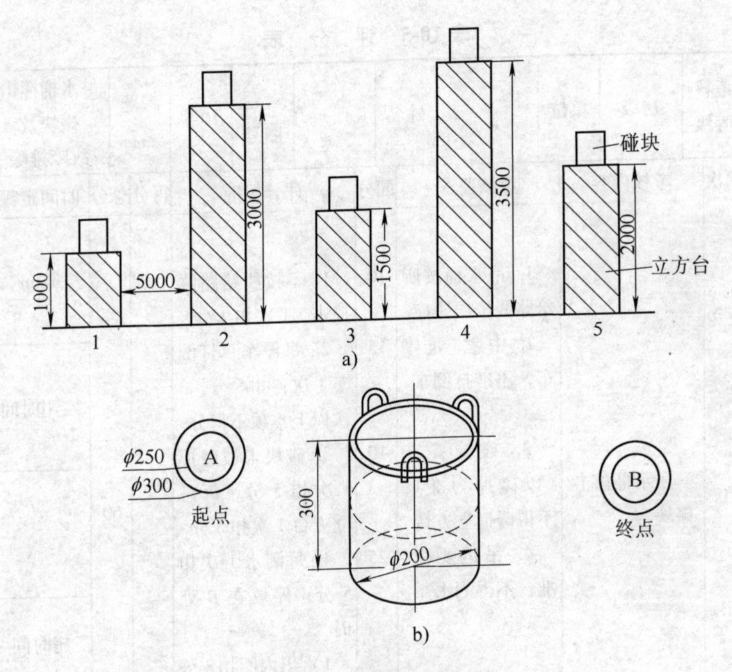

图 10-5 吊水桶撞击碰块

a）碰块、立方台布置图 b）水桶

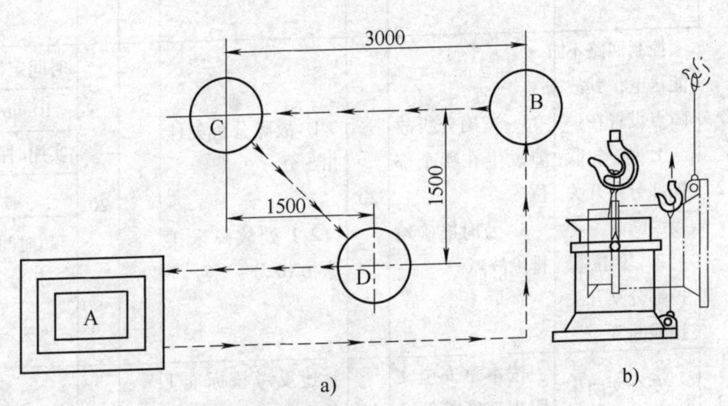

图 10-6 双钩空中翻转方水桶、定点倒放

a）定点倒放布置图 b）方水桶

表10-5 评 分 表

考核等级	初级	单位		姓名		考题图号	10-5	考题名称	吊水桶撞击碰块及故障排除

项次	考核内容	考核要求	配分	评分标准	得分	总分	时间定额
1	吊水桶撞击碰块	1. 吊水桶按所给路线依次碰撞 2. 中途不准停车，不准打倒车 3. 碰撞要准（以碰掉为准），不得碰撞立方台 4. 吊运要稳、准，不得洒水	10 15 10 25	1. 不按所给路线撞击，1次扣2分 2. 每停车、打倒车1次各扣5分，3次以上本项不得分 3. 碰块未被碰掉1次扣5分，每碰立方台1次扣5分 4. 每洒水1次扣5分；停放在*B*处时 1）出内圈扣8分 2）出外圈扣12分		60	3min 实用时间 超时间扣分
2	控制回路不能送电，其故障点设置在： 1. 安全联锁部分某开关接线断开 2. 零位保护部分某开关接线断开	1. 正确分析故障发生在哪个部位 2. 及时准确地排除故障	20	1. 故障分析欠佳扣5分 2. 1处故障未排除扣10分		20	时间定额 10min 实用时间 超时间扣分
3	安全文明生产	按本章安全文明生产考核评分标准考核	20	违反考核标准1条、次，酌情扣1~20分		20	

记录员		评分员		监考人		考工负责人		备注	

表10-6 评 分 表

考核等级	中级	单位		姓名		考题图号	10-6	考题名称	双钩空中翻转方水桶、定点倒放及故障排除

项次	考核内容	考核要求	配分	评分标准	得分	总分	时间定额
1	双钩空中翻转方水桶，定点倒放	1. 按所给路线正确吊运，在B、C、D三处各倒入1/3水桶中的水，最后停于A处 2. 吊运要稳、准，不得洒水 3. 停放准确	20 25 15	1. 不按所给路线吊运，扣2分；B、C、D三处水相差很大，扣2分 2. 吊运过程中每洒1次水，扣5分；倒水时每洒1次水，扣5分 3. 停放指定地点： 1）出内圈扣10分 2）出外圈扣15分		60	3min 实用时间 超时间扣分
2	主令控制电路的故障点设置在： 熔断器断开，使零压继电器不吸合，造成起升机构不起不落	1. 正确分析故障发生在哪个部位 2. 及时准确地排除故障	10 10	1. 故障分析欠佳扣5分 2. 未排除故障不得分		20	时间定额 10min 实用时间 超时间扣分
3	安全文明生产	按本章安全文明生产考核评分标准考核	20	违反考核标准1条、次，酌情扣1~20分		20	

记录员		评分员		监考人		考工负责人		备注	

7. 吊水桶定点投准及故障排除（见图 10-7 及表 10-7）

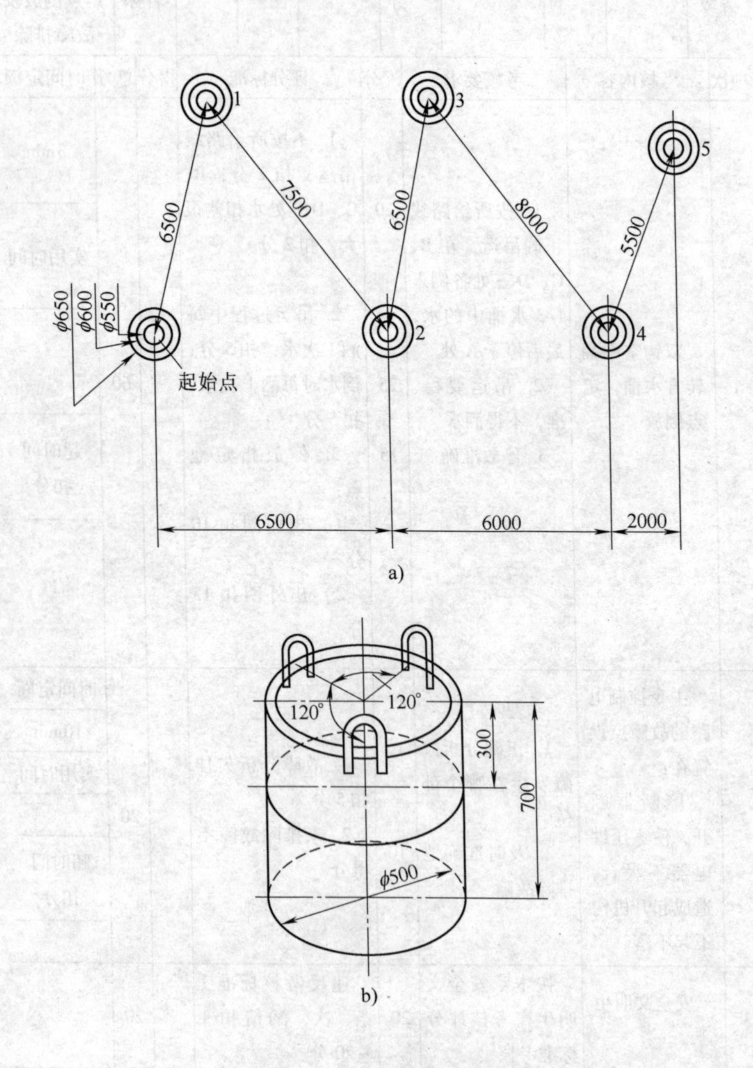

图 10-7 吊水桶定点投准

a）定点投准布置图 b）水桶

表 10-7　评　分　表

考核等级	中级	单位		姓名		考题图号	10-7	考题名称	吊水桶定点投准及故障排除

项次	考核内容	考核要求	配分	评分标准	得分	总分	时间定额
1	吊水桶定点投准	1. 按图示规定路线定点投放，轻起、轻落，不得洒水	20	1. 运行路线错走1次扣5分，每洒水1次扣5分		60	3min
		2. 对每个定点，要一次性投准	20	2. 落地两次（含两次）以上，每次扣5分			实用时间
		3. 水桶投入圈内为准	20	3. 停落时 1）出内圈扣5分 2）出中圈扣7分 3）出外圈扣8分			超时间扣分
2	主回路故障点设在： 将5t天车的过电流继电器线圈的出线端与控制器定子回路触头之间分断，造成起升机构电动机不工作	1. 正确分析故障发生在哪个部位	10	1. 分析故障思路欠佳扣5分		20	时间定额 10min 实用时间
		2. 及时准确地排除故障	10	2. 未排除故障不得分			超时间扣分
3	安全文明生产	按本章安全文明生产考核评分标准考核	20	违反考核标准1条、次，酌情扣1~20分		20	

记录员		评分员		监考人		考工负责人		备注	

8. 兜翻圆柱体 90°，并绕杆运行及故障排除（见图 10-8 及表 10-8）

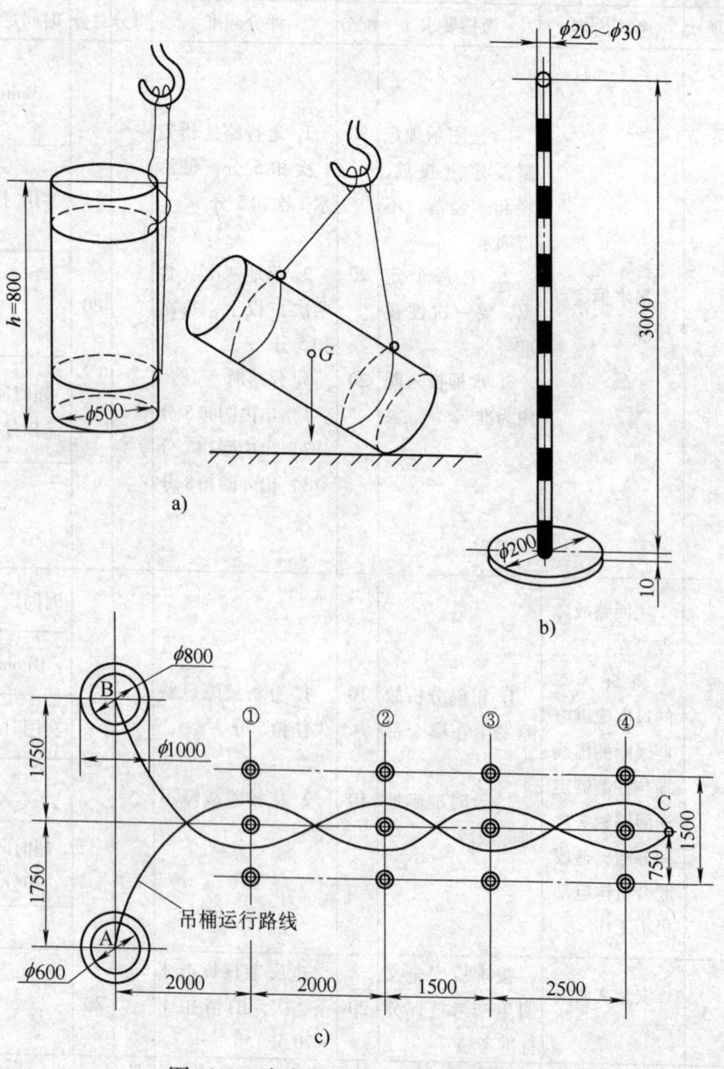

图 10-8　兜翻圆柱体 90°并绕杆运行

a）兜翻圆柱体 90°　b）竖杆　c）竖杆和吊桶的平面布置

表10-8 评 分 表

考核等级	中级	单位		姓名		考题图号	10-8	考题名称	兜翻圆柱体90°，并绕杆运行及故障排除

项次	考核内容	考核要求	配分	评分标准	得分	总分	时间定额
1	兜翻圆柱体90°并绕杆运行	1. 将圆柱体兜翻90°后，按所给路线绕杆运行 2. 绕杆运行后兜翻90°，放在*B*处 3. 中途不准停车，不准打倒车	20 25 15	1. 不按顺序绕杆运行1次扣3分；碰竖杆1次扣5分，碰倒1次扣10分 2. 停落时： 1）出内圈扣10分 2）出外圈扣15分 3. 每停车1次扣5分，每打倒车1次扣5分		60	5min 实用时间 超时间扣分
2	天车控制回路不能送电，其故障点设置在： 1. 开关虚接或未合紧 2. 将安全联锁部分的线路某处断开	1. 正确分析故障发生在哪个部位 2. 及时准确地排除故障	10 10	1. 故障分析欠佳扣5分 2. 一处故障未排除扣10分		20	时间定额 10min 实用时间 超时间扣分
3	安全文明生产	按本章安全文明生产考核评分标准考核	20	违反考核标准1条、次，酌情扣1~20分		20	

记录员		评分员		监考人		考工负责人		备注	

9. 吊水桶通过三组 S 桩障碍及故障排除（见图 10-9 及表 10-9）

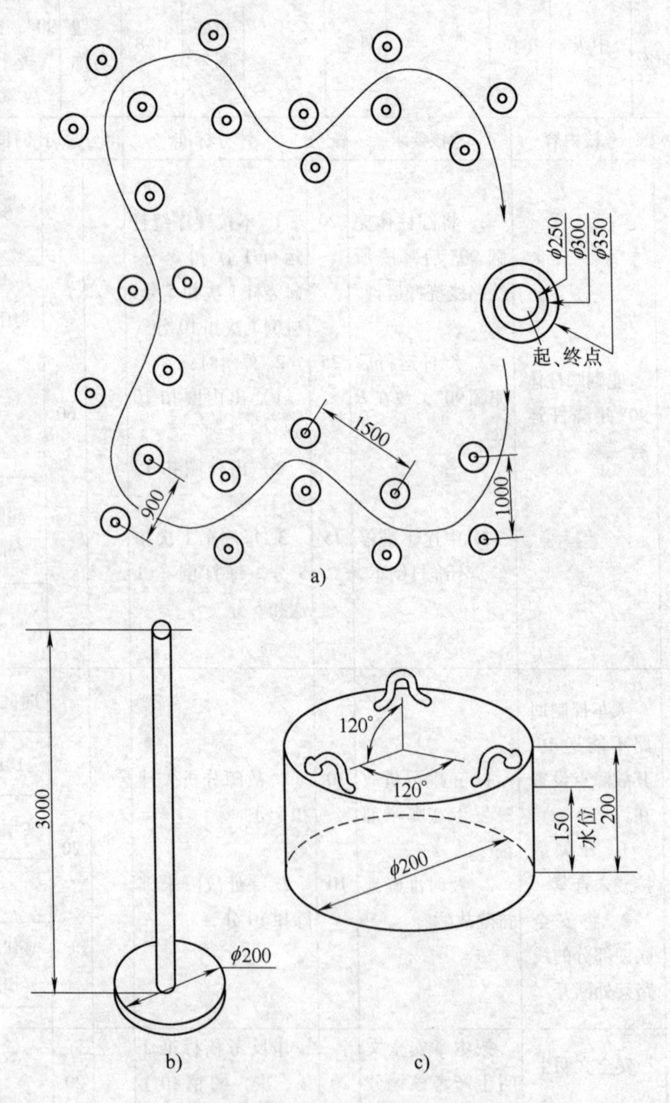

图 10-9　吊水桶通过三组 S 桩障碍

a）三组 S 桩运行障碍布置图　b）竖杆　c）水桶

表10-9 评分表

考核等级	中级	单位		姓名		考题图号	10-9	考题名称	吊水桶通过三组S桩障碍及故障排除

项次	考核内容	考核要求	配分	评分标准	得分	总分	时间定额
1	吊水桶通过三组S桩障碍	1. 按所给路线通过障碍	10	1. 运行路线错1次扣3分		60	3min
		2. 吊运要稳、准，不准碰竖杆，不准洒水	15	2. 每洒水1次扣5分；每碰竖杆1次扣5分			实用时间
		3. 终点停放，要一次投准	20	3. 投放时： 1）出内圈扣4分 2）出中圈扣6分 3）出外圈扣10分			超时间扣分
		4. 中途不准停车，不准打倒车	15	4. 每停车1次扣5分，打倒车1次扣5分			
2	控制回路不能送电，其故障点设在： 1. 开关虚合或未合紧 2. 线路主接触器的吸引线路断线	1. 正确分析故障发生在哪个部位	10	1. 故障分析欠佳扣5分		20	时间定额 10min 实用时间
		2. 及时准确地排除故障	10	2. 1处故障未排除扣10分 3. 未能排除故障不得分			超时间扣分
3	安全文明生产	按本章安全文明生产考核评分标准考核	20	违反考核标准1条、次，酌情扣1～20分		20	

记录员		评分员		监考人		考工负责人		备注	

10. 小车上的重块翻转180°及故障排除（见图10-10及表10-10）

表10-10 评 分 表

<table>
<tr><td>考核等级</td><td>中级</td><td>单位</td><td></td><td>姓名</td><td></td><td>考题图号</td><td>10-10</td><td>考题名称</td><td>小车上的重块翻转180°及故障排除</td></tr>
</table>

<table>
<tr><th>项次</th><th>考核内容</th><th>考核要求</th><th>配分</th><th>评分标准</th><th>得分</th><th>总分</th><th>时间定额</th></tr>
<tr><td rowspan="3">1</td><td rowspan="3">小车上的重块翻转180°</td><td>1. 吊钩在吊块上方自行钩挂和自行摘下吊钩</td><td>10</td><td>1. 由他人钩挂和摘下吊钩各扣5分</td><td rowspan="3"></td><td rowspan="3">60</td><td>3min</td></tr>
<tr><td>2. 重块翻转时，不准离开车盘，将重物从0°翻转90°，再从90°翻转180°</td><td>25</td><td>2. 重块翻转过程中，每离开车盘1次扣10分；未按要求翻转扣5分</td><td>实用时间

超时间扣分</td></tr>
<tr><td>3. 小车移动范围为1~100mm</td><td>25</td><td>3. 超过小车移动范围扣10分；总累计400mm以上扣10~20分</td><td></td></tr>
<tr><td rowspan="2">2</td><td rowspan="2">控制回路不能送电，其故障点设置在：
1. 控制器手柄不在零位
2. 控制线路上安全联锁部分的线路某处断开</td><td>1. 正确分析故障发生在哪个部分</td><td>10</td><td>1. 故障分析欠佳扣5分</td><td rowspan="2"></td><td rowspan="2">20</td><td rowspan="2">时间定额
10min
实用时间

超时间扣分</td></tr>
<tr><td>2. 及时准确地排除故障</td><td>10</td><td>2. 1处故障未排除扣10分</td></tr>
<tr><td>3</td><td>安全文明生产</td><td>按本章安全文明生产考核评分标准考核</td><td>20</td><td>违反考核标准1条、次，酌情扣1~20分</td><td></td><td>20</td><td></td></tr>
</table>

<table>
<tr><td>记录员</td><td></td><td>评分员</td><td></td><td>监考人</td><td></td><td>考工负责人</td><td></td><td>备注</td><td></td></tr>
</table>

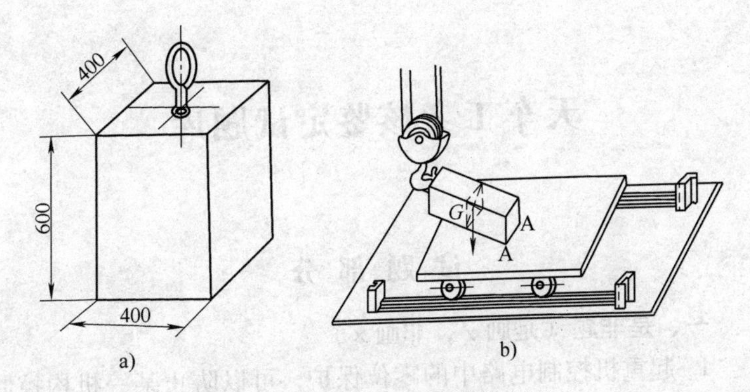

图 10-10　小车上的重块翻转 180°

a）重块　b）竖立在小车上的重块

天车工考核鉴定试题库

试 题 部 分

一、是非题（是画✓，非画×）

1. 起重机控制电路中的零位保护，可以防止某一机构控制器处于工作位置时，主接触器接通电源后，突然运转造成事故。（　）

2. 吊钩或工作物产生游摆的主要原因是水平方向力的作用。（　）

3. 有主副两套起升机构的起重机主副钩不应同时开动。（　）

4. 控制回路又称联锁保护回路，它控制起重机的通、断，从而实现对起重机的各种安全保护。（　）

5. 桥架型起重机是取物装置悬挂在可沿桥架运行的起重小车或运行式葫芦上的起重机。（　）

6. 桥架型起重机就是桥式起重机。（　）

7. 桥式起重机是桥架两端通过运行装置直接支承在高架轨道上的桥架型起重机。（　）

8. 门式起重机是桥架通过两侧支腿支承在地面轨道或地基上的桥架型起重机。（　）

9. 吊钩起重机与抓斗起重机和电磁起重机的起升机构、运行机构都不相同。（　）

10. 按照取物装置的不同，桥式起重机可分为通用桥式起重机和冶金桥式起重机两大类。（　）

11. 桥式起重机主要由金属结构（桥架）、小车、大车运行机构和电气四大部分组成。（　）

12. 单钩桥式起重机是通用桥式起重机的基本类型，其他各

种桥式起重机是由此派生出来的。（　）

13. 吊钩桥式起重机都有两套起升机构，其中起重量较大的称为主起升机构，起重量较小的称为副起升机构。（　）

14. 有两套起升机构的起重机，主、副钩的起重量用分数表示，分母表示主钩起重量，分子表示副钩起重量。（　）

15. 电磁起重机是用起重电磁铁作为取物装置的起重机，起重电磁铁使用的是直流电，它由单独的一套电气设备控制。（　）

16. 抓斗起重机除起升机构不同外，其他部分与吊钩起重机基本相同。（　）

17. 两用桥式起重机是装有两种取物装置的起重机，其特点是在一台小车上装有两套各自独立的起升机构，一套为吊钩用，另一套为抓斗用（或一套为起重电磁铁用，另一套为抓斗用），两套起升机构可以同时使用。（　）

18. 三用桥式起重机根据需要可以用吊钩吊运重物，也可以在吊钩上挂一个电动葫芦抓斗装卸散碎物料，还可以把抓斗卸下来再挂上起重电磁铁吊运钢铁材料。电动葫芦是靠交流电源工作的，而起重电磁铁是靠直流电源工作的。（　）

19. 双小车桥式起重机具有两台起重小车，两台小车的起重量相同，可以单独作业，但不能联合作业。（　）

20. 冶金起重机通常有主、副两台小车，每台小车在各自的轨道上运行。（　）

21. 加料起重机的主小车用于加料机构的上、下摆动和翻转，将炉料伸入并倾翻到炉内。副小车用于炉料的搬运及辅助性工作。主、副小车可以同时进行工作。（　）

22. 铸造起重机主小车的起升机构用于吊运盛钢桶，副小车的起升机构用于倾翻盛钢桶和做一些辅助性工作，主、副小车可以同时使用。（　）

23. 起重机型号一般由类、组、型代号与主参数代号两部分组成。类、组、型均用大写印刷体汉语拼音字母表示，该字母应是类、组、型中代表性的汉语拼音字头。主参数用阿拉伯数字表

示，一般代表起重量、跨度和工作级别等。 ( )

24. 桥式起重机的类代号可省略，冶金起重机的类代号为Y（冶），门式起重机的类代号为M（门）。 ( )

25. 桥式起重机分为手动梁式起重机（组代号为L）、电动梁式起重机（组代号为L）和电动桥式起重机（组代号为Q）三大组。 ( )

26. 吊钩桥式起重机属于桥式起重机类中电动桥式起重机组内的一种型。吊钩桥式起重机的型代号为D（吊），其类、组、型代号为QD。 ( )

27. 抓斗桥式起重机的类、组、型代号为ZQ，电磁桥式起重机的类、组、型代号为CQ。 ( )

28. 吊钩门式起重机的类、组、型代号为MD。 ( )

29. 起重机的主要参数包括：起重量、跨度、起升高度、工作速度及工作级别等。 ( )

30. 起重机所允许起吊的最大质量叫做额定起重量，它不包括可分吊具的质量。 ( )

31. 起重量小，工作级别就小；起重量大，工作级别就大。 ( )

32. 只要起重量不超过额定起重量，把小工作级别的起重机用于大工作级别情况不会影响安全生产。 ( )

33. 天车的桥架是一种移动的金属结构，它承受载重小车的质量，并通过车轮支承在轨道上，因而是天车的主要承载构件。 ( )

34. 起升机构中的制动器一般为常闭式的，它装有电磁铁或电动推杆作为自动的松闸装置与电动机电气联锁。 ( )

35. 大车运行机构分为集中驱动和分别驱动两种方式。集中驱动主要用于大吨位或新式天车上。 ( )

36. 小车运行机构的电动机安装在小车架的台面上，由于电动机轴和车轮轴不在同一水平面内，所以使用立式三级圆柱齿轮减速器。 ( )

37. 吊钩在使用过程中需要进行定期检查，但不需要进行润

滑。（ ）

38. 如发现吊钩上有缺陷，可以进行补焊。（ ）

39. 额定起重量小于25t的吊钩，检验载荷为2倍额定起重量的载荷。因此，吊钩允许超载使用。（ ）

40. 如发现滑轮上有裂纹或轮缘部分损坏应立即停止使用并更换。（ ）

41. 钢丝的直径细，钢丝绳的挠性好，易于弯曲，但不耐磨损。（ ）

42. 在钢丝绳的标记中，ZS表示右交互捻钢丝绳。（ ）

43. 在钢丝绳的标记中，SS表示左同向捻钢丝绳。（ ）

44. 在钢丝绳的标记中，W表示为瓦林吞钢丝绳。（ ）

45. W型钢丝绳也称粗细式钢丝绳，股内外层钢丝粗细不等，细丝置于粗丝丝间。这种钢丝绳挠性较好，是起重机常用的钢丝绳。（ ）

46. 在起重作业中，吊索与物件的水平夹角最好在45°以上。如水平夹角太小，吊索的高度可以降低，但吊索、物体所受的水平力都会增加。（ ）

47. 卷筒上有裂纹，经补焊并用砂轮磨光后可继续使用。（ ）

48. 在卷筒上一般要留2～3圈钢丝绳作为安全圈，以防止钢丝绳所受拉力直接作用在压板上造成事故。（ ）

49. 天车上最常用的减速器是二级卧式圆柱齿轮减速器（ZQ型）和三级立式圆柱齿轮减速器（ZSC）型。（ ）

50. 齿轮联轴器是刚性联轴器，它不能补偿轴向位移和径向位移。（ ）

51. 常用的齿轮联轴器有三种形式：CL型全齿轮联轴器，CLZ型半齿轮联轴器和CT型制动轮齿轮联轴器。（ ）

52. 天车的起升机构制动器调整得过紧，会使钢丝绳受过大的冲击负荷，使桥架的振动加剧。（ ）

53. 为了免除运行机构制动器调整的麻烦，可以打反车制动。（ ）

54. 集中驱动的运行机构，其制动器的制动力矩调得不一致，会引起桥架歪斜，使车轮啃道。 ( )

55. 天车用制动器的瓦块可以绕铰接点转动，当其安装高度有误差时，瓦块与制动轮仍能很好地接合。 ( )

56. 由于制动衬带磨损严重或脱落而引起制动轮温度过高，造成制动带冒烟。 ( )

57. JWZ 型短行程电磁铁，制动器结构简单、重量轻、制动时间短；但是，噪声大、冲击大、寿命短、有剩磁现象，适用于制动力矩大的起升机构。 ( )

58. 集中驱动的大车主动轮踏面采用圆锥形，从动轮踏面采用圆柱形。 ( )

59. 分别驱动的大车主动轮、从动轮都采用圆锥形车轮。 ( )

60. 所有小车车轮都采用圆柱形车轮。 ( )

61. 圆盘形起重电磁铁用于吊运钢板、钢条、钢管及型钢等。 ( )

62. 电动抓斗本身带有供抓斗开起与闭合的装置，可以在任意高度卸料。 ( )

63. 超载限制器的功能是防止起重机超负荷作业。当起重机超负荷时，能够停止起重机向不安全方向继续动作，但应能允许起重机向安全方向动作，同时发出声光报警。 ( )

64. 超载限制器的综合精度，对于机械型装置为 ±5%，对于电子型装置为 ±8%。 ( )

65. 所有起升机构均应安装上升极限位置限制器。 ( )

66. 运行极限位置限制器也称行程开关。当起重机或小车运行到极限位置时，撞开行程开关，切断电路，起重机停止运行。因此，可以当作停车开关使用。 ( )

67. 夹轨器用于露天工作的起重机上，是防止起重机被大风吹跑的安全装置。 ( )

68. 天车工操作起重机时，不论任何人发出指挥信号都应立即执行。 ( )

69. 在检修设备时，可以利用吊钩起升或运送人员。( )

70. 吊运的重物应在安全通道上运行。在没有障碍的路线上运行时，吊具和重物的底面，必须起升到离工作面2m以上。( )

71. 当起重机上或其周围确认无人时，才可以闭合电源。如电源断路装置上加锁或有标牌时，应由天车司机除掉后才可闭合电源。( )

72. 闭合主电源后，应使所有控制器手柄置于零位。( )

73. 工作中突然断电或线路电压大幅度下降时，应将所有控制器手柄扳回零位；重新工作前，应检查起重机动作是否都正常，出现异常必须查清原因并排除故障后，方可继续操作。( )

74. 在轨道上露天作业的起重机，当工作结束时，不必将起重机锚定住。当风力大于6级时，一般应停止工作，并将起重机锚定住。( )

75. 天车工对天车进行维护保养时，不必切断电源并挂上标牌或加锁；必须带电修理时，应带绝缘手套，穿绝缘鞋，使用带绝缘手柄的工具，并有人监护。( )

76. 起重机运行时，可以利用限位开关停车；对无反接制动性能的起重机，除特殊紧急情况外，可以打反车制动。( )

77. 起重机工作时，可以进行检查和维修。( )

78. 可以在有载荷的情况下调整起升机构制动器。( )

79. 有主、副两套起升机构的起重机，主、副钩不应同时开动（允许同时使用的专用起重机除外）。( )

80. 有主、副两套吊具的起重机，应把不工作的吊具升至上限位置，但可以挂其他辅助吊具。( )

81. 起重机上所有电气设备的金属外壳必须可靠地接地，司机室的地板应铺设橡胶或其他绝缘材料。( )

82. 可以利用吊钩拉、拔埋于地下的物体或地面固定设备（建筑物）有钩连的物体。( )

83. 起升机构制动器在工作中突然失灵，天车工要沉着冷

静，必要时将控制器扳至低速挡，作反复升降动作，同时开动大车或小车，选择安全地点放下重物。（ ）

84. 起重机的控制器应逐级开动，可以将控制器手柄从正转位置直接扳到反转位置作为停车之用。（ ）

85. 起重机大车或小车应缓慢地靠近落点，尽量避免碰撞挡架。应防止与另一台起重机碰撞，只有在了解周围条件的情况下，才允许用空负荷的起重机来缓慢地推动另外一台起重机。（ ）

86. 抓斗在卸载前，要注意开闭绳不应比升降绳松弛，以防冲击断绳。（ ）

87. 抓斗在接近车厢底面抓料时，注意升降绳不可过松，以防抓坏车皮。（ ）

88. 抓满物料的抓斗不应悬吊 10min 以上，以防溜抓伤人。（ ）

89. 要经常注意门式起重机和装卸桥两边支腿的运行情况，如发现偏斜，应及时调整。（ ）

90. 起重机完成工作后，应把起重机开到规定停车点，把小车停靠在操纵室一端，将空钩起升到上极限位置，把各控制器手柄都转到零位，断开主刀开关。（ ）

91. 起重机完成工作后，电磁或抓斗起重机的起重电磁铁或抓斗应下降到地面或料堆上，放松起升钢丝绳。（ ）

92. 天车的运行机构起动时，凸轮控制器先在第一挡作短暂停留，即打到第二挡，以后再慢慢打到第三挡、第四挡、第五挡。每挡停留 3s 左右。（ ）

93. 天车作较短距离运行时，应将运行机构的凸轮控制器逐级推至最后挡（第五挡），使运行机构在最高速度下运行。（ ）

94. 运行机构停车时，凸轮控制器应逐挡回零，使车速逐渐减慢，并且在回零后再短暂送电跟车一次，然后靠制动滑行停车。（ ）

95. 大、小车运行起动和制动时，可以快速从零扳到第五挡

或从第五挡扳回零位。（ ）

96. 如欲改变大车（或小车）的运行方向，应在车体运行停止后，再把控制器手柄扳至反向。（ ）

97. 尽量避免运行机构反复起动，反复起动会使被吊物游摆。（ ）

98. 起升重载（$G \geqslant 0.7G_n$），当控制器手柄推到起升方向第一挡时，由于负载转矩大于该挡电动机的起升转矩，所以电动机不能起动运转，应迅速将手柄推至第二挡，把物件逐渐吊起，再逐级加速，直至第五挡。（ ）

99. 起升重载（$G \geqslant 0.7G_n$）时，如控制器手柄推至第一挡、第二挡，电动机仍不起动，未把重物吊起，应将控制器手柄推至第三挡。（ ）

100. 重载（$G \geqslant 0.7G_n$）被提升到预定高度时，应把起升控制器手柄逐挡扳回零位，在第二挡停留时间应稍短，但在第一挡应停留时间稍长些。（ ）

101. 重载（$G \geqslant 0.7G_n$）下降时，将起升机构控制器手柄推到下降第一挡，以最慢速度下降。（ ）

102. 重载（$G \geqslant 0.7G_n$）下降到应停位置时，应迅速将控制器手柄由第五挡扳回零位，中间不要停顿，以避免下降速度加快及制动过猛。（ ）

103. 配合 PQS 型控制屏的主令控制器，在上升和下降方向各有三个挡位，其上升操作与凸轮控制器操作基本相同，而下降操作不相同。（ ）

104. 重载短距离慢速下降时，先把主令控制器手柄推到下降第二挡或第三挡，然后迅速扳回下降第一挡，即可慢速下降。（ ）

105. 重载长距离下降时，先把主令控制器手柄推到下降第一挡，使吊物快速下降，当吊物接近落放点时，将手柄推到下降第三挡，放慢下降速度，这样既安全又经济。（ ）

106. 吊运炽热和液体金属时，不论多少，均应先试验制动器。先起升离地面约 0.5m 作下降制动，证明制动器可靠后再正

式起升。 ( )

107. 铸造起重机在浇、兑钢水时，副钩挂稳罐，听从指挥，并平稳地翻罐。这时，允许同时操纵三个以上的机构。 ( )

108. 桥式铸造起重机每个起升机构的驱动装置必须装有两套制动器，如其中一个发生故障，另一个也能承担工作，而不致发生事故。 ( )

109. 交流异步电动机分为绕线转子和笼型两种。绕线转子异步电动机是天车上使用最广泛的一种电动机。 ( )

110. 定子是电动机静止不动的部分。定子绕组有三相，其首端分别用 U1、V1、W1 表示，末端用 U2、V2、W2 表示。

( )

111. 转子是电动机的转动部分，它由铁心、转子绕组和转轴等组成。绕线转子异步电动机的转子绕组也是三相对称绕组，转子的三相绕组都接成三角形（△）。 ( )

112. 天车上使用的电动机一般按断续周期工作制 S3 制造，基准工作制为 S3—40% 或 S3—25%。 ( )

113. YZR 系列电动机在接电的情况下，允许最大转速为同步转速的 2.5 倍。 ( )

114. 起重机上电动机绕组绝缘最热点的温度，F 级绝缘不得超过 155℃；H 级绝缘不得超过 180℃。 ( )

115. 天车用电动机常处的工作状态有电动状态、再生制动状态、反接制动状态和单相制动状态几种。 ( )

116. 由电动机带动负载运行的情况称为再生制动状态。

( )

117. 由负载带动电动机使电动机处于异步发电机的状态称为电动状态。 ( )

118. 在再生制动状态时，电动机转速高于同步转速，转子电路的电阻越大，其转速越高。 ( )

119. 为确保安全，在再生制动时，电动机应在外部电阻全部切除的情况下工作。 ( )

120. 电动机处于反接制动状态，其转速高于同步转速。
（ ）

121. 在具有主令控制器的起升机构中，广泛采用再生制动线路，以实现重载短距离的慢速下降。（ ）

122. 大车或小车运行机构打反车时，电动机定子相序改变，其旋转磁场和磁转矩方向也随之改变，由于惯性，电动机转速未改变，电动机的转矩与转速方向相反，这种情况是另一种形式的反接制动状态。（ ）

123. 在打反车时，电动机转子绕组与旋转磁场的相对速度为 $-2n_0$，电动机将产生强烈的电、机械冲击，甚至发生损坏事故，所以一般情况下不允许使用。（ ）

124. 三相绕线转子异步电动机定子绕组的一相断开，只有两相定子绕组接通电源的情况，称为单相。（ ）

125. 起升机构在下降时发生单相，转子回路总电阻较小时，电动机不起制动作用；转子回路总电阻较大时，电动机才起制动作用，而这种制动时需要将从电源断开的那相定子绕组与仍接通电源的另两相绕组中的一相并联，这种制动称为单相制动。
（ ）

126. 天车主令控制器控制的起升机构控制屏采用的是单相制动工作档位，用于重载短距离下降。（ ）

127. 凸轮控制器一般为可逆对称电路，平移机构正、反方相挡位数相同，具有相同的速度，从1挡至5挡速度逐级增加。
（ ）

128. 凸轮控制器控制的起升机构，下降时电动机处于回馈制动状态，稳定速度大于同步速度，与起升相同，5挡速度最高。（ ）

129. 重载时需慢速下降，可将控制器打至下将第1挡，使电动机工作在反接制动状态。（ ）

130. 接触器分为交流接触器和直流接触器两种，天车上一般采用CJ12、CJ10、CJ20型交流接触器。（ ）

131. 当某些参考数达到预定值时能自动工作，从而使电路

发生变化的电器称为继电器。（　）

132. 继电器按用途不同可分为保护继电器和控制继电器两大类。保护继电器有过电流继电器和热继电器，控制继电器有时间继电器和中间继电器等。（　）

133. 保护箱与凸轮控制器或主令控制器配合使用，实现电动机的过载保护和短路保护，以及失压、零位、安全、限位等保护。（　）

134. 一般制动电磁铁吸引线圈的引入线是从电动机的转子接线中引出的，所以，电磁铁的供电或停电是随电动机停电而停电，随电动机的供电而工作的。（　）

135. 凸轮控制器的电阻器是不对称接法。（　）

136. 转子回路接触器触头接成闭口三角形时，接触器触头电流较小，工作可靠。（　）

137. 转子回路接触器接成开口三角形时，接触器触头电流较大，接线简单，工作可靠性差。（　）

138. 凸轮控制器操纵的电动机定子与制动器的驱动元件是串联的。（　）

139. 电源发生单相事故后，运行机构电动机仍然可以起动。（　）

140. 在起重机中，为了保护可靠，要求对每套机构中的所有电动机共用过电流继电器。（　）

141. PQS 起升机构控制屏中，正、反转接触器和单相接触器三者之间有电气联锁，防止发生相（线）间短路事故。（　）

142. 起重机通用电阻系列的各电阻器通常是同一型号不同规格的电阻元件混合组成的。（　）

143. 凸轮控制器用于小型起重机起升机构时，上升与下降具有对称的特性。（　）

144. 反接电阻又起预备电阻作用，以较小的起动电流、起动转矩起动，使电气、机械装置免受冲击。（　）

145. 主电路（动力电路）是用来驱动电动机工作的电路，它包括电动机绕组和电动机外接电路两部分。外接电路有外接定

子电路和外接转子电路。（ ）

146. 定子电路是由三相交流电源、三极刀开关、过电流继电器正反向接触器及电动机定子绕组等组成的。（ ）

147. 转子电路是由转子绕组、外接电阻器及凸轮控制器的主触点等组成的。（ ）

148. 通过正、反接触器改变转子电路绕组的电源相序来实现电动机的正反转。（ ）

149. 利用凸轮控制器控制定子电路的外接电阻来限制起动电流及调速。（ ）

150. 转子电路的外接电阻有不平衡（不对称）和平衡（对称）两种接线方式，不平衡接线方式用凸轮控制器控制，电动机的功率较小。（ ）

151. 转子电路的外接电阻平衡接线方式的三相电流是平衡的，接触器的主触头有接成开口三角形和闭口三角形两种电路。（ ）

152. 天车整机电路是由照明电路、主电路和控制电路三部分组成的。（ ）

153. 天车的主滑线为天车提供三相电源，经刀开关供电给照明电路；经熔断器供电给控制电路；经线路接触器供电给主电路，即供电给大、小车运行机构和起升机构的电动机。（ ）

154. 交流控制屏与凸轮控制器配合，用来控制天车上较大容量电动机的起动、制动、调速和换向。（ ）

155. PQY 平移机构控制屏为不对称线路。（ ）

156. PQY 起升机构控制屏为对称线路。（ ）

157. 主令控制器配合 PQY 平移机构控制屏允许直接打反车向第一挡，实现反接制动停车。（ ）

158. 主令控制器配合 PQS 起升机构控制屏，下降第一挡为反接制动，可实现重载（$G \geqslant 0.7G_n$）慢速下降。（ ）

159. 主令控制器配合 PQY 起升机构控制屏，下降第二挡为再生制动下降，可使任何负载以略高于额定速度下降。（ ）

160. 主令控制器配合 PQS 起升机构控制屏，下降第三挡为

单相制动，可实现轻载（$G<0.4G_n$）慢速下降。（ ）

161. 当小车过电流继电器动作值整定过大时，小车一开动，总接触器就释放。（ ）

162. 起重机总过电流继电器动作值整定过小，两个或3个机构同时开动时，总接触器就释放。（ ）

163. 当电源电压降至85%额定电压时，保护箱中的总接触器便释放，这时它起零压保护作用。（ ）

164. 在控制回路中，大、小车运行机构和起升机构电动机的过电流继电器与总过电流继电器的动合触头是串联的，只要一台电动机短路，接触器就释放，使整个起重机停止工作。

（ ）

165. 在运行机构电动机发生单相事故后，仍可空载起动，但起动转矩较小。（ ）

166. 在电源发生单相故障之后，起升机构电动机仍然可以使重物起升。（ ）

167. 总接触器作自锁的动合触头接触不良，或连接线短路时，按下起动按钮，接触器吸合；手离开按钮，接触器立即释放。（ ）

168. 保护箱中总接触器线圈回路发生断路时，起重机不能运行。（ ）

169. 在控制回路发生短路故障时，闭合保护箱中的刀开关，控制回路的熔断器熔体就熔断。（ ）

170. 当定子回路控制器的触头未接通，或方向限位开关动断点开路时，大（小）车只能向一个方向运行。（ ）

171. 电动机工作时发生剧烈振动，测三相电流不对称，用接触器直接将转子回路短接，三相电流仍不对称，可以断定是属于电动机转子的故障。（ ）

172. 电源发生单相故障之后，起升机构电动机仍然可以利用单相制动将重物放下。（ ）

173. 制动器工作频繁，使用时间较长，其销轴、销孔、制动瓦衬等磨损严重，致使制动时制动臂及其瓦块产生位置变化，

导致制动力矩发生脉动变化，制动力矩变小，就会产生溜钩现象。 ( )

174. 起重机不能吊运额定起重量，都是起升电动机额定功率不足造成的。 ( )

175. 小车的4个车轮中，有一个车轮直径过小，是造成小车行走不平的原因之一。 ( )

176. 车轮加工不符合要求，车轮直径不等，使天车两个主动轮的线速度不等，是造成大车啃道的重要原因之一。 ( )

177. 在大车啃道的修理中，一般采用移动车轮的方法来解决车轮对角线的安装误差问题，通常尽量先移动主动车轮。 ( )

178. 集中驱动的运行机构，制动器的制动力矩调得不一致，会引起桥架歪斜，使车轮啃道。 ( )

179. 为了保证桥式起重机的使用性能，尽量减小使小车"爬坡"及"下滑"的不利影响，桥式起重机制造技术条件规定在空载时主梁应具有一定的下挠度。 ( )

180. 桥式起重机经常超载或超工作级别下使用是主梁产生下挠超标的主要原因。 ( )

181. 大车啃道是由于起重机车体相对于轨道产生歪斜运动，造成车轮轮缘与钢轨侧面相挤，在运行中产生剧烈摩擦，甚至发生铁屑剥落现象。 ( )

182. 大车打滑会增加运行阻力，加剧轨道磨损，降低车轮的使用寿命。 ( )

183. 严重啃道的起重机，在轨道接头间隙很大时，轮缘可能爬至轨顶，造成脱轨事故。 ( )

184. 箱型主梁变形的修理，就是设法使主梁恢复到平直。 ( )

185. 起重机主梁垂直弹性下挠度是起重机主梁在空载时，允许的一定的弹性变形。 ( )

186. 桥式起重机主梁下盖板温度大大超过上盖板温度，则上盖板变形较大，导致主梁上拱。 ( )

187. 大车啃道会使整个起重机有较大振动，在不同程度上会影响厂房结构的使用寿命。（ ）

188. 当主梁跨重下挠值达跨度的 1/500 时，小车运行阻力将增加 40%。（ ）

189. 双梁桥式起重机的主梁下挠变形，会使小车“三条腿”运行，使小车受力不均。（ ）

190. 小车“三条腿”运行时，由于四个车轮轴线不在一个平面内；四个车轮轴线在一个平面内，但有一个车轮直径明显较小或处在对角线上的两个车轮直径误差太大；车轮直径不等；轨道凸凹不平等原因造成的。（ ）

191. 车轮的水平偏斜、垂直偏斜、车轮跨距不等、车轮对角线不等是引起起重机啃道的原因。（ ）

192. 桥架型起重机端梁连接角轴承支架处有应力集中现象，不会产生裂纹。（ ）

193. 桥架型起重机主、端梁连接部位比较坚固，不会产生裂纹。（ ）

194. 对桁架结构的起重机，节点板是发生裂纹较多的部位。（ ）

195. 金属结构裂纹在较寒冷地区，多发生在冬季。（ ）

196. 桥架型起重机主梁的上拱度应大于 0.7/1000 跨度。（ ）

197. 静载试验首先测量基准点。在确认各机构能正常运转后，起升额定载荷，开动小车在桥架上往返运行。卸去载荷，使小车停在桥架端部，定出测量基准点。（ ）

198. 静载试验时，起升 1.25 倍额定载荷（对 G_n <50t 的 A8 级起重机应起升 1.4G_n），离地面 100 ~ 200mm，停悬 10min 后，卸出载荷，检查桥架有无永久变形。如此重复三次，桥架不应再产生永久变形。（ ）

199. 静载试验后，起重机各部分不得有裂纹、连接松动等影响使用和安全的缺陷。（ ）

200. 静载试验后，将小车停在桥架中间，起升额定载荷，

检查主梁跨中的下挠值。（ ）

201. 用拉钢丝法测量主梁上拱度时，将两根等高的测量棒分别置于端梁中心处，用直径为0.49~0.52mm的钢丝、150N的重锤拉好，测量主梁上盖板表面拱度最高点与钢丝之间的距离为h_1，测量棒长度为h，则实测上拱度为$F=h-h_1$。（ ）

202. 主要受力构件产生塑性变形，使工作机构不能正常地安全运行时，如不能修复，应报废。（ ）

203. 主要受力构件产生裂纹时，应根据受力情况和裂纹情况采取阻止裂纹继续扩展的措施，并采取加强或改变应力分布的措施，或停止使用。（ ）

204. 主梁应有上拱，跨中上拱度应为0.9/1000~1.4/1000跨度，悬臂应有上翘，上翘度应为0.9/350~1.4/350的悬臂长度。（ ）

205. 用两台起重机吊运同一物件必须是被吊物件的重量小于或等于两台起重机的起重量之和。（ ）

二、选择题（将正确答案的序号填入空格内）

1. 检查小车“三条腿”时，如果是局部地段“三条腿”，要先检验____。

A. 车轮　　B. 轨道　　C. 制动器

2. 起重机机构的工作级别按机构的利用等级和____分为八个工作级别。

A. 工作循环次数　　B. 总工作时间　　C. 载荷状态

3. 起重机的电气电路根据电路的工作性质，可以把电路分为主电路和____电路

A. 控制　　B. 电动机　　C. 制动器

4. 起重机上使用的电源指示灯，根据电路的具体作用属于____电路。

A. 信号　　B. 照明　　C. 联锁

5. 桥式起重机大车车轮常采用____车轮：

A. 单轮缘　　B. 双轮缘　　C. 无轮缘

6. 起重机机构的工作级别分为____等级。

A. 6　　B. 8　　C. 10

7. 室内桥式起重机主梁常采用____结构。

A. 箱型　　B. 桁架　　C. 工字钢

8. 门式起重机是____的一种。

A. 桥架型起重机　　B. 桥式起重机

9. 桥式起重机是桥架两端通过运行装置直接支撑在____轨道上的桥架型起重机。

A. 地面　　B. 高架

10. 门式起重机是桥架通过两侧支腿支撑在____轨道上或地基上的桥架型起重机。

A. 地面　　B. 高架

11. 吊钩起重机与抓斗起重机和电磁起重机的____不同。

A. 起升机构　　B. 运行机构　　C. 取物装置

12. 按照____不同，桥式起重机可分为通用桥式起重机和冶金桥式起重机两大类。

A. 取物装置　　B. 用途

13. 起重量在____以上的吊钩桥式起重机多为两套起升机构，其中起重量较大的称为主起升机构，起重量小的称为副起升机构。

A. 10t　　B. 15t　　C. 20t

14. 有两套起升机构的起重机，主、副钩的起重量用分数表示，分子表示____钩起重量；分母表示____钩起重量。

A. 主，副　　B. 副，主

15. 抓斗起重机是以抓斗作为取物装置的起重机，其他部分与吊钩起重机基本____同。

A. 不　　B. 相

16. 电磁铁起重机是用起重电磁铁作为取物装置的起重机，起重电磁铁使用的是____流电。

A. 交　　B. 直

17. 两用桥式起重机是装有两种取物装置的起重机，其特点是在一台小车上装有两套各自独立的起升机构，一套为吊钩用，另一套为抓斗用（或一套为起重电磁铁用，另一套为抓斗用），两套起升机构____同时使用。

A. 不能　　　　　B. 可以

18. 三用桥式起重机根据需要可以用吊钩吊运重物，也可以在吊钩上挂一个电动葫芦抓斗装卸散碎物料，还可以把抓斗卸下来再挂上起重电磁铁吊运钢铁材料。电动葫芦是靠____流电源工作的，而起重电磁铁是靠____流电源工作的。

A. 直，交　　　　　B. 交，交　　　　　C. 交，直

19. 双小车起重机具有两台起重小车，两台小车的起重量相同，可以单独作业，____可以联合作业。

A. 不　　　　　B. 也

20. 冶金起重机通常用主、副两台小车，每台小车在____轨道上行驶。

A. 各自　　　　　B. 同一

21. 加料起重机的主小车用于加料机构的上、下摆动和翻转，将炉料伸入并倾翻到炉内。副小车用于炉料的搬运及辅助性工作。主、副小车____同时进行工作。

A. 可以　　　　　B. 不能

22. 铸造起重机主小车的起升机构用于吊运盛钢桶，副小车的起升机构用于倾翻盛钢桶和做一些辅助性工作，主、副小车____同时使用。

A. 可以　　　　　B. 不可以

23. 起重机型号一般由类、组、型代号与主参数代号两部分组成。类、组、型代号用汉语拼音字母表示，主参数用____表示。

A. 汉语拼音字母　B. 阿拉伯数字

24. 桥式起重机分为手动梁式起重机（组代号为 L）、电动梁式起重机（组代号为 L）和电动桥式起重机（组代号为____）三大组。

A. Q　　　　　B. L

25. 吊钩桥式起重机为桥式起重机类中的电动桥式起重机组

内的一种型。吊钩桥式起重机的型代号为 D（吊），其类、组、型代号为____。

A. DQ　　　　B. QD

26. 抓斗桥式起重机的类、组、型代号为____。电磁桥式起重机的类、组、型代号为____。

A. ZQ，CQ　　　　B. QZ，QC

27. 吊钩门式起重机的类、组、型代号为____。

A. MD　　　　B. MG

28. 起重机的主要参数包括起重量、跨度、起升高度、工作速度及____等。

A. 工作级别　　　　B. 工作类型

29. 起重机所允许起吊的最大质量，叫做额定起重量，它____可分吊具的质量。

A. 包括　　　　B. 不包括

30. 起重量大，起重机的工作级别____大。

A. 一定　　　　B. 不一定

31. 只要起重量不超过额定起重量，把小工作级别的起重机用于大工作级别情况，____影响安全生产。

A. 不会　　　　B. 会

32. 起重机桥架是一种移动的金属结构，它承受载重小车的质量，并通过车轮支承在轨道上，因而它____起重机的主要承载结构。

A. 是　　　　B. 不是

33. 起升机构中的制动器一般为____式的，它装有电磁铁或电动推杆作为自动松闸装置与电动机电气联锁。

A. 常闭　　　　B. 常开

34. 大车运行机构分为集中驱动和分别驱动两种形式。集中驱动就是由一台电动机通过传动轴驱动两边的主动轮；分别驱动就是由两台电动机分别驱动两边的主动轮。____只用在小吨位或旧式天车上。

A. 分别驱动　　　　B. 集中驱动

35. 小车运行机构的电动机安装在小车架的台面上，由于电动机轴和车轮轴不在同一水平面内，所以使用____三级圆柱齿轮减速器。

A. 立式　　　　B. 卧式

36. 吊钩一般由 20 优质碳素钢或 Q345Mn 钢制成，因为这两种材料的____较好。

A. 强度　　　　B. 硬度　　　　C. 韧性

37. 吊钩上的缺陷____补焊。

A. 可以　　　　B. 不得

38. 在天车起升机构中都采用____滑轮组。

A. 省时　　　　B. 省力

39. 在起重机上采用____滑轮组。

A. 单联　　　　B. 双联

40. 在钢丝绳的标记中，右交互捻表示为____。

A. ZZ　　　　B. SS　　　　C. ZS

D. SZ

41. 钢丝的抗拉强度越____，钢丝绳越容易脆断。

A. 低　　　　B. 高

42. 钢丝绳在卷筒上左向卷绕时，应采用____钢丝绳。

A. 右同向捻　　　　B. 左同向捻

43. 钢丝绳在卷筒上____卷绕时，应采用左同向捻钢丝绳。

A. 左向　　　　B. 右向

44. 吊运熔化或炽热金属的起升机构，应采用____绳芯钢丝绳。

A. 天然纤维　　　　B. 合成纤维　　　　C. 金属

45. ____钢丝的钢丝绳用于严重腐蚀条件。

A. 光面　　　　B. 甲组镀锌　　　　C. 乙组镀锌

46. 如发现卷筒有裂纹，应及时____。

A. 补焊　　　　B. 更换

47. ZSC 型减速器是立式圆柱齿轮减速器，通常用在天车的____机构上。

A. 起升　　　　　B. 大车运行　　　　C. 小车运行

48. ZQ 型减速器是卧式圆柱齿轮减速器，其____速轴端形式有圆柱型、齿轮型和浮动联轴器型三种。

A. 高　　　　　B. 低

49. 新减速器每____换一次油，使用一年后每半年至一年换一次油。

A. 月　　　　　B. 季　　　　　C. 年

50. 齿轮联轴器____补偿轴向和径向位移。

A. 可以　　　　B. 不可以

51. 起重机起升机构必须采用____制动器，以确保工作安全。

A. 常闭　　　　B. 常开

52. 通常将制动器安装在机构的____轴上，这样可以减小制动力矩，缩小制动器的尺寸。

A. 低速　　　　B. 高速

53. 有双制动器的起升机构，应逐个单独调整制动力矩，使每个制动器都能单独制动住____%的额定起重量。

A. 50　　　　　B. 100　　　　C. 120

54. 起升机构制动器动作时间____，会产生溜钩现象。

A. 缩短　　　　B. 长

55. 天车上常采用____制动器。

A. 块式　　　　B. 盘式　　　　C. 带式

56. 小车的四个车轮轴线不在一个平面内，应尽量调整____。

A. 主动轮　　　B. 被动轮

57. 小车车轮采用____车轮。

A. 圆柱形　　　B. 圆锥形

58. 在通常情况下，大车车轮采用双轮缘，小车车轮采用单轮缘，轮缘放在轨道____侧。

A. 内　　　　　B. 外

59. 天车轨道在桥架上的固定方式有焊接、压板固定和螺栓联接等几种。国内常用的固定方法是____。

A. 焊接　　B. 压板固定　　C. 螺栓联接

60. ____形起重电磁铁用于吊运钢锭、生铁块、铸钢件及铸铁件等。

A. 圆　　B. 矩

61. 超载限制器的综合精度，对于____型装置为±5%。

A. 机械　　B. 电子

62. 额定起重量大于20t的桥式起重机和额定起重量大于10t的门式起重机，____装超载限制器。

A. 应　　B. 宜

63. 所有桥式起重机和门式起重机____装上升级限位置限制器。

A. 应　　B. 宜

64. 开车前，必须鸣铃或报警。操作中接近人时，____应给以断续铃声或报警。

A. 不　　B. 亦

65. 操作应按指挥信号进行。对紧急停车信号，____发出，都应立即执行。

A. 不论何人　　B. 指挥人员

66. 当起重机上或其周围确认无人时，才可以闭合主电源。如电流断路装置上加锁或有标牌时，应由____除掉后才可以闭合主电源。

A. 有关人员　　B. 天车司机

67. 闭合主电源____，应使所有的控制器手柄置于零位。

A. 前　　B. 后

68. 工作中突然断电或线路电压大幅度下降时，应将所有控制器手柄____；重新工作前，应检查起重机动作是否都正常，出现异常，必须查清原因并排除故障后，方可继续操作。

A. 置于原处　　B. 扳回零位

69. 在轨道上露天作业的起重机，当工作任务结束时，____将起重机锚定住。当风力大于6级时，一般应停止工作，并将起重机锚定住。

A. 应　　　　　　　　B. 不必

70. 天车工对起重机进行维护保养时____切断主电源并挂上标牌或加锁；必须带电修理时，应带绝缘手套、穿绝缘鞋，使用带绝缘手柄的工具，并有人看护。

A. 应　　　　　　　　B. 不必

71. 起重机运行时，不得利用限位开关停车；对无反接制动性能的起重机，除特殊情况外，____打反车制动。

A. 可以　　　　　　　B. 不得

72. 起重机工作时，____进行检查和维修。

A. 可以　　　　　　　B. 不得

73. ____在有载荷的情况下调整起升机构制动器。

A. 不得　　　　　　　B. 可以

74. 有主、副两套起升机构的非专用起重机，主、副钩____同时开动。

A. 可以　　　　　　　B. 不应

75. 绑挂时，两根吊索之间的夹角一般不应____于90°。

A. 小　　　　　　　　B. 大

76. 在起升熔化状态金属时，____开动其他机构。

A. 可以　　　　　　　B. 禁止

77. 起重机的控制器应逐级开动，____将控制器手柄从正转位置扳至反转位置作为停车之用。

A. 禁止　　　　　　　B. 可以

78. 抓斗在卸载前，要注意升降绳____比开闭绳松弛，以防冲击断绳。

A. 不应　　　　　　　B. 应

79. 抓斗在接近车厢底面抓料时，注意____绳不可过松，以防抓坏车厢底部。

A. 开闭　　　　　　　B. 升降

80. 两人操纵一台起重机时，不工作的司机____上下车。

A. 可以随时　　　　　B. 不准擅自

81. 起重机工作完成后，应把起重机开到规定停车点，把小车停靠在操纵室一端，将空钩起升到____极限位置，把各控制器手柄扳到零位，断开主刀开关。

A. 下　　B. 上

82. 起重机工作完成后，电磁或抓斗起重机的起重电磁铁或抓斗应下降到地面或料堆上，____起升钢丝绳。

A. 拉紧　　B. 放松

83. 天车的运行机构运行时，凸轮控制器先在第一挡作____停留，即打到第二挡，以后再慢慢打到第三挡、第四挡、第五挡，每挡停留 3s 左右。

A. 短暂　　B. 长时

84. 起重机作较____距离运行时，应将运行机构凸轮控制器逐级推至最后挡（五挡），使运行机构在最高速度下运行。

A. 短　　B. 长

85. 大、小车运行机构起动和制动时，____快速从零扳到第五挡或从第五挡扳回零。

A. 可以　　B. 禁止

86. 如欲改变大车（或小车）的运行方向，____在车体运行停止后，再把控制器手柄扳至反向。

A. 应　　B. 不必

87. 起升重载（$G \geqslant 0.7G_n$），当控制器手柄推到起升方向第一挡时，由于负载转矩________该挡电动机的起升转矩，所以电动机________起动运转。

A. 大于，不能　　B. 小于，可以

88. 起升重载（$G \geqslant 0.7G_n$）时，如控制器手柄推至第一挡、第二挡后，电动机仍不起动，这就意味着被吊运物____额定起重量，应____起吊。

A. 超过，停止　　B. 小于，继续

89. 重载（$G \geqslant 0.7G_n$）被提升到预定高度时，应把起升控制器手柄逐挡扳回零位，在第二挡停留时间应____，以减小冲击；但在第一挡位____停留，应迅速扳回零位，否则重物会下滑。

A. 稍短，应　　B. 稍长些，不能

90. 起升机构下降操作时，下降手柄第一、二、三、四、五挡的速度逐级____，与上升时各挡位置速度正好相____。

A. 减慢，反　　B. 加快，同

91. 重载（$G \geqslant 0.7G_n$）下降时，将起升机构控制器手柄推到下降第____挡，以最慢速度下降。

A. 一　　B. 五

92. 重载（$G \geqslant 0.7G_n$）下降到应停位置时，应____将控制器手柄由第五挡扳回零位，以避免下降速度加快及制动过猛。

A. 迅速　　B. 逐挡

93. 配合 PQS 型控制屏的主令控制器，在上升和下降方向有三个挡位，其上升操作与凸轮控制器操作基本相同，而下降操作____相同。

A. 也　　B. 不

94. 重载____距离慢速下降时，先把主令控制器手柄推到下降第二挡或第三挡，然后迅速扳回下降第一挡，即可慢速下降。

A. 短　　B. 长

95. 重载____距离下降时，先把主令控制器手柄推到下降第一挡，使吊物快速下降，当吊物接近落放点时，将手柄扳到下降第三挡，放慢下降速度，这样既安全又经济。

A. 短　　B. 长

96. PQS 起升机构控制屏，下降第三挡为____制动。

A. 反接　　B. 单相　　C. 回馈

97. PQS 起升机构控制屏，下降第____挡为单相制动。

A. 一　　B. 二　　C. 三

98. 运行机构一般使用时，电动机最大静负载转矩为电动机额定转矩的____倍。

A. 0.5 ~ 0.75　　B. 0.7 ~ 4　　C. 2.5

99. 天车的运行机构都是____负载。

A. 阻力　　B. 位能

100. 天车的运行机构电动机最大静负载转矩，经常____于电动机额定转矩的0.7倍。

A. 小　　B. 等　　C. 大

101. 起升机构反接制动用于____下放重物。

A. 轻载长矩离　　B. 重载短距离　　C. 任何负载长距离

102. PQS起升机构控制屏，当主令控制器从零位打到下降第一挡时，线路____。

A. 不动作　　B. 动作

103. PQS起升控制屏，只有从下降第二挡或第三挡打回到第一挡时才动作，以避免____现象。

A. 轻、中载出现上升

B. 大电流冲击

104. PQS控制屏准确停车靠“点车”来实现，下降时的操作顺序随载荷不同而有区别。____场合下，操作顺序为：零位→二挡→一挡→零位。

A. 重载　　B. 轻、中载　　C. 空钩

105. PQS控制屏准确停车靠“点车”来实现，下降时的操作顺序随载荷不同而有区别。在轻、中载场合下，操作顺序为：____。

A. 零位→二挡→一挡→零位　　B. 零位→二挡→零位

C. 零位→三挡→零位

106. 铸造起重机吊运液体金属时，起升动作与大车运行____同时进行。

A. 禁止　　B. 可以

107. 3/10t桥式加料起重机，____t为主小车加料的质量。

A. 3　　B. 10

108. ____起重机的起升机构，一般都有两套独立的装置，当一套发生故障时，另一套可继续运行。

A. 淬火　　B. 铸造　　C. 夹钳

109. 交流异步电动机分为绕线转子和笼型两种。____异步电动机是天车上使用最广泛的一种电动机。

A. 绕线转子　　B. 笼型

110. 定子是电动机静止不动的部分，定子绕组有____相。

A. 两　　B. 三

111. 绕线转子异步电动机的转子绕组是三相对称绕组，转子的三相绕组都接成____联结。

A. 星形（Y）　　B. 三角形（△）

112. 电动机的工作制有 S1、S2、…、S8 共 8 种，天车上只用____一种。

A. S2　　B. S3　　C. S4

113. 近年来，冶金起重用电动机采用____系列三相绕线转子异步电动机。

a. YZR　　B. JZR2　　C. JZRH2

114. YZR 系列电动机，中心高 400mm 以上机座，定子绕组为△联结，其余为____联结。

A. △　　B. Y

115. 由电动机带动负载运行的情况，称为____状态。

A. 电动机　　B. 再生制动　　C. 反接制动

D. 单相制动

116. 由负载带动电动机，使电动机处于异步发电机的状态，称为____状态。

A. 电动机　　B. 再生制动　　C. 反接制动

D. 单相制动

117. 在再生制动状态时，电动机转速____于同步转速，转子电路电阻越大，其转速越高。

A. 低　　B. 等　　C. 高

118. 为确保安全，在再生制动时，电动机应在____部电阻全部切除的情况下工作。

A. 外　　B. 内

119. 把重载（$G \geqslant 0.7G_n$）起升后，当把控制器手柄扳到上升第一挡位置时，负载不但不上升反而下降，电动机转矩方向与其转动方向相反，转差率大于 1.0，电动机处于____状态。

A. 电动　　B. 再生制动　　C. 反接制动

D. 单相制动

120. 电动机处于反接制动状态，其转速____于同步转速。

A. 低　　B. 等　　C. 高

121. 在具有主令控制器的起升机构中，广泛采用____线路，以实现重载短距离的慢速下降。

A. 再生制动　　B. 反接制动　　C. 单相制动

122. 大（或小）车运行机构打反车时，电动机定子相序改变，其旋转磁场和电磁转矩方向也随之改变；此时，由于惯性，电动机转速未改变，电动机的转矩与转速方向相反，这种情况是____状态。

A. 电动　　B. 再生制动　　C. 反接制动

123. 一般情况下运行机构____打反车。

A. 允许　　B. 不允许

124. 起升机构在下降时发生单相，转子回路总电阻较____时，电动机才能起制动作用。

A. 小　　B. 大

125. 天车主令控制器控制的起升机构控制屏采用的是____工作挡位，用于轻载短距离低速下降，与反接制动状态相比，不会发生轻载上升的弊端。

A. 再生制动　　B. 单相制动

126. 天车用绕线转子异步电动机的调速是通过凸轮控制器或接触器来改变电动机____回路外接电阻的大小来实现的。

A. 转子　　B. 定子

127. 凸轮控制器控制的起升机构，下降时电动机处于回馈制动状态，稳定速度大于同步速度，与起升相____，五挡速度最____。

A. 同，高　　B. 反，低

128. 重载时需慢速下降，可将控制器打至____第一挡，使电动机工作在反接制动状态。

A. 下降　　B. 上升

129. 接触器分为交流接触器和直流接触器两种，天车上一般采用 CJ12、CJ10、CJ20 型____接触器。

A. 交流　　B. 直流

130. 当某些参数达到预定值时，能自动工作，从而使电路发生变化的电器称为____。

A. 接触器　　B. 继电器

131. 继电器按用途不同可分为保护继电器和控制继电器两大类。____继电器有过电流继电器和热继电器，____继电器有时间继电器和中间继电器等。

A. 保护，控制　　B. 控制，保护

132. ____与控制器配合使用，实现电动机的过载保护和短路保护，以及失压、零位、安全、限位等保护。

A. 接触器　　B. 继电器　　C. 保护箱

133. 一般制动电磁铁吸引线圈的引入线是从电动机的____接线中引出的，所以电磁铁的供电或停电是随电动机停电而停电，随电动机的供电而工作的。

A. 转子　　B. 定子

134. 凸轮控制器控制的电阻器是____接法。

A. 对称　　B. 不对称

135. 转子回路接触器触头接成____口三角形时，接触器触头电流较小，工作可靠。

A. 开　　B. 闭

136. 电源发生单相事故后，运行机构电动机____起动。

A. 可以　　B. 不能

137. PQS 起升机构控制屏中，正、反转接触器和单相接触器三者之间有____联锁，防止发生相（线）间短路事故。

A. 电气　　B. 机械

138. 起重机通用电阻系列的各电阻器，通常是由同一型号____规格的电阻元件混合组成的。

A. 同一　　B. 不同

139. 起重机的舱口门、端梁门、栏杆门开关，用以保护上机人员安全，统称安全开关，其触头是____触头。

A. 动合　　B. 动断　　C. 延时

140. 起重机设置主隔离开关是为了保护____。

A. 电动机　　B. 电气线路　　C. 人员安全

141. 起重机中的过电流继电器动作电流，按电动机____电流的2.25~2.5倍进行整定。

A. 空载　　B. 额定转子　　C. 额定定子

142. ____电阻是供紧急情况下用“打反车”办法停车用的。

A. 软化　　B. 加速　　C. 反接

143. 起重机小车采用____供电，安全可靠，电压降低，电能损耗小。

A. 软电缆　　B. 圆钢线　　C. 圆铜线

144. 软化电阻又称常接电阻，对电动机转速影响不大，并可节省一组____继电器和接触器。

A. 时间　　B. 过电流　　C. 零电压

145. ____滑线除易爆气体场所以外，能够适应任何环境条件。

A. 角钢　　B. H形

146. 在露天以及在易燃环境下使用的起重机，应采用____供电。

A. 角钢　　B. H形滑线　　C. 电缆

147. 采用保护箱时，各机构所有电动机第三相的总过电流继电器动作，使____。

A. 总接触器释放　　B. 断路器断开　　C. 熔断器断开

148. 通过正、反转接触器改变____电路绕组的电源相序来实现电动机的正、反转。

A. 定子　　B. 转子

149. 利用凸轮控制器控制____电路的外接电阻，来实现限制起动电流及调速。

A. 定子　　B. 转子

150. 转子电路的外接电阻有不平衡（不对称）和平衡（对称）两种接线方式。____接线方式用凸轮控制器控制，电动机的功率较小。

A. 不平衡　　　　　B. 平衡

151. 转子电路外接电阻的____接线方式用接触器控制，电动机的功率较大。

A. 不平衡　　　　　B. 平衡

152. 转子电路的外接电阻____接线方式的三相电流是平衡的，接触器的主触头有接成开口三角形和闭口三角形两种电路。

A. 不平衡　　　　　B. 平衡

153. ____是用来驱动电动机工作的电路。

A. 主电路　　　　　B. 控制电路

154. ____的作用是实现过电流保护、零压保护、零位保护、行程保护和安全保护等。

A. 主电路　　　　　B. 控制电路

155. 交流控制屏与____控制器配合，用来控制天车上较大容量电动机的起动、制动、调速和换向。

A. 凸轮　　　　　B. 主令

156. 交流控制屏 PQY 用于____机构。

A. 运行　　　　　B. 起升

C. 抓斗的开闭和升降

157. 交流控制屏 PQS 用于____机构。

A. 运行　　　　　B. 起升

C. 抓斗的开闭和升降

158. 主令控制器配合 PQY 平衡机构控制屏____直接打反向第一挡，实现反接制动停车。

A. 允许　　　　　B. 不允许

159. PQY 平衡机构控制屏的电路是____线路。

A. 对称　　　　　B. 不对称

160. PQS 起升机构控制屏的电路是____线路。

A. 对称　　　　　B. 可逆不对称

161. 主令控制器配合 PQS 起升机构控制屏，下降第____挡为反接制动，可实现重载（$G>0.7G_n$）慢速下降。

A. 一　　B. 二　　C. 三

162. 主令控制器配合 PQS 起升机构控制屏，下降第____挡为单相制动，可实现轻载（$G<0.4G_n$）慢速下降。

A. 一　　B. 二　　C. 三

163. 主令控制器配合 PQS 起升机构控制屏，下降第____挡为再生制动下降，可实现任何负载以略高额定速度下降。

A. 一　　B. 二　　C. 三

164. 当小车过电流继电器动作值整定过____时，小车一开动总接触器就释放。

A. 大　　B. 小

165. 起重机总过电流继电器动作值整定过____，两个或三个机构同时开动时，总接触器就释放。

A. 大　　B. 小

166. 当电源电压降至 85% 额定电压时，保护箱中的总接触器便释放，这时它起____保护作用。

A. 过电流　　B. 零压　　C. 零位

167. 在控制回路中，大、小车运行机构和起升机构电动机的过电流继电器与总过电流继电器的____触头是串联的，只要一台电动机短路，接触器就释放，使整个起重机停止工作。

A. 动合　　B. 动断

168. 在电源发生单相故障之后，起升机构电动机____使重物起升。

A. 仍然可以　　B. 不能

169. 保护箱中总接触器线圈回路发生断路时，起重机____运行。

A. 不能　　B. 可以

170. 当定子回路控制器的触头未接通，或方向限位开关动断触头开路时，大（小）车____方向运行。

A. 只能向一个　　B. 可以向两个

171. 电动机工作时发生剧烈振动，用钳式电流表测三相电流对称，可以断定是属于____方面的故障。

A. 电气　　　　　　　　B. 机械

172. 电动机工作时发生剧烈振动，测三相电流不对称，用接触器直接将转子回路短接，三相电流仍不对称，可以断定是属于电动机____的故障。

A. 定子　　　　　　　　B. 转子

173. 制动器的销轴、销孔、制动瓦衬等磨损严重，致使制动时制动臂及其瓦块产生位置变化，导致制动力矩发生脉动变化，制动力矩变小，就会产生____现象。

A. 溜钩　　　　　　　　B. 不能吊运额定起重量

174. 天车不能吊运额定起重量，是由于____所致。

A. 起升电动机额定功率不足

B. 起升机构制动器调整不当

175. 制动器调整得太紧，会使起升机构产生____现象。

A. 溜钩　　　　　　　　B. 不能吊运额定起重量

176. 制动器打不开，会使起重机构产生____现象。

A. 溜钩　　　　　　　　B. 不能吊运额定起重量

177. 电动机长期运转，绕组导线老化，转子绕组与其引线间开焊，集电环与电刷接触不良，造成三相转子绕组开路，会使起升机构产生____现象。

A. 溜钩　　　　　　　　B. 不能吊运额定起重量

178. 小车的4个车轮中，有一个车轮直径过小，是造成____的原因。

A. 小车行走不平　　　　B. 小车车轮打滑

179. 车轮加工不符合要求，车轮直径不等，使天车两个主动轮的线速度不等，是造成大车____的重要原因之一。

A. 啃道　　　　　　　　B. 车轮打滑

180. 在大车啃道的修理中，一般采用移动车轮的方法来解决车轮对角线的安装误差问题，通常尽量移动____车轮。

A. 主动　　　　　　　　B. 被动

181. 为了保证桥式起重机使用性能，尽量减少使用小车“爬坡”及“下滑”的不利影响，桥式起重机制造技术条件规定了空载时主梁应具有一定的____。

A. 上拱度　　B. 下挠度

182. 经常超载或超工作级别下使用是主梁产生____的主要原因。

A. 上拱　　B. 下挠

183. 大车____是由于起重机车体相对于轨道产生歪斜运动，造成车轮轮缘与钢轨侧面相挤，在运行中产生剧烈摩擦，甚至发生铁屑剥落现象。

A. 啃道　　B. 打滑

184. 大车____会增加运行阻力，加剧磨损，降低车轮的使用寿命。

A. 啃道　　B. 打滑

185. 当起重机大车运行中____严重，并且轨道接头间隙很大时，轮缘可能爬至轨顶，造成脱轨事故。

A. 啃道　　B. 打滑

186. 箱形主梁变形的修理，就是设法使主梁恢复到____。

A. 平直　　B. 所需要的上拱度

187. 起重机主梁垂直弹性下挠度是起重机主梁在____时允许的一定的弹性变形。

A. 空载　　B. 满载

188. 桥式起重机主梁下盖板温度大大超过上盖板温度时，则下盖板变形较大，导致主梁____。

A. 上拱　　B. 下挠

189. 大车____会使整个起重机有较大振动，在不同程度上会影响厂房结构的使用寿命。

A. 啃道　　B. 打滑

190. 当主梁____达跨度的 1/500 时，小车运行阻力就增加 40%。

A. 下挠值　　B. 上拱值

191. 桥架型起重机端梁连接角轴承架处有应力集中，现场____产生裂纹。

A. 不会　　　　　　B. 容易

192. 桥架型起重机主、端梁连接部位比较坚固，是____产生裂纹的部位。

A. 不会　　　　　　B. 容易

193. 对____结构起重机，节点板是发生裂纹较多的部位。

A. 箱形　　　　　　B. 桁架

194. 金属结构裂纹在较寒冷的地区多发生在____季。

A. 冬　　　　　　B. 夏

195. 桥架型起重机主梁的上拱度应____0.7/1000 跨度。

A. 大于　　　　　　B. 小于

196. 静载试验时，首先测量基准点。在确认各机构能正常运转后，起升额定载荷，开动小车在桥架上往返运行。卸去载荷，使小车停在桥架____，定出测量基准点。

A. 端点　　　　　　B. 中间

197. 静载试验时，起升 1.25 倍额定载荷（对 $G<50t$ 的 A8 级起重机应起升 $1.4G_n$），离地面 100～200mm，停悬 10min 后卸去载荷，检查桥架有无变形；如此重复三次，桥架不应再产生____变形。

A. 弹性　　　　　　B. 永久

198. 静载试验后，将小车停在桥架中间，起升额定载荷，检查主梁跨中的下挠值，不得____于 1/800 跨度（A8、A9 级不得____于 1/1000 跨度），计算均由实际上拱度值算起。

A. 大　　　　　　B. 小、大　　　　　　C. 大、小

199. 用拉钢丝法测量主梁上拱度时，将两根等高的测量棒分别置于端梁中心处，用直径为 0.49～0.52mm 的钢丝，150 把重锤拉好，测量主梁上盖板表面拱度最高点与钢丝之间的距离 h，测量棒长度为 h_1，则实测上拱度 $f=$____。

A. $h-h_1$　　　　　　B. $h-h_1-\Delta$，Δ 为钢丝自垂修正值

200. 当小车轨道发生水平高低偏差时，修理过程中如需要铲开原有轨道压板，最好使用____，以防止起重机主梁的进一步下凹。

A. 气割　　B. 碳弧刨　　C. 风铲

201. 对于一般桥架型起重机，当小车处于跨中，并在额定载荷作用下，主梁跨中的下挠度值在水平线下达到跨度的____时，如不能修复，应报废。

A. 1/700　　B. 1/1000　　C. 1/200

202. 由起重量和小车的自重在主梁跨中引起的垂直____应符合以下要求：对于 A1～A3 级，不大于 1/700 跨度；对于 A4～A6 级，不大于 1/800 跨度；对于 A7 级，不大于 1/1000 跨度。

A. 静挠度　　B. 永久变形

203. ____型起重机多数采用整体吊装法。

A. 中小　　B. 大

204. 吊装起重量 100t 以上的桥式起重机，应采用____点捆绑。

A. 2　　B. 3　　C. 4

205. ____点捆绑起吊桥式起重机，有一点是控制桥式起重机在起吊过程中，使摆放小车的一端始终保持位置稍低，以防倾翻。

A. 3　　B. 4　　C. 5

206. 主梁和梁焊接连接的桥架，以装车轮的基点测得的对角线差____5mm。

A. 应小于　　B. 应大于

207. 大车车轮的安装，要求大车跨度的偏差小于____。

A. ±5mm　　B. ±10mm

208. 为防止起升机机构传动系统断轴而发生物件坠落事故，有些制动器安装在____上。

A. 电动机轴　　B. 减速器输入轴　　C. 卷筒轴

209. 交绕绳的相邻两绳股的绕向____。

A. 相同　　B. 相反

C. 右旋　　D. 左旋

210. 所谓失控，是指电动机处于通电状态，____却失去了对机构的正常控制作用。

A. 操作者　　　　B. 控制电路　　　　C. 控制器

211. 当起吊物件的重力负载转矩接近或等于起升电动机的额定转矩时，将凸轮控制器手柄置于上升方向第一挡，此时____。

A. 物件上升缓慢　　B. 物件离开地面后不再上升

C. 电动机不能起动运转

212. 用主令控制器进行重型负载的短距离下降，可采用____形式的下降方法。

A. 发电制　　　　B. 反接制动　　　　C. 单相制动

三、简答题

1. 选用卷筒卷绕方式的原则是什么?

2. 桥式起重机与门式起重机的异同点是什么?

3. 按照用途区分，桥式起重机可分为哪几类?

4. 按照取物装置不同，起重机可分为哪几种?

5. 天车由哪几部分组成?

6. 起重机的型号如何表示?

7. 吊钩桥式起重机，主钩起重量 20t，副钩起重量 5t，跨度 19.5m，工作级别 A5，室内用，其型号如何表示?

8. 室内用双小车吊钩桥式起重机，起重量 50/10 + 50/10t，跨度 28.5m，工作级别 A5，其型号如何表示?

9. 起重量 5t，跨度 18m，工作级别 A6，单主梁抓斗门式起重机的型号如何表示?

10. 天车的主要技术参数有哪些?

11. 什么叫起重机的额定起重量?

12. 什么叫起重机的工作级别?

13. 天车的工作级别与安全生产有何关系?

14. 为什么主梁应有上拱度?

15. 天车的起升机构由哪些装置组成?

16. 天车的大车运行机构由哪些零部件组成? 它有哪几种传动方式?

17. 天车的小车运行机构由哪些零部件组成?

18. 吊钩的报废标准是什么?
19. 滑轮的报废标准是什么?
20. 直径相同的钢丝绳是否可以换用?
21. 使用钢丝绳时应注意哪些事项?
22. 钢丝绳的报废标准是什么?
23. 怎样更换天车起升机构的钢丝绳?
24. 使用中有哪些因素影响钢丝绳的寿命?如何改善?
25. 钢丝绳尾在卷筒上如何固定?
26. 钢丝绳如何润滑?
27. 卷筒的报废标准是什么?
28. 天车上常用的减速器有哪几种?
29. 如何拆卸与安装整台减速器?
30. 检修减速器包括哪些内容?
31. 减速器产生噪声的原因有哪些?
32. 减速器产生振动的原因有哪些?
33. 减速器漏油的原因及防漏的措施有哪些?
34. 如何拆卸齿轮联轴器?
35. 齿轮联轴器齿轮迅速磨损的原因及提高其使用寿命的措施是什么?
36. 齿轮联轴器在什么情况下应报废?
37. 天车上常用的制动器有哪几种?
38. 块式制动器有哪几种?其特点是什么?
39. 短行程电磁铁块式制动器如何调整?
40. 长行程电磁铁块式制动器如何调整?
41. 调整制动器的要求是什么?
42. 如何维护保养制动器?
43. 制动器不能刹住重物的原因是什么?
44. 制动器打不开的原因是什么?
45. 制动器易脱开调整位置的原因是什么?
46. 液压电磁铁通电后推杆不动作的原因是什么?
47. 液压电磁铁行程小的原因是什么?

48. 液压电磁铁起动、制动时间长的原因是什么?

49. 圆锥形踏面车轮的作用是什么?

50. 车轮的安全检查包括哪些内容?

51. 车轮的报废标准是什么?

52. 怎样拆卸、更换车轮组?

53. 怎样拆卸车轮?

54. 怎样装配车轮组?

55. 桥式起重机和门式起重机上应装的安全装置有哪些?

56. 超载限制器有几种类型? 有哪些安全要求?

57. 上升极限位置限制器有几种形式? 有哪些安全要求?

58. 偏斜调整装置有几种类型? 用途是什么?

59. 天车工必须熟悉哪些基本知识?

60. 当出现哪些情况时，天车工不应进行操作（即“十不吊”)?

61. 对天车工的操作有哪些基本要求?

62. 天车工交班前应做好哪些工作?

63. 天车大、小车运行操作的要领是什么?

64. 天车大、小车运行操作的安全技术有哪些?

65. 天车大、小车运行操作时反复起动有哪些害处?

66. 天车起升机构的操作要领有哪些?

67. 物件翻转操作应注意哪些事项?

68. 常见的翻转操作有哪几种?

69. 何谓天车的合理操作?

70. 如何利用电动机的机械特性对天车运行机构进行合理操作?

71. 如何利用电动机的机械特性，对凸轮控制器控制的起升机构进行合理操作?

72. 凸轮控制器控制的起升机构，为什么不允许把手柄长时间置于第一挡提升物件?

73. 凸轮控制器控制的起升机构，为什么在重载起吊过程中不允许将控制器手柄在第一挡停留?

74. PQR10A 型主令控制器起升机构电动机的机械特性有何特点?

75. 如何利用电动机的机械特性对 PQR10A 型主令控制电路的下降机构进行合理操作?

76. PQS 型主令控制电路起升机构电动机的机械有何特点?

77. 如何利用电动机的机械特性，对 PQS 型主令控制电路的起升机构进行合理操作?

78. PQS 型主令控制器控制负载下降，直接把控制器手柄扳至下降第一挡行不行? 为什么?

79. 吊运钢液等危险品物件时应掌握哪些操作要领?

80. 两台天车吊运同一物件时，应遵守哪些规则?

81. 吊运和安装精密机件时应如何操作?

82. 如何吊装大型物件?

83. 大型设备装配和安装的起吊工作要点有哪些?

84. 在天车工视线受阻的情况下如何操作?

85. 当起升机构的制动器突然失灵时，如何操作?

86. 在操作具有主、副钩的天车时，应遵守哪些规则?

87. 加料天车的加料操作步骤有哪些?

88. 操作加料天车时应遵守哪些操作规则?

89. 在锻造天车的操作中如何自装自卸转料机?

90. 在锻造天车的操作中如何自装自卸平衡杆?

91. 在锻造天车的操作中如何兜转钢锭?

92. 在锻造天车的操作中如何将钢锭端部插入平衡杆?

93. 操作锻造天车应遵守哪些规则?

94. 淬火天车有哪些特点?

95. 如何操作淬火天车?

96. 操作淬火天车应遵守哪些规则?

97. 电动机有哪些种类? 天车上常用的电动机是哪一种?

98. 笼型异步电动机和绕线转子异步电动机的结构和性能有何区别?

99. 何谓电动机工作制? 电动机工作制有哪几种?

100. 电动机的绝缘等级有哪些？允许温升各是多少？

101. 天车上常用的异步电动机属于哪一系列？它们有哪些特点？

102. 电动机如何接线？

103. 天车用电动机的运行状态有哪几种？

104. 如何维护电动机？

105. 如何维护控制器？

106. 天车有哪些电气安全保护装置？

107. 保护箱中装有哪些电器？各起什么作用？

108. 天车的电气线路由哪几部分组成？

109. 主电路中定子回路的作用是什么？

110. 主电路中转子回路的作用是什么？

111. 控制电路由哪几部分组成？

112. 控制电器的联锁保护作用有哪些？

113. PQY 平移机构控制屏线路有哪些特点？

114. PQS 起升机构控制屏线路有哪些特点？

115. 何谓车轮“啃道”？车轮“啃道”的危害有哪些？

116. 引起车轮“啃道”的原因有哪些？

117. 如何进行车轮“啃道”的修理？

118. 小车行走不平的原因有哪些？

119. 小车车轮打滑的原因有哪些？

120. 如何检查和修理小车行走不平或打滑？

121. 产生溜钩的原因有哪些？

122. 排除溜钩故障的措施有哪些？

123. 天车不能吊运额定起重量的原因是什么？

124. 制动电磁铁线圈产生高热的原因是什么？如何排除？

125. 制动电磁铁产生较大响声的原因是什么？如何排除？

126. 制动器打不开的原因是什么？

127. 天车用电动机常见的故障有哪些？产生的原因是什么？

128. 天车不能起动，其故障可能发生在哪部分电路内？经人工使接触器闭合后，即可正常运转，故障一定发生在哪里？

129. 天车电气线路主接触器不能接通的原因有哪些?

130. 其他机构工作都正常，起升机构电动机不工作的原因是什么?

131. 其他机构工作都正常，大车电动机不转动的原因是什么?

132. 天车的四台电动机都不动作的原因是什么? 如何排除?

133. 其他机构电动机正常，某一电动机不转动或转矩很小的原因是什么?

134. 控制手柄置于第一挡时，电动机起动转矩很小；置于第二挡时，转矩也比正常时低；置于第三挡时，电动机突然加速，甚至使本身振动，原因何在?

135. 控制器在第一、二、三挡时电动机转速较低且无变化，扳至第四挡时突然加速，故障何在?

136. 主令控制电器起升机构不起不落的原因何在?

137. 主令控制电器主钩只起不落的原因何在?

138. 主令控制电路的主钩只落不起的原因何在?

139. 天车不能起动的控制电路中有哪些故障?

140. 吊钩下降时接触器就释放，原因何在?

141. 大车运行时接触器释放的原因有哪些?

142. 什么叫主梁的上拱度?

143. 什么叫主梁弹性下挠? 其允许值是什么?

144. 主梁产生下挠的原因有哪些?

145. 主梁下挠对天车的使用性能有何影响?

146. 如何测量主梁的变形?

147. 修理主梁变形的方法有哪些?

148. 对主梁变形如何进行火焰矫正?

149. 天车在安装前应做好哪些准备工作?

150. 小车安装的技术要求有哪些?

151. 桥架安装的技术要求有哪些?

152. 大车车轮安装的技术要求有哪些?

153. 选用减速机的主要依据是什么?

答案部分

一、是非题

1. ✓　2. ✓　3. ✓　4. ✓　5. ✓　6. ×
7. ✓　8. ✓　9. ×　10. ×　11. ✓　12. ✓
13. ×　14. ×　15. ✓　16. ✓　17. ×　18. ✓
19. ×　20. ✓　21. ×　22. ✓　23. ✓　24. ✓
25. ✓　26. ✓　27. ×　28. ×　29. ✓　30. ×
31. ×　32. ×　33. ✓　34. ✓　35. ✓　36. ✓
37. ×　38. ×　39. ×　40. ✓　41. ✓　42. ✓
43. ✓　44. ✓　45. ✓　46. ✓　47. ×　48. ✓
49. ×　50. ×　51. ✓　52. ✓　53. ×　54. ✓
55. ✓　56. ×　57. ×　58. ✓　59. ×　60. ✓
61. ×　62. ✓　63. ✓　64. ×　65. ✓　66. ×
67. ✓　68. ×　69. ×　70. ✓　71. ×　72. ×
73. ✓　74. ×　75. ×　76. ×　77. ×　78. ×
79. ✓　80. ×　81. ✓　82. ×　83. ✓　84. ×
85. ✓　86. ×　87. ✓　88. ✓　89. ✓　90. ✓
91. ×　92. ✓　93. ×　94. ✓　95. ×　96. ✓
97. ✓　98. ✓　99. ×　100. ×　101. ×　102. ✓
103. ✓　104. ✓　105. ×　106. ✓　107. ×　108. ✓
109. ✓　110. ✓　111. ×　112. ✓　113. ×　114. ✓
115. ✓　116. ×　117. ×　118. ✓　119. ✓　120. ×
121. ×　122. ✓　123. ✓　124. ✓　125. ✓　126. ×
127. ✓　128. ×　129. ×　130. ✓　131. ✓　132. ✓
133. ✓　134. ×　135. ×　136. ✓　137. ✓　138. ×
139. ×　140. ×　141. ✓　142. ✓　143. ×　144. ✓
145. ✓　146. ✓　147. ✓　148. ×　149. ×　150. ✓
151. ✓　152. ✓　153. ✓　154. ×　155. ×　156. ×
157. ✓　158. ✓　159. ×　160. ×　161. ×　162. ✓
163. ✓　164. ×　165. ×　166. ×　167. ✓　168. ✓

169. ✓ 170. ✓ 171. × 172. × 173. ✓ 174. ×
175. ✓ 176. ✓ 177. × 178. ✓ 179. × 180. ✓
181. ✓ 182. × 183. ✓ 184. × 185. × 186. ×
187. ✓ 188. ✓ 189. ✓ 190. ✓ 191. ✓ 192. ×
193. × 194. ✓ 195. ✓ 196. × 197. × 198. ✓
199. ✓ 200. × 201. × 202. ✓ 203. ✓ 204. ✓
205. ×

二、选择题

1. B 2. C 3. A 4. A 5. B 6. B
7. A 8. A 9. B 10. A 11. C 12. B
13. B 14. A 15. B 16. B 17. A 18. C
19. B 20. A 21. B 22. A 23. B 24. A
25. B 26. B 27. B 28. A 29. A 30. B
31. B 32. A 33. A 34. B 35. A 36. C
37. B 38. B 39. B 40. C 41. B 42. A
43. B 44. C 45. B 46. B 47. C 48. B
49. B 50. A 51. A 52. B 53. B 54. B
55. A 56. B 57. A 58. B 59. B 60. A
61. B 62. A 63. A 64. B 65. A 66. A
67. A 68. B 69. A 70. A 71. B 72. B
73. A 74. B 75. B 76. B 77. A 78. A
79. B 80. B 81. B 82. A 83. A 84. B
85. B 86. A 87. A 88. A 89. B 90. A
91. B 92. A 93. B 94. A 95. B 96. C
97. B 98. B 99. A 100. A 101. B 102. A
103. A 104. A 105. B 106. A 107. A 108. B
109. A 110. B 111. A 112. B 113. A 114. B
115. A 116. B 117. C 118. A 119. C 120. A
121. B 122. C 123. B 124. B 125. B 126. A
127. B 128. B 129. A 130. B 131. A 132. C
133. B 134. A 135. B 136. B 137. A 138. B

139. A 140. C 141. C 142. C 143. A 144. A
145. B 146. C 147. A 148. A 149. B 150. A
151. B 152. B 153. A 154. B 155. B 156. A
157. B 158. A 159. A 160. B 161. A 162. B
163. C 164. B 165. B 166. B 167. B 168. B
169. A 170. A 171. B 172. A 173. A 174. B
175. B 176. B 177. B 178. A 179. A 180. B
181. A 182. B 183. A 184. A 185. A 186. B
187. B 188. B 189. A 190. A 191. B 192. B
193. B 194. A 195. B 196. B 197. B 198. A
199. B 200. C 201. A 202. A 203. A 204. C
205. C 206. A 207. A 208. B 209. B 210. B
211. C 212. B

三、简答题

1. 答　一般应采用螺旋槽卷筒单层卷绕。在起升高度较大时，为缩小卷筒尺寸，可采用多层卷绕，但因为多层卷绕时钢丝绳磨损较快，在低速或轻、中级的桥式起重机上采用较合适。

2. 答　门式起重机是带腿的桥式起重机，它与桥式起重机的最大区别是依靠支腿在地面轨道上运行，而起升机构、运行机构基本相同。

3. 答　按照用途区分，桥式起重机可分为通用桥式起重机和冶金桥式起重机两类。

4. 答　按照取物装置不同，起重机可分为吊钩起重机、抓斗起重机、电磁起重机等。

5. 答　天车主要由机械、电气和金属结构三大部分组成。

（1）机械部分——机械部分是为实现天车的不同运动要求而设置的，一般具有三个机构，即：起升机构、小车运行机构和大车运行机构。

（2）金属结构部分——天车的金属结构部分主要由桥架和小车架组成。

（3）电气部分——天车的电气部分是由电气设备和电气线路

所组成的。

6. 答　起重机的型号一般由起重机的类、组、型代号与主参数代号两部分组成。

类、组、型代号均用大写印刷体汉语拼音字母表示。该字母应是类、组、型中有代表性的汉语拼音字头，如该字母与其他代号的字母有重复时，也可采用其他字母。主要参数用阿拉伯数字表示。

7. 答　起重机 QD20/5—19.5A5

8. 答　起重机 QE50/10+50/10—28.5A5

9. 答　起重机 MDZ5—18A6

10. 答　天车的主要技术参数是天车工作性能和技术经济的指标。天车的主要技术参数包括：起重量 G（t）、跨度 L（m）、起升高度 H（m）、运动速度 v（m/min）以及工作级别等。

11. 答　额定起重量是起重机械在正常工作情况下所允许的最大起吊重量，用符号 G_n 表示，单位为吨（t）。通常用额定起重量表示天车的起重能力，例如 10t 天车，是指该天车在正常使用条件下允许的最大起吊重量为 10t。天车的额定起重量不包括吊钩、吊环等不可分吊具的重量，但包括抓斗、电磁盘、料罐以及盛钢桶等可分吊具的重量。

12. 答　起重机的工作级别是表示起重机受载情况和忙闲程度的综合性参数。起重机的工作级别是根据起重机的利用等级和起重机的载荷状态来定的。

13. 答　天车的工作级别与安全有着十分密切的关系，天车工在了解天车的工作级别之后，可根据所操作的天车工作级别正确地使用天车，避免超出其工作级别而造成损坏事故。

14. 答　主梁是一种弹性结构，在载荷作用下将产生下挠变形，当载荷卸下后，变形会消失，梁又恢复原来状态。为了防止小车产生爬坡现象，增加运行阻力和引起结构振动，补偿和消除下挠变形，当桥架跨度大于 13.5m 时，将主梁预制成上拱形，把从主梁上表面水平线至跨度中点上拱曲线的距离叫做上拱度，记作 f_0，天车主梁上拱度的标准值为跨度的 1/1000。

15. 答　起升机构是用来实现货物升降的，它是天车中最基本的机构。起升机构主要由驱动装置、传动装置、卷绕装置、取物装置及制动装置等组成。此外，根据需要还可装设各种辅助装置，如限位器、起重量限制器等。起升机构分为单钩起升机构和双钩起升机构。

16. 答　天车的大车运行机构驱动大车的车轮沿轨道运行。大车运行机构由电动机、减速器、传动轴、联轴器、制动器、角型轴承箱和车轮等零部件组成，其车轮通过角型轴承箱固定在桥架的端梁上。

大车运行机构分为集中驱动和分别驱动两种形式。集中驱动就是由一台电动机通过传动轴驱动大车两边的主动轮；分别驱动就是由两台电动机分别驱动大车两边的主动轮。

17. 答　天车的小车运行机构包括驱动、传动、支承和制动等装置。小车的4个车轮（其中半数是主动车轮）固定在小车架的四角，车轮一般是带有角形轴承箱的成组部件。运行机构的电动机安装在小车架的台面上，由于电动机轴和车轮轴不在同一水平面内，所以使用立式三级圆柱齿轮减速器。在电动机轴与车轮轴之间，用全齿轮联轴器或带浮动轴的半齿轮联轴器联接，以补偿小车架变形及安装的误差。

18. 答　对于锻造吊钩，其报废标准为：

1）吊钩表面有裂纹、破口，发现裂纹、破口应立即更换，不允许补焊。

2）吊钩工作截面（挂绳处）的高度磨损量达到原高度的10%时，应报废。

3）吊钩的钩口、钩颈及危险截面发生永久变形时，应报废。钩口开度超过原尺寸的15%，应报废。

4）钩尾和螺纹过渡截面有刀痕或裂纹时，应报废。

对于板钩，其报废标准为：

1）钩身有裂纹，应报废。

2）板钩的衬套、心轴、耳环有疲劳裂纹，应报废。

3）衬套磨损量达到原厚度的50%、心轴磨损量为原直径的

3% ~5%时，应报废。

19. 答　滑轮出现下述情况之一时应报废：

①裂纹。

②轮槽不均匀磨损达3mm。

③轮槽壁厚磨损达原壁厚的20%。

④因磨损使轮槽底部直径减少量达钢丝绳直径的50%。

⑤其他损害钢丝绳的缺陷。

20. 答　钢丝绳是一种易损零件，在使用过程中，有的需要更换。更换时，并不是直径相同的钢丝绳都可以换用，因为直径相同或相近的钢丝绳类型很多，它们的绳心不一样，钢丝绳的抗拉强度不同，因此，相同直径、不同类型的钢丝绳的破断拉力也不相同。所以，一般来说，直径相同或相近的钢丝绳不能换用。

21. 答　钢丝绳的使用正确与否，将影响钢丝绳的使用寿命。对于天车上使用的钢丝绳应注意以下几点：

1）钢丝绳不许有打结、绳股凸出及过于扭结的现象。

2）钢丝绳表面磨损、腐蚀及断丝不许超过规定标准。

3）钢丝绳在绳槽中的卷绕要正确，钢丝绳绳头在卷筒上要固定牢靠。

4）钢丝绳要润滑良好，保持清洁。

5）不要超负荷使用钢丝绳，尽可能不使钢丝绳受冲击作用。

6）钢丝绳与平衡轮之间不许有滑动现象存在，钢丝绳与平衡轮固定架之间不许发生摩擦或卡死现象。

7）在高温环境下工作的钢丝绳，要有隔热装置。

8）新更换的钢丝绳，必须经过动负荷试验后才允许使用。

9）钢丝绳每隔7 ~10 天检查一次，如已有磨损或断丝，但还未达到报废标准规定的数值时，必须每隔2 ~3 天检查一次。

22. 答　钢丝绳在使用一段时间之后，外层钢丝由于磨损、腐蚀和疲劳而逐渐产生断丝。随着断丝的增多，断丝速度加快，当断丝数达到一定限度后，如果继续使用，就会引起整根钢丝绳破断。所以，钢丝绳的报废主要根据断丝数和磨损量来决定。

1）对于6 股和8 股的钢丝绳，断裂主要发生在外表；而对于多层股的钢丝绳（典型的多股结构），断丝大多发生在内部。表2-11和表2-12是各种情况进行综合考虑后的断丝控制标准，它适用于各种结构的钢丝绳。

2）钢制滑轮上工作的抗扭钢丝绳中断丝根数的控制标准见表2-12。

3）如果断丝紧靠一起形成局部聚集，则钢丝绳应报废。如果这种断丝聚集在小于$6d$的绳长范围内，或者集中在任一支绳股里，即使断丝数比表2-11或表2-12列的数值少，钢丝绳也应予以报废。d为绳径。

4）如果出现整根绳股的断裂，钢丝绳应予以报废。

5）如果钢丝绳实测直径相对公称直径减少3%（对于抗扭钢丝绳）或减少10%（对于其他钢丝绳），钢丝绳应予以报废。

6）当钢丝绳出现波浪形时，在钢丝绳长度不超过$25d$的范围内，若$d_1 \geqslant 4d/3$（见图2-15），钢丝绳应予以报废。

7）钢丝绳发生笼状畸变、绳股挤出、钢丝挤出、绳径局部增大、绳径局部减少、部分被压扁、严重扭结、弯折等情况之一，钢丝绳应予以报废。

23. 答　更换钢丝绳的方法是：

1）把新钢丝绳缠绕到专门更换钢丝绳用的绳盘上，按所需要的长度将其切断，断头处用细铁丝缠好，以防松散。运到起重机下面，并放到能使绳盘转动的支架上。

2）把吊钩下降到干净的地面上，并使滑轮垂直放置，再开动卷筒放下旧钢丝绳，直到不能再放为止。

3）把卷筒一端的钢丝绳压板松开，使钢丝绳一头落在地面上（注意让地面人员躲开）。

4）将新钢丝绳头与旧钢丝绳头连接起来，并使接头处顺利地通过滑轮槽。

5）再开动卷筒，使钢丝绳上升，直到新绳升到卷筒上。拆开新旧绳头连接处，把新钢丝绳头暂时绑在小车架上，然后开动卷筒，把旧钢丝绳全部放置到地面上。

6）用另外的提物绳子，把新钢丝绳另一头也提升上来，将新钢丝绳两端用压板固定在卷筒上。

7）开动起升机构，把新钢丝绳缠绕在卷筒上，提升起吊钩，这时，更换钢丝绳的工作即完毕。

24. 答　天车在工作中，影响钢丝绳寿命的因素有以下几种：

1）当吊钩沿平衡轮轴向游摆时，钢丝绳与平衡轮之间发生剧烈摩擦，使钢丝绳产生严重磨损。尤其当副钩停在极限高度，而主钩工作时，由于空钩钢丝绳较短，摆动频率高，摆幅大，磨损更严重。另外，当吊钩摆动时，平衡轮往往不能转动，使钢丝绳在平衡轮的槽里硬串，也产生剧烈摩擦。

2）由于钢丝绳从起升机构上限开关的重锤套环中穿过，钢丝绳只有一两个点与重锤及套环经常摩擦，使钢丝绳严重磨损。

3）钢丝绳与穿过小车架底板上的孔及支承平衡轮的立板经常发生摩擦，也使钢丝绳产生严重磨损。

延长钢丝绳使用寿命的方法如下：

1）当钢丝绳达到使用寿命的1/3时（使用寿命随天车的工作条件和工作性质不同而不同），从卷筒的一端截去2～3圈钢丝绳，以改变钢丝绳与平衡轮及上升限位开关和重锤接触的相对位置。

2）从平衡轮上部给钢丝绳与平衡轮的轴浇注润滑油，以减少钢丝绳与平衡轮槽的摩擦。

3）在上升限位开关重锤的套环上，套上尺寸合适的胶管，并把重锤靠钢丝绳的一侧缚上一层橡胶垫，这样可以基本上消除重锤对钢丝绳的磨损。

25. 答　钢丝绳尾在卷筒上可以用压板或楔块固定（见答图1），答图1a所示的压板固定绳尾是常用的方法，它的优点是构造简单，装卸方便。它的缺点是所占空间较大，并且不能用于多层卷绕。答图1b所示方法可使卷筒尺寸较短，但使卷筒构造复杂。答图1 c所示楔块固定方法可用于多层卷绕，缺点也是卷筒构造复杂。答图1d所示方法为将绳尾引到卷筒里面，再用压板固定，这样可使卷筒紧凑，并适用于多层卷绕。

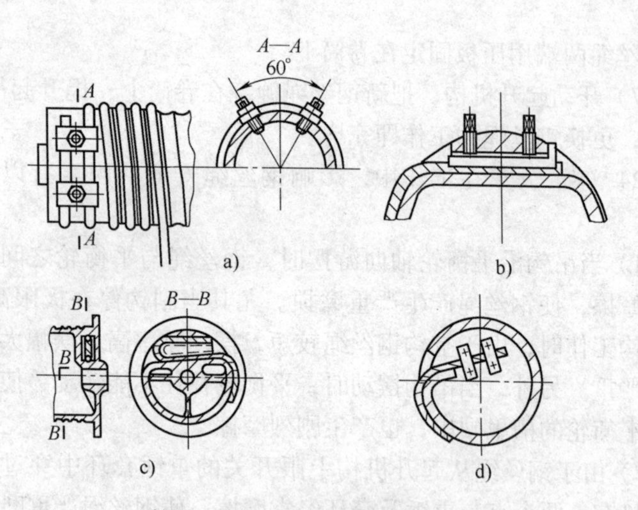

答图 1　钢丝绳尾在卷筒上的固定

当吊钩下放到最低位置时，在卷筒上至少要保留 3 圈以上的钢丝绳，以增大钢丝绳与卷筒之间的摩擦力，减轻压板螺栓的负荷，确保起吊工作的安全。

26. 答　为了提高钢丝绳的使用寿命，在编制钢丝绳时，预先对麻芯浸足润滑油或脂，或者把钢丝绳浸泡在油或脂中，让油、脂粘附在整个钢丝绳的所有部位。在工作时，钢丝绳拉伸和卷曲时受到挤压，这时蓄在麻芯内的油就被挤出，使钢丝绳不断得到润滑。因此，钢丝绳需要定期补充润滑剂。

麻芯浸油方法是先把钢丝绳清洗干净，然后根据答表 1 选择钢丝绳麻芯所用润滑油，把油加热到 60℃左右，将钢丝绳浸泡到热的油液中，浸渍 1 ~ 2 天即可。

答表 1　钢丝绳麻芯用油选择参考表

工作条件	钢丝绳直径/mm	
	<25	>25
冬季露天下	N32	N46
春秋露天下	N46	N68
夏季露天下	N100	N150
常温车间	N46	N68
在高温环境	N100	N150

对使用中的钢丝绳要定期进行表面涂油。钢丝绳外部涂油的方法是：高温和露天下最好 30~50 天涂一次，常温或室内最好 100~120 天涂一次，且定期涂高粘度的油或脂。

钢丝绳外部涂油、脂的选择见答表 2。

答表 2　钢丝绳外部用油、脂的选择参考表

钢丝绳直径/mm	工作条件	润滑油	润滑脂
<40	常温车间	11 号气缸油	钙基脂
	夏季露天	24 号气缸油	铝基脂
	冬季露天	11 号气缸油	铝基脂
	高温环境	38 号气缸油	二硫化钼脂
>40	夏季露天	24 号气缸油	铝基脂
	冬季露天	11 号气缸油	铝基脂
	高温环境	38 号气缸油	二硫化钼脂

27. 答　卷筒出现下述情况之一时，应报废：

①裂纹。

②筒壁磨损达原壁厚的 20%。

28. 答　天车上常用的减速器主要有两种：一种是起重机减速器；一种是起重机底座式减速器。

起重机减速器的型号为 QJ，它属于斜齿圆柱齿轮减速器，是三支点安装形式。

QJ 型减速器结构分为 R（B）型——二级，S（C）型——三级和 RS（D）型——二、三级结合三种。

QJ 型减速器的轴端形式是高速轴端采用圆柱形轴伸平键联接，输出轴端有三种形式，分别为圆柱形轴端（P 型）、花键轴端（H（R）型）和齿轮轴端（C 型）。

起重机底座式减速器分为 3 个系列：QJR—D（QJB—D）、QJS—D（QJC—D）和 QJRS—D（QJD—D）。这种减速器平底座水平安装，它们除了外形尺寸与 QJ 型减速器不同外，其他如适用范围、结构形式、装配形式、轴端形式、中心距以及承载能力等都与 QJ 型减速器一样。

29. 答　（1）整台减速器的拆卸是首先卸下减速器主动（高

速）轴端和从动（低速）轴端上联轴器的联接螺栓，使减速器与传动系统脱开，然后卸下地脚螺栓，整台减速器即可卸下。

（2）整台减速器的安装是首先把主动轴端和从动轴端上的联轴器轴接手或外齿套装上，然后把整台减速器放置在传动系统中应放的位置上，再用螺栓把它与电动机轴端、工作机轴端上的联轴器联接在一起，用地脚螺栓将减速器固定在机座上，找正后紧固牢靠，便安装完毕整台减速器。

30. 答　减速器的检修包括以下几方面：

（1）减速器箱体接合面的检修　减速器箱体经过一段时间运转后，箱体接合面处可能发生变形，将会引起漏油，因此，必须进行检修。

首先用煤油清洗箱体，清除接合面上的污垢、油泥等，然后在接合面上涂以红铅油，使两接合面研合，每研磨一次刮掉个别的高点，经几次研磨后，就可达到所要求的精度。

研磨后需对接合面进行检查，用塞尺检验接合面的间隙，其值不应超过0.03mm，表面粗糙度值不大于$Ra0.8\mu m$，底面与接合面的平行度误差在1m长度内不应大于0.5mm。

（2）减速器齿轮的检修

1）检查齿轮的齿表面点蚀状况，疲劳点蚀面积沿齿高和齿宽方向超过50%时，应报废。

2）检查齿轮轮齿表面的磨损情况，齿轮磨损后齿厚会变薄，强度将降低，为保证安全，起升机构减速器的轮齿磨损量不应超过原齿厚的15%，运行机构减速器的齿轮轮齿磨损量不应超过原齿厚的30%，超过此值时应更换。

（3）轴的检修

1）用磁力或超声波探伤器对轴进行检查，如发现有疲劳裂纹，应予更换。

2）检查轴的变形，把轴放在V形架支座上，用百分表检查轴的径向圆跳动误差和直线度误差。齿轮轴允许径向圆跳动误差不大于0.02~0.03mm，传动轴的直线度误差不超过0.5mm。当轴的直线度误差超过此值时，应进行冷矫或热矫，以使轴恢复原状。

31. 答　减速器产生的噪声各种各样，其原因各不相同，常见的有：

(1) 连续的清脆撞击声　这是由于齿轮轮齿表面有严重伤痕所致。

(2) 断续的嘶哑声　原因是缺少润滑油。

(3) 尖哨声　这是由于轴承内圈、外圈或滚动体出现了斑点、研沟、掉皮或锈蚀所引起的。

(4) 冲击声　轴承有严重损坏的地方。

(5) 剧烈的金属摩擦声　由于齿轮的侧隙过小、齿顶过高、中心距不正确，使齿顶与齿根发生接触。

(6) 周期性声响　这是由于齿轮分度圆中心与轴的中心偏移，节距误差或齿侧间隙超差过大造成的。

32. 答　减速器产生振动的原因很多，主要有：

1) 减速器主动轴与动力轴之间的同轴度超差过大。

2) 减速器从动轴与工作机传动轴之间的同轴度超差过大。

3) 减速器本身的安装精度不够。

4) 减速器的机座刚性不够或地脚螺栓松动。

5) 联接减速器的联轴器类型选用得不合适。

33. 答　减速器漏油的原因有：

1) 减速器运转时由于齿轮搅动，使减速器内压力增大，另外，齿轮在啮合过程中要产生热量，使减速器内温度上升，压力进一步增大，从而使溅到内壁上的油液向各个缝隙渗透。

2) 由于箱体接合面加工粗糙，接合不严密，轴承端盖与轴承孔间隙过大，密封圈老化变形而失去密封作用，螺栓固定不紧密，油脂油量不符合技术规定等。

防止漏油的措施有：

1) 均压：为使减速器内外气压保持一致，减速器通气孔应畅通，不得堵塞。

2) 堵漏：刮研减速器接合面，使其相互接触严密，符合技术标准；在接触面、轴承端盖孔等处设置密封圈、密封垫和毛毡等。

3）采用新的润滑材料：实践证明，中小型低速转动的减速器采用二硫化钼作润滑剂，可解决漏油问题。

34. 答　现以起升机构浮动轴上的齿轮联轴器拆卸为例（见答图2），说明其拆卸顺序：

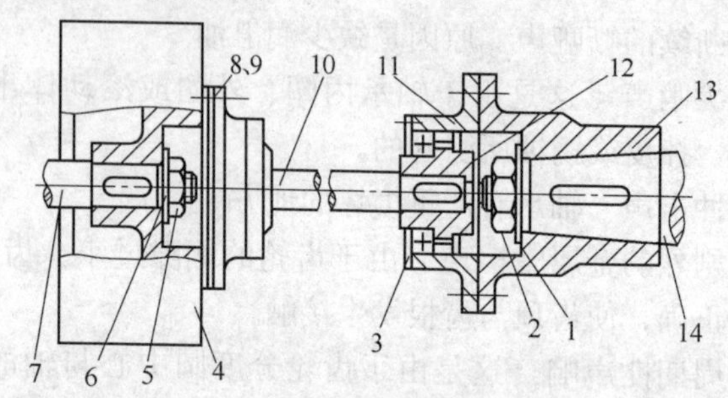

答图2　齿轮联轴器的拆卸

1、6—止动垫圈　2、5—锁紧螺母　3—螺栓
4—制动轮　7—从动轴　8—联接螺栓　9—螺母
10—浮动轴　11—内齿圈　12—外齿套
13—联轴器轴接手　14—主动轴

1）卸下浮动轴两端齿轮联轴器的螺母9和联接螺栓8，可把浮动轴10连同两端的内齿圈11一起取下。

2）卸去锁紧螺母5和止动垫圈6，将制动轮4取出；卸去锁紧螺母2和止动垫圈1，将联轴器接手13从电动机轴上卸下。

3）卸去浮动轴10两端内齿圈11上的螺栓3，将内齿圈11从外齿套12上退出。

4）用拉轮器拉出浮动轴10上的外齿套12，为了便于拆卸，可将外齿套加热，使其膨胀后拉出，或用液压机压出。至此，整套联轴器拆卸完毕。

35. 答　齿轮联轴器齿轮迅速磨损的原因如下：

1）安装精度差，两轴的偏移大，内外齿啮合不正，局部接触应力大。

2）润滑不好，由于它是无相对运动的联接形式，油脂被挤出后无法自动补充，故可能处于干摩擦状态传递力矩，因而加速了齿面的磨损和破坏。

3）在高温环境下工作，润滑油因被烘干而使润滑状态变坏，加速了齿面磨损和破坏。

4）违反操作规程，经常反车制动，加速了轮齿的破损。

提高齿轮联轴器使用寿命的关键措施是：提高各部件的安装精度，加强日常检查和定期润滑，同时还要遵守操作规程、提高操作技术。

36. 答　当齿轮联轴器出现裂纹、断齿或齿厚磨损达到原齿厚的15%以上时应报废。

37. 答　制动器按构造分为块式制动器、带式制动器和盘式制动器等类型，天车上常用的是块式制动器。根据操作情况，制动器又可分为常闭式、常开式和综合式三种类型。常闭式制动器在机构不工作时抱紧制动轮，工作时才将制动器分开。天车上各机构一般采用常闭块式制动器，特别是起升机构，必须采用常闭块式制动器，以保证安全。

38. 答　根据松闸行程的长短，块式制动器可分为短行程制动器和长行程制动器两种。

短行程制动器的松闸行程小，可直接装在制动臂上，结构紧凑、松闸力小、产生的制动力矩也小，制动轮直径不超过300 mm；长行程制动器的松闸器行程长，通过杠杆系统能产生很大的松闸力和制动力矩，制动轮直径可达800 mm。

根据松闸器的不同，块式制动器又分为电磁铁制动器和液压推杆制动器。天车上常用的块式制动器有：短行程电磁铁块式制动器（型号JWZ）、长行程电磁铁块式制动器（型号JCZ）、液压推杆块式制动器（型号YWZ）和液压电磁铁块式制动器（型号YDWZ）。短行程电磁铁块式制动器的优点是：结构简单、便于调整、松闸和抱闸的动作迅速、制动器重量轻。其缺点是：由于动作迅速，吸合时的冲击直接作用在整个制动器的机构中，因此，制动器上的螺钉容易松动，导致制动器失灵。由于动作迅速、制动行程小，天车在惯性作用下会使桥架剧烈振动。所以这种制动器多用于起重量较小的大、小车运行机构上；长行程电磁铁块式制动器闭合动作较快，通过调整弹簧的张力，制动力矩就可以进行较为精确的调整，安全可靠，制动力矩稳定，工作时冲击比前者小。这种制动器结构复杂、外形尺寸及重量大，常用于中等负荷。这种制动器广泛应用在天车的起升机构中；液压推杆块式制动器制动平稳、无噪声、寿命较长、重量轻、体积小、接电次数多、调整维修方便，但不能快速制动，这种制动器应用在运行和起升机构中，性能良好。

39. 答　短行程电磁铁块式制动器的调整如下：

（1）主弹簧工作长度的调整　为使制动器产生相应的制动力矩，需调整主弹簧的工作长度。调整方法如图 2-35 所示，用一扳手拧住螺杆方头，用另一扳手转动主弹簧的固定螺母，把主弹簧调至适当长度，再用另一螺母固定住，以防松动。

（2）电磁铁冲程的调整　电磁铁冲程的大小影响制动瓦块的张开量，故需调整一个合适的电磁铁冲程。调整方法如图 2-36 所示，用一扳手拧住锁紧螺母，用另一扳手转动制动器弹簧的推杆方头即可调整电磁铁的冲程。电磁铁的允许冲程见表 2-21。

（3）制动瓦块与制动轮间隙的调整　调整方法如图 2-37 所示，先把衔铁推在铁心上，制动瓦块即松开，然后调整螺栓使制动瓦块与制动轮的间隙控制在表 2-22 规定的范围内，并使两侧间隙相等。

40. 答　长行程电磁铁块式制动器的调整方法如图 2-38 所示。

（1）主弹簧长度的调整　拧动锁紧螺母 9 来调整主弹簧长度，使制动器产生合适的制动力矩，然后用螺母锁紧。

（2）电磁铁冲程的调整　拧开螺母 4 和 5，转动螺杆 2 和 6，调整电磁铁的冲程，使制动瓦块的张开量合适，制动瓦块在磨损前，衔铁应有 25 ~ 30mm 的冲程。

（3）制动瓦块与制动轮之间间隙的调整　抬起螺杆 6，制动瓦块自动松开，调整螺杆 2 和螺栓 7，使制动瓦块与制动轮之间的间隙在表 2-21 规定的范围内，并使两侧间隙相等。

41. 答　在调整各机构制动器时，要保证制动器各机件工作灵活可靠，不得卡死。制动力矩要调整适宜，即要保证各机构工作安全，又要满足由于惯性作用产生一段制动距离的需要。根据多年的实践经验，大车和小车运行机构的制动最小距离为

$$S_{min} = v^2/5000$$

大车的制动最大距离为：$S_{max} = v/15$

小车的制动最大距离为：$S_{max} = v/20$

式中　v——运行机构的速度（m/min）。

对于起升机构，满载下降时制动的最大距离以其速度的1/100为宜，即一般为100mm左右。

如果制动距离过小（制动力矩过大），会使刹车过猛，造成冲击和吊钩不稳，容易损坏零件。但制动距离过大（制动力矩过小），吊物下降快，易产生溜钩现象，极其危险。

42. 答　对于起升机构的制动器要做到每班检查，而运行机构的制动器可2~3天检查一次。如遇轴栓被咬住、闸瓦贴合在闸轮上、闸瓦张开时在闸轮两侧的空隙不相等的一些情况，应及时调整、维修，每周润滑一次，以防止造成制动器的损坏。

43. 答　制动器不能刹住重物的原因是：制动器杠杆系统中有的活动铰链被卡住；制动轮工作表面有油污；制动带磨损，铆钉裸露；主弹簧张力调整不当或弹簧疲劳、制动力矩过小所致。

44. 答　制动器打不开的原因有：①制动带胶粘在有污垢的制动轮上。②活动铰链被卡住。③主弹簧张力过大。④制动器顶杆弯曲，顶不到动磁铁。⑤电磁铁线圈烧毁。⑥油液使用不当。⑦叶轮卡住。⑧电压低于额定电压的85%，电磁铁吸力不足。

45. 答　制动器易脱开调整位置的原因有：

1）主弹簧的锁紧螺母松动，致使调整螺母松动。

2）螺母或制动推杆螺纹扣破坏。

46. 答　液压电磁铁通电后推杆不动作的原因有：①推杆卡住。②电压低于额定电压的85%。③整流装置的延时电器延时过短。④整流装置损坏。⑤时间继电器常开触头不动作。⑥无油

或严重漏油。

47. 答　液压电磁铁行程小的原因有：①油量不足。②活塞与轴承间有气体。

48. 答　液压电磁铁起动、制动时间长的原因有：①电压过低。②运动部分被卡住。③制动器制动力矩过大。④时间继电器触头打不开。⑤油路堵塞。⑥机械部分有故障。

49. 答　天车上普遍采用的是锥形踏面车轮的主动轮组，其锥度为1:10，要求配用具有圆弧形轨顶的轮道，这样可在运行时自动对中，减轻或防止车轮啃道，改善天车的运行状况。

50. 答　车轮应经常进行下列项目的检查：

1）圆柱形踏面的两主动轮，车轮直径在250~500mm范围内，当两轮直径偏差大于0.125~0.25mm时；车轮直径在500~900mm范围内，当两轮直径偏差大于0.25~0.45mm时，应进行修理。

2）圆柱形踏面的两从动轮，车轮直径在250~500mm范围内，当两轮直径偏差大于0.60~0.76mm时；车轮直径在500~900mm范围内，当两轮直径偏差大于0.76~1.10mm时，应进行修理。

3）圆锥形踏面两主动轮，当直径偏差大于名义直径的1/1000时应重新加工修理。

4）轮缘断裂破损或其他缺陷的面积不应超过3cm^2，深度不得超过壁厚的30%，且同一加工面上的缺陷不应超过3处，否则应进行修理。

5）踏面剥离面积大于2cm^2、深度大于3 mm时，应重新加工修理。

6）车轮装配后基准端面的摆幅不得大于0.1mm，径向圆跳动应在车轮直径的公差范围内。装配好的车轮组，用手转动应灵活、无阻滞。当采用圆锥滚子轴承时，轴承内外圈间隙允许有0.03~0.18mm的轴向间隙；采用其他轴承时，不允许有轴向间隙。

51. 答　当车轮出现下列情况之一时应报废：

1）有裂纹。

2）轮缘厚度磨损达原厚度的50%。

3）踏面厚度磨损达原厚度的15%。

4）当运行速度低于50m/min，线轮廓度达1mm；或当运行速度高于50m/min，线轮廓度达0.5mm。

5）踏面出现麻点，当车轮直径小于500mm，麻点直径大于1mm；或车轮直径大于500mm，麻点直径大于1.5mm，且深度大于3mm，数量多于5处。

52. 答　更换整套车轮组的拆卸顺序为：

1）卸下车轮轴端联轴器的联接螺栓。

2）卸下车轮组角型轴承箱与端梁连接的紧固螺栓。

3）用起重机的起重螺杆或千斤顶把天车桥架顶起，使车轮踏面离轨顶约10mm左右，撬动车轮组并沿轨道面将它拉出来，以便卸下更换。

4）把预先组装的、新的并带有轴端齿轮联轴器半体的主动车轮组吊运到天车轨道上。

5）推入车轮组且靠近安装位置，适当转动起重螺杆（或微落千斤顶），使车体缓慢下降，穿入紧固螺栓，拧上螺母。

6）适当紧固水平方向螺栓，再相应紧固垂直方向的螺栓，交替进行，同时边紧固、边扳动车轮，检查车轮转动是否灵活，并用线锤线绳检验车轮安装的垂直度和平行度。

7）对准车轮轴端齿轮联轴器半体与减速器从动轴联轴器半体的螺孔，穿入联接螺栓并紧固，扳动车轮旋转，应转动灵活，无卡住现象。

8）一切正常后，将车体落下。

53. 答　现以更换ϕ500mm的主动车轮为例，说明车轮的拆卸。

当车轮组自天车上取下后，可按下列顺序进行拆卸（见答图3）：

1）卸掉螺栓3，取下闷盖25，撬平轴端的止动垫圈23并卸下锁紧螺母24。

2）把车轮组垂直吊起，使带有半联轴器 12 的一端朝下，放在液压机工作台 13 的垫块 8 上，车轮轴 20 对准压头 1 的中心线。

3）车轮组支承牢靠后，在车轮轴 20 上端垫以压块 2。

4）开动液压机进行试压，逐渐加载，待机件发出“砰”的响声后，说明车轮轴 20 与车轮 5 产生相对运动，可继续慢速加压，直到车轮轴 20 与车轮 5 脱开为止，车轮 5 和上端轴承箱便可卸下。

5）用拉轮器将半联轴器 12 拉下，卸下通盖 6，取下锁紧螺母 14 和止动垫圈 15。

6）用拉轮器拉下角形轴承箱 16、轴承 9 和 17，取下通盖 18 和轴套 19，至此，车轮拆卸完毕。

54. 答　车轮组的装配顺序如下（见答图 3）

1）根据主动轴上的键槽配键。

2）把车轮置于工作台的垫块上，主动轴垂直对准车轮孔和键槽，配合面滴油润滑。

3）主动轴上端垫以压块对正。开动液压机试压，稳妥后，逐渐加压到安装位置为止。

4）轴两端装入轴套 19，并装入带有螺栓 10 的通盖 18 和带有螺栓 3 的通盖 21。

5）把用沸油加热的轴承 17 内环趁热装入车轮轴上，将装有轴承 17、9 的外环和间隔环 7 的角型轴承箱装到轴上。

6）装轴承 9 的内环，套入止动垫圈 15、紧固锁紧螺母 14。

7）两端分别装闷盖 25 和通盖 11，紧固螺栓 3 和 10。

8）将用油加热的半联轴器 12 趁热用大锤砸到车轮轴 20 上，至此，整套主动车轮组装配完毕。

55. 答　桥式起重机应装的安全装置有：超载限制器、上升极限位置限制器、运行极限位置限制器、联锁保护装置、缓冲器等。

门式起重机应装的安全装置有：超载限制器、上升极限位置限制器、运行极限位置限制器、联锁保护装置、缓冲器、夹轨钳

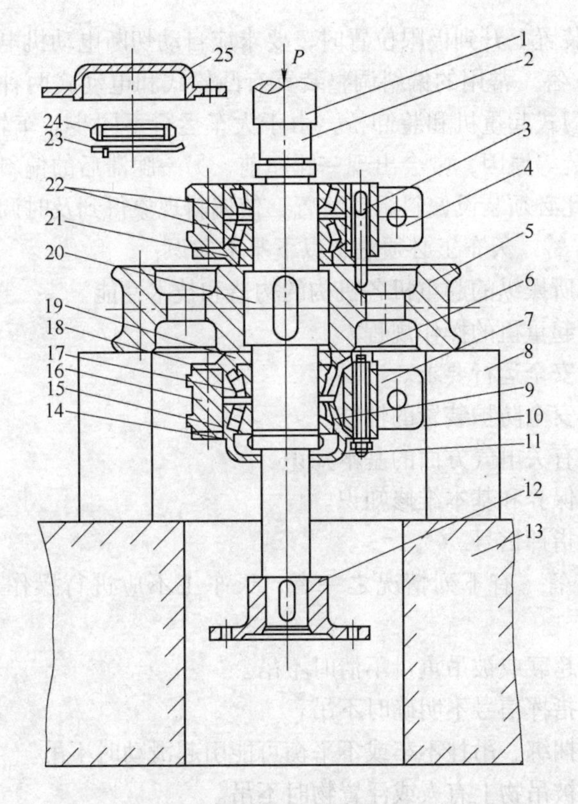

答图 3　车轮拆卸示意图

1—压头　2—压块　3、10—螺栓　4、16—角型轴承箱
5—车轮　6、11、18、21—通盖　7—间隔环　8—垫块
9、17、22—轴承　12—半联轴器　13—液压机工作台
14、24—锁紧螺母　15、23—止动垫圈　19—轴套
20—车轮轴　25—闷盖

和锚定装置等。

56. 答　超载限制器有机械型和电子型两大类。当起重机超负荷时，要求能停止起重机向不安全方向继续动作，但应能允许起重机向安全方向动作，同时发出声光报警。

57. 答　上升极限位置限制器有重锤式、螺杆式、凸轮式等几种，用于起升机构上防止吊具过卷扬，拉断钢丝绳造成事故。

当取物装置上升到极限位置时，要求应自动切断电动机电源。

58. 答　常用的偏斜调整装置有凸轮式和电动式两种。较大跨度的门式起重机和装卸桥，由于大车运行不同步、车轮打滑、制造安装等原因，常会出现一腿超前、另一腿滞后的偏斜运行现象。因此必须装设偏斜调整装置，使偏斜现象得到及时调整。

59. 答　天车工必须熟悉以下基本知识：

1）所操纵的起重机各机构的构造和技术性能。

2）起重机的操作规程。

3）安全运行要求。

4）安全防护装置的性能。

5）有关电气方面的基本知识。

6）保养和基本维修知识。

7）指挥信号。

60. 答　有下列情况之一者，天车工不应进行操作（十不吊）：

1）超载或被吊重量不清时不吊。

2）指挥信号不明确时不吊。

3）捆绑、吊挂不牢或不平衡可能引起滑动时不吊。

4）被吊物上有人或浮置物时不吊。

5）结构或零部件有影响安全工作的缺陷或损伤，如制动器、安全装置失灵，吊钩螺母防松装置损坏、钢丝绳损伤达到报废标准时不吊。

6）遇有拉力不清的埋置物体时不吊。

7）斜拉重物时不吊。

8）工作场地昏暗，无法看清场地、被吊物情况和指挥信号时不吊。

9）重物棱角处与捆绑钢丝绳之间未加衬垫时不吊。

10）钢（铁）液包装得过满时不吊。

61. 答　对天车工操作的基本要求是：稳、准、快、安全和合理。所谓稳，是指天车在起动、制动时无冲击现象，吊钩或物件不产生摆动。如果吊钩来回摆动，不但无法吊住物件，而且容易发生事故；所谓准，是指天车在操作过程中，能将吊钩或物件准确地停放在指定位置。吊钩停放准确，对加快天车吊运进度，提高生产效率非常重要；所谓快，是指天车在操作过程中，能熟练地实现各种操作，协调各机构的动作，在较短的时间内完成起重吊运工作。稳、准、快是天车工必须掌握的操作基本功，只有勤学苦练，才能熟练掌握；所谓安全，就是要求天车工在操作过程中，不发生任何人身或设备事故。安全是正常生产的关键，这就要求天车工在操作中遵守安全操作规程，坚持天车的定期检查制度，精心保养天车设备，努力提高操作技能；所谓合理，是指合理使用天车和合理操作天车。为此，天车工必须了解所用天车的规格、构造、原理及性能等，天车要在所限定的范围内使用，防止不正确的或违反天车工作制度的不合理使用和操作。

62. 答　当班工作结束后，应把空钩升到上限位置，电磁吸盘、抓斗应放到地面上。小车开到司机室一侧，大车开到固定停放位置。控制器手柄扳至零位，切断电源。然后清扫和擦净设备，检查各机构的外部情况，最后做好交接班工作。

63. 答　大、小车运行操作的要领是：

1）平稳起动与加速。为了使天车运行平稳，减少冲击，避免吊运的物件游摆，必须逐挡推转控制器手柄，且每挡应停留3s以上，大车（或小车）从静止加速到额定速度应在10~20s内，严禁从零快速转至5挡。

2）根据运行距离的长短，选择合适的运行速度。长距离吊运，一般应逐挡加速到第5挡，以最高速度运行，提高生产效率。中距离吊运，应选择2、3挡的速度运行，避免采用高速行驶以致行车过量。短距离吊运，应采用第1挡并伴随断续送电开车的方法，以减少反复起动与制动。

3）平稳并准确停车。停车前，车速应逐挡回零，使车速逐渐减慢，并且在回零后再短暂送电跟车一次，然后靠制动滑行停车。天车工应熟练掌握大、小车在各挡停车后的滑行距离，以便在预定停车位置前的某一点处断电滑行。这样既准确又节电，并可消除停车制动时吊物的游摆。

64. 答　大、小车运行操作的安全技术主要有：

1）起动、制动不要过快、过猛。严禁快速从零挡扳到第5挡或从第5挡扳回零挡，避免突然快速起动、制动，引起吊物游摆，造成事故。

2）尽量避免反复起动。反复起动会使吊物游摆。反复起动次数增多还会超过天车规定的工作级别，增大疲劳程度，加速设备的损坏。

3）严禁开反车制动停车。如欲改变大车（或小车）的运行方向，应在车体运行停止后，再把控制器手柄扳至反向。配合PQY型控制屏主令控制器的挡位为3—0—3，制动器驱动元件与电动机同时通电或断电，允许直接通反向第1挡，实现反接制动停车。

65. 答　天车大、小车运行操作时反复起动的害处：

1）反复起动会使吊运物件抖动或游摆，影响运行时的平稳；由于抖动和游摆，还会使被吊物件（特别是过满的松散物件）坠落而发生事故；另外，在物件落地时一般不容易对准预定地点，并容易碰撞周围物件，极不安全。

2）反复起动会使天车增大疲劳程度，使接电次数增多。反复起动次数增多，会超过天车规定的工作制度，使天车的相应电器和机械部分都受到极大损害而缩短其使用寿命。所以，长距离运行时反复起动是天车操作的一大弊病，在操作时，应予克服。

66. 答　天车起升机构的操作要领如下：

(1) 找正吊钩　天车的吊钩必须对准被吊物的重心，这是保证平稳起吊、不发生吊运物件游摆的重要因素之一。吊钩找正的方法可用移动大车和小车，改变吊钩的空间位置来实现。吊钩的左右找正可通过调整大车位置来完成。当吊钩钩挂物件绳扣后，如发现钢丝绳偏斜，向偏斜方向开动大车，即可使吊钩铅直对准被吊物件的重心。吊钩的前后找正可通过调整小车位置来实现。由于吊钩钢丝绳与天车司机位于同一竖直平面内，天车工无法看清钢丝绳偏斜情况，可开动起升机构慢速提升吊钩，根据物件前后两侧绳扣分支的松紧程度，开动小车向紧边方向移动，使前后分支绳松紧程度一致，即可断定吊钩前后已找正。

（2）平稳起吊　起吊时应用低速把物件提起，在所吊物件脱离周围障碍物以后，再将控制器手柄逐挡扳到最大挡位，快速起吊。当物件提升到适当高度后，再将控制器手柄逐挡扳回到零位。

（3）安全运行　天车在由起吊点到达吊运通道前的运行中，被吊物件应高出其越过的地面设备 0.5m；当被吊物件到达吊运通道后，应立即开动起升机构降落被吊物件，使其在离地面 0.5m 的高度运行。

（4）对正降落　当被吊物件运行到目的地时，应对正落点缓慢下落。落钩下降被吊物件时，可根据具体情况选择合适的下降速度。若被吊物件轻且距离落点很高，可用快速挡持续下降，并断续开动大车或小车，以确保被吊物件对准落点；若被吊物件重、距离短，则可采用反接制动下降方式降落物件。当被吊物件接近地面时，无论轻载还是重载，都应断续开动起升机构，慢慢降落被吊物件，使其平稳着地。

67. 答　根据加工工艺和装配工艺的需要，有时要把物件翻转90°或180°，因此，翻转物件是天车司机经常遇到的一种操作工序。如果翻转物件操作不当，容易造成事故，所以，为了确保物件翻转操作的安全可靠，在进行这一工作时应注意以下几点：

1）物件翻转时必须保证地面作业人员的安全。

2）不得把翻转区域内的其他物件和设备碰坏。

3）不要碰撞被翻转的物件，特别是精密机件。

4）不要使天车造成冲击和振动。

68. 答　常见的翻转操作有两种：一是地面翻转，二是空中翻转。地面翻转一般用单钩进行，空中翻转要用两个吊钩配合进行。根据翻转特点，地面翻转可分为兜翻、游翻和带翻三种类型。兜翻适用于不怕碰撞的铸锻毛坯件；游翻适用于不怕碰撞的盘形或扁形工件，如大齿轮、带轮等铸锻毛坯件和空砂箱等；带翻用于一些怕碰撞的物件，如已加工好的齿轮等。空中翻转适用于浇包和外形较规则的大型机件。

69. 答　所谓合理操作，就是天车工必须熟悉并掌握所用天车的性能、构造及其电气控制原理，并结合各机构电动机的机械特性，针对机构的运行特性和负载性质及所吊运物件的具体情况，合理地操纵机构控制器的运转方向及其工作挡位，以获得各机构电动机相应的合理工作状态，使天车的起重作业既安全又经济。为此，天车工不但要掌握天车的电气控制原理，还要学习天车电力拖动的基本理论，了解电动机的机械特性，并根据这些理论知识来指导各种实际操作。

70. 答　用凸轮控制器控制的大、小电动机的机械特性曲线如答图4所示，图中曲线1~5和曲线1′~5′分别表示控制器手柄置于正、反方向上的第一挡至第五挡时电动机的机械特性曲线。第一象限表示电动机正转方向的运行特性，第三象限表示电动机反转方向的运行特性。由于大、小车的运动是对称的，电动机所承担的负载也是对称的，因此，电动机的机械特性曲线是对称分布的。控制器手柄置于正向第一挡时，电动机的起动转矩 T_1 是其额定转矩 T_n 的70%左右，正向第二挡的起动转矩 T_2 是其额定转矩 T_n 的140%。假设负载转矩 T_L 为电动机额定转矩 T_n 的40%。从特性曲线上可以看出，控制器手柄扳到正向第一挡时，由于电动机此时的起动转矩为额定转矩 T_n 的70%左右，而负载转矩 T_L 只有电动机额定转矩 T_n 的40%，所以电动机就可以旋转起来，并且沿着特性曲线1进行加速，随着电动机的转速增高，其输出转矩逐渐下降，当电动机转矩与负载转矩相等时，电动机就稳定在特性曲线1上的 a 点运行，此时电动机的转速为额定转速 n_e 的40%左右。如果把手柄继续扳到正向第二挡，这时转子电路中被切除了一段起动电阻，电动机就从特性曲线1的 a 点过渡到特性曲线2的 b 点，然后又沿着特性曲线2加速。当电动机转矩减少到和负载转矩相等时，电动机就又稳定在特性曲线2的 c 点运行，此时电动机的转速为其额定转速的70%。继续把控制器手柄扳到第3挡后，电动机转速为额定转速的85%，最后扳到第5挡时，串入转子外接电路的电阻全部被切除，电动机转速为额定转速的98%，达到最高转速。由图可见，如果加速时间过短，就会产生很大的加速度，这对质量较大的天车来说，会产生极大的惯性力和冲击，这是非常有害的。因此，要求天车工必须逐挡推转控制器手柄，每挡应停留3s左右。如果负载转矩大于电动机额定转短 T_n 的70%，控制器手柄扳到第一挡就起动不了负载，这时就必须迅速地将手柄扳到第二挡位置上，由于第二挡位置电动机的起动转矩为其额定转矩的140%，所以此时电动机就可以旋转起来带动机构运行，然后再逐挡加速到最高速度。长距离吊运，一般起动后逐挡扳至第五挡运行；短距离吊运，可选择二、三挡的速度，很短距离的吊运，可采用第一挡并伴随断续送电开车的方法。天车工应掌握大、小车额定速度和各挡相应速度的大小，以及在各挡断电制动后车体的滑行距离，以便合理地选择运行速度，在运行到距离预定停车位置前某一点时断电制动滑行。停车前应将手柄逐挡回零，严禁开反车制动。

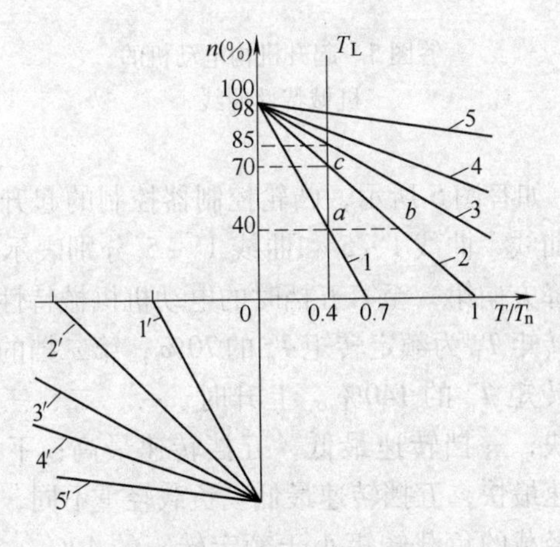

答图4 大、小车电动机的机械特性曲线

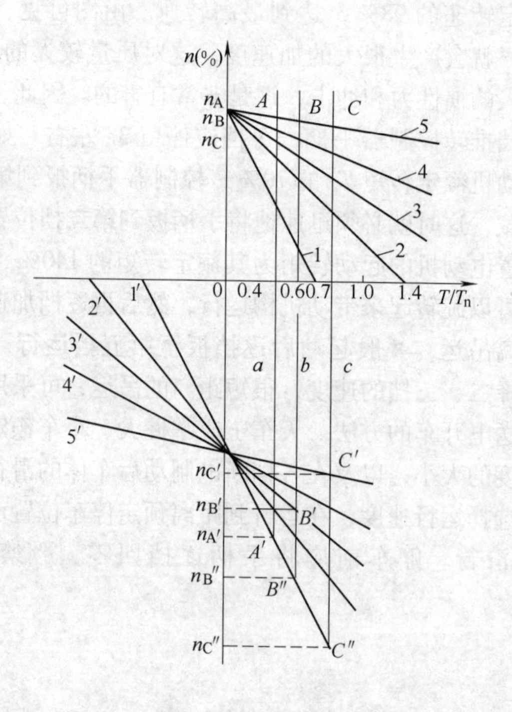

答图 5　起升机构电动机的机械特性曲线

71. 答　如答图 5 所示，凸轮控制器控制的起升机构电动机的机械特性曲线，曲线 1 ~5 和曲线 1′ ~5′分别表示控制器手柄在上升和下降方向第一至第五挡时的电动机机械特性，第一挡的电动机起动转矩 T_1 为额定转矩 T_n 的 70%，第二挡的电动机起动转矩为额定转矩 T_n 的 140%。上升时，一、二、三、四、五挡转速逐渐加快，一挡转速最低，五挡转速最高；下降时，正相反，一挡转速最快，五挡转速最低。负载轻重不同，在操作上略有差别。设轻载的负载转矩小于额定转矩的 40%，中载的负载转矩为额定转矩的 50% ~60%，重载的负载转矩为额定转矩的

70%～100%。轻、中、重型负载的机械特性曲线分别为答图 4 中的 a、b、c 曲线。

（1）起升操作　对于轻、中型负载，它们的负载转矩小于第一挡的起动转矩，应逐挡扳转控制器手柄，从第一挡经第二挡、第三挡、第四挡直至第五挡，最后电动机分别稳定运行在 A、B 点所对应的转速 n_A、n_B 上，该转速接近电动机的额定转速，此为负载下的最快起升速度，这有利于加快吊运进度，提高生产效率。操作中应严禁快速推挡、突然猛烈起吊的操作方法，要做到平稳起动，逐级推挡，使电动机逐级切除外接电阻，电动机逐级增速，每挡要有 1s 左右的停留时间。当物件提升到要求的高度后，需要制动停车时，控制器手柄应逐挡扳回零位，每挡亦应有 1s 左右的停留时间，使电动机逐渐减速，最后制动停车。对于重型负载，其负载转矩大于第一挡起动转矩，从电动机机械特性曲线可知，当控制器手柄置于上升第一挡时，电动机不能起动运转，手柄应迅速通过此挡而置于第二挡，这时电动机起动后沿特性曲线 2 加速，随着操作手柄逐级扳转（每挡停留 1s 左右），当扳至第五挡时，切除转子外接电路中的全部电阻，最后使电动机稳定运行在自然特性曲线上 C 点所对应的转速 n_C。当提升到预定高度后，应将手柄逐挡扳回零位，每一挡应停留 1s 左右，但在第二挡应停留时间稍长一些，使速度逐级降低，然后再迅速扳回零位，制动停车，不要在第一挡停留。

（2）下降操作　轻载下降时，负载特性曲线如答图 5 中的曲线 a，可按控制器手柄扳到下降第一挡，由图可知，此时电动机是以发电制动状态运转，电动机稳定运行在曲线 1′的 A'点对应的转速 $n_{A'}$上，这个转速超过电动机的额定转速，大约为额定转速的 1.5 倍，这对于长距离的物件下降是最合理的挡位，可加快起重吊运进度，提高工作效率；中型负载下降时，负载特性曲线如答图 5 中的曲线 b，为防止物件下降过快而造成事故，应将控制器手柄扳至下降第三挡，使物件以较快的下降速度（$n_{B'}$降落，而不应以下降第一挡高速 $n_{B''}$降落；重型负载下降时，由图中的负载特性曲线 c 可见，若将控制手柄扳至一挡，速度过快（图中

$n_{C''}$)，会造成事故。因此，对于重载下降，应将控制器手柄置于下降第五挡，即外接电阻全部切除，电动机沿曲线5′运转，使物件以最慢的下降速度 $n_{C'}$ 下降，这是既安全又经济的合理操作方法。当物件下降到应停位置时，在把控制器手柄扳回零位的操作过程中，应迅速地把手柄由下降第五挡（重载，中载由下降第三挡）扳回零位，中间不得停顿。因为下降四、三、二、一各挡，对应电动机的机械特性分别为4′、3′、2′和1′，其下降速度逐渐增高，制动时会造成溜钩或冲击。

72. 答　因为用第一挡提升物件时，电动机起动转矩 T_1 小（$0.7T_n$），电动机稳定运转速度低，当负载转矩 $T_L=0.4T_n$ 时，稳定转速 n 约为额定转速的50%，以这样低的速度提升较长距离的物件是极不经济的。

73. 答　对于重载，无论是起吊过程中，还是将已起升的重物停在空中，以及将手柄扳回零位的操作中，都不允许控制器手柄在第一挡停留。因为在第一挡位，电动机的起动转矩 T_1 为 $0.7T_n$，小于负载转矩 T_L，重物不但不能上升，反而以反接制动状态下降，这时重物的负载转矩拖动电动机，以大约为额定转速40%的速度沿下降方向运转，因而会发生重物下降的误动作或重物在空中停不住的事故。

74. 答　PQR10A型主令控制器是6—0—6挡次，答图6为PQR10A型主令控制电路起升机构电动机的机械特性曲线。图中曲线1~6表示控制器手柄在上升第一至第六挡时电动机的机械特性曲线，1′~6′表示控制器手柄在下降第一至第六挡时电动机的机械特性曲线。上升第一挡起动转矩 T_1 为 $0.75T_n$，上升第二挡起动转矩 T_2 为 $1.5T_n$。起升方向电动机是在电动机工作状态上运转。在下降方向，第一挡为预备级，第二、三挡为反接制动级，第四、五、六挡是3个发电制动级。下降第一挡是预备级，它的作用是消除传动部件之间的间隙，以减轻起动时的冲击，该挡电动机沿起升方向接通运行，但制动器未打开，所以此挡不能停留，必须迅速通过此挡，以防由于电动机在制动状态下长期通电而烧毁。下降第三挡的起动转矩为 $0.35T_n$。

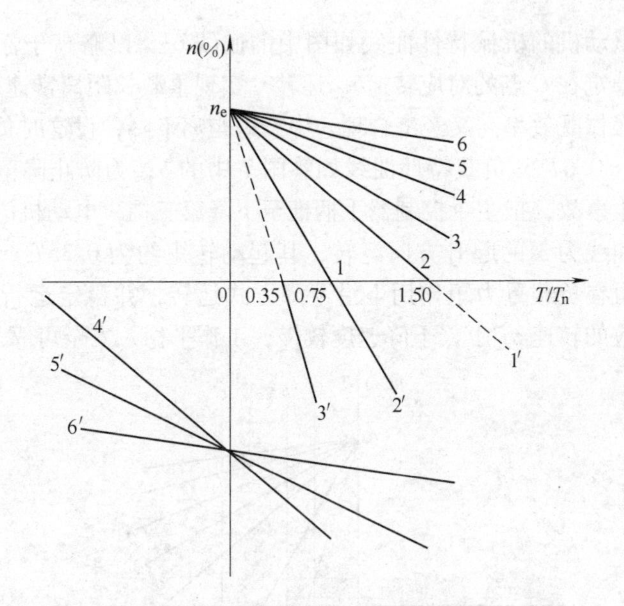

答图 6　PQR10A 型主令控制器控制
的电动机机械特性

75. 答　起升时 PQR10A 型主令控制器的操作方法与凸轮控制器的操作方法相同，电动机是在电动机工作状态下运转。下降时 PQR10A 型主令控制器的操作方法与凸轮控制器的操作方法不完全相同。重载转矩下降，设这时负载转矩 $T_L = T_n$，负载特性曲线为答图 7 中的 c，操作时可扳动主令控制器手柄迅速通过下降第一挡，置于下降第二挡，采用反接制动下降操作方式，这时电动机沿上升方向接通电源，电动机转子外接电阻切除两级，其机械特性曲线为图中的曲线 2′。由于负载转矩大于此挡电动机起动转矩 $0.75T_n$，所以电动机在负载转矩 T_L 的拖动下沿下降方向转动，并稳定在与 C' 点相对应的 $n_{C'}$ 转速上（约为额定转速的 1/3），实现重载短距离的低速下降，既安全又经济，非常合理；重载长距离下降，就不宜采用上面的反接制动下降方法，因为转子长时间通过较大电流，会使电动机发热，烧坏电动机。这时可采用发电制动状态下降方式，把主令控制器手柄扳至下降第六挡，电动机的机械特性曲线如图中的曲线 6′，以略高于额定转速，稳定在 C 点的对应转速 n_C 运转，实现重载长距离常速下降，这样操作既效率高又经济合理。中载短距离下降，设这时负载转矩 $T_L = 0.6T_n$，负载特性曲线如答图 7 中的 b，为防止降落太快而发生事故，把主令控制器手柄推至下降第三挡，电动机沿机械特性曲线为 3′的起升方向运转，其起动转矩约为 $0.35T_n$，所以电动机在负载重力矩作用下沿下降方式运转，并稳定运行在 B' 点对应的转速 $n_{B'}$上，下降速度较慢，工作平稳，安全可靠。

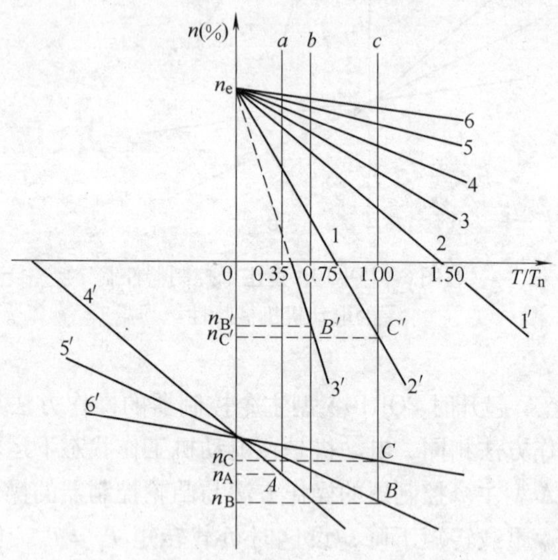

答图 7　PQR10A 型主令控制器下降操作电动机的机械特性

中载长距离下降，不宜采用中载短距离的反接制动下降方式，可采用发电制动操作方法，把主令控制器手柄推至下降第五挡，这时电动机的机械特性曲线为 5′，电动机稳定转速为 n_B，物件可以略高于额定速度下降，提高工作效率。

轻载下降，设这时负载转矩 $T_L = 0.3M_e$，其负载特性曲线如答图 7 中的 a，宜采用发电制动下降操作方法，长距离下降把主令控制器柄推至下降第四挡，短距离下降把主令控制器手柄推至下降第六挡，电动机的机械特性曲线分别为4′和6′，分别稳定运行在n_A和$n_{A'}$转速上。它们分别是在该负载下发电制动状态的下降最快和最慢速度。

76. 答　PQS型主令控制电路起升机构是具有反接制动（下降第一挡）、单相制动（下降第二挡）和发电制动挡（下降第三挡）的控制电路，可以实现负载的短距离下降，由于它具有不会产生上升现象的下降第二级，所以安全得到保障。它的主令控制器挡位数是3—0—3。PQS型主令控制电路起升机构电动机的机械特性曲线如答图8所示，曲线1～3和曲线1′～3′，分别表示控制器手柄在上升和下降方向第一挡到第三挡的电动机机械特性曲线。反接制动操作主要用于短距离下降，发电制动操作主要用于长距离下降，单相制动操作主要用于轻载短距离下降。

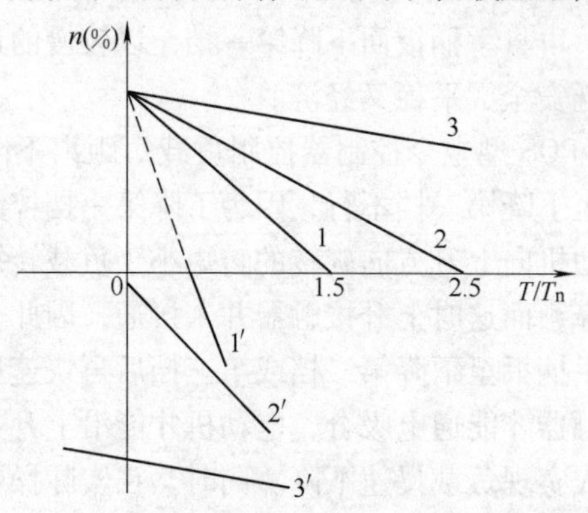

答图8　PQS型主令控制电路电动机的机械特性

77. 答　起升时，PQS型主令控制器的操作方法与凸轮控制器的操作方法大致相同，电动机是在电动机工作状态下运转。下降时操作方法有所不同，短距离下降用反接制动操作，长距离下降用发电制动操作，轻载短距离下降用单相制动操作，重载长距离下降先用发电制动操作后用反接制动操作，具体操作方法如下：

重载短距离下降，主令控制器手柄首先扳到下降第二挡或第三挡，再快速扳回第一挡，使上升接触器通电吸合，电动机沿上升方向运转，以反接制动方式实现重载的慢速下降。由于第二挡是单相制动挡，第三挡是发电制动挡，当主令控制器手柄扳至下降第二挡或第三挡时，都会使重载快速下降，这样做非常不安全。因此，要求将手柄扳至下降第二挡后立即快速扳回下降第一挡，以防重载快速下降而发生事故；轻载短距离下降，可选择单相制动操作方法，先将主令控制器手柄直接扳至下降第二挡，此时电动机只有两相定子绕组接电，电动机本身不产生转矩，在负载转矩的拖动下沿答图8 中的曲线2′向下降方向运转，从而实现轻载慢速下降；轻、中、重载长距离下降，可先把主令控制器手柄扳至下降第三挡，使负载沿图中的曲线3′快速下降，当距落放点较近时，再将手柄扳回下降第一挡，以较慢的速度下降到落放点，这样既安全、平稳又经济。

78. 答　PQS 型主令控制器控制负载短距离下降，直接把控制器手柄扳至下降第一挡不行，因为下降第一挡控制的是反接制动，是在电动机向上升方向旋转的转矩小于负载转矩下，才能使负载慢速下降，而这时上升接触器并未接通，因此，必须首先将主令控制器手柄扳至下降第二挡或第三挡后再快速扳回下降第一挡，上升接触器才能通电吸合，电动机才能沿上升方向运转，以反接制动方式实现负载慢速下降。同时，在实际操作中，不允许使用反接制动做长距离下降，因为长时间反接制动操作，电动机转子电流很大，会引起电动机和电阻器过热或烧毁电动机。

79. 答　吊运钢液等危险品物件时，保证安全是操作的关键，其操作要领是：

1）钢液不能装得太满，以防大、小车起动或制动时引起游摆，造成钢液溢出伤人。

2）起升时应慢速把盛钢桶提升到离地面200mm 左右的高度然后下降制动，以检查起升机构制动器工作的可靠性，当下滑距离不超过100mm 时，方可进行吊运。

3）在吊运过程中，严禁从人的上方通过，要求运行平稳，不得突然起动和突然停车，防止盛钢桶游摆导致钢液溢出。

4）在开动起升机构提升或下降盛钢桶时，严禁开动大、小车运行机构，以便于集中精力，避免发生误动作而导致事故发生。

80. 答　两台天车吊运同一物件时，操作的关键是协调好两台天车起升及运行的动作。为了使物件的起升、吊运工作安全可靠，必须保证做到以下几点：

1）由有关人员共同研究制定吊运方案和吊运工艺，操作人员（天车工、起重工）严格按照吊运工艺进行操作，并有专人指挥与监督。

2）根据天车起重量、被吊物件重量以及平衡梁重量，按照静力平衡条件合理选择吊点。

3）正式吊运前，两台天车应进行协调性试吊，选择两车的起升和运行速度，预先确定点车操作方案，以协调两车速度的差别。

4）正式吊运过程中，必须保持两车动作协调、同步，要求平衡梁必须保护水平，起重钢丝绳必须保持垂直，不准斜吊。

5）在吊运过程中两台天车只允许同时开动同一机构，不准同时开动两种机构，以便协调两车动作。

6）两台天车在起动和制动时，应力求平稳，不允许猛烈起动和突然制动，以消除被吊物件的游摆和冲击。

81. 答　精密机件的吊运和安装是指装配、维修及某些特殊工艺等所需的一些吊运的微动操作，这些工作要求天车工具有熟练的操作技术。为了保证精密机件安装质量，完成特殊工艺的要求。操作时必须掌握以下几点：

1）指挥信号必须清楚、准确，不发生误动作是确保精密机件安装质量的关键。

2）天车工在操作天车时必须技术熟练、工作平稳，不产生冲击和振动，做到动作准确无误。

3）天车工必须熟练掌握点动开车技术，能断续微动各机构，每次动作后要停留一段时间，确认操作无误时才再次动作，以避免物件产生过大的摆动，做到精细、准确。

4）对于大、长机件，要求机件保持水平位置才能准确地装配或加工上位，这时可采用图 5-16 所示的调整机件水平位置方法，而且利用手动葫芦来调节大轴的平衡。当右端向下倾斜时，可拉紧手动葫芦，使轴以左端为支点，右端逐渐起升，在达到其与左端位于同一水平面为止。这种调节机件平衡的方法简单方便，可做到细微调整，安全可靠。

82. 答　大型物件吊运和安装的关键是选择好吊点，在吊运过程中保持物件平衡，做到平稳而无摆动和冲击。为此，应根据物件的具体状况，选择相应的吊装方法。

（1）用绳扣调节平衡的吊装方法　在机械设备的拆卸、安装过程中，对于各种大轴的水平吊装，一般采用等长和不等长的绳扣吊运。图 5-12 是用两根等长的绳扣吊运大轴的示意图，这种方法简单方便，应用普遍。图 5-13 是用两根不等长的绳扣吊运大轴的示意图，这种吊装方法的步骤是：将短绳扣套在大轴的一端，再把长绳扣的一端挂在吊钩上，长绳扣的另一端绕过大轴的另一端后，在吊钩上绕几圈，再从短绳扣的两个绳套中穿过，然后挂于吊钩上，利用缠于吊钩上面的钢丝绳的圈数多少来调节大轴的水平度。

形状复杂的大型设备和管道等的吊运，必须对其形状进行详细分析，找出其重心位置，把绳扣系在适当地方，以保持被吊物件的平衡。图 5-14 和图 5-15 分别为垂直吊装和水平吊装时管道用绳扣受力点的示意图。选好吊点后，应先行试吊。如达不到要求，可放下物件重新调节绳扣点，直到调节合适，达到平稳吊装的要求为止。

（2）用平衡梁吊装的方法　大型精密设备（如大型电动机转子、透平机转子、发动机轴等精密大型机件）的吊装，要求既要保持平衡，又要保证机件不被绳索损坏，一般多采用平衡梁进行吊运，如图 5-17 所示。其吊运方法是先将平衡梁用钢丝绳挂在吊钩上，然后再将被吊物件（大型精密机件）用钢丝绳在找好物件中心的条件下，挂于平衡梁的小钩上，经试吊后，即可吊运。

83. 答 为了保证大型、精密设备装配和安装的工作质量，确保吊装工作的安全可靠，应该严格遵守以下几点：

1）正确估算所吊设备的重量及重心位置。

2）选择合适的吊装方法，吊绳要有足够的强度。

3）绳扣应有合适的长度，绳扣各承载分支与水平面的夹角要适当，一般要大于60°，夹角太小会使分支绳受力过大。

4）防滑、防碰，保证吊运工作的安全。

5）如采用平衡梁吊运，必须对平衡梁的强度和刚度进行核算。

6）在吊装过程中，力求起动、制动平稳，以确保吊装工作的安全。

84. 答 在这种情况下，天车工只能根据起重工的指挥来进行操作，可安排两名指挥，一人位于被吊物件处指挥，另一人位于天车工及被吊物件处都能见到的位置，传递信号，以确保指挥信号准确传达，避免发生误动作。在天车工视线受阻的情况下，如果被起吊物件是在固定位置经常起吊的物件，天车工可把天车上或地面上某一固定物件的方位作为参考位置，大致找正车位，然后按照起重工的指挥将吊物对正，再进行起吊操作。采用天车工自己大致找正钩位时，必须了解所吊物件的周围情况，才能使自己在视线受阻的情况下找正车位。吊运司机室一侧的物件时，司机室直接影响天车工的视线，这时应先将物件起吊并开动小车直至吊运通道，然后开动大车沿吊运通道将物件运行到停放地点附近，再开动小车把被吊物件运到落放位置并下降。由于起吊时司机室影响天车工视线看不清被吊物件周围的情况，这时不允许开动大车，以免造成事故。

85. 答 在实际操作中，有时会遇到起升机构制动器突然失灵的现象。所谓制动器突然失灵，是指控制器手柄扳到零挡时，悬吊的物件未被刹住而发生自由降落，如不及时采取正确措施，将会发生自由坠落的危险事故。

遇到制动器突然失灵时，天车工首先要保持镇静，马上把控制器手柄扳至上升方向第二挡，使物件以最慢的起升速度上升，同时发出紧急信号，使天车下的作业人员迅速躲避。当物件将上升到极限位置时，再把控制器手柄逐挡扳到下降第五挡，使物件以最慢的下降速度下降，这样反复地缓慢提升与缓慢下降物件，与此同时，寻找物件可以降落的地点，迅速开动大、小车，把物件吊运至空闲场地，将起升控制器手柄扳至下降第五挡，使物件落地。

在处理起升机构制动器突然失灵的操作中应注意以下几点：

1）在发现制动器失灵时，应立即把控制器手柄扳至缓慢上升挡，延缓物件落地时间，这是防止物件自由坠落的紧急措施。

2）在往返起升、下降过程中，要严防吊钩组接近上升限位开关，因为吊钩组碰撞限位开关会发生接触器释放而造成物件坠落。

3）在操纵起升、大车或小车运行任一机构时，都必须逐级推挡，不得急速换挡，防止由于快速换挡而导致电流继电器动作，造成接触器释放，整体断电，使物件快速坠落。

86. 答　在操作具有主、副钩的天车时，应遵守的规则如下：

1）具有主、副钩的天车，禁止主、副钩同时吊运两个物件。

2）主、副钩同时吊运一个物件时，不允许两钩一起开动。

3）在两钩换用时，不允许用上升限位作为停钩的手段。不允许在主、副钩达到相同高度时再一起开动两个钩。禁止在开动主、副钩翻转物件时开动大车或小车，以免引起钩头落地或被吊物件脱钩坠落事故。

87. 答　加料天车机构复杂，天车工要熟悉各操作手柄的作用，操作时要沉着冷静，配合协调，动作准确，还要熟悉冶炼工艺过程，与冶炼工人密切配合，以提高冶炼质量，缩短冶炼时间。加料的操作步骤如下：

（1）挂斗　首先将加料天车的挑料杆持平，并将它提升到与炉口中心等高的位置，以便于加料。然后起动大车、小车及回转机构、料杆摆动机构，使料杆对准料台上盛满料的料斗锁紧室方孔。如果对不准，则以回转机构和小车微动找正。在确认料斗锁紧、响铃后再进行操作作业。

(2) 入炉　料斗挂好后，开动料杆摆动机构，使料斗脱离料台，起动回转机构，向平炉方向旋转，同时开动大车、小车，使料斗对准炉门，将料斗伸入炉膛。

(3) 翻料　料斗伸入炉膛后，适当抬高挑料杆，起动料杆翻转机构，将料撒在指定位置，撒料顺序是：先里后外，先两侧后中间。翻料后立即调整挑料杆，起动小车退出炉膛。

(4) 卸斗　加料后，回转底盘，起动大、小车将料斗放回料台空斗区，松锁放斗，从而完成整个加料工作。

88. 答　加料天车的操作规则如下：

1) 天车工上岗接班后先要熟悉车间情况，了解上一班加料天车的使用情况和冶炼进程，本班还需做哪些准备工作。详细阅读交接班记录，查对现场是否与交班情况吻合。

2) 正式开动加料天车前，应进行试车，检查摆动机构、翻转机构及锁紧机构等。电气方面要检查接触器头、触桥电蚀等情况，防止触头与触桥粘连，避免产生误动作引起天车失控而造成事故。

3) 操纵加料天车加料时，作业区内不准有人，不准利用挑料杆拉、顶或吊运工件，不准采取打反车强迫制动。

4) 加料时料斗进炉膛之前，挑料杆轴心线应该与大车的对称中心线平行，和炉门口中心对正。进出炉膛时要精心操纵，动作准确，不准发生挑炉顶、顶后墙、拉挂炉门框，以防止发生把炉门框或平炉撞坏的事故。

5) 加料装置在提升或下降时，不得依赖限位器，主小车底盘的回转角度不得超过 320°，否则会引起电缆扭断发生短路，造成电气事故，危及人身安全。

6) 做好加料天车的日常维护和保养，所有滑动轴承、滚动轴承及齿轮要经常保持足够的润滑油，方形立柱的导轨工作面、齿轮联轴器、滑轮组、车轮组等都要定期加油润滑。要经常检查电气设备，定期清扫控制屏、电气箱、控制器等，如发现线圈的卡子松脱、接线端子处接头压不实、触点与触桥对不正、三相电源的三相触点动作不同步等，要及时处理。应定期检查电动机集电环的工作表面是否电蚀，电刷（碳精刷）长度是否符合规定等。

89. 答　转料机长时间不用或需用锻造天车主钩吊运重物，需将转料机从主钩上卸下，放在专用地坑里。操作时，首先将转料机下平面平稳地放在地坑地面上，然后慢慢地落下钩子，当钩子尖端低于转料机上端部横轴时，点动小车，使上拉板往外偏转，直到挡块挡住为止。然后反向点动小车，使另一侧上拉板也往外偏转，再点动小车打正钩子，使钩子从两个上拉板中间退出。拔掉电缆插头，将电缆卷起，转料机自卸完毕。如需用转料机时，按照卸料时逆序操作，装上转料机。

90. 答　将锻造天车开到平衡杆停放处，把副钩上的环形链条对准平衡杆的后端，此时落下副钩，链条落地后，环形链打开，开动大车即能将链条套入平衡杆。当主小车上的转料机链条在平衡杆前端时，用与副钩同样的操作方式将转料机的链条套入平衡杆的前端。打正大车，同时起升主、副钩，即可将平衡杆抬起。自卸平衡杆时，将锻造天车开到平衡杆停放架处，同时下降主、副钩，点动大、小车，先退出一端链条，再退出另一端链条。

91. 答　加热的钢锭，由一般天车吊放在水压机的下砧座上，上砧座下落将钢锭压住后，锻造天车就位，用转料机链条来兜钢锭。因为钢锭直径较大，转料机的环形链条由于自重合并在一起，需要开动大车和小车，使链条逐渐张开兜住钢锭。转料机兜住钢锭后，水压机开始锻造，先将钢锭的浇口杯一端锻成与平衡杆锥孔相适应的圆柱形。当水压机对钢锭锻压一次后，上砧座开始升起时，开动转料机，使钢锭旋转一定角度。如此反复锻压、旋转，使钢锭一端锻成圆柱形。

92. 答　钢锭浇口杯锻成圆柱形后，由水压机的砧子压住钢锭的中间部分，这时锻造天车装上平衡杆，调整主、副钩，使平衡杆的锥孔对准钢锭的圆柱形端部，开动大车，使圆柱形端部插入平衡杆的锥孔内，但不能全部进入。点动大车，使平衡杆对钢锭产生一轴向力，同时开动转料机，带动平衡杆旋转，使钢锭圆柱形端部全部插入平衡杆的孔中。调整好大车位置，使平衡杆不再有推动钢锭的轴向力。钢锭的圆柱端插入平衡杆后，随着水压机的锻压，钢锭直径逐渐变细，而长度逐渐变长。此时要随时调节主、副钩的高度，使钢锭处于水平状态，防止主钩稍高，这样会使塔形弹簧压缩超载。

93. 答　锻造天车的操作规则如下：

1）遵守通用天车的操作规则。

2）锻造天车工在操作前必须熟悉锻造工艺过程及其对锻造天车的操作要求。

3）由于加热了的钢锭温度很高，地面又没有司索工辅助，所以要求天车工能独立平稳地操纵天车进行作业。

4）挂在转料机链条上的钢锭其温度近千度，时间长就会使链条过热受损，要及时翻转，避免链条长时间受热。

5）锻压时要掌握好主、副钩的高度，避免钢锭不处于水平状态，造成锻压冲击，而使天车超载。

94. 答　淬火天车是吊运大型机械零件进行淬火及调质热处理的专用天车，它与普通天车大体相同，但需符合淬火和调质的工艺要求。热处理操作要求起升机构动作灵敏、准确、运动速度快。提升机构速度为普通天车的 2～3 倍，而下降速度为 40～80m/min。淬火天车与普通天车的不同之处主要是其起升机构较为复杂。

95. 答　淬火天车的操作步骤如下：

1）在热处理工的指令下吊装适当的吊具。

2）把被淬火的零件挂在吊具上，慢慢吊起。在主钩的提升过程中，相应起动大、小车，使主钩与被淬火零件在同一铅垂线上。工件离开地面后利用大、小车点动稳钩，避免工件与其他障碍物相碰撞，使工件变形或损坏。工件被提升到适当高度以后，送到井式电阻炉，对正炉口的中心位置。

3）待炉盖张开后，将工件下降到井式电阻炉加热工艺规定的深度。由地面人员关闭井式电阻炉炉盖，将吊板两边台肩架设在炉盖小车的横梁上，对工件进行加热，退钩待命。

4）工件加热到规定温度后，将淬火天车开到井式电阻炉上空，降下主钩；钩住吊板的吊装孔后，使主钩与吊装工件保持在同一直线上。停火开启炉盖后，立即将工件吊出炉。此时不得随意起动大、小车，避免工件碰撞炉壁，防止工件弯曲变形。

5）炽热的工件出炉后，提升到适当高度，快速起动大、小车，将工件迅速运送到油池（或水池）上空，对准冷却池中心，开动快速升降机构快速下降主钩，将工件浸入液体中，并做上、下升降运动，以便使被淬火工件均匀快速地冷却。

6）当冷却到规定时间后，按照热处理工的指令，将淬火工件提升出冷却池，迅速将工件运送回井式电阻炉内进行低温回火处理。待回火完结，将工件吊运到专用架上进行空气冷却，至此，完成整个淬火（调质）的过程。

96. 答　淬火天车的操作规则如下：

1）在操作淬火天车时，必须熟悉热处理工艺及其对天车操作的要求。

2）在操作过程中必须与热处理工密切配合。

3）细长工件淬火，在快速冷却时只能允许工件上下移动，不允许工件有水平摆动，否则被淬火工件容易产生变形。

4）快速升降仅用于热处理的冷却阶段，其他情况下禁止使用快速升降。

5）淬火天车上的各个制动器，应由天车工进行调整，特别是组合弹簧制动器，应根据该制动器图样上技术要求规定的数据调定。

97. 答　电动机可分为交流电动机和直流电动机。在交流电动机中又有异步电动机和同步电动机之分。交流异步电动机又分为笼型和绕线转子型两种。绕线转子异步电动机是天车上使用最广泛的一种电动机，而笼型异步电动机只限用于中、小容量、起动次数不多、没有调速要求，对起动平滑性要求不高、操纵简单的场合，过去曾用在低速、起重量小的天车上，如起重量为5t

天车的小车电动机，新产品已改成绕线转子异步电动机。

98. 答　异步电动机主要由定子和转子两个基本部分组成。定子是电动机静止不动的部分，定子包括定子绕组、定子铁心、电机座及端盖等。转子是电动机的转动部分，其作用是输出机械转矩，它是由转子铁心、转子绕组和转轴等零部件组成的。

笼型电动机转子的铁心也是由 0.5mm 厚的硅钢片冲压成多槽形而叠成的，并压装在转轴上。在铁心的每一个线槽内都放置一根铜条，这些铜条通过两端面上放置两个铜圆环而被焊在一起，这些铜条与铜圆环就是短接绕组。由于这个短接绕组形状像老鼠笼子，所以通常称为笼型异步电动机。目前这类电动机的短接绕组，大都是在转子铁心的线槽内浇注铝液制成的。

绕线转子异步电动机结构要比笼型的复杂。绕线转子异步电动机的转子与定子绕组相似，转子铁心也是由 0.5mm 厚的硅钢片冲压成多槽形而叠成的，压装在转轴上，是电动机的磁路部分。转子绕组也是三相对称绕组，转子的三相绕组都接成星形，三个出线端分别接到固定转轴上的三个铜制集电环上，环与环之间及环与轴之间都彼此绝缘。在每个集电环上都有一对电刷，通过电刷使转子绕组与外接电阻器连接。通过电阻值的变化可以调整电动机的运转速度。

由于结构上的不同，性能也不一样，笼型异步电动机简单、耐用、可靠、易维护，价格低，特性硬，但起动和调速性能差，负载时功率因数低，一般无调速要求的机械广泛采用。而绕线转子异步电动机，因有集电环，比笼型异步电动机维护麻烦，价格也较高，转子串电阻的特性属软特性，随负载转矩的增加，电动机转速明显下降，但它起动转矩大，起动时功率因数高，且可进行小范围的速度调节，控制设备简单，故广泛用于各种生产机械。

99. 答　表明电动机的各种负载情况，包括空载、停机及断续和持续时间以及先后顺序的代号，称为工作制。电动机按额定值和规定的工作制运行称为额定运行。

电动机的工作制分为三大类：

（1）连续工作制　电动机可按额定运行情况长时间连续使用。这种工作制用S1表示。

（2）短时工作制　电动机只允许在规定的时间内按额定运行情况使用，这种工作制用S2表示，短时定额时限分为15 min、30 min、60 min、90 min四种。

（3）断续工作制　电动机间歇地运行，但周期性重复，这种工作制用S3表示。天车用电动机工作制属于S3。这种工作制通常用负载持续率F_C表示。

标准断续工作制电动机的标准持续率分为15%、25%、40%及60%四种。电动机铭牌上标志的额定数据通常是指F_C = 40%时的（老产品为25%）数据。

100. 答　电动机的绝缘等级分为A、E、B、F、H五级，对应的允许工作温度及允许温升值见答表3。

答表3　不同绝缘等级电动机的允许温升

绝缘等级	允许工作温度/℃	环境温度为40℃时允许的温度值/℃
A	105	60
E	120	75
B	130	80
F	155	100
H	180	125

101. 答　天车上常用的异步电动机属于起重及冶金用电动机，当前为YZR和YZ两个系列（JZR、JZ、JZR2、JZRB、JZB系列为老产品，现已淘汰，可用YZR、YZ系列代替）。

结构特点：YZR系列为绕线转子异步电动机，YZ系列为笼型转子异步电动机。用途及使用范围：适用于室内外（室外需用罩遮盖）及多灰尘的环境中；起动及逆转次数多的场合；各种形式的起重机械及冶金设备。起重用电动机的防护等级为IP44（封闭式）。

主要性能及特点：具有较高的机械强度及过载能力，能承受显著的机械冲击及振动，转动惯量小，适于频繁的快速起动及反转频繁的制动场合。

使用条件及工作方式：S3 基准负载持续率 F_C 为 40%，起重用电动机绝缘为 F 级，环境温度不超过 40℃；冶金用电动机绝缘为 H 级，环境温度不超过 60℃。

102. 答 电动机与电源的连接方式有：

(1) 星形联结 答图 9 是电动机三组绕组星形 (Y) 联结电路图。各绕组始端分别与三相电源端相连接，各绕组末端接在一起 (O′) 并与电源的中心点 O 相接，当连接的导线阻抗很小可忽略不计时，则电源的相电压与负载的相电压相等。

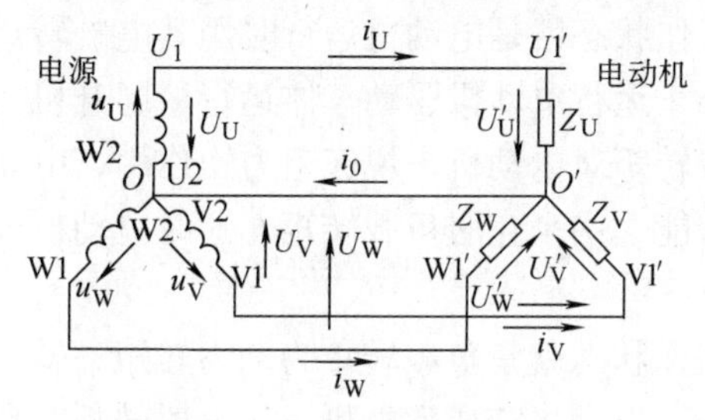

答图 9 电动机的星形联结

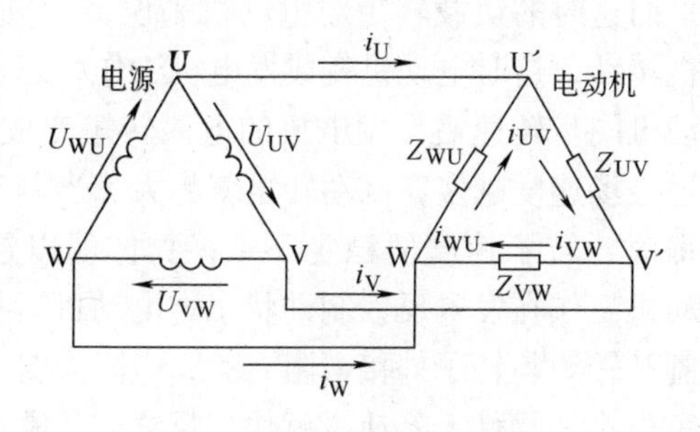

答图 10 电动机的三角形联结

(2) 三角形联结 如果把电动机三个绕组的始端和末端依次相接成三角形，再由三个顶点引出三根连接导线与接成三角形 (△) 的三相电源连接 (如答图 10 所示)，就可使电动机的每个绕组得到电源电压，这就是三相负载的三角形 (△) 联结。此时，电源的线电压和相电压以及负载的线电压和相电压相等。

因此，对一台三相电动机，究竟采用星形（Y）联结还是三角形（△）联结，要根据它的额定电压和电源电压的大小来决定。例如，电动机铭牌上写着220/330V，△/Y，就表示当电源电压为220V时，电动机绕组应接成三角形，当电源电压为380V时，电动机绕组应接成星形。

103. 答　天车上的电动机运行时有以下几种不同的工作状态：电动机工作状态、再生制动工作状态、反接制动工作状态和单相制动工作状态等。

电动机工作状态就是电动机运行时用其电磁转矩克服负载转矩。当大、小车运行电动机驱动车体运行，起升机构电动机起升物件时，负载转矩对电动机来说起阻力矩作用，电动机需要把电能转换为机械能，用来克服负载转矩，这时电动机处于电动机工作状态。

发电机工作状态就是负载转矩为动力转矩，转子以相反方向切割定子磁场，电动机变成发电机，其电磁转矩对负载起制动作用。当起升机构起吊的物件下降时，电动机的转矩和旋转方向与起升时相反，而这时的负载转矩对电动机来说，变成动力转矩，它加速电动机转动，这时电动机变成发电机工作状态。当电动机转速超过电动机同步转速后，发电机的电磁转矩变成制动转矩，转子速度超过磁场速度越多，制动转矩就越大。当制动转矩与重力转矩相平衡时，转子速度便稳定下来，物体就以这个速度下降，这时电动机工作在发电反馈制动状态。电动机运行在发电机状态时，其制动转矩与转子外接电阻有关，电阻大时，转子电流小，制动力矩也小，物件下降速度就快。反之，下降速度就慢。

反接制动工作状态是电动机转矩小于负载转矩，迫使电动机沿负载方向运转。如起升机构为了以较低的下降速度下降重载时，电动机按慢速起升状态接通电源，电动机沿起升方向产生转矩，但由于物件较重，电动机的转矩小于负载转矩，电动机在负载转矩的拖动下，被迫沿下降方向运转。这种反接制动工作状态，用以实现重载短距离的慢速下降。

单相制动工作状态是将起升机构电动机定子三相绕组中的两

相接于三相电源中的同一相上，另一相接于电源另一相中，电动机构成单相接电状态，电动机本身因不产生电磁转矩而不能起动运转。当物件下降时，电动机在物件的位能负载作用下，使电动机向下降方向运转。因此，这种接线方式只适用于轻载短距离慢速下降，对于重载会发生吊物迅猛下降的事故。

104. 答　维护电动机，首先应检查电动机的绝缘程度，并需要做到以下几点：

(1) 经常清扫　运行中的电动机要经常加以清扫，积存在内部、集电环和刷握上的灰尘用清洁无水分的压缩空气或使用吹风机来清除。有些电动机并不过载，但异常发热，这往往是灰尘堵塞风道而引起的。机座、端盖、轴承等处的灰尘可用砂布或棉线卷擦净。集电环的表面应是清洁和光亮的，如发现有烧伤的地方，可用00号玻璃砂纸磨光。

(2) 温度检查　起重用电动机为F级绝缘，检查其各部分的最高允许温度，见答表4。

答表4　起重用电动机F级绝缘各部分的最高允许温度

电动机部分	允许温度/℃	电动机部分	允许温度/℃
定子绕组	125	集电环	130
转子绕组	125	滚动轴承	95
定子铁心	140	—	—

(3) 电刷的检查　检查集电环的电刷表面是否紧贴集电环，引线有无相碰，电刷上下移动是否灵活，电刷的压力是否正常。磨损的电刷应更换新的。

(4) 轴承的维护和润滑　经常检查轴承的温度，如果手能长时间紧密接触发热物体，温度约在60℃以下。经常监听轴承有无异常的噪声，运行正确的滚动轴承应是均匀的嗡嗡声而不应有其他杂音。滚动轴承采用复合铝基润滑脂润滑。

105. 答　控制器的各对触头开闭频繁，尤其是控制器内的定子回路触头，不但要保持其接触良好，而且动静触头间的压力要适宜，这就要求天车工和维修人员应经常检查控制器各触头的接触情况并调整触头间的压力。

每班工作前应仔细检查控制器各对触点工作表面的状况和接触情况，对于残留在工作表面上的珠状残渣要用细锉锉掉。修理后的触头，必须在触头全长内保持紧密接触，接触面不应小于触头宽度的3/4。

动静触头之间的压力要调整适宜，确保接触良好。触头压力不足、接触不良，是造成触头烧伤的原因。

当动合触头磨损量达3mm、动断触头磨损量达1.5mm时，应更换。

106. 答　天车在电气方面的安全保护装置有：

（1）低压电气保护开关箱　内箱三级刀开关的熔断器，可对天车的电源线起短路保护和分断电源的作用。

（2）照明开关板　可为天车提供照明、工作行灯用的安全电压，为安全检修提供可靠保证，安全电压的电铃可使天车工工作安全。

（3）保护箱　内箱有三极刀开关、主电路接触器和过电流继电器等，可对天车实现零位保护、限位保护、过载保护以及其他各种安全保护等。

（4）天车的接地保护　使天车上所有不带电的金属外壳均可靠地接地。

（5）司机室　司机室内铺有绝缘板或绝缘胶垫。

107. 答　保持箱中装置的主要电器有：

1）隔离开关在非工作或检修时切断天车电源用（人工操作）。在带负荷时，如果闭合刀开关，会使开关处产生一个很大的弧光，发生弧光短路或人身事故，所以，绝对禁止带负荷闭合刀开关。

2）主电路接触器它是用来接通或切断天车电源的。与其他电器相配合，可对天车进行过载、短路、零位、各机构限位等各种安全保护。

3）总过电流继电器和各电动机过电流继电器对各相应电动机的过载或短路起保护作用。

4）控制电路熔断器用于控制电路的短路保护。

108. 答　天车的电气线路由照明电路、主电路和控制电路三大部分组成。照明电路的电源取自保护箱内刀开关的进线端，自成独立系统，在切断动力设备电源时仍有照明用电，有利于检修工作。

主电路又称动力线路，是直接驱动各电动机工作的电路。它由电动机的定子外接回路和转子外接回路组成。主电路由控制电路所控制，只有在控制电路正常工作的情况下，主电路才能工作，以保证安全运行。控制电路对主电路电源的接通与断开自动控制，主要由接触器和各种电器元件组成，用以接通或切断主电路，控制电动机的运转和对天车各机构的正常运行起到安全保护作用。

109. 答　主电路中定子回路的作用是为电动机三相定子绕组提供三相电源，使其产生电磁转矩，同时通过电气控制设备及装置来使其换相，以达到改变电动机旋转方向的目的。电动机的停止、运转及其正反转换向都是由凸轮控制器定子回路触头的闭合状态所决定的。

110. 答　主电路中的转子回路是指通过接触器（或凸轮控制器）触头的分合来改变转子外接电阻的大小而实现限制起动电流及调速的电路。转子回路是由转子绕组、外接电阻器及凸轮控制器的主触头等组成。转子回路的外接电阻是由三相电阻器组成的，三相电阻的 U2、V2、W2 连在一起，另外三个出线端 U1、V1、W1 用三根导线经电刷-集电环分别与转子绕组 K、L、M 连接。

111. 答　控制电路是对主电路电源的接通和断开进行自动控制的，只有当控制电路闭合接通时，主电路才接通；当控制电路分断时，主电路亦随之分断。所以，控制电路又叫做操作电路。

控制电路主要由三部分组成：零位保护电路、限位保护电路和联锁保护电路，其中接触器线圈串接在联锁保护电路中。零位保护电路和限位保护电路并联后与联锁保护电路相串联。

112. 答　天车控制电路中联锁保护电路的作用有：

（1）过电流保护　当电路短路或电动机严重过载时，主电路自动脱离电源。过电流保护用的电器有熔断器、过电流继电器和热继电器等。

（2）零压保护　在停电（电压为零）或电路电压过低的情况下，主电路自动脱离电源。零电压继电器（或接触器）起零压保护作用。

（3）零位保护　防止控制器不在零位，电动机定子回路接通，使转子回路在电阻较小的情况下送电。控制器的零位触头就是起这种保护作用的。只有控制器手柄处在零位时，才能使电路接通。

（4）行程保护　限制大、小车及起升机构在规定的行程范围内工作。行程开关（或终端开关）起行程保护作用。

（5）舱口开关和栏杆安全保护　当舱口盖（或栏杆）打开时，主电路不能送电；已送电的主电路当舱口盖（或栏杆）打开时，能自动切断电源，防止天车工或检修人员上车触电。起这种安全保护作用的电器有舱口开关、护栏开关等。

113. 答　PQY 平移机构控制屏线路的特点有：

1）PQY 平移机构控制屏为对称线路。

2）主令控制器的挡数为 3—0—3，6 个回路。

3）电动机转子回路串接 4（或 5）级起动电阻，第一、二级电阻为手动切除，其余由时间继电器控制自动切除。

4）制动器操纵元件与电动机同时通电或断电。

5）允许直接打反向第一挡，实现反接制动停车。

114. 答　PQS1 起升机构控制屏线路的特点如下：

1）可逆不对称线路。

2）主令控制器的挡数为 3—0—3，12 个回路。

3）电动机转子回路串接 4（或 5）级起动电阻，上升第一、二级电阻为手动切除，其余由时间继电器控制自动切除。

4）下降第一挡为反接制动，可实现重载（半载以上）慢速下降。

5）下降第二挡为单相制动，可实现轻载（半载以下）慢速下降。

6）下降第三挡为再生制动下降，可使任何负载以略高于额定速度下降。

7）停车时，由于时间继电器 KT1 的作用，使制动器操纵元件比电动机先停电 0.6s，以防止溜钩。

8）利用换相继电器 KIL（动合延时 0.11 ~0.16s，动断延时 0.15 ~0.20s）来延长可逆转换时间，防止正转接触器 KMF、单相接触器 KMS、反转接触器 KMR 在可逆转换时造成相间短路，同时利用 KIL 的短暂延时，使主令控制器快速由零位扳到下降第三挡或由下降第三挡扳到零位，此时单相接触器 KMS 不动作。

115. 答　天车的大车在运行过程中，正常情况下车轮轮缘与轨道侧面应保持一定的间隙。当天车在运行中轮缘与轨道侧面发生相互挤压和摩擦，并且使车轮轮缘与轨道侧面产生显著磨损，这种现象称为车轮“啃道”。当出现车轮“啃道”时，天车运行阻力增加，导致天车运行困难，消耗大量电能，同时缩短车轮使用寿命，严重时甚至引起天车脱轨，造成严重事故。因此，消除车轮“啃道”故障，对于保证天车安全运行，延长天车使用寿命，提高生产率，具有重要意义。

116. 答　引起车轮“啃道”的原因很多，主要有:

（1）车轮安装精度不良，造成“啃道”

1）车轮装斜，即车轮端面对轨道垂直面的平行度偏差大于规定值 $L/1000$，L 为测量弦长。往一个方向行驶时，车轮一侧“啃道”，当反向行驶时，车轮另一侧“啃道”。

2）车轮的垂直度偏差过大，超过规定值 $D/400$，使车轮踏面上的单位面积压力增大，造成车轮滚动面不均匀磨损，严重时会产生环形磨损沟，使天车在行驶时车轮总一侧“啃道”。

3）车轮跨距、对角线不等，使大车失去应有的串动量，车轮相对位置呈梯形或棱形，产生“啃道”。

（2）轨道安装误差超过规定值，造成“啃道”　通常轨道跨度偏差不应大于 ±5mm，同截面内两轨道标高差在柱基处不大于

10mm，其他处不大于15mm，当超过这个偏差值时，大车即会发生“啃道”现象。

（3）传动系统传动不良造成“啃道”

1）因为制动器调整得不好，分别驱动的两台制动器的制动力矩不等，或因某一传动部分被卡死等原因，使天车停车时造成明显扭摆和“啃道”。

2）分别驱动的大车，两台电动机中有一个不工作，或有一套制动器没松开，造成一端运转，另一端拖动，致使车身扭摆，产生“啃道”。

3）集中驱动时，减速器一侧有滚键或切轴时，也容易产生“啃道”。

（4）其他因素　如轨顶面有油污、杂物、砂粒等，也易产生“啃道”。

117. 答　车轮“啃道”的修理方法要根据具体情况而定，一般在修理中常对如下情况进行调整：

（1）车轮平行度和垂直度的调整　当车轮踏面中心线与轨道中心线交角为α时，如答图11所示，则在车轮踏面上的偏差为$\delta = r\tan\alpha$，若要矫正其偏差，须使$\delta = 0$，即在左边角形轴承箱的固定键板上增加适当厚度的垫板，垫板厚度t值为：

$$t = B\delta/r$$

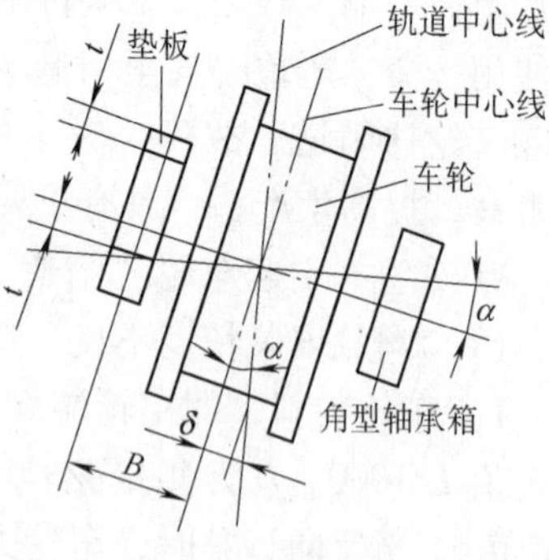

答图11　车轮平行度和垂直度的调整

式中　r——车轮半径（mm）；

B——车轮与角型轴承箱的中心距（mm）。

（2）对角线的调整　通常采用移动车轮的方法来解决车轮对角线的误差，应该移动和调整位置不正确的车轮，但考虑到机械传动的影响，在修理时，应尽量移动和调整从动车轮，除非万不得已时，才移动主动车轮。

118. 答　小车行走不平，俗称“三条腿”，即一个车轮悬空或轮压很小，使小车运行时车体振动。小车行走不平的原因如下：

（1）小车本身的问题

1）小车的四个车轮中，有一个车轮直径过小，造成小车行走不平。

2）小车架自身的形状不符合技术要求，或因使用时间长而使小车变形，使小车行走不平。

3）车轮的安装位置不符合技术要求。

4）小车车体对角线上的两个车轮直径误差过大，使小车运行时“三条腿”行走。

（2）轨道的问题

1）小车运行的轨道不平，局部有凹陷或波浪形。当小车运行到凹陷或波浪形（低处）处时，小车车轮便悬空或轮压很小，从而出现小车三条腿行走的现象。

2）小车轨道接头处有偏差。轨道接头的上下、左右偏差不得超过1mm，如果超过所规定的范围也会造成小车行走不平。

（3）小车与轨道都有问题　如果是小车本身就存在行走不平的因素，而轨道也存在问题，小车行走则更加不平。

119. 答　小车车轮打滑，就是小车车轮在轨道上运行时发生的滑动现象，这将造成车体扭摆，其原因有：

（1）轮压不等造成车轮打滑

1）当一主动轮与轨道之间有间隙，在起动时一轮已前进，另一轮则在原地空转。

2）主动轮和轨道之间没有间隙，两轮的轮压相差很大，在起动的瞬间造成车轮打滑。

（2）轨道上有油污或冰霜　小车车轮接触到油污和冰霜时打滑。

（3）其他原因　同一截面内两轨道的标高差过大或车轮出现椭圆形状时打滑。

120. 答　（1）小车车轮高低不平的检查

1）全面高低不平的检查　将小车慢速移动，用眼睛看车轮的滚动面与轨道面之间是否有间隙，检查时，可用塞尺插入车轮踏面与轨道之间进行测量。

2）局部车轮高低不平的检查　在有间隙的地方，用塞尺测量车轮踏面与轨道之间的间隙大小，然后再根据间隙大小选用不同厚度的钢板垫在走轮与轨道之间，将小车慢慢移动，使同一轨道上的另一车轮压在钢板上。如果移动前进的走轮与轨道之间无间隙时，则说明加垫铁的这段轨道较低。

（2）小车车轮轮压不等的检查　开动小车，当一轮打滑、另一轮不打滑时，很容易判断出，打滑的一边轮压较小；但当两主动轮同时打滑时，则很难直接判断出哪一个车轮的轮压小。检查的方法是：在打滑地段，用两根直径相等的铅丝放在轨道表面上，将小车开到铅丝处并压过去，然后取出铅丝用卡尺测量其厚度。铅丝厚的说明轮压小，薄的说明轮压大；另外还有一种方法，在一根轨道的打滑地段均匀地撒上细砂子，把小车开到此处，往返几次，如果还在打滑，就说明这个主动轮没问题，而是另外一条轨道上的主动轮轮压小。

（3）小车行走不平的修理　小车行走不平时主要对小车轨道的局部进行修理，即主要是对轨道的相对标高和直线性进行修理。其方法是先确定修理地段及修理的缺陷，然后铲除修理部位轨道的焊缝或压板来进行调整和修理。调整时要注意轨道与上盖板之间应采用定位焊焊牢。

（4）小车打滑的修理　如果因轨道上有油污或起动过猛造成小车打滑，可将油污清除和注意起动平稳些即可消除小车打滑。若因同一截面内两轨道的标高差过大或车轮出现椭圆现象而产生小车打滑，则要对同一截面内两轨道的标高差过大进行修理，车轮出现椭圆严重时要进行更换。

121. 答　所谓溜钩，就是控制器手柄已扳回零位实现制动时，重物仍下滑。产生溜钩的原因有：

1）制动器工作频繁，使用时间较长，其销轴、销孔、制动瓦衬等磨损严重，致使制动时制动臂及其瓦块产生位置变化，导致制动力矩发生变化。制动力矩变小，就会产生溜钩现象。

2）制动轮工作表面或制动瓦衬有油污，有卡塞现象，使制动摩擦因数减小而导致制动力矩减小，从而造成溜钩。

3）制动轮外圆与孔的中心线不同心，径向圆跳动超过技术标准。

4）制动器主弹簧的张力较小，或主弹簧的螺母松动，都会导致溜钩。

5）主弹簧材质差或热处理不符合要求，弹簧已疲劳、失效，也会产生溜钩现象。

6）长行程制动器的重锤下面增加了支持物，使制动力矩减小，造成溜钩。

122. 答　排除溜钩故障的措施有：

1）及时更换磨损严重的制动器闸架及松闸器，排除卡塞物。

2）制动轮工作表面或制动瓦衬，要用煤油或汽油清洗干净，去掉油污。

3）制动轮外圆与孔的中心线不同心时，要修整制动轮或更换制动轮。

4）调紧主弹簧螺母，增大制动力矩。

5）调节相应顶丝和副弹簧，以使制动瓦与制动轮间隙均匀。

6）制动器的安装精度差时，必须重新安装。

7）排除支持物，增加制动力矩。

123. 答　天车不能吊运额定起重量的原因有：

（1）起升机构的制动器调整不当

1）制动器调整得太紧，当天车的起升机构工作时，制动器未完全松开，使起升电动机在制动器闸瓦的附加制动力矩作用下运转，增加了电动机的运转阻力，从而使起升机构不能吊运额定负载。

2）制动器的制动瓦与制动轮两侧间隙调整不均，使起升电动机在制动负荷作用下运转，造成电动机发热，运转困难。

（2）制动器张不开

1）制动器传动系统的铰链被卡塞，使闸瓦脱不开制动轮。

2）动、静磁铁极间距离过大，使动、静磁铁吸合不上；或因电压不足吸合不上，而张不开闸。

3）短行程制动器的制动螺杆弯曲，触碰不到动磁铁上的板弹簧，所以当磁铁吸合时，不能失去推动制动螺杆产生轴向移动，从而不能推开左右制动臂而张开闸。

4）主弹簧张力过大，磁铁吸力不能克服张力而不能张开闸。

5）电磁铁制动线圈或接线某处断路，电磁铁不产生磁力，而无法吸合，使制动器张不开闸，影响吊运额定起重量。

（3）起升机构传动部件的安装精度不合乎要求。

1）因安装误差，制动器闸架中心高，与制动轮不同心。当松闸时，制动瓦的下边缘仍然与制动轮有摩擦，使起升阻力增大，消耗起重电动机的功率。

2）卷筒轴线与减速器输出轴线不同心。

（4）电气系统的故障

1）电动机工作在电压较低的情况下，使功率偏小。

2）电动机运转时转子与定子有摩擦。

3）转子回路的外接起动电阻未完全切除，使电动机不能发出额定功率，旋转缓慢。

4）电动机长期运转，绕组导线老化，转子绕组与其引线间开焊，集电环与电刷接触不良，造成三相转子绕组开路。

5）若不是因电压低而造成起重电动机功率不足，就要对电动机进行检修或更换。

6）电阻丝烧断，造成转子回路处于分断状态，使电动机不能产生额定转矩。当发现天车不能吊起额定起重量时，应根据上述具体情况采取相应措施，排除故障。

124. 答　制动电磁铁线圈产生高热的原因有：

1）电磁铁电磁牵引力过载。

2）动、静磁铁极面在吸合时有间隙。

3）电枢不正确地贴附在铁心上。

排除方法：

1）调整弹簧压力和重锤的位置。

2）调整制动器的机械部分，消除间隙。

3）调整电枢的行程，在短行程的电磁铁上必须刮平电枢与铁心的贴附面。

125. 答　制动电磁铁产生较大响声的原因有：

1）电磁铁过载。

2）动、静磁铁极面脏污。

3）电磁铁弯曲、扭斜。

4）短路环断裂。

相应的排除方法为：

1）调整制动器主弹簧压力或改变重锤的位置。

2）清除磁铁极面的油污。

3）清除电磁铁的弯曲变形并调整。

4）更换短路环。

126. 答　制动器打不开的原因有：

1）通到电磁铁线圈的电路中断了。

2）电磁铁的线圈烧毁了。

3）主弹簧压力过大。

4）制动器推杆弯曲，顶不到电磁衔铁。

5）活动关节被卡住。

6）制动带胶粘在有污垢的制动轮上。

7）电压低于额定电压的85%，电磁铁吸力不足。

127. 答　天车用电动机常见的故障有：

（1）电动机响声不正常　可能产生的原因是：轴承有损坏或缺少润滑油；定子相间有接错处；定子铁心压得不牢；转子回路有一相呈开路；电动机轴与减速器轴不同心等。

（2）电动机振动　可能产生的原因有：电动机轴与减速器轴不同心；轴承间隙大；转子变形过大；绕组内有断线处；地脚螺栓松动等。

（3）接电后电动机不旋转　可能产生的原因有：熔断器内的熔丝烧断；过电流继电器断开；起动设备接触不良；定子绕组有断线处；接线盒内 6 个接线端接错等。

（4）电动机过热　可能产生的原因有：电动机超载；电源电压低于或高于规定值；电动机实际接电持续率数值超过额定值；三相电源中或定子绕组中有一相断线；轴承润滑不良；通风不好。

（5）电动机达不到额定功率，旋转缓慢　可能产生的原因有：制动器未完全松开；转子或电枢回路中的起动电阻未完全切除；线路电压下降；机构被卡住。

（6）电刷冒火及集电环烧焦　可能产生的原因有：电刷未研磨好；电刷接触太紧；电刷及集电环脏污；集电环振动；电刷压力不够；电刷牌号不对；各个电刷间的电流分布不均匀。

（7）电动机运转时转子与定子摩擦　可能产生的原因有：轴承磨损；轴承端盖不正；定子或转子铁心变形；定子绕组的线圈连接不对，使磁道不平衡。

（8）空载时转子开路，负载后电动机速度变慢　可能产生的原因有：端头连接处发生短路；转子绕组有两处接地；转子电阻开路。

128. 答　天车不能起动，其故障可能发生在零位保护电路内，也可能发生在安全联锁保护电路内，还可能是熔断器熔丝断路。如果经人工强迫合上接触器后，天车能正常工作，则故障一定发生在零位保护电路内。

129. 答　天车电气线路主接触器不能接通的原因有：

1）线路无电压。

2）刀开关未闭合或未闭合紧。

3）紧急开关未闭合或未闭合紧。

4）舱口安全开关未闭合或未闭合紧。

5）控制器手柄不在零位。

6）过电流继电器的联锁触点未闭合。

7）控制电路的熔断器烧毁或脱落。

8）线路主接触器的吸引线圈烧断或断路。

9）零位保护或安全联锁线路断路。

10）零位保护或安全联锁电路各开关的接线脱落等。

130. 答　由于其他机构电动机工作正常，说明控制电路正常，故障发生在起升电动机的主电路内。如电动机未烧坏，无过热现象，说明电动机不是短路，而是断相，应检查定子回路。

发生故障的原因可能有：

1）过电流继电器线圈断路。

2）定子回路触头未接通。

3）由于集电器软接线折断或滑线端部接线折断，通往电动机定子的滑线与小车集电器未接通等。

131. 答　对于集中驱动的大车，其原因有：

1）过电流继电器线圈断路。

2）电动机定子绕组折断。

3）电动机定子绕组断路。

对于分别驱动的大车，其故障通常发生在由接触器主触头至控制器电源端之间的连线上，可能有断路。

132. 答　天车的四台电动机都不动作的原因有：

1）大车滑线无电压。

2）由于接线断路或未接触，大车集电器断相。

3）保护箱总电源刀开关三相中有一相未接通。

4）保护箱接触器的主触头有一相未接通。

5）总过电流继电器线圈断路或接线开路。

相应的故障排除方法为：

1）接通供电电源。

2）清理大车滑线，保证其接触良好或重接导线。

3）用测电笔或试灯查找断相并修理。

4）查找断相，修整触头，保证接触器主触头的三相接通。

5）更换总过电流继电器或连接断线处。

133. 答　由于其他机构电动机正常，说明控制电路没问题，故障发生在电动机的主电路内。在确定定子回路正常的情况下，故障一般发生在转子回路，转子三个绕组有断路处，没有形成回路，就会出现这种故障，一般发生在：

（1）电动机转子集电环部分

1）转子绕组引出线接地或者与集电环相连接的铜片 90°弯角处断裂。

2）集电环和电刷接触不良、电刷太短、电刷架的弹簧压力不够、电刷架和引出线的联接螺栓松动。

（2）滑线部分

1）滑线与滑块（集电托）接触不良。

2）滑块的软接线折断。

（3）电阻器部分

1）电阻元件断裂，特别是铸铁元件容易断裂。

2）电阻器接线螺栓松动，电火花烧断接线。

（4）凸轮控制器部分　转子回路触头年久失修，有未接通处。

134. 答　这种故障一般发生在电阻器，电阻元件末端、短接线部分有断开处，如答图 12 所示，在 M 处断开就会出现这种现象。由答图 12a 可知，当控制器手柄置于第一挡时，电阻元件

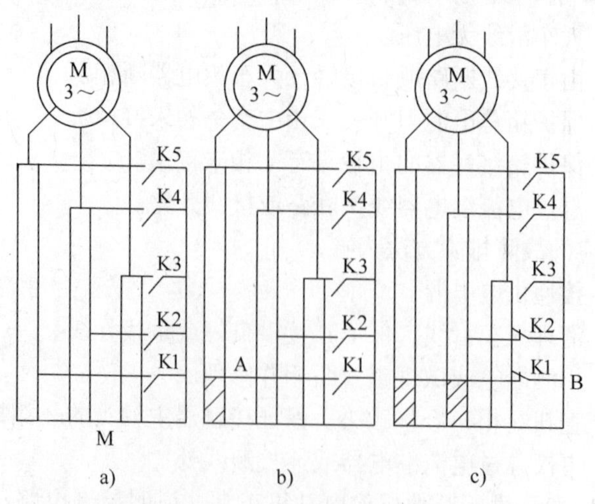

答图 12　电阻器短接示意图

短接线在 M 处折断，转子不能短接，所以转矩很小，只能空载起动。由答图 12b 可知，当控制器手柄置于第二挡时，K1 闭合，转子回路电流流通状况汇交于 A 点，串接全部电阻，比原正常线路第二挡转速低。

由答图 12c 可知，当手柄置于第三挡时，K1、K2 闭合，电流汇交于 B 点，突然切除两段电阻（画断面线部分），电动机突然加速，起动较猛，致使整个机身振动。

故障排除的方法：可将三组电阻元件末端短接线开路处用导电线短接。

135. 答　此故障通常发生在凸轮控制器，转子回路触点接触不良。当触点 1、2 不能接通时，在第 1、2、3 挡时，电动机转子串入全部电阻运转，故转速低且无变化；当扳到第 4 挡时，此时切掉一相电阻，故转矩增大，转速增加，造成振动；当扳到第 5 挡时，由于触头 4 和 5 同时闭合，这时等于一下子切去另两相电阻，故电动机转矩突然猛增，造成车身剧烈振动。

故障的排除方法：修理或更换转子回路触点。

136. 答　主令控制电路起升机构不起不落的原因有：

1）零压继电器不吸合，可能是熔断器烧断，或继电器线圈断路，或该段内导线断路。

2）零压继电器吸合，而起升机构仍不起不落。这可能是零压继电器的联锁触头未接通。

3）制动器线圈断路或主令控制器触头未接通，制动器打不开，故电动机发出嗡嗡声，电动机转不起来。

137. 答　若制动接触器 KMB 在回路中的常开触头 KMB 与下降接触器 KMR 在回路中的常开触头 KMR 同时未接通时，则主令控制器置于下降挡，制动接触器 KMB 线圈无电压，制动器打不开，故主钩只起不下降。检查并修理下降接触器和制动接触器的常开触头，接通制动接触器 KMB 的电路即可解决此问题。

138. 答　主令控制电路的主钩只落不起的原因可能有：

1）上升限位开关触点电路未接通。

2）连接上升限位开关触头的两根滑线接触不良。

3）上升接触器 KMF 线圈断路。

4）主令控制器触头 K6 未接通。

5）下降接触器的常闭触头 KMR 未接通。

6）加速接触器的常闭触头 KMA 未接通。

查出具体原因，采取相应措施，即可排除故障。

139. 答　天车不能起动的控制电路故障有：

1）闭合保护箱的刀开关，控制电路的熔断器就熔断，使天车不能起动。其原因是控制电路中相互连接的导线或集电器元件有短路或有接地的地方。

2）按下起动按钮，接触器吸合后，控制电路的熔断器就熔断，使天车不能起动。其原因是大车、小车、升降电路或串联回路有接地之处，或者是接触器的常开触头、线圈有接地之处。

3）按下起动按钮，接触器不吸合，使天车不能起动。原因可能是主滑线与滑块之间接触不良或保护箱的隔离开关有问题。或者是熔断器、起动按钮和零位保护电路①这段电路有断路，串联回路②有不导电之处，如图 9-5 检查控制电路通断的电路图所示。检查方法：用万用表按图中①、②线路，逐段测量，查出断路和不导电处，并处理之。

4）按下起动按钮，接触器吸合，但手脱开后，接触器就释放（俗称掉闸）。从图 9-5 可知，当接触器线圈 KM 得电，它的常开触头 KM 闭合，并自锁。使零位保护电路①和串联回路②导通，说明这部分电路工作正常。掉闸的原因在自锁没锁上或大、小车和起升控制电路中。检查的方法同前面一样，切断刀开关，推合接触器，用万用表按电路的连接顺序，一段段检查。

140. 答　吊钩下降时，控制电路的工作原理如图 9-5 所示。其他机构正常，说明图中①、②电路工作正常，大、小车的各种控制电路均正常，只是吊钩下降时，接触器释放。故障一定是在图中的吊钩下降部分。这种情况可用万用表电阻挡或试灯查找接触器的联锁触头 KM、熔断器 FU 的连接导线和升降控制器下降方向的联锁触头 Q1。这两点任何一个部位未闭合，都会出现吊钩下降时接触器释放的现象。

141. 答　大车运行时接触器释放的原因有：

1）大车向任一方向开动时，接触器都释放。一般来讲，这种情况常是因保护箱内的大车过电流继电器动作所引起的。又因保护大车电动机的过电流继电器所调电流的整定值偏小，所以大车电动机起动时，过电流继电器的常闭触头断开，使保护箱接触器释放。出现这种情况时，必须按技术要求调整过电流继电器的整定值。

2）控制电路中的接触器触头压力不足，使之接触不上。

3）主滑线与滑块之间接触不良。

4）大车轨道不平，轨道接缝过大，使车体振动而造成有关触点瞬间脱开。

142. 答　将梁预制成上拱形，把从梁上表面水平线至跨度中点上拱曲线的距离叫做上拱度。

143. 答　天车主梁在载荷作用下将发生弹性变形，变形后主梁的几何形状称为主梁的挠度曲线或下挠曲线，主梁上拱曲线与下挠曲线之间的垂直距离称为弹性挠度或弹性下挠。当小车处于跨中，并且在额定载荷作用下，主梁跨度中点的弹性下挠值为最大下挠值，记作f_0。按照规定，主梁应满足下述刚度条件

$$f \leqslant [f]$$

式中　$[f]$——允许挠度值。

普通天车　　$[f] = S/800$

冶金天车　　$[f] = S/1000$

式中　S——跨度。

144. 答　在制造天车时，规定主梁有一定的上拱度。而天车使用一段时间后，主梁的上拱度逐渐减小，随着使用时间的延长，主梁就由上拱过渡到下挠。所谓下挠，就是主梁的向下弯曲程度。当下挠到一定程度，就要考虑主梁的修复。主梁产生下挠的原因有：

（1）制造时下料不准、焊接不当　按规定腹板下料时的形状应与主梁的拱度要求一致，而不能把腹板下成直料，然后靠烘烤或焊接来使主梁产生上拱形状，这种工艺加工，方法虽简单，

但在使用上会使上拱度很快消失而产生下挠。

(2) 维修和使用不合理　一般主梁上面不允许气焊和气割，但有时为了更换小车轨道等，过大面积地使用了气焊和气割，这对主梁变形影响很大。另一方面不按技术操作规定，违章操作，如随意改变天车的工作类型、拉拽重物及拔地脚螺钉、超负荷使用等都将造成主梁下挠。

(3) 高温的影响　设计天车是按常温情况下考虑的，所以，经常在高温环境下使用，会降低金属材料的屈服点和产生温度应力，从而增加了主梁下挠的可能性。

145. 答　主梁下挠对天车使用性能的影响如下：

(1) 对大车运行的影响　主梁下挠将使大车运行机构的传动轴支架随结构一起下移，使传动轴的同心度、齿轮联轴器的联接状况变坏，阻力增大，严重时会发生切轴现象。

(2) 对小车运行的影响　主梁下挠会造成小车起动、运行、制动控制不灵的后果。小车由两端往中间运行时会产生下滑现象，由中间往两端运行时会产生爬坡现象。而且小车不能准确地停在轨道的任一位置，使装配、浇注等要求准确而重要的工作无法进行。

(3) 对金属结构的影响　主梁产生严重下挠，即有永久变形时，箱形主梁下盖板和腹板下缘的拉应力已达到屈服点，有的甚至会在下盖板和腹板上出现裂纹。这时如继续频繁工作，将使变形越来越大，疲劳裂纹逐步发展扩大，以致使主梁破坏。

146. 答　测量主梁的变形常用钢丝测量法，即：用一根直径为 0.5mm 的钢丝，通过测拱器和撑杆，用 15kg 重锤把钢丝拉紧即可测量。测拱器是一副小滑轮架，撑杆一般取高度为 130 ~ 150mm 的等高物，其作用是使钢丝两端距上盖板为等距离。如果两个测拱器调整得一样高时，不用撑杆也可以。答图 13 是测量主梁上拱的示意图。测量钢丝与上盖板间距离时，可用立式游标卡尺。主梁跨中上拱值

$$\Delta_{上} = H - (h_1 + h_2)$$

如果在测量中发现$(h_1 + h_2) > H$，说明主梁有下挠（见答图

14）。主梁跨中从水平线计算的下挠值为

$$\Delta_{下} = (h_1 + h_2) - H$$

式中　H——撑杆高度（mm）；

h_1——钢丝与上盖板的距离（mm）；

h_2——钢丝垂度（mm），见答表5。

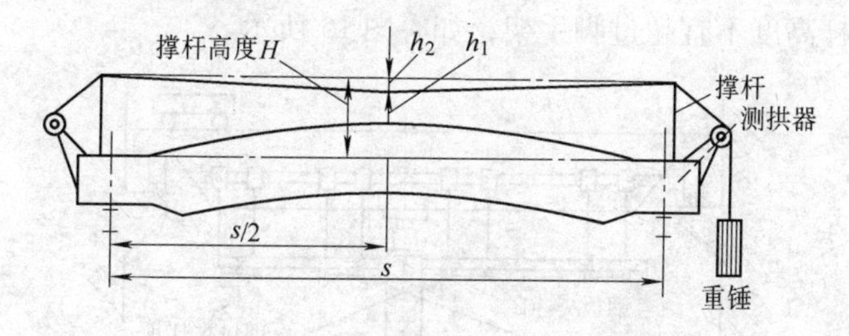

答图13　测量主梁上拱的示意图

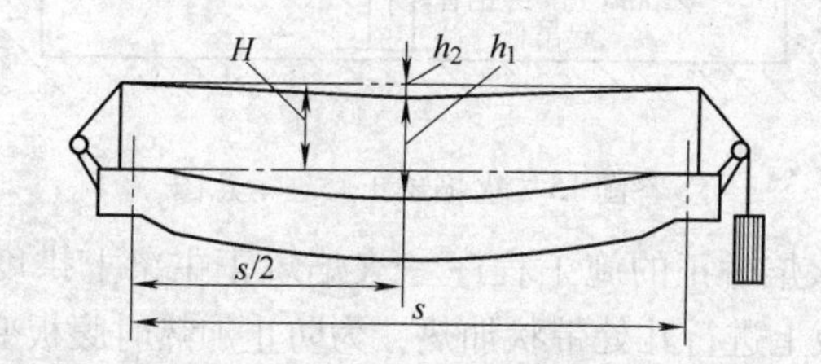

答图14　测量主梁下挠的示意图

答表5　直径为0.5mm钢丝的垂度

跨度/m	10.5	13.5	16.5	19.5	22.5	25.5	28.5	31.5
垂度/mm	1.5	2.5	3.5	4.5	6	8	10	12

147. 答　修理主梁变形目前有两种方法：一种是火焰矫正；另一种是预应力矫正。对于主梁下挠、两主梁同时向内侧水平弯曲、主梁两腹板波浪变形的桥架变形，一般只能采用火焰矫正。对于一些主梁的轻微下挠，且主梁的水平弯曲和腹板的波浪变形超差不大时，可采用预应力矫正法。

148. 答　对主梁变形采用火焰矫正的工序：

（1）修理场地及工具的准备　应根据生产情况及主梁变形

程度，确定是在厂房上面修理，还是将天车落地进行修理。一般情况下，在厂房上面修理，可以缩短修理时间，降低修理成本。当确定在厂房上面修理时，应首先搭好脚手架。为了在修理过程中顶起桥架的需要，还应选择合适的千斤顶和起吊杆（俗称抱杆）。若修理过程中，天车可以移动，则可以用一个起吊杆，且起吊杆高度不宜超过脚手架，如答图 15 所示。

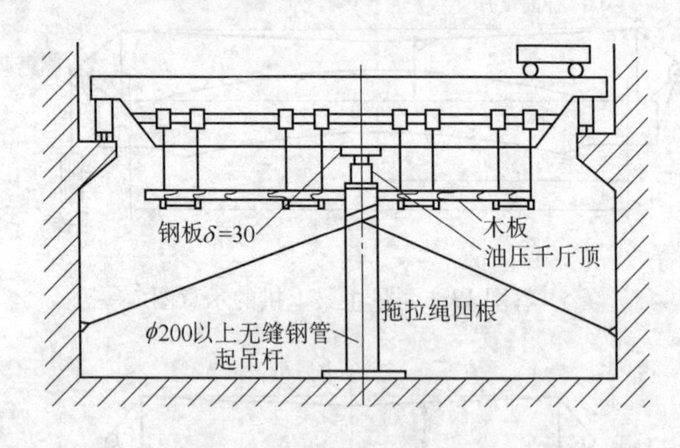

答图 15　火焰矫正修理示意图

（2）火焰矫正的施工程序　火焰矫正主梁上拱度，是在主梁的下盖板上进行几处带状加热，为防止加热时腹板变形，加热点应选在具有大加强肋板的位置为宜。同时，在相应部位的腹板上进行三角形加热。三角形加热面，其底与下盖板的加热面宽度相同，其高度可取腹板高度的 1/3 ~ 1/4，不可超过腹板高度的一半，如答图 16 所示为火焰矫正部位。

矫正前，应将小车固定在无操纵室的一端，并用千斤顶将主梁中间顶起，使一端的大车轮离开轨道面，从而使下盖板加热区受压缩应力，以增大其矫正的效果。当确定了加热区的数量、位置及面积大小之后，即可开始矫正主梁上拱度。矫正时先加热 1、8 部位和 3、6 部位（见答图 16），待上述 4 个部位冷却后，松开千斤顶，测量主梁的拱度情况。若拱度与要求相差很大时，则可再加

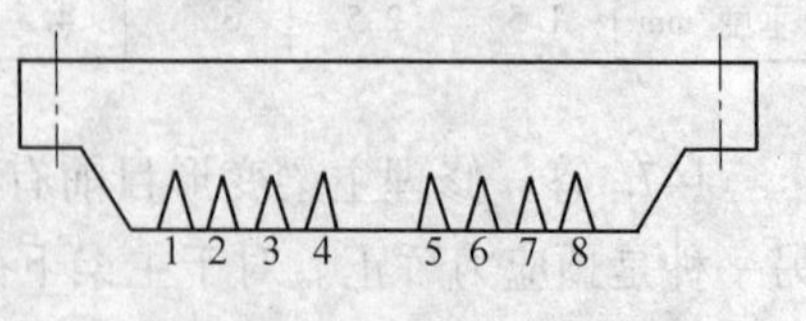

答图 16　火焰矫正部位

热4、5部位；若与要求相差较小时，可加热2、7部位。待冷却后再松开千斤顶，测量主梁拱度情况，然后确定是否需要增加或改变加热的部位。总之，在这种矫正过程中勤测量、多观察是不可缺少的。加热矫正时，应由两名气焊工同时进行，由下盖板的中心向两侧扩展加热，其移动速度可根据焊嘴的大小及钢板的厚度来决定，并应根据钢板的颜色改变其移动速度。将下盖板加热之后，两个焊嘴可同时移到两侧腹板进行三角形加热。因为腹板比盖板薄，所以焊嘴在腹板上移动的速度应比下盖板快些。

（3）主梁矫正后的加固　加固的目的是为了保证主梁恢复上拱度且保持稳定。矫正后，虽然几何形状恢复了原来的要求，但不能改变对材料的不利影响（残余下挠是永久变形）。所以为确保天车主梁安全可靠地工作，必须适当加固。加固的原则是在保证增加主梁截面惯性矩的条件下，尽量使主梁自重不至增加过大（一般以增加10%左右为宜）。对于30t以下的天车一般采用在主梁下边加槽钢的办法进行加固。

149. 答　天车在安装之前，要把所需的安装图样、说明书等准备齐全。各机构应进行清洗和除锈，必要时应把减速器、角型轴承箱以及各轴承部分拆开清洗和更换润滑油。检查各机构的联接和紧固情况以及轨道的安装质量。对于整体运行的天车，如果场地、吊运设备允许，可以按整体架设编制安装施工方案；如果条件不允许，可制定拆成几部分然后逐一组装再进行架设的安装方案。

150. 答　小车在制造厂已装配完毕，安装前应按答表6中的技术要求进行检查，确认其符合要求后，再将它直接吊落在桥架的小车轨道上，以备架设。

151. 答　先将天车的两主梁放在平行的水平轨道上，用螺栓把端梁联接起来构成一个整体桥架。再按照答表7中的技术要求，逐项检查桥架的装配质量。

152. 答　大车运行机构由制造厂安装并经调试符合要求，因此，在桥架组装完毕后，应按答表8所列项目和要求，检查大车的装配质量。

答表6　小车安装的技术要求

项　　目	偏差/mm <	简　　图
小车跨度 S_0 的偏差 $S_0 \leqslant 2.5$mm 时 $S_0 > 2.5$mm 时	±2 ±3	
小车跨度 S_1、S_2 的相对差 $S_0 \leqslant 2.5$mm 时 $S_0 > 2.5$mm 时	2 3	S_1 S_2 S_3 S_4
小车轮对角线 S_3、S_4 的相对差	3	
小车轮垂直偏斜（只许下轮缘向内侧偏斜）	$D/400$	
对两条平行基准线每个小车轮水平偏斜	$S/1000$	
小车主动轮和从动轮同位差	2	

答表7　天车桥架的安装技术要求

项　　目	偏差/mm <	简　　图
主梁上拱度 f_0（$=S/1000$）的偏差	+0.3 −0.1	f_0 S
对角线 S_3、S_4 的相对差 箱形梁 单腹板和桁架梁	5 10	f S_4 S_3
箱形梁旁弯度 f （带走台时，只许向走台侧弯曲）	$S/2000$	
单腹板、偏轨箱形梁和桁架梁旁弯度 f $S \leqslant 16.5$m $S > 16.5$m 时	$\pm S/3000$	

（续）

项　　目	偏差/mm <	简　　图
箱形梁小车轨距 S_0 的偏差 跨端 $S<19.5$m 跨中 $S \geqslant 19.5$m	±1 +5 -1 +7 -1	
单腹板、偏轨箱形梁和桁架梁小车轨距 S_0 的偏差	±3	
同一截面上小车轨道高低差 c $S_0 \leqslant 2.5$m 时 $2.5\text{m} < S_0 \leqslant 19.5$m 时 $S_0 > 4$m 时	 3 5 7	S_0 c
箱形梁小车轨道直线度（带走台时，只许向走台侧弯曲） 跨端 跨中　$S<19.5$m 　　　$S \geqslant 19.5$m	 3 4	
小车轨道中线对承轨梁中线的偏移 d 单腹板和桁架梁偏轨箱形梁	10 8	d　d

答表8　大车车轮安装的技术要求

项　　目	偏差/mm <	简　　图
大车跨度 S 的偏差	±5	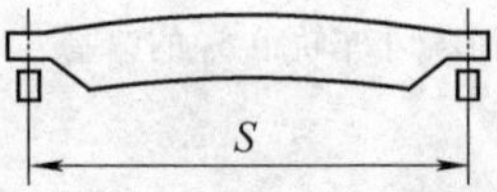 S
大车跨度 S_1、S_2 的相对差	5	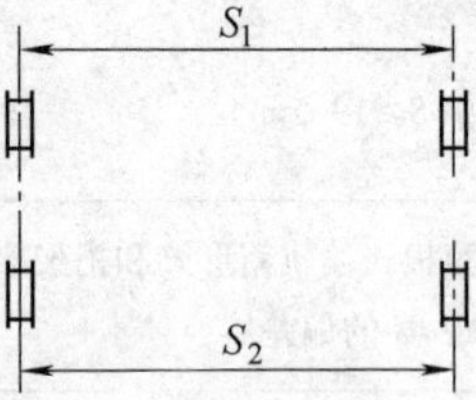 S_1 S_2
大车轮垂直偏斜（只许下轮缘向内偏斜）	$D/400$	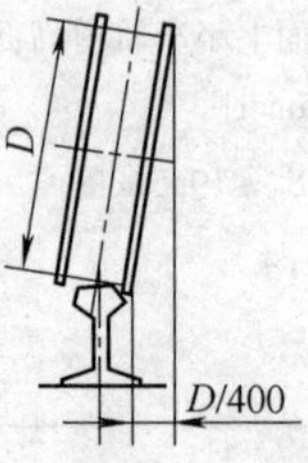 D $D/400$
每个车轮端面对钢轨对称垂直面的平行度 两个车轮的平行度方向应相反	$L/1000$	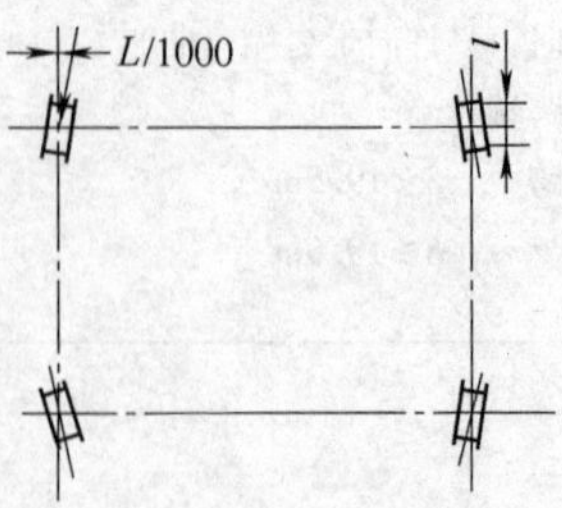 $L/1000$ l
同一端梁上车轮的位置度	3	

153. 答　选用减速机应根据电动机功率、机构工作级别及总中心距离选用，并应验证输出的功率，一般桥式起重机用减速机的标准上均列有以上数据。

天车工考核鉴定模拟试卷

第一套考核鉴定模拟试卷

（共 100 分）

一、是非题（是画✓，非画×，每空 1 分，共 30 分）

1. 吊钩起重机与抓斗起重机和电磁起重机的起升机构、运行机构都不相同。（ ）

2. 电磁起重机是用起重电磁铁作为取物装置的起重机，起重电磁铁使用的是直流电，它由单独的一套电气设备控制。（ ）

3. 桥式起重机的类代号可省略，冶金起重机的类代号为 Y（冶），门式起重机的类代号为 M（门）。（ ）

4. 大车运行机构分为集中驱动和分别驱动两种方式。集中驱动主要用于大吨位或新式天车上。（ ）

5. 卷筒上有裂纹，经补焊并用砂轮磨光后可继续使用。（ ）

6. 天车上最常用的减速器是二级卧式圆柱齿轮减速器（ZQ 型）和三级立式圆柱齿轮减速器（ZSC 型）。（ ）

7. 为了免除运行机构制动器调整的麻烦，可以打反车制动。（ ）

8. 集中驱动的大车主动轮踏面采用圆锥形，从动轮采用圆柱形。（ ）

9. 所有起升机构均应安装上升极限位置限制器。（ ）

10. 夹轨器用于露天工作的起重机上，是防止起重机被大风吹跑的安全装置。（ ）

11. 吊运的重物应在安全通道上运行。在没有障碍的路线上运行时，吊具和重物的底面必须起升到离工作面 2m 以上。（ ）

12. 工作中突然断电或线路电压大幅度下降时，应将所有控制器手柄扳回零位；重新工作前，应检查起重机动作是否都正

常，出现异常必须查清原因并排除故障后，方可继续操作。（　）

13. 起重机运行时，可以利用限位开关停车；对无反接制动性能的起重机，除特殊紧急情况外，可以打反车制动。（　）

14. 有主、副两套起升机构的起重机，主、副钩不应同时开动（允许同时使用的专用起重机除外）。（　）

15. 可以利用吊钩拉、拔埋于地下的物体或地面固定设备（建筑物）有钩连的物体。（　）

16. 抓斗在卸载前，要注意开闭绳不应比升降绳松弛，以防冲击断绳。（　）

17. 要经常注意门式起重机和装卸桥两边支腿的运行情况，如发现偏斜，应及时调整。（　）

18. 天车的运行机构起动时，凸轮控制器先在第一挡作短暂停留，即打到第二挡，以后再慢慢打到第三挡、第四挡、第五挡。每挡停留 3s 左右。（　）

19. 大、小车运行起动和制动时，可以快速从零扳到第五挡或从第五挡扳回零。（　）

20. 起升重载（$G \geqslant 0.7G_n$），当控制器手柄推到起升方向第一挡时，由于负载转矩大于该挡电动机的起升转矩，所以电动机不能起动运转，应迅速将手柄推到第二挡，把物件逐渐吊起，再逐级加速，直至第五挡。（　）

21. 重载（$G \geqslant 0.7G_n$）下降时，将起升机构控制器手柄推到下降第一挡，以最慢速度下降。（　）

22. 铸造起重机在浇、兑钢液时，副钩挂稳罐，听从指挥，并平稳地翻罐。这时，允许同时操纵三个以上的机构。（　）

23. 转子是电动机的转动部分，它由铁心、转子绕组和转轴等组成。绕线转子异步电动机的转子绕组也是三相对称绕组，转子的三相绕组都接成三角形（△）。（　）

24. 起升机构在下降时发生单相，转子回路总电阻较小时，电动机不起制动作用；转子回路总电阻较大时，电动机才起制动作用，而这种制动时，需要将从电源断开的那相定子绕组与仍接

通电源的另两相绕组中的一相并联，这种制动便称为单相制动。（ ）

25. 主电路（动力电路）是用来驱动电动机工作的电路，它包括电动机绕组和电动机外接电路两部分。外接电路有外接定子电路和外接转子电路。（ ）

26. 通过正、反接触器改变转子电路绕组的电源相序来实现电动机的正反转。（ ）

27. 主令控制器配合 PQS 起升机构控制屏，下降第二挡为再生制动下降，可使任何负载以略高额定速度下降。（ ）

28. 在控制回路中，大、小车运行机构和起升机构电动机的过电流继电器及总过电流继电器的动合触点是串联的，只要一台电动机短路，接触器就释放，使整个起重机停止工作。（ ）

29. 在大车“啃道”的修理中，一般采用移动车轮的方法来解决车轮对角线的安装误差问题，通常尽量先移动主动车轮。（ ）

30. 桥式起重机经常超载或超工作级别下使用是主梁产生下挠超标的主要原因。（ ）

二、选择题（将正确答案的序号填入空格内，每空 1 分，共 30 分）

1. 门式起重机是____的一种。

A. 桥架型起重机　B. 桥式起重机

2. 在____以上的吊钩桥式起重机多为两套起升机构，其中起重量较大的称为主起升机构，起重量较小的称为副起升机构。

A. 10t　B. 15t　C. 20t

3. 电磁起重机是用起重电磁铁作为取物装置的起重机，起重电磁铁使用的是____流电。

A. 交　B. 直

4. 冶金起重机通常有主、副两台小车，每台小车在____轨道上运行。

A. 各自　B. 同一

5. 桥式起重机分为手动梁式起重机（组代号为 L）、电动梁式起重机（组代号为L）和电动桥式起重机（组代号为____）三大组。

A. Q　　　　　　B. L

6. 起重机所允许起吊的最大质量叫做额定起重量，它____可分吊具的质量。

A. 包括　　　　　　B. 不包括

7. 起升机构中的制动器一般为____式的，它装有电磁铁或电动推杆作为自动松闸装置，并与电动机电气联锁。

A. 常闭　　　　　　B. 常开

8. 吊钩上的缺陷____补焊。

A. 可以　　　　　　B. 不得

9. 在钢丝绳的标记中，右交互捻表示为____。

A. ZZ　　　　　　B. SS

C. ZS　　　　　　D. SZ

10. 钢丝绳在卷筒上____卷绕时，应采用左同向捻钢丝绳。

A. 左向　　　　　　B. 右向

11. ZSC型减速器是立式圆柱齿轮减速器，通常用在天车的____机构上。

A. 起升　　　　　　B. 大车运行　　　　　　C. 小车运行

12. 通常将制动器安装在机构的____轴上，这样可以减小制动力矩，缩小制动器的尺寸。

A. 低速　　　　　　B. 高速

13. 开车前，必须鸣铃或报警。操作中接近人时，____应给断续铃声或报警。

A. 不　　　　　　B. 亦

14. 闭合主电源____，应使所有的控制器手柄置于零位。

A. 前　　　　　　B. 后

15. 起重机工作时，____进行检查和维修。

A. 可以　　　　　　B. 不得

16. 在起升熔化状态金属时，____开动其他机构。

A. 可以　　　　　　B. 禁止

17. 起重机工作完成后，电磁或抓斗起重机的起重电磁铁或抓斗应下降到地面或料堆上，____起升钢丝绳。

A. 拉紧　　B. 放松

18. 大、小车运行机构起动和制动时，____快速从零推到第五挡或从第五挡扳回零。

A. 可以　　B. 禁止

19. 起升重载（$G \geqslant 0.7G_n$）时，如控制器手柄推至第一挡、第二挡后，电动机仍不起动，这就意味着被吊运物——额定起重量，应____起吊。

A. 超过，停止　　B. 小于，继续

20. 重载（$G \geqslant 0.7G_n$）下降到应停位置时，应____将控制器手柄由第五挡扳回零位，以避免下降速度加快及制动过猛。

A. 迅速　　B. 逐挡

21. PQS 起升机构控制屏，下降第三挡为____制动。

A. 反接　　B. 单相　　C. 回馈

22. PQS 起升控制屏，只有从下降第二挡或第三挡打回到第一挡时才动作，以避免____现象。

A. 轻、中载出现上升

B. 大电流冲击

23. 交流异步电动机分为绕线转子和笼型两种。____异步电动机是天车上使用最广泛的一种电动机。

A. 绕线转子　　B. 笼型

24. 由负载带动电动机，使电动机处于异步发电机的状态，称为____状态。

A. 电动　　B. 再生制动　　C. 反接制动

25. 把重载（$G \geqslant 0.7G_n$）起升后，当把控制器手柄扳到上升第一挡位置时，负载不但不上升反而下降，电动机转矩方向与其转动方向相反，转差率大于 1.0，电动机处于____状态。

A. 电动　　B. 再生制动　　C. 反接制动

26. 天车主令器控制的起升机构控制屏采用的是____工作挡位，用于轻载短距离低速下降，与反接制动状态相比，不会发生轻载上升的弊端。

A. 再生制动　　　　B. 单相制动

27. 天车不能吊运额定起重量，是由于____所致。

A. 起升电动机额定功率不足

B. 起升机构制动器调整不当

28. 小车的4个车轮中，有一个车轮直径过小，是造成____的原因。

A. 小车行走不平　　B. 小车车轮打滑

29. 大车____是由于起重机车体相对于轨道产生歪斜运动，造成车轮轮缘与钢轨侧面相挤，在运行中产生剧烈摩擦，甚至发生铁屑剥落现象。

A. 啃道　　　　　　B. 打滑

30. 桥架型起重机主梁的允许挠度应____0.7/1000跨度。

A. 大于　　　　　　B. 小于

三、简答题（每小题4分，共20分）

1. 天车的起升机构由哪些装置组成？

2. 吊钩报废的标准是什么？

3. 短行程电磁铁块式制动器如何调整？

4. 直径相同的钢丝绳是否可以换用？

5. 如何进行车轮“啃道”的修理？

四、解释题（每小题3分，共6分）

1. 稳钩的概念。

2. 钢丝绳的安全系数。

五、计算题（每小题7分，共14分）

1. 5t双梁桥式起重机起升机构上使用的钢丝绳破断拉力为96530N，求该钢丝绳使用中的安全系数是多少？（保留小数点后一位）

2. 用一单根钢丝绳3×37—11—185垂直起吊一重物（见图模-1），用经验公式近似计算其允许吊多少千克的重物？

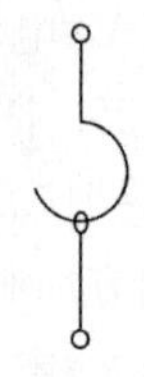

图模-1

第二套考核鉴定模拟试卷

（共100分）

一、是非题（是画✓，非画×，每空1分，共30分）

1. 按照取物装置不同，桥式起重机可分为通用桥式起重机和冶金桥式起重机两大类。（ ）

2. 有两套起升机构的起重机，主、副钩的起重量用分数表示，分母表示主钩起重量，分子表示副钩起重量。（ ）

3. 桥式起重机分为手动梁式起重机（组代号为L）、电动梁式起重机（组代号为L）和电动桥式起重机（组代号为Q）三大组。（ ）

4. 吊钩在使用过程中需要进行定期检查，但不需要进行润滑。（ ）

5. 在卷筒上一般要留2~3圈钢丝绳作为安全圈，以防止钢丝绳所受拉力直接作用在压板上造成事故。（ ）

6. 常用的齿轮联轴器有三种形式：CL型全齿轮联轴器、CLZ型半齿轮联轴器和CT型制动轮齿轮联轴器。（ ）

7. 集中驱动的运行机构，制动器的制动力矩调得不一致会引起桥架歪斜，使车轮“啃道”。（ ）

8. 分别驱动的大车主动轮、从动轮都采用圆锥形车轮。（ ）

9. 运行极限位置限制器也称行程开关，当大车或小车运行到极限位置时，撞开行程开关，切断电路，起重机停止运行。因此，可以当作停车开关使用。（ ）

10. 天车工操作起重机时，不论任何人发出指挥信号都应立即执行。（ ）

11. 当天车上或其周围确认无人时，才可以闭合电源。如电源断路装置上加锁或有标牌时，应由天车司机除掉后，才可闭合电源。（ ）

12. 起重机工作时，可以进行检查和维修。（ ）

13. 在轨道上露天作业的起重机，当工作结束时，不必将起

重机锚定住。当风力大于6级时，一般应停止工作，并将起重机锚定住。（ ）

14. 有主、副两套吊具的起重机，应把不工作的吊具升至上限位置，但可以挂其他辅助吊具。（ ）

15. 起升机构制动器在工作中突然失灵，天车工要沉着冷静，必要时将控制器扳至低速挡，作反复升降动作，同时开动大车或小车，选择安全地点放下重物。（ ）

16. 抓斗在接近车厢底面抓料时，注意升降绳不可过松，以防抓坏车厢。（ ）

17. 天车工作完成后，应把天车开到规定的停车点，把小车停靠在操纵室一端，将空钩起升到上极限位置，把各种控制器手柄都转到零位，断开主刀开关。（ ）

18. 天车作较短距离运行时，应将运行机构凸轮控制器逐级推至最后挡（第五挡），使运行机构在最高速度下运行。（ ）

19. 如欲改变大车（或小车）的运行方向，应在车体运行停止后，再把控制器手柄扳至反向。（ ）

20. 起升重载（$G \geqslant 0.7G_n$）时，如控制器手柄推至第一挡、第二挡，电动机仍不起动，未把重物吊起，应将控制器手柄推至第三挡。（ ）

21. 重载（$G \geqslant 0.7G_n$）下降到应停位置时，应迅速将控制器手柄由第五挡扳回零位，中间不要停顿，以避免下降速度加快及制动过猛。（ ）

22. 交流异步电动机分为绕线转子和笼型两种。绕线转子异步电动机是天车上使用最广泛的一种电动机。（ ）

23. YZR系列电动机在接电的情况下允许最大转速为同步转速的2.5倍。（ ）

24. 天车主令控制器控制的起升机构控制屏采用的是单相制动工作挡位，用于重载短距离下降。（ ）

25. 定子电路是由三相交流电源、三极刀开关、过电流继电器、正反向接触器及电动机定子绕组等组成。（ ）

26. 利用凸轮控制器控制定子电路的外接电阻来实现限制起

动电流及调速。 （ ）

27. 主令器配合 PQS 起升机构控制屏，下降第三挡为单相制动，可实现轻载（$G<0.4G_n$）慢速下降。 （ ）

28. 在运行机构电动机发生单相事故后，仍可空载起动，但起动转矩较小。 （ ）

29. 集中驱动的运行机构，制动器的制动力矩调得不一致，会引起桥架歪斜，使车轮“啃道”。 （ ）

30. 箱形主梁变形的修理就是设法使主梁恢复到平直。

（ ）

二、选择题（将正确答案的序号填入空格内；每空 1 分，共 30 分）

1. 桥式起重机是桥架两端通过运行装置直接支承在____轨道上的桥架型起重机。

A. 地面　　　　B. 高架

2. 按照____不同，桥式起重机可分为通用桥式起重机和冶金桥式起重机两大类。

A. 取物装置　　　　B. 用途

3. 两用桥式起重机是装有两种取物装置的起重机，其特点是在一台小车上装有两套各自独立的起升机构，一套为吊钩用，另一套为抓斗用（或一套为起重电磁铁用，另一套为抓斗用），两套起升机构____同时使用。

A. 不能　　　　B. 可以

4. 加料起重机的主小车用于加料机构的上、下摆动和翻转，将炉料伸入并倾翻到炉内。副小车用于炉料的搬运及辅助性工作。主、副小车____同时进行工作。

A. 可以　　　　B. 不能

5. 吊钩桥式起重机为桥式起重机类中电动桥式起重机组内的一种类型。吊钩桥式起重机的型代号为 D（吊），其类、组、型代号为____。

A. DQ　　　　B. QD

6. 起重量大，起重机的工作级别____大。

A. 一定　　　　　　B. 不一定

7. 大车运行机构分为集中驱动和分别驱动两种形式。集中驱动就是由一台电动机通过传动轴驱动两边的主动轮；分别驱动就是由两台电动机分别驱动两边的主动轮。____只用在小吨位或旧式天车上。

A. 分别驱动　　　　B. 集中驱动

8. 在天车起升机构中都采用____滑轮组。

A. 省时　　　　　　B. 省力

9. 钢丝的抗拉强度越____，钢丝绳越容易脆断。

A. 低　　　　　　　B. 高

10. 吊运熔化或炽热金属的起升机构，应采用____绳芯钢丝绳。

A. 天然纤维　　　　B. 合成纤维　　　　C. 金属

11. ZQ 型减速器是卧式圆柱齿轮减速器，其____速轴端形式有圆柱型、齿轮型和浮动联轴器型三种。

A. 高　　　　　　　B. 低

12. 起重机起升机构必须采用____制动器，以确保工作安全。

A. 常闭　　　　　　B. 常开

13. 操作应按指挥信号进行。对紧急停车信号，____发出，都应立即执行。

A. 不论何人　　　　B. 指挥人员

14. 工作中突然断电或线路电压大幅度下降时，应将所有控制器手柄____；重新工作前，应检查起重机动作是否都正常，出现异常必须查清原因并排除故障后，方可继续操作。

A. 置于原处　　　　B. 扳回零位

15. ____在有载荷的情况下调整起升机构制动器。

A. 不得　　　　　　B. 可以

16. 起重机的控制器应逐级开动，____将控制器手柄从正位置扳至反转位置作为停车之用。

A. 禁止　　　　　　B. 可以

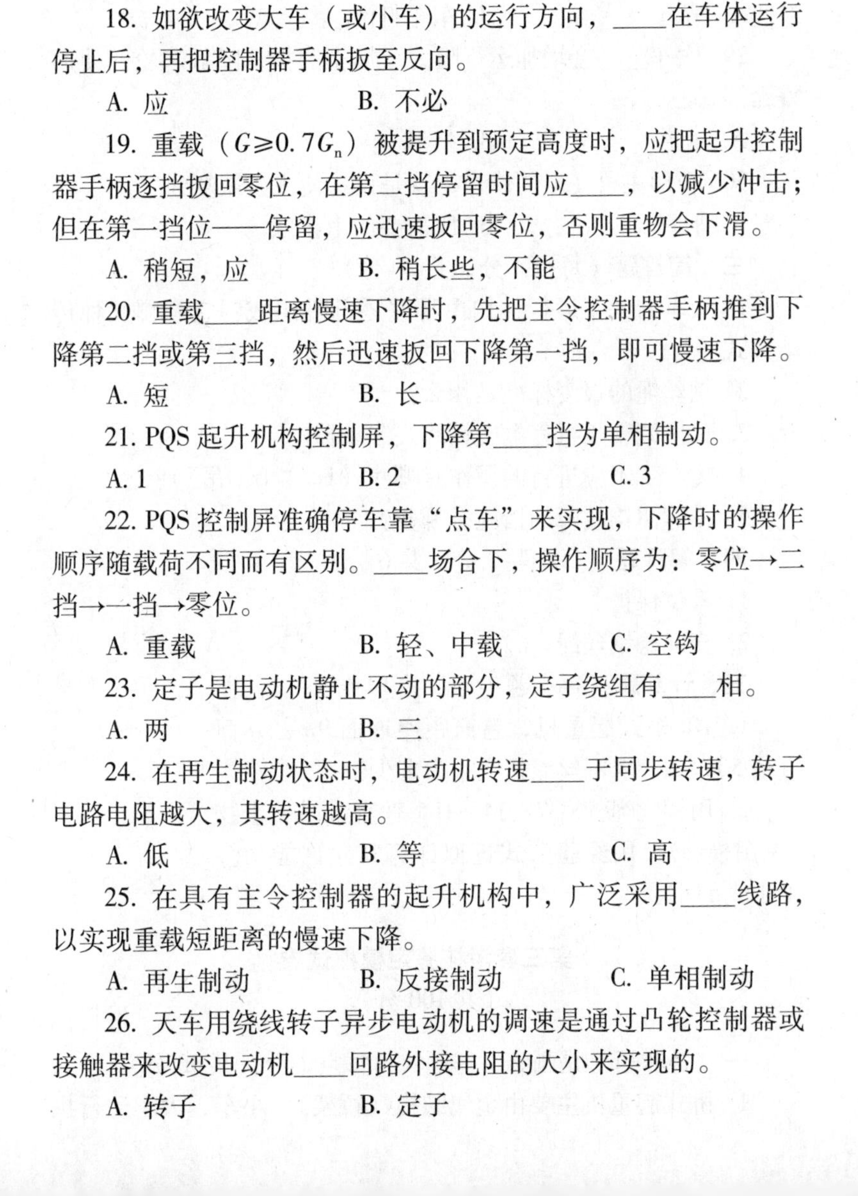

17. 天车的运行机构运行时，凸轮控制器先在第一挡作____停留，即打到第二挡，以后再慢慢地打到第三挡、第四挡、第五挡，第一挡停留 3s 左右。

A. 短暂　　　　　　B. 长时

18. 如欲改变大车（或小车）的运行方向，____在车体运行停止后，再把控制器手柄扳至反向。

A. 应　　　　　　　B. 不必

19. 重载（$G \geqslant 0.7G_n$）被提升到预定高度时，应把起升控制器手柄逐挡扳回零位，在第二挡停留时间应____，以减少冲击；但在第一挡位——停留，应迅速扳回零位，否则重物会下滑。

A. 稍短，应　　　　B. 稍长些，不能

20. 重载____距离慢速下降时，先把主令控制器手柄推到下降第二挡或第三挡，然后迅速扳回下降第一挡，即可慢速下降。

A. 短　　　　　　　B. 长

21. PQS 起升机构控制屏，下降第____挡为单相制动。

A. 1　　　　　　　B. 2　　　　　　　C. 3

22. PQS 控制屏准确停车靠“点车”来实现，下降时的操作顺序随载荷不同而有区别。____场合下，操作顺序为：零位→二挡→一挡→零位。

A. 重载　　　　　　B. 轻、中载　　　　C. 空钩

23. 定子是电动机静止不动的部分，定子绕组有____相。

A. 两　　　　　　　B. 三

24. 在再生制动状态时，电动机转速____于同步转速，转子电路电阻越大，其转速越高。

A. 低　　　　　　　B. 等　　　　　　　C. 高

25. 在具有主令控制器的起升机构中，广泛采用____线路，以实现重载短距离的慢速下降。

A. 再生制动　　　　B. 反接制动　　　　C. 单相制动

26. 天车用绕线转子异步电动机的调速是通过凸轮控制器或接触器来改变电动机____回路外接电阻的大小来实现的。

A. 转子　　　　　　B. 定子

27. 制动器调整得太紧，会使起升机构产生____现象。

A. 溜钩　　　　　B. 不能吊运额定起重量

28. 车轮加工不符合要求，车轮直径不等，使天车两个主动轮的线速度不等，是造成大车____的重要原因之一。

A. 啃道　　　　　B. 车轮打滑

29. 大车____会增加运行阻力，加剧磨损，降低车轮的使用寿命。

A. 啃道　　　　　B. 打滑

30. 箱形主梁变形的修理，就是设法使主梁恢复到____。

A. 平直　　　　　B. 所需要的上拱度

三、简答题（每空4分，共20分）

1. 天车的大车运行机构由哪些零部件组成？它有哪几种传动方式？

2. 钢丝绳的报废标准是什么？

3. 如何调整长行程电磁铁块式制动器？

4. 天车工不应进行的操作有哪些（即“十不吊”）？

5. 排除溜钩故障的措施有哪些？

四、解释题（每小题3分，共6分）

1. 零位保护。

2. 交互捻钢丝绳。

五、计算题（每小题7分，共14分）

1. 10t桥式起重机，卷筒距离地面9m，卷筒直径500mm，求钢丝绳长度应为多少？

2. 用钢丝绳6×37—14—185垂直起吊一重物（见图模-2），用经验公式近似计算其允许能吊多少千克的重物？

图模-2

第三套考核鉴定模拟试卷

（共100分）

一、是非题（是画✓，非画×；每空1分，共30分）

1. 桥式起重机主要由金属结构（桥架）、小车、大车运行机

构和电气四大部分组成。（　）

2. 抓斗起重机除起升机构不同外，其他部分与吊钩起重机基本相同。（　）

3. 吊钩桥式起重机属于桥式起重机类中电动桥式起重机组内的一种型。吊钩桥式起重机的型代号为 D（吊），其类、组、型代号为 QD。（　）

4. 如发现吊钩上有缺陷，可以进行补焊。（　）

5. W 型钢丝绳也称粗细式钢丝绳，股内外层钢丝粗细不等，细丝置于粗丝丝间。这种钢丝绳挠性较好，是起重机常用的钢丝绳。（　）

6. 天车的起升机构制动器调整得过紧，会使钢丝绳受过大的冲击负荷，使桥架的振动加剧。（　）

7. 天车用制动器的瓦块可以绕铰接点转动，当其安装高度有误差时，瓦块与制动轮仍能很好地接合。（　）

8. 所有小车车轮都采用圆柱形车轮。（　）

9. 超载限制器的综合精度，对于机械型装置为 ±5%，对于电子型装置为 ±8%。（　）

10. 在检修设备时，可以利用吊钩起升或运送人员。（　）

11. 闭合主电源后，应使所有控制器手柄置于零位。（　）

12. 天车工对天车进行维护保养时，不必切断主电源并挂上标牌或加锁；带电修理时，应戴绝缘手套、穿绝缘鞋，使用带绝缘手柄的工具，并有人监护。（　）

13. 可以在有载荷的情况下调整起升机构制动器。（　）

14. 起重机上所有电气设备的金属外壳必须可靠地接地，司机室的地板应铺设橡胶或其他绝缘材料。（　）

15. 起重机的控制器应逐级开动，可以将控制器手柄从正转位置直接扳到反转位置作为停车之用。（　）

16. 抓满物料的抓斗不应悬吊 10min 以上，以防溜抓伤人。（　）

17. 起重机工作完成后，电磁或抓斗起重机的起重电磁铁或抓斗应下降到地面或料堆上，放松起升钢丝绳。（　）

18. 运行机构停车时，凸轮控制器应逐挡回零，使车速逐渐减慢，并且在回零后再短暂送电跟车一次，然后靠制动滑行停车。（ ）

19. 尽量避免运行机构反复起动，反复起动会使吊物游摆。（ ）

20. 重载（$G \geqslant 0.7G_n$）被提升到预定高度时，应把起升控制器手柄逐挡扳回零位，在第2挡停留时间应稍短，但在第一挡应停留时间稍长些。（ ）

21. 配合PQS型控制屏的主令控制器，在上升和下降方向各有三个挡位，其上升操作与凸轮控制器操作基本相同，而下降操作不相同。（ ）

22. 天车上使用的电动机一般按断续周期工作制S3制造，基准工作制为S3—40%或S3—25%。（ ）

23. 天车用电动机常处的工作状态有电动状态、再生制动状态、反接制动状态和单相制动状态几种。（ ）

24. 重载时需慢速下降，可将控制器打至下降第一挡，使电动机工作在反接制动状态。（ ）

25. 转子电路是由转子绕组、外接电阻器及凸轮控制器的主触点等组成的。（ ）

26. 交流控制屏与凸轮控制器配合，用来控制天车上较大容量电动机的起动、制动、调速和换向。（ ）

27. 当小车过电流继电器动作值整定过大时，小车一开动总接触器就释放。（ ）

28. 在电源发生单相故障之后，起升机构电动机仍然可以使重物起升。（ ）

29. 在控制回路发生故障时，闭合上保护箱中的刀开关，控制回路的熔断器熔体就熔断。（ ）

30. 起重机主梁垂直弹性下挠度是起重机主梁在空载时，允许的一定的弹性变形。（ ）

二、选择题（将正确答案的序号填入空格内；每空1分，共30分）

1. 门式起重机是桥架通过两侧支腿支承____或地基上的桥架型起重机。

A. 地面　　B. 高架

2. 抓斗起重机是以抓斗作为取物装置的起重机，其他部分与吊钩起重机基本____同。

A. 不　　B. 相

3. 双小车起重机具有两台起重小车，两台小车的起重量相同，可以单独作业，____可以联合作业。

A. 不　　B. 也

4. 铸造起重机主小车的起升机构用于吊运盛钢桶，副小车的起升机构用于倾翻盛钢桶和做一些辅助性工作，主、副小车____同时使用。

A. 可以　　B. 不可以

5. 抓斗桥式起重机的类、组、型代号为____。

A. ZQ　　B. QZ

6. 只要起重量不超过额定起重量，把小工作级别的起重机用于大工作级别情况，____影响安全生产。

A. 不会　　B. 会

7. 小车运行机构的电动机安装在小车架的台面上，由于电动机轴和车轮轴不在同一水平面内，所以使用____三级圆柱齿轮减速器。

A. 立式　　B. 卧式

8. 在天车上采用____滑轮组。

A. 单联　　B. 双联

9. 钢丝绳在卷筒上左向卷绕时，应采用____钢丝绳。

A. 右同向捻　　B. 左同向捻

10. ____钢丝的钢丝绳用于严重腐蚀条件。

A. 光面　　B. 甲组镀锌　　C. 乙组镀锌

11. 新减速器每____换一次油，使用一年后每半年至一年换一次油。

A. 月　　B. 季　　C. 年

12. 天车上常采用____制动器。

A. 块式　　B. 盘式　　C. 带式

13. 当天车上或其周围确认无人时，才可以闭合主电源。如电流断路装置上加锁或有标牌时，应由____除掉后才可闭合主电源。

A. 有关人员　　B. 天车工

14. 在轨道上露天作业的起重机，当工作结束时，____将起重机锚定住。当风力大于6级时，一般应停止工作，并将起重机锚定住。

A. 应　　B. 不必

15. 有主、副两套起升机构的非专用起重机，主、副钩____同时开动。

A. 可以　　B. 不可

16. 抓斗在卸载前，要注意升降绳____比开闭绳松弛，以防冲击断绳。

A. 不应　　B. 应

17. 天车作较____距离运行时，应将运行机构凸轮控制器逐级推至最后挡（五挡），使运行机构在最高速度下运行。

A. 短　　B. 长

18. 起升重载（$G \geqslant 0.7G_n$），当控制器手柄推到起升方向第一挡时，由于负载转矩____于该挡电动机的起升转矩，所以电动机起动____运转。

A. 大，不能　　B. 小，可以

19. 重载（$G \geqslant 0.7G_n$）下降时，将起升机构控制器手柄推到下降第____挡，以最慢速度下降。

A. 一　　B. 五

20. 重载____距离下降时，先把主令控制器手柄推到下降第一挡，使吊物快速下降，当吊物接近落放点时，将手柄扳到下降第三挡，放慢下降速度，这样既安全又经济。

A. 短　　B. 长

21. PQS 起升机构控制屏，当主令控制器从零位打到下降第一挡时，线路____。

A. 不动作　　　　　　B. 动作

22. PQS 控制屏准确停车靠“点车”来实现，下降时的操作顺序随载荷不同而有区别。在轻、中载场合下，操作顺序为：____。

A. 零位→二挡→一挡→零位

B. 零位→二挡→零位

C. 零位→三挡→零位

23. 绕线转子异步电动机的转子绕组是三相对称绕组，转子的三相绕组都接成____连接。

A. 星形（Y）　　　　B. 三角形（△）

24. 为确保安全，在再生制动时，电动机应在____部电阻全部切除的情况下工作。

A. 外　　　　　　　B. 内

25. 大（或小）车运行机构打反车时，电动机定子相序改变，其旋转磁场和电磁转矩方向也随之改变；此时，由于惯性，电动机转速未改变，电动机的转矩与转速方向相反，这种情况是____状态。

A. 电动　　　　　　B. 再生制动　　　　　C. 反接制动

26. 重载时需慢速下降，可将控制器打至____第一挡，使电动机工作在反接制动状态。

A. 下降　　　　　　B. 上升

27. 起重机总过电流继电器动作值整定过____，两个或三个机构同时开动时，总接触器就释放。

A. 大　　　　　　　B. 小

28. 电动机工作时发生剧烈振动，测三相电流不对称，用接触器直接将转子回路短接，三相电流仍不对称，可以断定是属于电动机____的故障。

A. 定子　　　　　　B. 转子

29. 在大车啃道的修理中，一般采用移动车轮的方法来解决车轮对角线的安装误差问题，通常尽量移动____车轮。

A. 主动　　　　　　　B. 被动

30. 为了保证桥式起重机的使用性能，尽量减少使小车“爬坡”及“下滑”的不利影响，桥式起重机的制造技术条件规定了空载时主梁应具有一定的____。

A. 上拱度　　　　　　B. 下挠度

三、简答题（每空 4 分，共 20 分）

1. 起重机的工作级别与安全生产有何关系？

2. 使用中有哪些因素影响钢丝绳的寿命？如何改善？

3. 卷筒的报废标准是什么？

4. 调整制动器的要求是什么？

5. 其他机构工作都正常，起升机构电动机不工作的原因是什么？

四、解释题（每小题 3 分，共 6 分）

1. 减速器速比。

2. 过电流保护。

五、计算题（每小题 7 分，共 14 分）

1. 有一根 6×19—15.5—170 的钢丝绳，用来垂直起吊物体（见图模-3），已知钢丝绳中单根钢丝绳直径为 1mm，问安全系数为 6 时允许起吊多重以下的物件？

图模-3

2. 某加工车间 3t 单梁电动葫芦配用的钢丝绳破断拉力应大于多少？

附录　起重吊运指挥信号
（GB 5082—1985）

1. 手势信号

（1）通用手势信号（见图1～图14）

1）预备（见图1）　手臂伸直置于头上方，五指自然伸开，手心朝前保持不动。

2）要主钩（见图2）　单手自然握拳置于头上，轻触头顶。

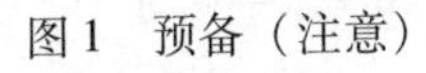

图1　预备（注意）

图2　要主钩

3）要副钩（见图3）　一只手的小臂向上曲伸不动，另一只手伸出，手心轻触前只手的肘关节。

4）吊钩上升（见图4）　小臂向侧上方伸直，五指自然伸开，高于肩部，以腕部为轴转动。

5）吊钩下降（见图5）　手臂伸向侧前下方，与身体夹角约为30°，五指自然伸开，以腕部为轴转动。

6）吊钩水平移动（见图6）　小臂向侧上方伸出，五指并拢，手心朝外，在负载应运行的方向，向下挥动到与肩相平的位置。

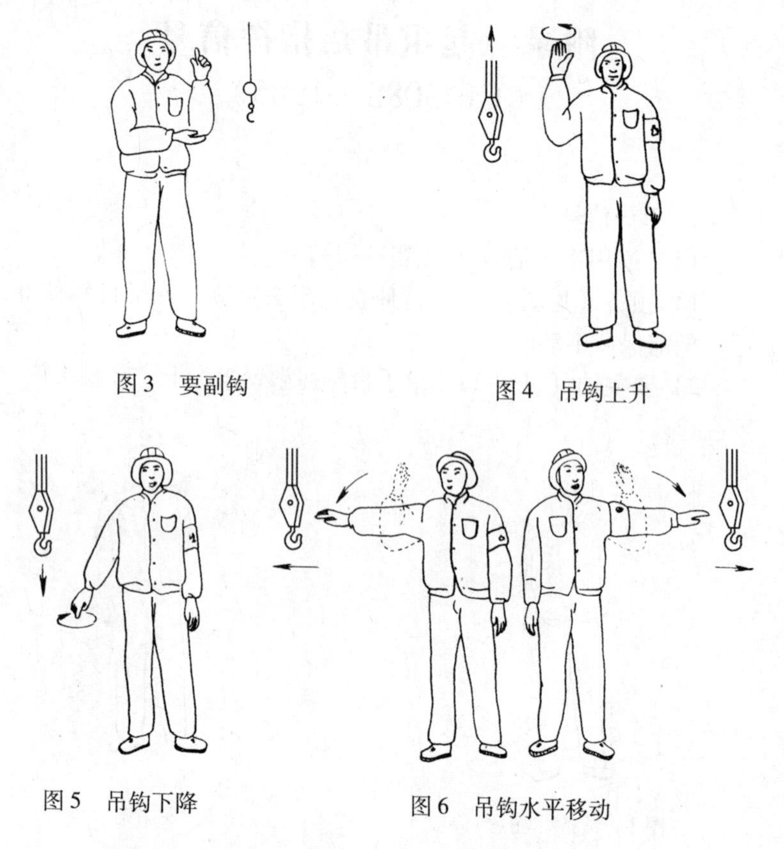

图 3　要副钩

图 4　吊钩上升

图 5　吊钩下降

图 6　吊钩水平移动

7）吊钩微微上升（见图 7）　小臂伸向侧前上方，手心朝上，高于肩部，以腕部为轴重复向上摆动手掌。

8）吊钩微微下降（见图 8）　手臂伸向前下方，与身体夹角约为 30°，手心朝下，以腕部为轴重复向下摆动手掌。

9）吊钩水平微微移动（见图 9）　小臂向侧上方自然伸出，五指并拢，手心朝外，在负载应运行的方向重复做缓慢的水平运动。

10）微动范围（见图 10）　双手小臂曲起，伸向一侧，五指伸直，手心相对，其间距与负载所要移动的距离接近。

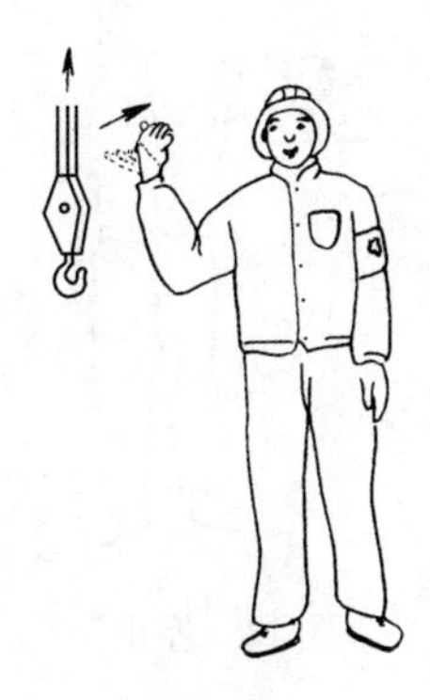

图 7　吊钩微微上升

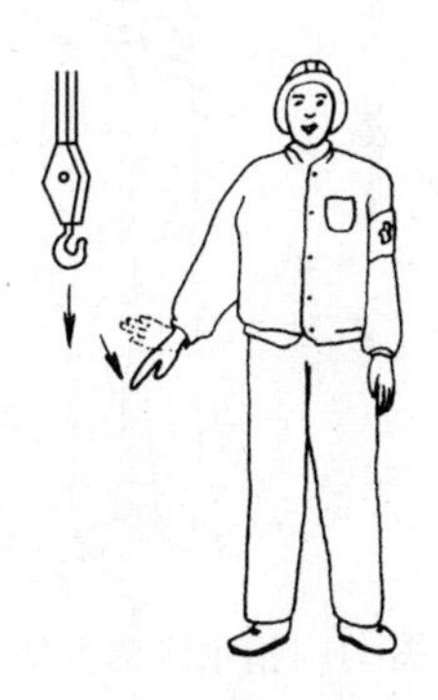

图 8　吊钩微微下降

图 9　吊钩水平微微移动

图 10　微动范围

11）指示降落方位（见图 11）　五指伸直，指出负载应降落的位置。

12）停止（见图 12）　小臂水平置于胸前，五指伸开，手心朝下，水平挥向一侧。

13）紧急停止（见图 13）　两小臂水平置于胸前，五指伸开，手心朝下，同时水平挥向两侧。

14）工作结束（见图 14）　双手五指伸开，在额前交叉。

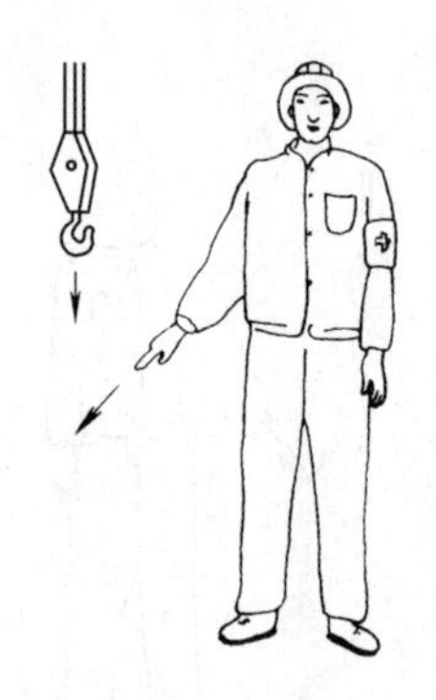

图 11　指示降落方位

图 12　停止

图 13　紧急停止

图 14　工作结束

（2）专用手势信号（见图 15 ~ 图 28）

1）升臂（见图 15）　手臂向一侧水平伸直，拇指朝上，余指握拢，小臂向上摆动。

2）降臂（见图 16）　手臂向一侧水平伸直，拇指朝下，余指握拢，小臂向下摆动。

3）转臂（见图 17）　手臂水平伸直，指向应转臂的方向，拇指伸出，余指握拢，以腕部为轴转动。

4）微微升臂（见图 18）　一只手的小臂置于胸前一侧，五指伸直，手心朝下，保持不动。另一只手的拇指对着前手手心，余指握拢，做上下移动。

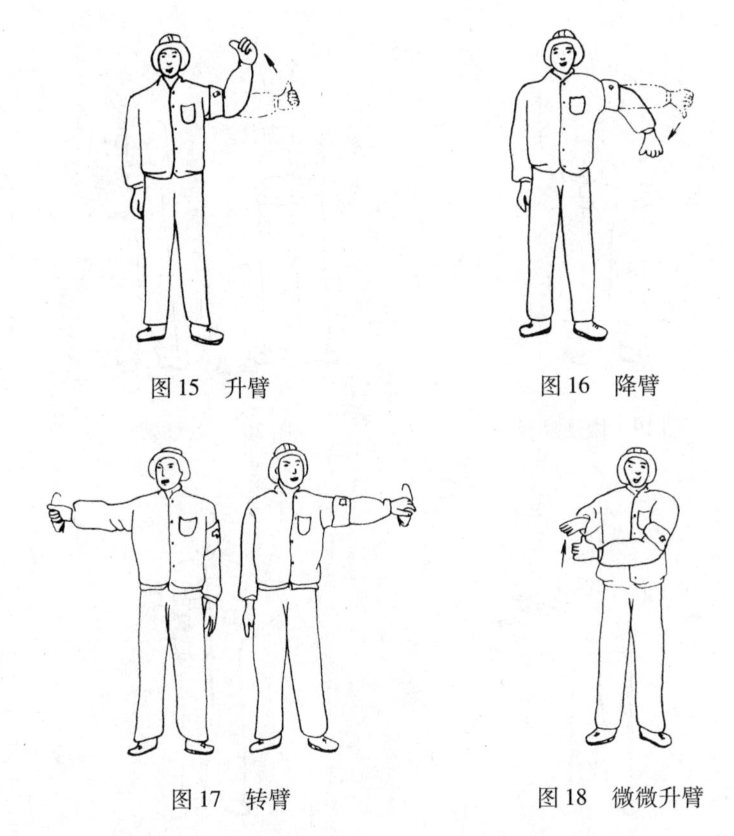

图 15　升臂

图 16　降臂

图 17　转臂

图 18　微微升臂

5）微微降臂（见图 19）　一只手的小臂置于胸前一侧，五指伸直，手心朝上，保持不动。另一只手的拇指对着前手手心，余指握拢，做上下移动。

6）微微转臂（见图 20）　一只手的小臂向前伸直，手心自然指向一侧。另一只手的拇指指向前只手的手心，余指握拢做转动。

7）伸臂（见图 21）　两手分别抱拳，拳心朝上，拇指分别指向两侧，做相反运动。

8）缩臂（见图 22）　两手分别抱拳，拳心朝下，拇指对指，做相对运动。

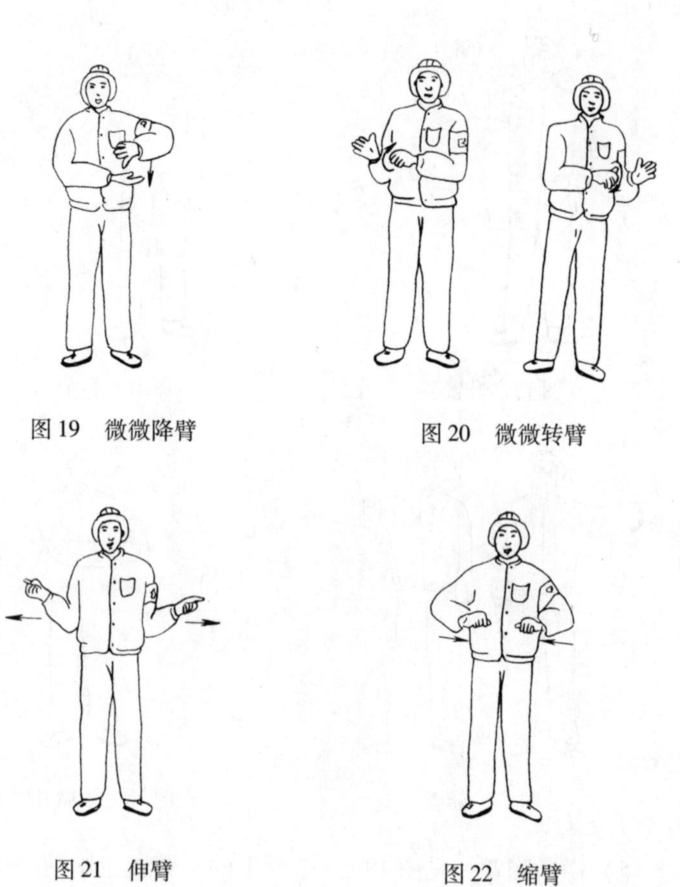

图 19　微微降臂

图 20　微微转臂

图 21　伸臂

图 22　缩臂

9）履带起重机回转（见图 23）　一只手臂水平伸向侧前方，五指自然伸出不动。另一只手小臂向前伸直，水平重复摆动。

10）起重机前进（见图 24）　双手臂向前伸出，小臂曲起，五指并拢，手心对着自己，做前后运动。

11）起重机后退（见图 25）　双小臂向上曲起，五指并拢，手心朝向起重机，做前后运动。

12）抓取（吸取）（见图 26）　两手小臂分别置于侧前方，手心相对，由两侧向中间摆动。

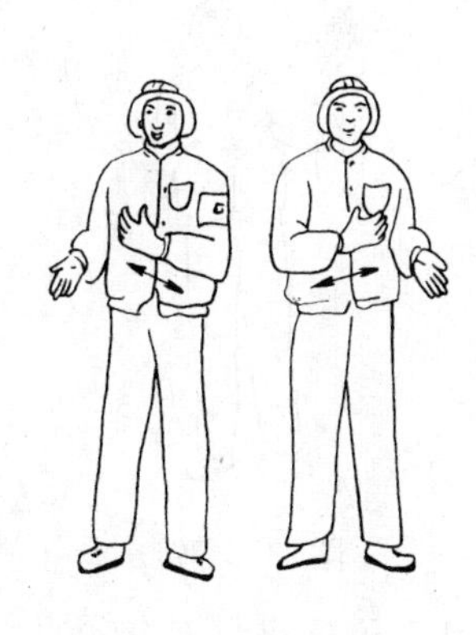

图 23　履带起重机回转

图 24　起重机前进

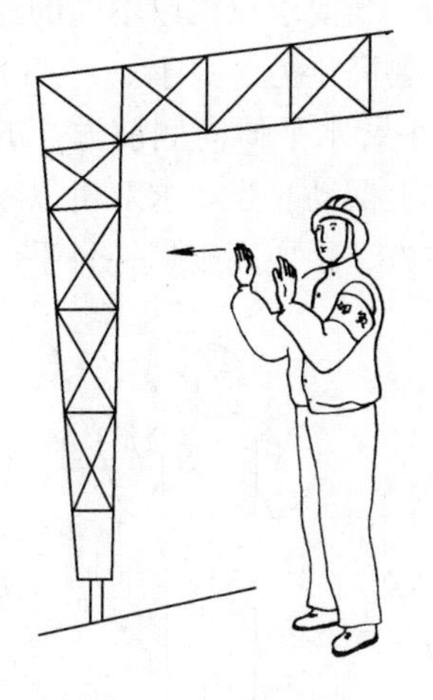

图 25　起重机后退

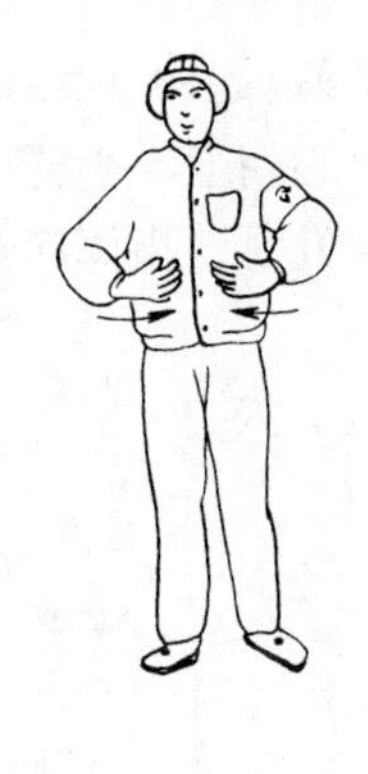

图 26　抓取

13）释放（见图 27）　两手小臂分别置于侧前方，手心朝外，两臂分别向两侧摆动。

14）翻转（见图 28）　一只手小臂向前曲起，手心朝上。另一只手小臂向前伸出，手心朝下，双手同时进行翻转。

图 27　释放

图 28　翻转

（3）船用起重机或双机吊运专用手势信号（见图 29 ~ 图 36）

1）微速起钩（见图 29）　两小臂水平伸向侧前方，五指伸开，手心朝上，以腕部为轴向上摆动。当要求双机以不同的速度起升时，指挥起升速度快的一方，手要高于另一只手。

2）慢速起钩（见图 30）　两手小臂水平伸向侧前方，五指伸开，手心朝上，小臂以肘部为轴向上摆动。当要求双机以不同的速度起升时，指挥起升速度快的一方，手要高于另一只手。

图 29　微速起钩

图 30　慢速起钩

3）全速起钩（见图 31）　两臂下垂，五指伸开，手心朝上，全臂向上挥动。

4）微速落钩（见图 32） 两手小臂水平伸向侧前方，五指伸开，手心朝下，手以腕部为轴向下摆动。当要求双机以不同的速度降落时，指挥降落速度快的一方，手要低于另一只手。

图 31 链起钩

图 32 微速落钩

5）慢速落钩（见图 33） 两手小臂水平伸向侧前方，五指伸开，手心朝下，小臂以肘部为轴向下摆动。当要求双机以不同的速度降落时，指挥降落速度快的一方，手要低于另一只手。

6）全速落钩（见图 34） 两臂伸向侧上方，五指伸出，手心朝下，全臂向下挥动。

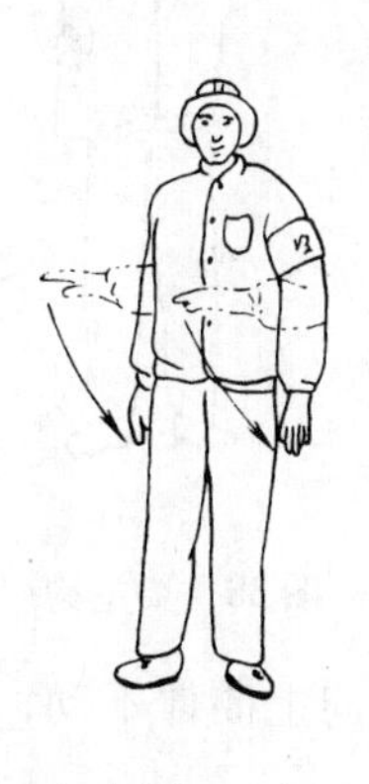

图 33 慢速落钩

图 34 全速落钩

7）一方停止，一方起钩（见图 35） 指挥停止的手臂作“停止”手势；指挥起钩的手臂作相应速度的起钩手势。

8）一方停止，一方落钩（见图 36） 指挥停止的手臂作“停止”手势；指挥落钩的手臂则作相应速度的落钩手势。

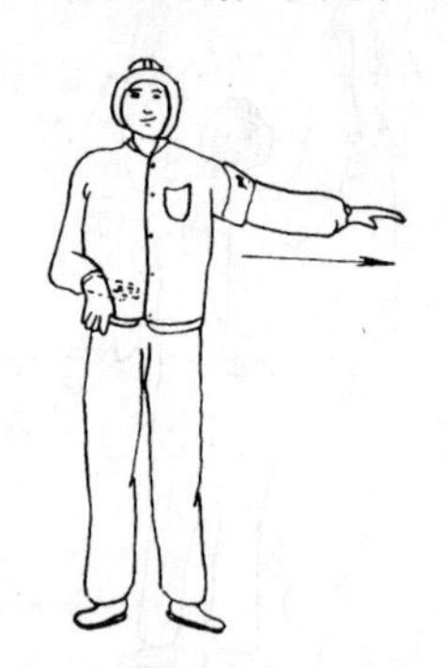

图 35 一方停止，一方起钩　　图 36 一方停止，一方落钩

2. 旗语信号（图 37 ~ 图 59）

1）预备（见图 37） 单手持红绿旗上举。

2）要主钩（见图 38） 单手持红绿旗，旗头轻触头顶。

图 37 预备　　图 38 要主钩

3）要副钩（见图 39） 一只手小臂向上曲伸不动，另一只手拢红绿旗，旗头轻触前只手的肘关节。

4）吊钩上升（见图 40） 绿旗上举（红旗自然放下）。

图 39　要副钩

图 40　吊钩上升

5）吊钩下降（见图 41）　绿旗拢起下指（红旗自然放下）。

6）吊钩微微上升（见图 42）　绿旗上举，红旗拢起横在绿旗上，互相垂直。

图 41　吊钩下降

图 42　吊钩微微上升

7）吊钩微微下降（见图 43）　绿旗拢起下指，红旗横在绿旗下，互相垂直。

8）升臂（见图 44）　红旗上举（绿旗自然放下）。

9）降臂（见图 45）　红旗拢起下指（绿旗自然放下）。

10）转臂（见图 46）　红旗拢起水平指向应转臂的方向。

图 43　吊钩微微下降

图 44　升臂

图 45　降臂

图 46　转臂

11）微微升臂（见图 47）　红旗上举，绿旗拢起横在红旗上，互相垂直。

12）微微降臂（见图 48）　红旗拢起下指，绿旗横在红旗下，互相垂直。

13）微微转臂（见图 49）　红旗拢起横在胸前指向应转臂的方向，绿旗拢起横在红旗前，互相垂直。

14）伸臂（见图 50）　两旗分别拢起横在两侧，旗头外指。

图 47　微微升臂

图 48　微微降臂

图 49　微微转臂

图 50　伸臂

15）缩臂（见图 51）　两旗分别拢起横在胸前，旗头对指。

16）微动范围（见图 52）　两手分别拢旗伸向一侧，其间距与负载所要移动的距离接近。

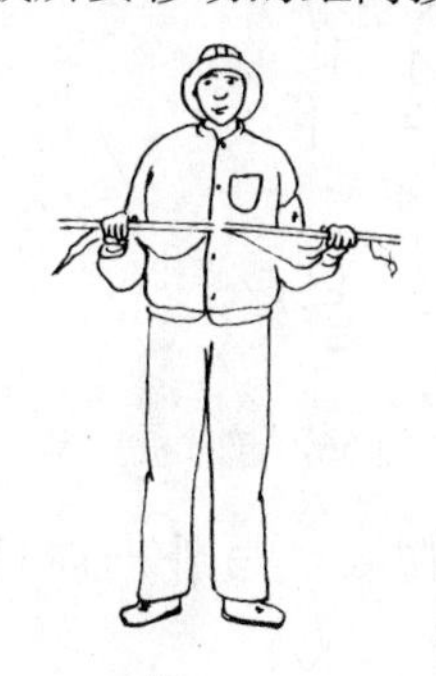

图 51　缩臂

图 52　微动范围

17）指示降落方位（见图 53） 单手拢绿旗指向负载应降落的位置，旗头进行转动。

18）履带起重机回转（见图 54） 一只手拢旗水平指向侧前方，另一只手持旗，水平重复指挥。

图 53 指示降落方位 图 54 履带起重机回转

19）起重机前进（见图 55） 两旗分别拢起，向前上方伸出，旗头由前上方向后摆动。

20）起重机后退（见图 56） 两旗分别拢起向前伸出，旗头由前方向下摆动。

图 55 起重机前进

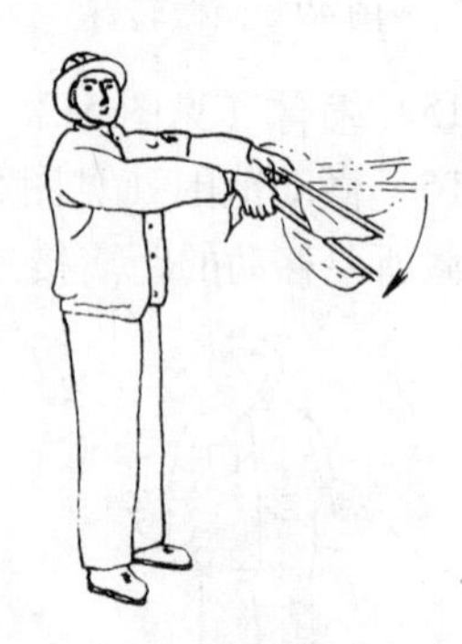

图 56 起重机后退

21）停止（见图 57） 单旗左右摆动（另外一面自然下放）。

22）紧急停止（见图 58） 双手分别持旗，同时左右摆动。

图 57　停止　　　　　　　　　　　　图 58　紧急停止

23）工作结束（见图 59）　两旗拢起，在额前交叉。

图 59　工作结束

参 考 文 献

[1] 天津市第一机械工业局主编. 桥式起重机工必读 [M]. 北京: 机械工业出版社, 1982.
[2] 国家机械工业委员会技术工人教育研究中心, 等. 天车工 [M]. 北京: 机械工业出版社, 1987.
[3] 孙桂林, 等. 起重搬运安全技术 [M]. 北京: 化学工业出版社, 1993.